内 容 简 介

本书是作者在清华大学数学科学系(1987—2003)及北京大学数学科学学院(2003—2009)给本科生讲授数学分析课的讲稿的基础上编成的. 一方面, 作者力求以近代数学(集合论, 拓扑, 测度论, 微分流形和微分形式)的语言来介绍数学分析的基本知识, 以使同学尽早熟悉近代数学文献中的表述方式. 另一方面在篇幅允许的范围内, 作者尽可能地介绍数学分析与其他学科(特别是物理学)的联系, 以使同学理解自然现象一直是数学发展的重要源泉. 全书分为三册. 第一册包括: 集合与映射, 实数与复数, 极限, 连续函数类, 一元微分学和一元函数的 Riemann 积分; 第二册包括: 点集拓扑初步, 多元微分学, 测度和积分; 第三册包括: 调和分析初步和相关课题, 复分析初步, 微分流形, 重线性代数, 微分形式和欧氏空间中的流形上的积分. 每章都配有丰富的习题, 它除了提供同学训练和熟悉正文中的内容外, 也介绍了许多补充知识.

本书可作为高等院校数学系攻读数学、应用数学、计算数学的本科生数学分析课程的教材或教学参考书, 也可作为需要把数学当做重要工具的同学(例如攻读物理的同学)的教学参考书.

本书在 2012 年第 2 次重印时, 对书中的练习题按小节进行了调整, 并在书末增加了习题的提示, 以减轻读者在做题时的难度. 如果读者在阅读本书时遇到困难, 可与作者联系. 电子邮件: tchen@math.tsinghua.edu.cn

作 者 简 介

陈天权 1959年毕业于北京大学数学力学系. 曾讲授过数学分析, 高等代数, 实变函数, 复变函数, 概率论, 泛函分析等课程. 主要的研究方向是非平衡态统计力学.

重印修订说明

本讲义第一次印刷后，承蒙读者厚爱，收到了很多宝贵的批评与建议. 这次重印遵照读者的意见作了如下修改：纠正了第一次印刷中出现的错误和遗漏，并增加了一些内容，有的是因为这些内容有广泛的应用 (例如球调和函数)，有的是为了使理论显得较完整 (例如复分析与平面拓扑). 重印中还把练习的提示写得比以前详细了，以便读者较易学习. 也是遵照读者的意见，将练习的提示全部移到每一册的最后，以使愿意不依靠提示而独立解题的读者不受提示的影响. 重印的宗旨仍和第一次印刷一样：把攻读数学或需要认真使用数学这个工具的本科生应该掌握的数学分析知识完整地介绍给读者，充分展示这些数学分析知识的内在联系以及它与其他科学之间重要的交互影响，以使读者在刚接触高等数学时，对数学分析在数学以及整个科学中的位置有一个正确的认识. 同时，重印修订始终坚持原讲义的如下原则：讲义的内容必须限制在本科生应该知道的数学分析常识范围内.

尽管做了不少努力以使读者阅读这重印的讲义会比较容易些，但是，理解数学分析这样课程的内容并获得灵活使用它解决具体问题的能力是个复杂的学习的心理过程. 不能指望，这个过程会在完全不遇到困难的情况下轻松地通过. 具有强烈求知欲的学而不厌者方能成功地完成这个艰难的过程.

作者愿意向给第一次印刷的本讲义提出批评与建议的读者表示衷心的感谢，也希望读者给这次重印一如既往地提出宝贵的批评与建议.

作　者
2012 年 1 月

数 学 分 析 讲 义

(第 一 册)

陈天权 编著

北京大学出版社
PEKING UNIVERSITY PRESS

图书在版编目(CIP)数据

数学分析讲义·第一册/陈天权编著. —北京: 北京大学出版社, 2009. 8

ISBN 978-7-301-15374-1

Ⅰ. 数⋯ Ⅱ. 陈⋯ Ⅲ. 数学分析–高等学校–教材 Ⅳ. O.17

中国版本图书馆 CIP 数据核字（2009）第 097643 号

书　　　名：数学分析讲义(第一册)

著名责任者：陈天权　编著

责 任 编 辑：刘　勇

标 准 书 号：ISBN 978-7-301-15374-1/O·0778

出 版 发 行：北京大学出版社

地　　　址：北京市海淀区成府路 205 号　100871

网　　　址：http://www.pup.cn　电子邮箱：zpup@pup.pku.edu.cn

电　　　话：邮购部 62752015　发行部 62750672　编辑部 62752021
　　　　　　出版部 62754962

印 　刷 　者：河北滦县鑫华书刊印刷厂

经 　销 　者：新华书店
　　　　　　890 毫米×1240 毫米　A5　13.375 印张　370 千字
　　　　　　2009 年 8 月第 1 版　2024 年 5 月第 6 次印刷

定　　　价：35.00 元

序　言

第二次世界大战后移居美国的法国数学家 André Weil 于 1954 年在一篇指导芝加哥大学攻读数学的学生学习数学的题为 "数学课程" 的文章 (参看 [23]) 中写道:

"……传统的 (指 20 世纪初期的) 数学课程设置比较简单: 二维和三维的解析几何, 初等代数 (即初等方程式论),…… 然后便是微积分及其在曲线及曲面理论上的应用. 微积分课程最终延伸和发展成复变函数论,…… 也许还要讨论一下椭圆函数的定义及它的一些公式, 这样, 学生便被认为是个可以进行数学研究的成熟的数学家了".

A. Weil 继续写道:

"很不幸, 当今 (指作者写该文的 1954 年) 的数学教师和攻读数学的学生就不那么轻松了. 上述的课题仍然是基本的, 但已是远远不够了. 因此, 必须想方设法地在较短时间内完成更多的教学任务. 约半个世纪以来, 抽象数学, 或称公理化方法的发展清楚地告诉我们: 数学, 部分地说, 是种语言. 这种语言必须赶上科学发展对它的需求, 它有自身必须学习的语法和词汇. 近代数学的语法和词汇主要是由集合论, 一般拓扑和代数提供的…… 虽然, 这些内容也曾渗透到传统的微积分与几何学的课程中, 但因支离破碎地分散在不同数学分支的课文中而浪费大量时间."

A. Weil 上述关于数学课程设置的想法写于半个多世纪前. 为了赶上科学发展对它的需求, 在这半个多世纪中, 数学作为一种语言, 语法和词汇又有了新的发展. 为了赶上科学发展对它的需求, A. Weil 的文章 "数学课程" 中的有些内容因此应加以修改和补充, 但 A. Weil 以上想法的精髓仍然适用于今天的数学教学. 事实上, 由于 20 世纪下半叶数学的理论与应用的迅猛发展, 21 世纪的数学教师和攻读数学的学生比之半个世纪前就更不轻松了. 因此, 想方设法地在较短时间内完成更多的教学任务是 21 世纪数学教学所面临的更为严峻的课题.

　　注意到国外许多数学分析的教材已与半个世纪前笔者作为学生学习数学分析时所用的教材大不相同 (参看本讲义最后所附的远不完全的参考文献目录中的 [1], [2], [3], [5], [6], [7], [10], [13], [14], [15], [17], [19], [20], [22] 及 [24], 便可窥见变化之端倪), 笔者 20 余年来在清华大学与北京大学的数学分析教学过程中, 力图按照 A. Weil 的想法, 希望在教学中让同学们学到数学分析语言的、能赶上科学发展需求的语法和词汇. 本书就是在这 20 余年的数学分析教学实践的基础上写成的. 为了在较短的时间内完成更多的教学任务, 也为了避免把有些内容人为地弄得支离破碎而不必要地浪费时间, 本讲义在介绍了一元微积分中的连续性、导数和积分概念后, 便直接进入这三个概念的能赶上科学发展需要的一般性讨论. 具体地说, 在介绍了一元函数极限与一元连续函数的性质后, 没有去专门讨论高维空间上的拓扑及多元连续函数的性质, 而直接进入一般拓扑的讨论. 又因为以下的事实是不容置疑的: 凡是用 Riemann 积分的地方都可以用 Lebesgue 积分替代, 反之则不然. 所以, 法国数学家 J. Dieudonné 在他的《现代分析基础》([9]) 一书中表示了如下的看法:

　　"假若不是由于 Riemann 显赫的名声, Riemann 积分早就被淘汰了."

但鉴于 Riemann 积分比之 Lebesgue 积分在表述上更为简单和直观, 在介绍积分概念时, 本讲义没有完全淘汰 Riemann 积分, 而是采取了一个折衷的办法: 在介绍了一元函数的 Riemann 积分后, 跳过了传统的多元 Riemann 积分和 Euclid 空间上的 Lebesgue 积分的讨论, 而直接进入测度与积分的讨论. 这是因为测度与积分已是常用的数学语言的语法和词汇 (例如, 它是概率论中数学语言的基本的语法和词汇). 而测度与积分的讨论并不需要多元 Riemann 积分和 Euclid 空间上的 Lebesgue 积分的知识作为逻辑准备. 正相反, Euclid 空间上的 Lebesgue 积分是完全可以作为一般测度和积分的特例进行介绍的.

法国数学家 J. Dieudonné 在他的《现代分析基础》一书中还说过:

> "盲目地遵从一元函数的导数是个数这一陈旧的解释, 在多元
> 微分学中将不得不付出代价".

为了使数学分析语言赶上科学发展对它的需求, 本书在讲述多元微分学时尽可能地介绍不依赖于坐标的 (或称内蕴的) 概念, 在第 8 章的补充教材中专门讲述无限维线性赋范空间的微分学的目的之一也就是想说明, 微分学完全可以不依赖于坐标而建立. 事实上这种内蕴的讲法是更自然的讲述微分学的方式. 本书简略地介绍了 Grassmann 代数和微分形式, 并用微分形式的语言表述 Stokes 公式. 这已被当今许多数学分析课本所采用. 正像法国数学家 J. Dieudonné 说的:

> "无疑地, 由于它 (微分形式) 的抽象性, 以及我们不得不离开原有的空间而进入越来越复杂的函数空间, 和比较舒适的学习微积分传统的表述相比, 学习微积分的内蕴表述将要求同学们付出大得多的脑力劳动, 不过, 这是值得的, 因为它将铺平进入微分流形学习的道路".

当然, 这种把拓扑概念, 积分理论和多元微分学分别毕其功于一役的做法是要冒风险的, 但是只要教师把 Euclid 空间上的拓扑及 Lebesgue 积分分别作为拓扑空间和测度空间上的积分的特例加以细心地进行讲解, 这样的做法也并非行不通. 至少笔者在北京大学与清华大学的教学实践中是如此.

19 世纪伟大的英国物理学家 J. C. Maxwell 在给 Tait 著的《热力学》一书的书评 ([21]) 中写下的忠告一直是笔者在教学工作中的座右铭:

> "在通俗读物中, 任何科学知识都可以出现, 但总是以一种十分粗略而含混的形式展示出来. 当然, 这是基于这样的希望: 将科学概念用大量的通俗语言稀释后, 那些无法接受复杂概念的读者也会被科学词汇的填饱而心满意足. 这样, 通过粗糙的阅读, 学生可以不费思索地占有许多科学术语. 这种传授知识的方法给学生造成的伤害, 只有当他 (她) 不得不放弃学

习一门本来可以很好地学下去的学科时才会显示出来.

　　专业著述给人造成的伤害要小得多, 因为人们只在必要时才会认真阅读它. 在那里, 从基本方程的建立到书的结尾, 每一页都布满了带有上标和下标的符号, 没有一段易懂的英语可以让读者喘口气的".

本讲义并非专著, 但数学分析是攻读数学的同学们的一门不能掉以轻心的基础课. 在数学分析学习过程中得到的知识和训练会深远地影响想进入近代数学殿堂的年轻人以后的学习与工作. 干巴巴地记住几条数学分析中概念的定义和刻画这些概念之间联系的定理, 而缺乏了解和利用这些概念及其相关的知识去解决有一定难度的问题的经验, 想要深刻理解数学分析的内容是困难的, 在面对需要灵活应用数学分析的知识去解决有价值的问题时, 在知识和技巧的积累上以及在心理准备上都会感到不足, 难免怯场. 为了不给同学造成在以后的学习中不得不放弃学习一门本来可以很好地学下去的后继课程或在选择研究课题时不得不放弃进入一个很有价值的研究领域那样的伤害, 本书的每一节的最后都附有一些难度不等的练习, 在每一章还附有练习与附加习题. 在有些章的最后还附有补充教材. 它们是本书不可缺少的组成部分. 本书的练习和附加习题除了提供利用已学知识去解决问题的训练外, 还补充了一些正文中没有介绍的有用知识, 有的在本书的后继章节中就要用到.

英国数学家 Littlewood 在 20 世纪中叶对 20 世纪 (特别是, 20 世纪上半叶) 数学的汹涌澎湃的公理化趋势伤感地叹息道:

"伟大的公式数学的时代似乎已经过去了."

为了不使同学产生 "近代数学似乎只关心抽象的存在性问题" 的错觉, 在本书的习题中初步介绍了一些关于超几何函数, Γ 函数, B 函数, 正交多项式和 Euler-Maclaurin 求和公式, 积分的 Laplace 渐近理论, 平稳位相法等渐近分析的知识. 这是因为特殊函数与渐近分析 (均属于所谓的 "公式数学" 的范畴) 这些古老而有用的数学在 20 世纪后半叶又有了强劲的复兴和发展. 在本书的补充教材和习题中还尽可能地揭示数学与其他科学, 特别是物理学的联系. 本书的一个宗旨是让同学们在学习近代数学之初就注意到数学与大自然规律之间的不应被人为地割裂的紧密联系. 在补充教材, 练习和附加习题中介绍了谐振动, 阻尼振动, 强迫振动和非线性单摆与椭圆函数, 分析力学中的 Lagrange 方程组, Hamilton 方程组, 最小作用量原理和 Hamilton 原理, 以及电磁理论中的 Maxwell 方程组及其微分形式的表达方式等. 我们这样做, 当然, 不能替代大学物理课. 它只是提醒同学, 数学是人类在认识和理解大自然的过程中诞生和发展的. 同学们应该认识到: 本书正文介绍的数学分析的主要概念及这些概念之间的基本联系只构成了数学分析内容的骨骼. 经历了用数学分析知识去解决问题的足够多的训练, 并充分理解了数学分析与其他科学分支之间的多种多样的联系方式后, 同学们学到的数学分析才是有血有肉的, 才有可能成为解决具体问题的有效工具. 我们鼓励任何想要真正掌握数学分析这个数学工具, 包括立志从事数学研究或把数学作为今后 (非数学) 研究工作的不可缺少的工具的同学尽可能多地完成这些练习和附加习题, 尽可能多地阅读书中的补充教材. 它们构成了本讲义的不可缺少的内容. 本书常把练习和附加习题中的一个问题分割成许多小题, 希望这能帮助同学独自, 或在独立思考的基础上与其他同学讨论后, 去探索解决问题的途径. 试着用自己的大脑去探索, 不管成功与否, 都是进入近代数学殿堂前的不可或缺的经验. 顺便说一句, 由于练习和附加习题的重要性, 在清华大学和北京大学教数学分析课时, 极大部分的习题课和极大部分的答疑都是由笔者自己担任的, 这是为了使同学们通过认真思索而学好这门有相当多难点的数学分析课程而不得不采取的措施.

数学教学改革的核心是数学教学内容的取舍, 而后者又取决于教师对数学和数学应用未来发展的展望. 尽管作了很多努力, 由于知识及能力的限制, 要判断数学和数学应用未来发展的趋势对于笔者来说实在是力不从心的. 不得已时, 只得借鉴于已有的国内外教材而作出冒失的估计. 因而在选材和布局安排上, 谬误和不妥之处一定很多. 笔者衷心希望读者以任何方式对本书给予批评指正. 本书若能对想要认真学习数学分析的我国青年有所帮助, 笔者的目的就算达到了.

我愿向清华大学数学科学系与北京大学数学科学学院表示感谢, 他们允许我在教学中进行试验. 特别应感谢北京大学数学科学学院的王长平教授, 有了他的支持和帮助, 本书才得以面世. 我愿向北京大学出版社的刘勇编辑致谢, 他的辛勤劳动和认真负责的态度是本书得以顺利出版的不可缺少的因素. 在教学过程中, 同学们常常给我指出教学和原讲义中的很多疏漏和错误, 提出了许多有益的建议, 帮助我改正错误和完善教学工作. 同学们强烈的求知欲望和勤奋好学的精神(它们是学好这本有相当难度的讲义所不可缺少的! 也是想进入近代数学的殿堂所不可缺少的!) 一直是我完成教学工作的重要动力. 在此, 我愿向帮助我纠正错误和激励我的教学工作的同学们表示衷心的感谢.

作 者

2008 年 12 月于北京

目　　录

第1章 集合与映射

§1.1 集 合

集合是数学中的基本概念之一. 若要给它下定义, 不得不引入新的概念去说明它. 若要给这些新的概念下定义, 又不得不引入另外的新概念. 这样会导致无休止的讨论. 因此, 在直观的描述集合论 (naïve set theory) 中, 集合被看成是无需下定义的基本概念. 为了初学者的方便, 我们愿意给集合概念一个直观的描述, 但这不是下定义.(本讲义不介绍公理化集合论, 只介绍比较直观的描述集合论. 对于我们理解数学分析这门课来说, 描述集合论已足够了.)

集合就是一些东西的总体. 总体中的东西称为这个集合的**元素**, 简称**元**. "x 是集合 E 中的一个元素" 这个命题 (或这个叙述, 或这句句子) 常用以下的数学符号表示:

$$x \in E \quad \text{或} \quad E \ni x.$$

"x 不是集合 E 中的元素" 这个命题则表示成:

$$x \notin E.$$

定义 1.1.1 两个集合 A 和 B 称为**相等**的, 记做 $A = B$, 若它们的元素完全一样, 即 A 的元素全在 B 中, 且 B 的元素又全在 A 中:

$$(A = B) \Longleftrightarrow (x \in A \Longleftrightarrow x \in B). \tag{1.1.1}$$

若集合 A 和集合 B 不相等, 则记做 $A \neq B$.

这里, 我们用了一个逻辑符号: "$\Longleftrightarrow$". 它的涵义是:

(命题 $P \Longleftrightarrow$ 命题 Q) 表示 (命题 P 成立, 当且仅当命题 Q 成立).

因此, 方程 (1.1.1) 应读成: A 与 B 相等, 当且仅当 x 属于 A 与 x 属于 B 这两句话中有一句成立时, 另一句也成立.

下面介绍两个与这个逻辑符号相近的符号.

(命题 $P \Longleftarrow$ 命题 Q) 表示 (命题 Q 成立时, 命题 P 必成立);

(命题 $P \Longrightarrow$ 命题 Q) 表示 (命题 P 成立时, 命题 Q 必成立).

例 1.1.1   假设 a, b, c 是某三角形的三条边的边长, 则我们有

(该三角形是直角三角形, 且 c 是斜边的边长) $\Longleftrightarrow (c^2 = a^2 + b^2)$.

例 1.1.2 $\mathbf{R}$ 表示全体实数构成的集合, 则

$$(x^2 \geqslant 0) \Longleftarrow (x \in \mathbf{R}).$$

例 1.1.3 $\mathbf{N}$ 表示全体自然数构成的集合, 则

$$\{x = 2n : n \in \mathbf{N}\} = \{2, 4, 6, \cdots, 2n, \cdots\}.$$

在例 1.1.3 的讨论中, 我们已经用到了集合的两个记法: 有时, 我们把集合中的元素全部列出, 并放在花括弧中, 以表示这个集合. 例 1.1.3 的等式右端便是这样表示集合的. 有时, 我们用以下方法表示集合: 设 E 是一个集合, E 中所有具有性质 P 的元素构成的集合, 记做

$$\{x \in E : P\}.$$

例 1.1.3 的等式左端恰是这样表示集合的. 在例 1.1.3 等式中出现的省略号 "$\cdots$" 常可理解成 "等等" 或 "类似的东西".

例 1.1.4 $\{1, 2, 3, 4, 5, 6, 7, 8, 9\}$ 表示小于 10 的全部自然数. (注意: 本讲义不把 0 看做自然数, 有的作者也把 0 看做自然数.)

例 1.1.5 $\{1, 2, 3, 4, 5, 6, 7, 8, 9\} = \{x \in \mathbf{N} : x < 10\}$.

例 1.1.6 $\mathbf{N}$ 表示自然数全体, 则 $3 \in \mathbf{N}, 1/2 \notin \mathbf{N}$.

定义 1.1.2   集合 A 称为集合 B 的**子集**, 若 A 的元素全在 B 中. 这时我们用记号 $A \subset B$ (读做: A 包含于 B 中, 或 B 包含 A) 表示:

$$(A \subset B) \Longleftrightarrow (x \in A \Longrightarrow x \in B). \tag{1.1.2}$$

$A \subset B$ 也常记做 $B \supset A$. 若集合 A 是集合 B 的子集, 且 $A \neq B$, 则 A 称为 B 的**真子集**. 参看图 1.1.1.

不难看出, 对于任何两个集合 A 和 B, 我们有

$$(A = B) \Longleftrightarrow ((A \subset B) \wedge (B \subset A)). \tag{1.1.3}$$

右端是指 $A \subset B$ 及 $B \subset A$ 同时成立.

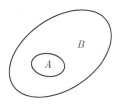

图 1.1.1 $A \subset B$

例 1.1.7 集合 $\{x \in \mathbf{R} : a < x < b\}$ 称为 (以 a 为左端点 b 为右端点的) **开区间**, 常记做

$$(a, b) = \{x \in \mathbf{R} : a < x < b\},$$

其中 $\mathbf{R}$ 表示全体实数集. 实数的确切定义将在第二章中给出. 现在先按中学教科书中所讲的实数来理解, 即实数是一个可以展成 (有穷, 无穷循环, 无穷不循环的) 小数的数.

闭区间, 左闭右开, 左开右闭区间可分别定义如下:

$$[a, b] = \{x \in \mathbf{R} : a \leqslant x \leqslant b\}, \quad [a, b) = \{x \in \mathbf{R} : a \leqslant x < b\},$$

$$(a, b] = \{x \in \mathbf{R} : a < x \leqslant b\}.$$

无限区间定义如下:

$$(-\infty, \infty) = \mathbf{R}, \quad (a, \infty) = \{x \in \mathbf{R} : x > a\},$$

$$(-\infty, b) = \{x \in \mathbf{R} : x < b\}, \quad [a, \infty) = \{x \in \mathbf{R} : x \geqslant a\},$$

$$(-\infty, b] = \{x \in \mathbf{R} : x \leqslant b\}.$$

没有元素的集合称为**空集**, 记做 $\emptyset$. 同学们也许觉得, 把空集也看做集合有些别扭. 但正如把 0 看做一个数 (发现 0 是个数是阿拉伯人对数学作出的重大贡献!) 会有利于数学的发展一样, 空集看做集合会给我们带来许多方便.

最后, 我们愿意引进表示 "命题的否定" 的逻辑符号: 设 A 是个命题, 则

"$\neg A$" 表示 "A 不成立".

例 1.1.8 $\neg (x \in E) \Longleftrightarrow (x \notin E)$.

练　习

1.1.1　逻辑符号 $A \Longrightarrow B$ 应遵循的规则是:

$A \Longrightarrow B$	A 真	A 不真
B 真	真	真
B 不真	不真	真

读者也许对右下角那条规则 (A, B 皆不真时, $A \Longrightarrow B$ 真) 感到困惑. 下面的解释也许能帮助你解除这个困惑: 按照中学里学的反证法, 为了证明 ($A \Longrightarrow B$) 真, 只须证明 (B 不真 $\Longrightarrow A$ 不真). 在 A, B 皆不真时, (B 不真 $\Longrightarrow A$ 不真) 自然成立. 因而, 这时 ($A \Longrightarrow B$) 真是可以接受的. 同学可以从这张表中看到: 不管 B 是什么命题, 我们有

$$(A \text{ 不真}) \Longrightarrow \Big((A \Longrightarrow B) \text{ 真} \Big).$$

试用这一条逻辑符号 $A \Longrightarrow B$ 应遵循的规则去证明: $\emptyset \subset A$ 对任何集合 A 皆成立.

1.1.2　问: 设 A 和 B 是两个命题, 以下两条命题中哪一条是对的?

(i) $(A \Longrightarrow B) \Longleftrightarrow (B \Longrightarrow A)$.

(ii) $(A \Longrightarrow B) \Longleftrightarrow (\neg B \Longrightarrow \neg A)$.

又问: 这条对的命题恰是我们熟知的什么证明方法的根据?

§1.2　集合运算及几个逻辑符号

定义 1.2.1　设 A, B 是两个集合, A, B 之**并** $A \cup B$ 是指由 A 及 B 的元素合起来构成的集合 (参看图 1.2.1). 确切些说,

$$x \in A \cup B \Longleftrightarrow (x \in A) \vee (x \in B). \tag{1.2.1}$$

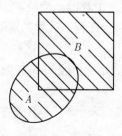

图 1.2.1　$A \cup B$

这里我们用了两个逻辑符号：⟺ 和 ∨. 第一个逻辑符号已在上一节中解释过了. 第二个逻辑符号 ∨ 的涵义是

(命题 P∨ 命题 Q) 表示 (命题 P 与命题 Q 中至少有一个成立).
因此, 关系式 (1.2.1) 应读成: x 属于 $A \cup B$, 当且仅当 x 属于 A 与 x 属于 B 这两句话中至少有一句成立. 有时, 也说成: 当且仅当 x 属于 A 或 x 属于 B. (应该注意: 数学中的 "或" 字与日常生活中的 "或" 字的涵义略有不同: 命题 P 或命题 Q 成立意味着命题 P 与命题 Q 中至少有一个成立, 并不排斥命题 P 与命题 Q 两个都成立!). 下面介绍一个与这个逻辑符号相近的符号, 它在 (1.1.3) 中已遇到过:

(命题 P∧ 命题 Q) 表示 (命题 P 与命题 Q 同时成立)

例 1.2.1 $(x^2 - 1 = 0) \wedge (x > 0) \Longleftrightarrow (x = 1)$.

我们可以把两个集合的并的概念推广为若干 (可以有限, 也可以无限) 个集合的并. 为此, 我们先引进一个逻辑符号 ∃: ∃ 的涵义是 "(至少) 有一个".

例 1.2.2 $\exists n \in \mathbf{N}(n^2 = 4)$ 应读做: (至少) 有一个自然数 n, 使得 $n^2 = 4$.

应注意的是, 上面的表述并未排斥有多个自然数 n, 使得 $n^2 = 4$.

定义 1.2.2 设 $\{E_\alpha : \alpha \in I\}$ 是一个以集合 E_α 为元素的集合 (这种以集合为元素的集合常称为集合类或集合族), α 称为指标, I 是由全体指标构成的指标集. I 可以有限, 也可以无限. 则这些集合 E_α 之**并**定义为

$$\bigcup_{\alpha \in I} E_\alpha = \{x : \exists \alpha \in I(x \in E_\alpha)\}. \tag{1.2.2}$$

例 1.2.3 对于 $n \in \mathbf{N}$, 记 $A_n = \left\{\dfrac{m}{n} : m \in \mathbf{N}\right\}$, 则

$$\bigcup_{n \in \mathbf{N}} A_n = \{x \in \mathbf{Q} : x > 0\},$$

其中 $\mathbf{Q}$ 表示有理数全体. 右端表示正有理数全体.

我们已经引进了三个数集的记号. 本讲义经常用的数集记号共有以下八个, 它们的涵义如下表所示:

记号	涵义	记号	涵义
N	自然数全体	**Z**	整数全体
Q	有理数全体	**R**	实数全体
C	复数全体	**Z**$_+$	非负整数全体
Q$_+$	非负有理数全体	**R**$_+$	非负实数全体

与集合并的概念相仿, 我们还可以引进集合交的概念. 为此, 我们先引进一个逻辑符号 $\forall$: $\forall$ 的涵义是 "对于一切".

例 1.2.4　逻辑命题

$$\forall x \in \mathbf{R}\ (x^2 \geqslant 0)$$

应读做: 对一切实数 x, $x^2 \geqslant 0$.

例 1.2.5　按空集的定义, 我们有: 空集 $\emptyset$ 是具有以下性质的集合: $\forall x\ (x \notin \emptyset)$.

定义 1.2.3　设 $\{E_\alpha : \alpha \in I\}$ 是一个集合类 (即集合的集合, 换言之, 元素为集合的集合), 则这些集合 E_α 之**交**定义为

$$\bigcap_{\alpha \in I} E_\alpha = \{x : \forall \alpha \in I(x \in E_\alpha)\}. \tag{1.2.3}$$

参看图 1.2.2.

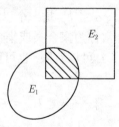

图 1.2.2　$E_1 \cap E_2$

例 1.2.6　试证以下的集合等式:

$$\bigcap_{n \in \mathbf{N}} \left\{ x \in \mathbf{R} : x > \frac{n}{n+1} \right\} = \{x \in \mathbf{R} : x \geqslant 1\}.$$

证　由于 $1 > \dfrac{n}{n+1}$, $x \geqslant 1 \Rightarrow x > \dfrac{n}{n+1}$, 故

$$\forall n \in \mathbf{N} \left(\left\{ x \in \mathbf{R} : x > \frac{n}{n+1} \right\} \supset \{x \in \mathbf{R} : x \geqslant 1\} \right).$$

因而, 有

$$\bigcap_{n \in \mathbf{N}} \left\{ x \in \mathbf{R} : x > \frac{n}{n+1} \right\} \supset \{ x \in \mathbf{R} : x \geqslant 1 \}.$$

反过来的包含关系

$$\bigcap_{n \in \mathbf{N}} \left\{ x \in \mathbf{R} : x > \frac{n}{n+1} \right\} \subset \{ x \in \mathbf{R} : x \geqslant 1 \}$$

可以暂且借用中学里学过的极限知识

$$\forall n \in \mathbf{N} \left(x > \frac{n}{n+1} \right) \Longrightarrow x \geqslant \lim_{n \to \infty} \frac{n}{n+1} = 1$$

得到. 在第二章和第三章中我们将要讲实数和极限的理论. 到那时, 我们会清楚以上的逻辑关系式在实数和极限的理论中的逻辑位置.

定义 1.2.4   两个集合之**差**定义如下:

$$A \setminus B = \{ x \in A : x \notin B \}. \tag{1.2.4}$$

参看图 1.2.3.

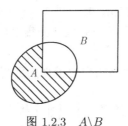

图 1.2.3 $A \setminus B$

例 1.2.7   集合 **Z** 与 **N** 之差

$$\mathbf{Z} \setminus \mathbf{N} = \{0\} \cup \{ -n : n \in \mathbf{N} \}.$$

定义 1.2.5   在一个数学问题中, 常有这样一个集合 X, 使得问题中出现的所有集合都是它的子集. 这个集合 X 常被称为 (对应于这个问题的)**空间**. 对于任何集合 $A \subset X$, 差集 $X \setminus A$ 称为 A 的**余集**. 记做

$$A^C = X \setminus A. \tag{1.2.5}$$

不难看出,

$$(A^C)^C = A.$$

例 1.2.8　若 **R** 为问题中的空间, 则 $(-1,1)^C = \{x \in \mathbf{R} : |x| \geqslant 1\}$, 其中, $|x|$ 表示 x 的绝对值, 用式子来表示:

$$|x| = \begin{cases} x, & \text{若 } x \geqslant 0, \\ -x, & \text{若 } x < 0. \end{cases}$$

命题 1.2.1　由集合的并与交的定义, 集合的并与交的运算满足**结合律和交换律**:

$$(A \cup B) \cup C = A \cup (B \cup C) = A \cup B \cup C,$$
$$(A \cap B) \cap C = A \cap (B \cap C) = A \cap B \cap C; \tag{1.2.6}$$

$$A \cup B = B \cup A, \quad A \cap B = B \cap A. \tag{1.2.7}$$

证　事实上, $x \in (A \cup B) \cup C$ 当且仅当 $x \in (A \cup B)$ 与 $x \in C$ 中有一个成立. 由此, $x \in (A \cup B) \cup C$ 当且仅当 $x \in A$, $x \in B$ 与 $x \in C$ 这三句话中至少有一个成立. 这就证明了 (1.2.6) 中的第一个等式.(1.2.6) 中的第二个等式的证明相仿, 留给同学自行完成了. 两个集合的并和交的定义中完全没有涉及参与并或交的集合的顺序, 故集合的并与交满足交换律.　□

命题 1.2.2　集合的并和交的运算满足两个分配律:

$$A \cap \left(\bigcup_{\alpha \in I} B_\alpha \right) = \bigcup_{\alpha \in I} (A \cap B_\alpha); \quad A \cup \left(\bigcap_{\alpha \in I} B_\alpha \right) = \bigcap_{\alpha \in I} (A \cup B_\alpha). \tag{1.2.8}$$

证　只证明第二个等式:

因 $\forall \beta \in I \left((A \subset A \cup B_\beta) \wedge \left(\bigcap_{\alpha \in I} B_\alpha \subset A \cup B_\beta \right) \right)$, 故

$$\forall \beta \in I \left(A \cup \left(\bigcap_{\alpha \in I} B_\alpha \right) \subset A \cup B_\beta \right).$$

这就证明了:

$$A \cup \left(\bigcap_{\alpha \in I} B_\alpha \right) \subset \bigcap_{\alpha \in I} (A \cup B_\alpha).$$

反之, 设 $x \in \bigcap_{\alpha \in I}(A \cup B_\alpha)$, 即 $(x \in A)$ 或 $\forall \alpha \in I(x \in B_\alpha)$, 所以

$$x \in A \cup \left(\bigcap_{\alpha \in I} B_\alpha\right).$$

这就证明了:

$$A \cup \left(\bigcap_{\alpha \in I} B_\alpha\right) \supset \bigcap_{\alpha \in I}(A \cup B_\alpha).$$

第二个分配律证毕. 第一个分配律的证明留给同学自行完成. □

下面我们要证明集合运算的一个重要性质:

定理 1.2.1 (de Morgan 对偶原理) 设 $\{E_\alpha : \alpha \in I\}$ 是一族集合, 则我们有以下两个等式:

$$\left(\bigcup_{\alpha \in I} E_\alpha\right)^C = \bigcap_{\alpha \in I} E_\alpha^C \tag{1.2.9}$$

和

$$\left(\bigcap_{\alpha \in I} E_\alpha\right)^C = \bigcup_{\alpha \in I} E_\alpha^C. \tag{1.2.10}$$

证 先证明第一个等式. 若

$$x \in \left(\bigcup_{\alpha \in I} E_\alpha\right)^C,$$

则 $x \notin \bigcup_{\alpha \in I} E_\alpha$. 因此, $\forall \alpha \in I(x \notin E_\alpha)$. 换言之, $\forall \alpha \in I(x \in E_\alpha^C)$, 即 $x \in \bigcap_{\alpha \in I} E_\alpha^C$. 故

$$\left(\bigcup_{\alpha \in I} E_\alpha\right)^C \subset \bigcap_{\alpha \in I} E_\alpha^C.$$

反之, 若 $x \in \bigcap_{\alpha \in I} E_\alpha^C$, 即 $\forall \alpha \in I(x \in E_\alpha^C)$. 换言之, $\forall \alpha \in I(x \notin E_\alpha)$. 因而, $x \notin \bigcup_{\alpha \in I} E_\alpha$. 故

$$\left(\bigcup_{\alpha \in I} E_\alpha\right)^C \supset \bigcap_{\alpha \in I} E_\alpha^C.$$

第一个等式证毕.

第二个等式是第一个等式的推论:

$$\left(\bigcap_{\alpha\in I}E_\alpha\right)^C=\left[\bigcap_{\alpha\in I}(E_\alpha^C)^C\right]^C=\left[\left(\bigcup_{\alpha\in I}E_\alpha^C\right)^C\right]^C=\bigcup_{\alpha\in I}E_\alpha^C.$$

以上的第二个等式的推导中用了已经证明了的第一个等式. 第二个等式证毕.   □

练　习

1.2.1 试证：

(i) $(A\cup B=A)\Longleftrightarrow B\subset A$;

(ii) $(A\cap B=B)\Longleftrightarrow B\subset A$.

1.2.2 试证：

(i) $(A\subset C)\wedge(B\subset C)\Longleftrightarrow(A\cup B\subset C)$;

(ii) $(C\subset A)\wedge(C\subset B)\Longleftrightarrow(C\subset A\cap B)$;

(iii) $(A\supset C)\vee(B\supset C)\Longrightarrow(A\cup B\supset C)$;

(iv) $(C\supset A)\vee(C\supset B)\Longrightarrow(C\supset A\cap B)$.

1.2.3　设 E 是个集合, P 表示某性质. 试问：以下两条命题中哪一条是正确的?

(i) $\neg\big(\forall x\in E(x$ 具有性质 $P)\big)\Longleftrightarrow\exists x\in E(x$ 不具有性质 $P)$;

(ii) $\neg\big(\forall x\in E(x$ 具有性质 $P)\big)\Longleftrightarrow\forall x\in E(x$ 不具有性质 $P)$.

1.2.4　设 E 是个集合, P 表示某性质. 试问：以下两条命题中哪一条是正确的?

(i) $\neg\big(\exists x\in E(x$ 具有性质 $P)\big)\Longleftrightarrow\exists x\in E(x$ 不具有性质 $P)$;

(ii) $\neg\big(\exists x\in E(x$ 具有性质 $P)\big)\Longleftrightarrow\forall x\in E(x$ 不具有性质 $P)$.

§1.3　映　　射

从集合 A 到集合 B 的**映射** φ 是指一个规则, 根据它, 每一个元素 $x\in A$ 有一个元素 $y\in B$ 与之对应. 常用以下两个记法中的任一个表示这样一个映射 (对应关系)：

$$y=\varphi(x)$$

或

$$\varphi:A\to B;\quad \varphi:x\mapsto y.$$

A 称为映射 φ 的**定义域**, B 称为 φ 的**目标域**, A 中的元 x 称为映射 (或函数) 的**自变量**, B 中的元 $y=\varphi(x)$ 称为**因变量**. 当映射的目标域

是复数全体 (常称为复数域)$\mathbf{C}$ 时, 映射也常称为**函数**. 有时 (如在代数或几何中), 映射也称为**变换**. 映射 (或函数或变换) 常记做 φ, 有时也记做 $\varphi(x)$.

两个映射 φ 和 ψ 称为相等的, 记做 $\varphi = \psi$, 假若它们的定义域相同, 记做 A, 且

$$\forall x \in A\big(\varphi(x) = \psi(x)\big).$$

值得注意的是, 本讲义说到两个映射相等时, 并未要求它们的目标域相同.

设 $C \subset A$, 则集合 C 在映射 φ 下的**像**(记为 $\varphi(C)$) 定义为

$$\varphi(C) = \{y \in B : \exists x \in C(y = \varphi(x))\}. \tag{1.3.1}$$

定义域 A 在映射 φ 下的像 $\varphi(A)$ 称为映射 φ 的**值域**. 设 $D \subset B$, 则集合 D 关于映射 φ 的**原像**(记为 $\varphi^{-1}(D)$) 定义为

$$\varphi^{-1}(D) = \{x \in A : \varphi(x) \in D\}. \tag{1.3.2}$$

应该指出的是, 一般来说, 这里的 φ^{-1} 并非代表一个映射 (参看下面的例 1.3.2).

例 1.3.1   一个从 $\mathbf{N}$ 到 $\mathbf{R}$ 或 $\mathbf{C}$ 的映射称为**数 (的序) 列**. 一个从 $\mathbf{N}$ 到集合 S 的映射称为 (S 中元素的) **序列**. 例如,

$$\varphi : \mathbf{N} \to \mathbf{R}, \quad \varphi(n) = 2^{-n}$$

是个数列. 通常, 数列也被形象地用它的像 $\varphi(\mathbf{N})$ 按自变量 (自然数) 的大小排成一行来表示. 上述数列 φ 可表示成如下形式:

$$2^{-1}, \, 2^{-2}, \, \cdots, \, 2^{-n}, \, \cdots.$$

例 1.3.2   设 $A = B = \mathbf{R}, \varphi(x) = x^2$, 则

$$\varphi([0,1]) = [0,1], \quad \varphi^{-1}([0,1]) = [-1,1].$$

注意: 这里的 φ^{-1} 无法用一个映射来解释, 这是因为由一个点构成的集合 (称为**单点集**) 在任何映射下的像只能是一个单点集, 而 $\varphi^{-1}(\{1\}) =$

$\{-1, 1\}$, 由此可见, 单点集的原像竟可能是由两个点构成的集合! 所以, 一个映射的原像不一定是某个映射的像.

注 关系式 $\varphi([0,1]) \subset [0,1]$ 是比较容易证明的, 关系式 $\varphi([0,1]) \supset [0,1]$ 在直观上看似乎没有问题, 但这牵涉到在 $a \in [0,1]$ 时, 方程 $x^2 = a$ 在 $[0,1]$ 上是否有解的问题. 这个问题的严格讨论将在第 4 章中完成.

易见 (在练习 1.3.1 及 1.3.2 中要求给出证明), 以下关系式成立:

$$C \subset D \subset A \Longrightarrow \varphi(C) \subset \varphi(D), \tag{1.3.3}$$

其中 A 是 φ 的定义域. 另一方面, 我们还有以下关系式:

$$C \subset D \subset B \Longrightarrow \varphi^{-1}(C) \subset \varphi^{-1}(D), \tag{1.3.4}$$

其中 B 是 φ 的目标域.

命题 1.3.1 映射与集合运算之间有以下关系:

$$\varphi\left(\bigcup_{\alpha \in I} E_\alpha\right) = \bigcup_{\alpha \in I} \varphi(E_\alpha); \tag{1.3.5}$$

$$\varphi\left(\bigcap_{\alpha \in I} E_\alpha\right) \subset \bigcap_{\alpha \in I} \varphi(E_\alpha); \tag{1.3.6}$$

$$\varphi^{-1}\left(\bigcup_{\alpha \in I} E_\alpha\right) = \bigcup_{\alpha \in I} \varphi^{-1}(E_\alpha); \tag{1.3.7}$$

$$\varphi^{-1}\left(\bigcap_{\alpha \in I} E_\alpha\right) = \bigcap_{\alpha \in I} \varphi^{-1}(E_\alpha). \tag{1.3.8}$$

应该注意的是: 以上四个关系中只有关于交的像的那一个是包含关系, 其他都是等式.

证 我们只证明第一个等式 (1.3.5).

设 $y \in \varphi\left(\bigcup_{\alpha \in I} E_\alpha\right)$, 则 $\exists x \in \bigcup_{\alpha \in I} E_\alpha (y = \varphi(x))$, 换言之,

$$\exists \alpha \in I (\exists x \in E_\alpha (y = \varphi(x))).$$

故 $\exists \alpha \in I (y \in \varphi(E_\alpha))$. 由此, $y \in \bigcup_{\alpha \in I} \varphi(E_\alpha)$. 这就证明了

$$\varphi\left(\bigcup_{\alpha \in I} E_\alpha\right) \subset \bigcup_{\alpha \in I} \varphi(E_\alpha).$$

反之, 若 $y \in \bigcup\limits_{\alpha \in I} \varphi(E_\alpha)$, 则 $\exists \alpha \in I(y \in \varphi(E_\alpha))$. 故 $y \in \varphi\left(\bigcup\limits_{\alpha \in I} E_\alpha\right)$. 这就证明了

$$\varphi\left(\bigcup_{\alpha \in I} E_\alpha\right) \supset \bigcup_{\alpha \in I} \varphi(E_\alpha).$$

因此

$$\varphi\left(\bigcup_{\alpha \in I} E_\alpha\right) = \bigcup_{\alpha \in I} \varphi(E_\alpha).$$

第一个等式 (1.3.5) 证毕. 第二, 三, 四这三个关系式的证明留给同学自行完成 (参看练习 1.3.4). $\square$

作为练习 (参看练习 1.3.4), 同学还应找出第二个包含关系无法改成等式的例, 即满足以下不等式

$$\varphi\left(\bigcap_{\alpha \in I} E_\alpha\right) \neq \bigcap_{\alpha \in I} \varphi(E_\alpha)$$

的例.

定义 1.3.1 给了映射:

$$\varphi : A \to B; \quad \varphi : x \mapsto y.$$

又设 $C \subset A$, 映射 φ 在集合 C 上的限制 $\varphi|_C$ 定义为以下的映射:

$$\varphi|_C : C \to B; \quad \forall x \in C(\varphi|_C(x) = \varphi(x)). \tag{1.3.9}$$

有时, 在 (通过上下文) 不会产生误会的前提下, φ 在集合 C 上的限制 $\varphi|_C$ 也常记做 φ.

定义 1.3.2 设 E 是个非空集合, 下面的 E 到自身的映射称为 E 上的**恒等映射**:

$$\mathrm{id}_E : E \to E, \ \forall x \in E(\mathrm{id}_E : x \mapsto x), \ \text{或等价地}, \forall x \in E(\mathrm{id}_E(x) = x).$$

当集合 E 通过上下文已 (不会产生误会地) 确定时, id_E 常被简记做 id.

练 习

1.3.1 设 $f : X \to Y$ 是 X 到 Y 的映射. $A \subset X, B \subset X$. 试证:
(i) $(A \subset B) \Longrightarrow (f(A) \subset f(B))$;

(ii) $(A \neq \emptyset) \Longrightarrow (f(A) \neq \emptyset)$.

1.3.2　设 $f: X \to Y$ 是 X 到 Y 的映射，$C \subset Y, D \subset Y$. 试证：

$$(C \subset D) \Longrightarrow (f^{-1}(C) \subset f^{-1}(D)).$$

1.3.3　设 $f: X \to Y$ 是 X 到 Y 的映射. 问：$\emptyset \neq B \subset Y \Longrightarrow f^{-1}(B) \neq \emptyset$ 永远成立吗？若成立, 试证明之. 否则, 举一反例说明之.

1.3.4　(i) 试证明关系式 (1.3.6), (1.3.7) 及 (1.3.8)：

$$\varphi\left(\bigcap_{\alpha \in I} E_\alpha\right) \subset \bigcap_{\alpha \in I} \varphi(E_\alpha); \tag{1.3.6$'$}$$

$$\varphi^{-1}\left(\bigcup_{\alpha \in I} E_\alpha\right) = \bigcup_{\alpha \in I} \varphi^{-1}(E_\alpha); \tag{1.3.7$'$}$$

$$\varphi^{-1}\left(\bigcap_{\alpha \in I} E_\alpha\right) = \bigcap_{\alpha \in I} \varphi^{-1}(E_\alpha). \tag{1.3.8$'$}$$

(ii) 请举一个满足以下不等式的例：

$$\varphi\left(\bigcap_{\alpha \in I} E_\alpha\right) \neq \bigcap_{\alpha \in I} \varphi(E_\alpha).$$

1.3.5　设 $f: X \to Y$ 是 X 到 Y 的映射，$C \subset D \subset Y$. 试证：

(i) $f^{-1}(D \setminus C) = f^{-1}(D) \setminus f^{-1}(C)$;

(ii) $f^{-1}(D^C) = (f^{-1}(D))^C$.

1.3.6　设 $f: X \to Y$ 是 X 到 Y 的映射，$A \subset B \subset X$. 试问：以下两个等式成立否？若成立, 请证明之. 不然, 请举反例说明之.

(i) $f(B \setminus A) = f(B) \setminus f(A)$;

(ii) $f(B^C) = (f(B))^C$.

1.3.7　设 $f: X \to Y$ 是 X 到 Y 的映射，$A \subset X, C \subset Y$. 试证：

(i) $f^{-1}(f(A)) \supset A$;

(ii) $f(f^{-1}(C)) \subset C$.

(iii) 请举例说明：以上两个包含关系是不能改成等式的.

§1.4　映射的乘积 (或复合)

设 $\varphi: E \to F$ 和 $\psi: H \to G$ 是两个映射, 其中 E 是 φ 的定义域，F 是 φ 的目标域，H 是 ψ 的定义域，G 是 ψ 的目标域. 假若 φ 的目标域 F 是 ψ 的定义域 H 的子集：$F \subset H$, 则 ψ 和 φ 的**乘积** (或称**复合**) $\psi \circ \varphi$ 定义为 $E \to G$ 的如下的映射：

$$\psi \circ \varphi : E \to G, \quad \psi \circ \varphi(x) = \psi\big(\varphi(x)\big). \tag{1.4.1}$$

若还有映射 $\vartheta : K \to H$, 且满足条件 $K \supset G$, 则 $\vartheta \circ (\psi \circ \varphi)$ 和 $(\vartheta \circ \psi) \circ \varphi$ 均有定义, 且满足映射乘积的**结合律**:

$$\vartheta \circ (\psi \circ \varphi) = (\vartheta \circ \psi) \circ \varphi. \tag{1.4.2}$$

这可以从映射乘积的定义直接得到: 首先, $\vartheta \circ (\psi \circ \varphi)$ 和 $(\vartheta \circ \psi) \circ \varphi$ 的定义域都是 E. 其次, 对于一切 $x \in E$, 我们有

$$[\vartheta \circ (\psi \circ \varphi)](x) = \vartheta[(\psi \circ \varphi)(x)] = \vartheta[\psi(\varphi(x))]$$
$$= (\vartheta \circ \psi)[\varphi(x)] = [(\vartheta \circ \psi) \circ \varphi](x).$$

这就证明了结合律 (1.4.2).

应该注意的是, 映射乘积一般无交换律. 事实上, 当 E 是 φ 的定义域, F 是 φ 的值域又是 ψ 的定义域 H 的子集: $F \subset H$, G 是 ψ 的值域时, 乘积 $\psi \circ \varphi$ 是有定义的. 但是, 假若不满足条件 $G \subset E$ 时, 乘积 $\varphi \circ \psi$ 是无意义的, 当然就谈不上交换律了. 即使条件 $G \subset E$ 得以满足, 因而乘积 $\varphi \circ \psi$ 有意义. 因为

$$\psi \circ \varphi : E \to E, \ \varphi \circ \psi : H \to H.$$

要使交换律 $\psi \circ \varphi = \varphi \circ \psi$ 成立, 至少应满足条件 $E = H$. 但即使条件 $E = H$ 也得到满足, 交换律 $\psi \circ \varphi = \varphi \circ \psi$ 仍未必成立. 例如, $E = F = G = H = \{0,1\}$, 而 φ 和 ψ 定义如下:

$$\varphi(x) = \begin{cases} 1, & \text{当 } x = 0 \text{ 时,} \\ 0, & \text{当 } x = 1 \text{ 时,} \end{cases} \quad \forall x \in \{0,1\}\big(\psi(x) = 0\big).$$

不难看出, $\forall x \in \{0,1\}(\psi \circ \varphi(x) = 0)$, 而 $\forall x \in \{0,1\}(\varphi \circ \psi(x) = 1)$. 因此, $\psi \circ \varphi \neq \varphi \circ \psi$.

映射 $\varphi : E \to F$ 称为**单射**, 若 E 的不同点的像是不同的, 即

$$\forall x, y \in E(x \neq y \Longrightarrow \varphi(x) \neq \varphi(y)).$$

映射 $\varphi : E \to F$ 称为**满射**, 若 $F = \varphi(E)$, 即

$$\forall y \in F \exists x \in E(y = \varphi(x)).$$

满射就是目标域等于值域的映射.

既为单射又为满射的映射称为**双射** (有时, 称为 (E 和 F 之间的) "一一对应").

若映射 $\varphi : E \to F$ 是双射, 则 $\forall y \in F\big(\exists x \in E(y = \varphi(x))\big)$, 且使得 $y = \varphi(x)$ 的 x 是唯一确定的. 这时, 定义 φ 的**逆映射**如下:

$$\varphi^{-1}(y) = x \Longleftrightarrow \varphi(x) = y. \tag{1.4.3}$$

用映射复合的语言来表达, 上式等价于

$$\varphi^{-1} \circ \varphi = \mathrm{id}_E, \quad \text{且} \quad \varphi \circ \varphi^{-1} = \mathrm{id}_F. \tag{1.4.3$'$}$$

当映射称为函数时, 它的逆映射常称为**反函数**.

值得指出的是: 若 $\varphi : E \to F$ 是双射, 且 $A \subset F$, 则 $\varphi^{-1}(A)$ 看做集合 A 在双射 φ 的逆映射 φ^{-1} 下的像, 或看做集合 A 关于双射 φ 的原像, 结果是一致的 (请同学们自行证明它).

例 1.4.1   映射 $\sin : x \mapsto y = \sin x$ 在 $\left[-\dfrac{\pi}{2}, \dfrac{\pi}{2}\right]$ 上的限制 (仍记做 $\sin$) 是 $[-\pi/2, \pi/2] \to [-1, 1]$ 的双射. 它的逆映射 $\sin^{-1} = \arcsin : y \mapsto x = \arcsin y$ 是 $[-1, 1] \to [-\pi/2, \pi/2]$ 的双射. 这个逆映射 $x = \arcsin y$ 恰是中学三角学课上说的反正弦函数的主值.

例 1.4.2   记 $\mathbf{R}^2 = (x, t) : x \in \mathbf{R}, t \in \mathbf{R}$. 它代表平面. 有时, 称为 $\mathbf{R}$ 与自己的笛卡儿积. 今考虑 $\mathbf{R}^2 \to \mathbf{R}^2$ 的如下映射 G_v:

$$(\xi, \tau) = G_v(x, t), \tag{1.4.4}$$

其中 v 是一个给定的实数, 而

$$\xi = x - vt, \ \tau = t. \tag{1.4.5}$$

由 (1.4.4) 和 (1.4.5) 定义的映射称为 **Galileo 变换**, 它是双射. Newton 力学在 Galileo 变换下是不变的, 换言之, Newton 第二定律在 Galileo 变换下是不变的. 它的逆变换是

$$(\xi, \tau) = G_v^{-1}(x, t), \tag{1.4.6}$$

其中

$$\xi = x + vt, \quad \tau = t. \tag{1.4.7}$$

换言之, $(G_v)^{-1} = G_{-v}$. 不难检验, $G_{u+v} = G_u \circ G_v$. 常称集合 $\{G_u : u \in \mathbf{R}\}$ (关于运算 ∘) 构成一个**群**, 称为 **Galileo 群**. Newton 力学相对于 Galileo 群是不变的. 用物理的语言说: 相对于一个惯性系统作匀速直线运动的参考系仍是惯性系统. 在任何惯性系统中 Newton 第二定律的表达形式都是一样的:

$$F = ma.$$

由 (1.4.7) 中的第二个方程, Newton 力学中的两个惯性系统中的时间是完全一样的. 这就是 Newton 的绝对时间. 由等式 $G_{u+v} = G_u \circ G_v$, 在两个惯性系统中, 速度是通过加法联系起来的.

例 1.4.3 $\mathbf{R}^2$ 的如下映射 L_v:

$$(\xi, \tau) = L_v(x, t), \tag{1.4.8}$$

其中 v 是一个满足要求 $0 \leqslant v < c$ 的实数, c 表示光速, 而

$$\xi = \frac{x - vt}{\sqrt{1 - (v/c)^2}}, \quad \tau = \frac{t - (v/c^2)x}{\sqrt{1 - (v/c)^2}}. \tag{1.4.9}$$

由 (1.4.8) 和 (1.4.9) 定义的映射称为 **Lorentz 变换**, 它是双射. Lorentz 第一个注意到, Maxwell 的电磁理论在 Galileo 变换下不是不变的, 但在 Lorentz 变换下却是不变的. Einstein 在 1905 年发表的狭义相对论的基本假设是: 物理学的规律应是在 Lorentz 变换下不变的, 而不是在 Galileo 变换下不变的. 在 Lorentz 变换下 $\tau \neq t$. 换言之, 两个惯性系统中的时间并不一样. Newton 的绝对时间的概念是错误的. Lorentz 变换的逆变换是

$$(\xi, \tau) = L_v^{-1}(x, t), \tag{1.4.10}$$

其中

$$\xi = \frac{x + vt}{\sqrt{1 - (v/c)^2}}, \quad \tau = \frac{t + (v/c^2)x}{\sqrt{1 - (v/c)^2}}. \tag{1.4.11}$$

换言之, $L_v^{-1} = L_{-v}$. 易见, $L_u \circ L_v = L_w$, 其中,

$$w = \frac{u + v}{1 + (uv)/c^2}. \tag{1.4.12}$$

集合 $\{L_u : u \in \mathbf{R}\}$ (关于运算 ∘) 常称为构成了一个 (二维的) **Lorentz 群**. 由方程 (1.4.12), 在两个惯性系统中, 速度不是通过加法联系起来

的. Einstein 的狭义相对论彻底改变了人类的时空概念, 揭开了 20 世纪物理学革命的序幕. 注意到 $v/c \approx 0$ 时, Lorentz 变换接近于 Galileo 变换, 因而, Newton 力学只是 Einstein 相对论力学在 $v/c \to 0$ 时的渐近极限.

在例 1.4.1 中, 函数 sin 的自变量是 x, 因变量 (函数) 是 y. 而反函数 arcsin 的自变量是 y, 因变量 (函数) 是 x, 正好与函数的相反. 但在例 1.4.2 与例 1.4.3 中, 变换与逆变换的自变量都是 (x,t), 因变量都是 (ξ, τ). 应该指出, 映射 (或函数, 或变换) 是指确定自变量与因变量之间对应关系的规则, 自变量与因变量用什么记号并不改变这个对应关系的规则, 因而自变量与因变量用什么记号对函数 (或变换) 是无关紧要的.

请同学们自行检验公式 $L_u \circ L_v = L_w$, 其中 w 是由公式 (1.4.12) 确定的. 并请检验逆变换公式 (1.4.7) 与 (1.4.11).

练　习

1.4.1 设 $f: X \to Y$ 是 X 到 Y 的映射. 试证:

(i) f 是单射, 当且仅当对于任何 $A \subset X$, 有 $f^{-1}(f(A)) = A$;

(ii) f 是满射, 当且仅当对于任何 $C \subset Y$, 有 $f(f^{-1}(C)) = C$;

(iii) f 是双射, 当且仅当对于任何 $A \subset X$, 有 $f^{-1}(f(A)) = A$ 且对于任何 $C \subset Y$, 有 $f(f^{-1}(C)) = C$.

1.4.2 设 $f: X \to Y$ 是 X 到 Y 的映射. 试证以下四个命题等价:

(i) f 是单射;

(ii) 对于任何 $A \subset X$ 和 $B \subset X$, 有 $f(A \cap B) = f(A) \cap f(B)$;

(iii) 对于任何 $A \subset X$ 和 $B \subset X$, 有
$$f(A) \cap f(B) = \emptyset \Longleftrightarrow f(A \cap B) = \emptyset \Longleftrightarrow A \cap B = \emptyset;$$

(iv) 对于任何 $B \subset A \subset X$, 有 $f(A \setminus B) = f(A) \setminus f(B)$.

1.4.3 试构造一个集合 X 及两个映射 $\varphi: X \to X$ 及 $\psi: X \to X$, 使得 $\varphi \circ \psi \neq \psi \circ \varphi$(最好不要与讲义中举的例相同).

1.4.4 设 X 表示全体 (实) 数列 $(x_1, \cdots, x_n, \cdots)$ 组成的集合:
$$X = \{(x_1, \cdots, x_n, \cdots) : \forall n \in \mathbf{N}(x_n \in \mathbf{R})\}.$$

映射 $\varphi: X \to X$ 定义如下:
$$\varphi: (x_1, \cdots, x_n, \cdots) \mapsto (x_2, \cdots, x_n, \cdots).$$

试问:

(i) 有没有一个映射 $\psi: X \to X$, 使得 $\varphi \circ \psi = \mathrm{id}_X$? 其中 id_X 表示 X 上的恒等映射:

$$\forall x \in X(\mathrm{id}_X(x) = x).$$

(ii) 满足 (i) 中条件的 ψ 是否是唯一确定的?

(iii) 有没有一个映射 $\psi: X \to X$, 使得 $\psi \circ \varphi = \mathrm{id}_X$?

(iv) φ 是否是双射?

1.4.5 设 $f: X \to Y$ 和 $g: Y \to Z$ 是两个双射. 试证:

$$g \circ f: X \to Z:$$

也是双射, 且 $(g \circ f)^{-1} = f^{-1} \circ g^{-1}$.

1.4.6 设 G_v 是例 1.4.2 中的 Galileo 变换. 试证:

(i) $(G_v)^{-1} = G_{-v}$;

(ii) $G_{u+v} = G_u \circ G_v$;

(iii) $G_0 = \mathrm{id}$.

1.4.7 设 L_v 是例 1.4.3 中的 Lorentz 变换. 试证:

(i) $(L_v)^{-1} = L_{-v}$;

(ii) $L_w = L_u \circ L_v$, 其中

$$w = \frac{u+v}{1+(uv)/c^2};\tag{1.4.12}'$$

(iii) $L_0 = \mathrm{id}$.

§1.5　可　数　集

两个有限集的元素的个数 (或称集合的基数) 相等的充分必要条件是它们之间可以建立一个一一对应 (或称双射). 将此概念推广, 我们称两个 (有限或无限) 集合有相同的**基数** (cardinal number), 假若它们之间能建立一个双射. 若集合 A 与集合 B 的某子集之间能建立一个双射 (等价地, 有一个 $A \to B$ 的单射), 则称集合 A 的基数小于或等于集合 B 的基数. 若集合 A 与集合 B 的某子集之间能建立一个双射, 但集合 A 与集合 B 之间不能建立任何双射, 则称集合 A 的基数小于集合 B 的基数.

以上引进的 (有限或无限) 集合的基数的概念是有限集的元素的个数概念的自然推广. 但是, 我们不久会发现, 有限集的元素个数概念有些重要性质是一般集合的基数概念所没有的.

例 1.5.1   全体自然数构成的集合 **N** 与全体偶自然数构成的集合 $\{k = 2n : n \in \mathbf{N}\}$ 有相同的基数. 因为它们之间可以建立如下的双射:

$$\varphi : \mathbf{N} \to \{k = 2n : n \in \mathbf{N}\}, \quad \varphi(n) = 2n.$$

应该指出, $\{k = 2n : n \in \mathbf{N}\}$ 是集合 **N** 的真子集. 一个无限集 (它的确切定义下面给出) 有可能和它的某个真子集有相同的基数, 而有限集是不可能与它的任何真子集有相同的基数的. 换言之, 任何有限集的真子集的基数永远小于该有限集的基数, 而无限集是有可能与它的某个真子集有相同的基数的. 这个性质是有限集与无限集的分水岭, 它可以作为集合是有限集还是无限集的定义. 但是, 以下的定义也许更直观:

定义 1.5.1   满足以下两个条件之一的集合 A 称为**有限集**:

(1) A 是空集;

(2) 有自然数 n, 使得集合 $\{1, \cdots, n\}$ 与 A 有相同基数.

空集的基数定义为 0, 与 $\{1, \cdots, n\}$ 有相同基数的集合的基数定义为 n. 非有限集称为**无限集**.

利用自然数集 **N** 的公理 (参看 1.7 节) 及由公理而推得的自然数集 **N** 的性质, 不难证明关于有限集基数的以下性质 (同学自学了 §1.7 后, 利用数学归纳原理不难自行证明它们): (1) 有限集的子集仍是有限集; (2) 任何有限集的子集的基数小于或等于该集的基数; (3) 任何有限集的真子集的基数小于原集的基数; (4) 有限个有限集的并仍是有限集.

下面我们要进入无限集的研究. 首先引进可数集的概念. 可数集也许是人类最早遇到的无限集, 事实上, 它是最小的无限集:

定义 1.5.2   与 **N** 有相同基数的集合称为**可数集**. 可数集与有限集统称为**至多可数集**.

按以上定义, 至多可数集必与 **N** 的某子集有相同的基数. 这个命题的逆命题也成立: 任何与 **N** 的某子集有相同基数的集合必是至多可数集. 这个逆命题将在命题 1.5.1 中证明. 另外, 我们在例 1.5.1 的讨论中已经证明了, 全体正偶数集是可数集.

设 $\emptyset \neq E \subset \mathbf{R}$, 则 E 的最小数定义为

$$\alpha = \min E \iff \big(\alpha \in E\big) \wedge \big(\forall x \in E(\alpha \leqslant x)\big).$$

相仿地, E 的最大数定义为

$$\beta = \max E \iff \big(\beta \in E\big) \wedge \big(\forall x \in E(\beta \geqslant x)\big).$$

并非所有的非空实数集都有最小数或最大数. 例如, $[0,1)$ 有最小数, 却无最大数. $(0,1]$ 有最大数, 却无最小数. $(0,1)$ 既无最小数, 也无最大数. 但所有的非空的由实数构成的有限集都有最小数且有最大数. 这个命题可以通过归纳法证明, 细节留给同学了.

为了以下命题证明的需要, 我们引进一个直观上非常显然的, 关于自然数集 $\mathbf{N}$ 的重要性质:

$\mathbf{N}$ 的**良序性**: $\mathbf{N}$ 的任何非空 (有限或无限) 子集 S 都有最小数.

这个性质我们常在推导中使用. 在本章的补充教材一 (§1.7) 中将扼要地讨论自然数的定义, 并从 §1.7 中给出的自然数的定义出发而推导出自然数集 $\mathbf{N}$ 的良序性.

命题 1.5.1 我们有以下关于无限集与可数集的结论:

(1) 任何无限集必有一个可数子集, 换言之, 任何无限集的基数大于或等于 $\mathbf{N}$ 的基数;

(2) 至多可数集的子集是至多可数集.

证 两个结论分别证明如下:

(1) 设 A 是无限集. 我们想建立一个 $\mathbf{N}$ 到 A 的某子集的双射 φ. 作为无限集的 A 必非空. 任选一个元素 $x_1 \in A$, 我们定义 $\varphi(1) = x_1$. 若对于某个 $n \in \mathbf{N}$ 已定义了 $\varphi(1), \cdots, \varphi(n) \in A$, 且 $\varphi(1), \cdots, \varphi(n)$ 中的 n 个 A 的元素是互不相同的. 因 A 是无限集, $A \setminus \{\varphi(1), \cdots, \varphi(n)\} \neq \varnothing$. 任选一个元素 $x_{n+1} \in A \setminus \{\varphi(1), \cdots, \varphi(n)\}$, 令 $\varphi(n+1) = x_{n+1}$. 这样我们定义了 $\varphi(1), \cdots, \varphi(n+1)$, 且其中 $n+1$ 个元素是互不相同的. 由数学归纳原理, 对于每个 $n \in \mathbf{N}$, 有一个 $\varphi(n) \in A$ 与之对应, 且 $n \neq m$ 时, $\varphi(n) \neq \varphi(m)$. 换言之, 我们可定义一个序列 $\varphi(1), \cdots, \varphi(n), \cdots$ 使得

$$\{\varphi(1), \cdots, \varphi(n), \cdots\} \subset A, \quad \text{且 } n \neq m \implies \varphi(n) \neq \varphi(m).$$

φ 是 $\mathbf{N}$ 到 A 的子集 $\{\varphi(1), \cdots, \varphi(n), \cdots\}$ 的双射. (1) 证毕.

(2) 因为任何有限集及任何可数集都与 **N** 的某子集之间有双射, 我们只须证明 **N** 的任何子集 A 至多可数就够了. 若 A 是有限集, 结论自然成立. 今设 A 是无限集.

我们定义映射 φ 如下: 首先, 令

$$\varphi(1) = \min A.$$

因 A 是无限集, $A \setminus \{\varphi(1)\} \neq \emptyset$, 又根据 $\varphi(1)$ 的定义,

$$\forall x \in A \setminus \{\varphi(1)\}(\varphi(1) < x).$$

设已经定义了 $\varphi(1), \cdots, \varphi(n)$, 且具有性质:

(i) $\varphi(1) < \cdots < \varphi(n)$;

(ii) $\forall x \in A \setminus \{\varphi(1), \cdots, \varphi(n)\}(\varphi(n) < x)$.

因 A 是无限集, $A \setminus \{\varphi(1), \cdots, \varphi(n)\} \neq \emptyset$. 令

$$\varphi(n+1) = \min(A \setminus \{\varphi(1), \cdots, \varphi(n)\}).$$

易见,

(i) $\varphi(1) < \cdots < \varphi(n) < \varphi(n+1)$;

(ii) $\forall x \in A \setminus \{\varphi(1), \cdots, \varphi(n+1)\}(\varphi(n+1) < x)$.

这样, 根据归纳原理, 我们定义了一个映射 $\varphi : \mathbf{N} \to A$, 它具有如下性质:

(i) $\varphi(1) < \cdots < \varphi(n) < \cdots$;

(ii) $\forall x \in A \setminus \varphi(\mathbf{N})\forall n \in \mathbf{N}(\varphi(n) < x)$.

由以上两条性质, 我们有以下推论:

(iii) $\forall n \in \mathbf{N}(n \leqslant \varphi(n))$.

性质 (iii) 可以归纳地证明如下: 首先, $1 \leqslant \varphi(1)$ 是显然成立的. 设 $k \leqslant \varphi(k)$, 有 $k + 1 \leqslant \varphi(k) + 1$. 又由 (i), $\varphi(k) < \varphi(k+1)$, 因 $\varphi(k) + 1$ 是比 $\varphi(k)$ 大的自然数中的最小者, 故有 $\varphi(k) + 1 \leqslant \varphi(k+1)$. 因此, 我们得到 $k + 1 \leqslant \varphi(k+1)$.

由 (i), φ 是单射. 由 (ii) 和 (iii), φ 是满射, 理由是: 若 $A \setminus \varphi(\mathbf{N}) \neq \emptyset$, 必有 $p \in A \setminus \varphi(\mathbf{N})$, 则 $\forall n \in \mathbf{N}(n \leqslant \varphi(n) < p)$. 特别取 $n = p$, 便有 $p < p$, 这个矛盾证明了 φ 是满射. 故 φ 是双射. □

注 1 (1) 的结论告诉了我们: 基数小于或等于可数集的基数的集合必是有限集或可数集. 这就是把有限集和可数集称为 "至多可数" 集的理由.

注 2 (2) 的结论可以看成 (1) 的结论与补充教材一中 Schroeder-Bernstein 定理 (定理 1.8.1) 的推论, 我们这里的证明未用到 (证明较为复杂的)Schroeder-Bernstein 定理.

中学的数学课上已经证明了: 素数集是无限集. 由命题 1.5.1 的 (2) 知, 全体素数是可数集.

命题 1.5.2 可数个可数集之并是可数集.

证 先设这可数个可数集

$$A_n : n = 1, 2, 3, \cdots$$

是两两不相交的. 每个可数集与 **N** 之间有双射, 它的元素可以排成一个序列. 我们把它们的元素用双下标来区分. 第一个下标表示元素所属集合的号码, 第二个下标表示元素在所属集合中的号码. 只当两个元素的双下标完全相同时, 两个元素才相同:

$$A_1 = \{a_{11}, a_{12}, a_{13}, a_{14}, \cdots\},$$
$$A_2 = \{a_{21}, a_{22}, a_{23}, a_{24}, \cdots\},$$
$$A_3 = \{a_{31}, a_{32}, a_{33}, a_{34}, \cdots\},$$
$$A_4 = \{a_{41}, a_{42}, a_{43}, a_{44}, \cdots\},$$
$$\cdots\cdots\cdots\cdots\cdots \tag{1.5.1}$$

集合 $\bigcup_{n=1}^{\infty} A_n$ 的元素可以用以下办法排成一个序列, 换言之, 每个 $\bigcup_{n=1}^{\infty} A_n$ 的元素都有一个自然数号码与之对应, 不同的元素的号码是不同的, 且全体号码恰构成 **N**:

$$a_{11}; \quad a_{12}, a_{21}; \quad a_{13}, a_{22}, a_{31}; \quad a_{14}, a_{23}, a_{32}, a_{41}; \quad \cdots; \quad \cdots \tag{1.5.2}$$

这里的排序原则是: 双下标之和小的元素排在前边. 当元素的双下标之和相等时 (共有限个), 按第一下标的大小排. (同学可以证明: 元素

a_{mn} 按上述方法排成一行时, 它的号码应是 $m+(m+n-1)(m+n-2)/2$. 由此证明, 不同的 a_{mn} 的号码不同, 且全体元素的号码已用尽所有的自然数). 这样就建立了集合 $\bigcup\limits_{n=1}^{\infty} A_n$ 与集合 $\mathbf{N}$ 之间的双射. 所以, 集合 $\bigcup\limits_{n=1}^{\infty} A_n$ 是可数的.

若可数个可数集 $A_n (n=1,2,3,\cdots)$ 非两两不相交的. 它们的元素仍如 (1.5.1) 所示. 今构作可数个集合 B_n $(n=1,2,3,\cdots)$ 如下:

$$B_1 = \{\{1,1,a_{11}\}, \{1,2,a_{12}\}, \{1,3,a_{13}\}, \{1,4,a_{14}\}, \cdots\},$$

$$B_2 = \{\{2,1,a_{21}\}, \{2,2,a_{22}\}, \{2,3,a_{23}\}, \{2,4,a_{24}\}, \cdots\},$$

$$B_3 = \{\{3,1,a_{31}\}, \{3,2,a_{32}\}, \{3,3,a_{33}\}, \{3,4,a_{34}\}, \cdots\},$$

$$B_4 = \{\{4,1,a_{41}\}, \{4,2,a_{42}\}, \{4,3,a_{43}\}, \{4,4,a_{44}\}, \cdots\},$$

$$\cdots\cdots\cdots\cdots\cdots \tag{1.5.3}$$

容易看出, 集合 $B_n(n=1,2,3,\cdots)$ 是两两不相交的. 故集合 $\bigcup\limits_{n=1}^{\infty} B_n$ 是可数的. 不难建立集合 $\bigcup\limits_{n=1}^{\infty} A_n$ 与集合 $\bigcup\limits_{n=1}^{\infty} B_n$ 的一个子集之间的双射.

$\Big($这只须注意到 $\bigcup\limits_{n=1}^{\infty} A_n = \bigcup\limits_{n=1}^{\infty} \Big[A_n \setminus \bigcup\limits_{j=1}^{n-1} A_j \Big]$, $A_n \setminus \bigcup\limits_{j=1}^{n-1} A_j$ 与 B_n 的一个子集之间有双射, 且当 $n \neq m$ 时必有 $\Big(A_n \setminus \bigcup\limits_{j=1}^{n-1} A_j \Big) \cap \Big(A_m \setminus \bigcup\limits_{j=1}^{m-1} A_j \Big) = \varnothing.\Big)$ 集合 $\bigcup\limits_{n=1}^{\infty} A_n$ 是无限的. 由命题 1.5.1 知, 集合 $\bigcup\limits_{n=1}^{\infty} A_n$ 是可数的. □

推论 1.5.1 有限个可数集之并是可数集.

证 有限个可数集之并可看成可数个可数集之并之无限子集. □

推论 1.5.2 可数集与有限集之并是可数集.

证 可数集与有限集之并可看成两个可数集之并之子集. □

推论 1.5.3 设 A 是可数集, B 是无限集, $\varphi: A \to B$ 是满射, 则 B 是可数集.

证 对于每个 $y \in B$, $\varphi^{-1}(\{y\}) \neq \emptyset$. 任选一个元素 $x \in \varphi^{-1}(\{y\})$, 记 $x = \psi(y)$. 显然, B 与 $\psi(B)$ 有相同的基数. $\psi(B)$ 作为可数集 A 的无限子集, 由命题 1.5.1 的 (2), 它应是可数集; 因而 B 是可数集. □

推论 1.5.4 正有理数全体 $\mathbf{Q}_+ \setminus \{0\}$ 是可数集.

证 由命题 1.5.2, 集合 $\{(m,n) : m \in \mathbf{N}, n \in \mathbf{N}\}$ 可数. 集合 $\{(m,n) : m \in \mathbf{N}, n \in \mathbf{N}\}$ 到集合 $\mathbf{Q}_+ \setminus \{0\} = \{n/m \in \mathbf{R} : m \in \mathbf{N}, n \in \mathbf{N}\}$ 的以下的映射 ϕ 是满射:

$$\phi((m,n)) = n/m.$$

$\mathbf{Q}_+ \setminus \{0\}$ 是无限集. 由推论 1.5.3, $\mathbf{Q}_+ \setminus \{0\}$ 是可数集. □

推论 1.5.5 有理数全体 $\mathbf{Q}$ 是可数集.

证 负有理数全体与正有理数全体之间有双射, 故负有理数全体构成可数集. 有理数全体是正有理数全体, 负有理数全体与集合 $\{0\}$ 之并, 故可数. □

命题 1.5.3 开区间 $(0,1)$ 是不可数的无限集.

证 每个 $(0,1)$ 中的实数都可表示成以下形式的十进位小数:

$$0.a_1 a_2 \cdots a_n \cdots,$$

其中 $a_n \in \{0,1,2,\cdots,9\}$.

对于 $(0,1)$ 中的通常的实数, 以上的表示是唯一的. 仅有的例外是, 以下形式的实数有两种表示方式:

$$0.a_1 a_2 \cdots a_n 00 \cdots 0 \cdots = 0.a_1 a_2 \cdots (a_n - 1) 99 \cdots 9 \cdots.$$

若 $(0,1)$ 中的实数可以排成一个序列:

$$x_1, x_2, \cdots, x_n, \cdots,$$

其中 x_n 的十进位小数表示是:

$$x_n = 0.a_1^n a_2^n \cdots a_m^n \cdots.$$

今定义实数 y 如下, 它的十进位小数表示是:

$$y = 0.b_1 b_2 \cdots b_m \cdots,$$

其中
$$b_m = \begin{cases} 1, & \text{当 } a_m^m \neq 1 \text{ 时,} \\ 2, & \text{当 } a_m^m = 1 \text{ 时.} \end{cases}$$

显然, $\forall m \in \mathbf{N}(y \neq x_m)$. 矛盾. $\square$

以上是在把实数看成十进位小数的前提下得到命题 1.5.3 的结论的. 在下一章对实数作了进一步讨论后, 我们可以从实数的另外的性质出发得到这个结论.

练   习

1.5.1 设 $\{I_\alpha : \alpha \in J\}$ 是一个由 (非空) 开区间构成的集合, 且 $\forall \alpha, \beta \in J(\alpha \neq \beta \Longrightarrow I_\alpha \cap I_\beta = \emptyset)$. 换言之, 这个开区间集合中的开区间是两两不相交的. 试证:

(i) 集合 J 与某个 $S \subset \mathbf{Q}$ 之间有双射;

(ii) J 是至多可数集.

1.5.2 试证: 集合 $\mathbf{R}$, 开区间 $(0,1)$, 闭区间 $[0,1]$, 左开右闭区间 $(0,1]$ 和右开左闭区间 $[0,1)$(作为点集) 的基数都相等.

1.5.3 设 X 是个集合, $A \subset X$. A 的指示函数 (或称特征函数) $\mathbf{1}_A$ 定义为
$$\mathbf{1}_A(x) = \begin{cases} 1, & \text{若 } x \in A, \\ 0, & \text{若 } x \notin A. \end{cases}$$

记 $Y = \{\mathbf{1}_A : A \subset X\}$, 2^X 表示由 X 的所有的子集构成的集合. 试证: Y 与 2^X 有相等的基数.

1.5.4 设 $X_1, X_2, \cdots, X_m$ 是有限个有限集, 则
$$\begin{aligned} \text{card}\left(\bigcup_{j=1}^m X_j\right) &= \sum_{1 \leqslant i_1 \leqslant m} \text{card} X_{i_1} - \sum_{1 \leqslant i_1 < i_2 \leqslant m} \text{card}(X_{i_1} \cap X_{i_2}) \\ &+ \sum_{1 \leqslant i_1 < i_2 < i_3 \leqslant m} \text{card}(X_{i_1} \cap X_{i_2} \cap X_{i_3}) \\ &- \cdots + (-1)^{m-1} \text{card}(X_1 \cap \cdots \cap X_m), \end{aligned}$$

其中 $\text{card} S$ 表示集合 S 的基数.

1.5.5 (i) 设 A 是个无限集 (定义 1.5.1 意义下的). 试证: A 有真子集 B, 使得 B 与 A 之间可建立双射.

(ii) 设 A 是个有限集 (定义 1.5.1 意义下的). 试证: A 的任何真子集 B 不可能与 A 建立双射.

1.5.6 设 $\{A_n : n \in \mathbf{N}\}$ 是可数个集合构成的集合类.

(i) B 表示所有属于无限多个集合 A_n 的元素构成的集合. 试证:
$$B = \bigcap_{n=1}^\infty \bigcup_{k=n}^\infty A_k;$$

(ii) C 表示 $\bigcup\limits_{n=1}^{\infty} A_n$ 中这样的元素 x 的全体: 除了有限多个集合 A_n 外, 其他的集合 A_n 都含有 x. 试证:

$$C = \bigcup_{n=1}^{\infty} \bigcap_{k=n}^{\infty} A_k.$$

§1.6 附 加 习 题

本节将引进四个以后经常要用的概念: 集合的笛卡儿积, 等价关系, 映射的图像和偏序关系.

1.6.1　设 X 和 Y 是两个集合, X 和 Y 的**笛卡儿积**, 记做 $X \times Y$, 表示由 X 和 Y 中的元素组成的序对构成的集合 (参看图 1.6.1):

$$X \times Y = \{(x, y) : x \in X, y \in Y\}.$$

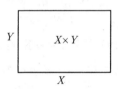

图 1.6.1　$X \times Y$

(注意: 所谓 (x, y) 是序对, 即, 我们约定: $(x, y) = (w, z) \Longleftrightarrow (x = w) \wedge (y = z)$). 试找一个几何图形来表示以下的笛卡儿积:

(i) $[a, b] \times [c, d] =$?

(ii) $(a, b) \times (c, d) =$?

(iii) $(a, b] \times (c, d] =$?

以下设 $S^1 = \{(x, y) : x^2 + y^2 = 1\}$.

(iv) $[a, b] \times S^1 =$? (参看图 1.6.2)

(v) $S^1 \times S^1 =$? (参看图 1.6.3)

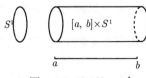

图 1.6.2　$[a, b] \times S^1$

图 1.6.3　$S^1 \times S^1$

1.6.2　**试证**:

(i) $(X \times Y = \emptyset) \Longleftrightarrow (X = \emptyset) \vee (Y = \emptyset)$.

以下设 $X \times Y \neq \emptyset$,

(ii) $(X \times Y \subset W \times Z) \Longleftrightarrow (X \subset W) \wedge (Y \subset Z)$;

(iii) $(X \times Y) \cup (Z \times Y) = (X \cup Z) \times Y$;

(iv) $(X \times Y) \cap (X' \times Y') = (X \cap X') \times (Y \cap Y')$;

(v) $(X \times Y) \setminus (X' \times Y') = ((X \setminus X') \times Y) \cup (X \times (Y \setminus Y'))$.

1.6.3 设 X 是一个集合, X 和 X 的笛卡儿积中的子集 $\mathcal{R} \subset X \times X$ 称为 X 的元素之间的一个**等价关系**, 假若 $\mathcal{R}$ 具有以下三条性质,

(a) 自反性: $\forall x \in X((x,x) \in \mathcal{R})$;

(b) 对称性: $\forall x, y \in X((x,y) \in \mathcal{R} \Longrightarrow (y,x) \in \mathcal{R})$;

(c) 传递性: $\forall x, y, z \in X((x,y) \in \mathcal{R}) \wedge ((y,z) \in \mathcal{R}) \Longrightarrow ((x,z) \in \mathcal{R})$.

给了 X 的一个分类是指一个满足以下条件的集合族 $\{X_\alpha : \alpha \in I\}$: $X = \bigcup\limits_{\alpha \in I} X_\alpha$, 且 $\alpha \neq \beta \Longrightarrow X_\alpha \cap X_\beta = \emptyset$.

(1) 假若给了 X 的一个分类 $\{X_\alpha : \alpha \in I\}$. 令

$$\mathcal{R} = \{(x,y) \in X \times X : \exists \ \alpha \in I((x \in X_\alpha) \wedge (y \in X_\alpha))\}.$$

试证: $\mathcal{R}$ 是个等价关系.

(2) 设 $\mathcal{R}$ 是 X 的元素之间的一个等价关系. 对于任何元素 $x \in X$, 令

$$X_x = \{y \in X : (x,y) \in \mathcal{R}\}.$$

试证:

(i) $\forall x, y \in X\Big((X_x = X_y) \vee (X_x \cap X_y = \emptyset)\Big)$;

(ii) $X = \bigcup\limits_{x \in X} X_x$.

若把每个 X_x 看成一个指标 (注意: $X_x = X_y$ 时, X_x 和 X_y 看成同一个指标!), 记做 $\alpha = X_x$ (注意: X_x 又是集合, 又是指标, 它有双重身份!), 集合 X_x 记做 X_α. 则 $\{X_\alpha\}$ 恰是 X 的一个分类. 换言之, 我们得到了以下的重要结论: 集合 X 的一个分类, 即 $\Big(X = \bigcup\limits_{\alpha \in I} X_\alpha\Big)$ 且 $(\alpha \neq \beta \Rightarrow X_\alpha \cap X_\beta = \emptyset)$, 对应于一个等价关系. 反之, 集合元素之间的一个等价关系产生集合 X 的一个分类. 分类中的每个类称为对应于这个等价关系的一个**等价类**.

给了一个等价关系 $\mathcal{R} \subset X \times X$, 若 $(x,y) \in \mathcal{R}$, 常记做 $x\mathcal{R}y$. 有时, $x\mathcal{R}y$ 也常记做 $x \sim y$. $\sim$ 称为等价关系.

1.6.4 问: $X \times X$ 的以下子集 $\mathcal{R}$ 中, 哪些是等价关系? 哪些不是? 它是等价关系时, 试指出等价类的涵义.

(i) $n \in \mathbf{N}$ 是个固定的自然数. $X = \mathbf{Z}, \mathcal{R} = \{(x,y) \in X \times X : \exists k \in \mathbf{Z}(x - y = nk)\}$;

(ii) $X = \{(x,y) \in \mathbf{Z} \times \mathbf{Z} : y \neq 0\}, \mathcal{R} = \{((x,y),(w,z)) \in X \times X : xz = yw\}$;

(iii) $X = \mathbf{R}, \mathcal{R} = \{(x,y) \in \mathbf{R} \times \mathbf{R} : x \geqslant y\}$.

1.6.5 设 $f : X \to Y$ 是个映射. f 的**图像**定义为 $X \times Y$ 的以下子集：

$$\mathbf{G}_f = \{(x,y) \in X \times Y : y = f(x)\}.$$

试画出以下映射的图像：

(i) $\sin : \mathbf{R} \to [-1,1]$, $y = \sin x$;

(ii) $f : (0, \infty) \to [-1,1]$, $f : x \mapsto \sin(1/x)$;

(iii) $X = \mathbf{R}, Y = [0, \infty), f : X \to Y$ 定义如下, $f(x) = x^2$;

(iv) $X = \{0,1,2,3,4,5,6\}, Y = \mathbf{Q}, f : X \to Y$ 定义如下, $f(n) = \dfrac{6!}{n!(6-n)!}$.

注 在不做相反的申明时，数学文献中总是约定：$0! = 1$.

1.6.6 试证：$\mathbf{G} \subset X \times Y$ 是某映射的图像的充分必要条件是：

$$\forall x \in X \exists (u,v) \in \mathbf{G}(u = x) \text{ 且 } \forall (x,y) \in \mathbf{G} \forall (u,v) \in \mathbf{G}(x = u \Longrightarrow y = v).$$

1.6.7 集合 $\mathcal{O} \subset X \times X$ 称为非空集 X 中的一个**偏序 (关系)**, 假若它满足以下的条件：

(a) $((x,y) \in \mathcal{O}) \wedge ((y,z) \in \mathcal{O}) \Longrightarrow ((x,z) \in \mathcal{O})$;

(b) $((x,y) \in \mathcal{O}) \wedge ((y,x) \in \mathcal{O}) \Longrightarrow x = y$.

当 $(x,y) \in \mathcal{O}$ 时, 我们常记做 $x \prec y$.

问：以下的例中，哪些是偏序? 哪些不是?

(i) $X = \mathbf{R}, \mathcal{O} = \{(x,y) \in X \times X : x \leqslant y\}$;

(ii) $X = \mathbf{R}^2, \mathcal{O} = \{((x,y),(u,v)) \in \mathbf{R}^2 \times \mathbf{R}^2 : \text{或 } x < u, \text{或 } x = u \text{ 且 } y \leqslant v\}$;

(iii) $X = \mathbf{R}^2, \mathcal{O} = \{((x,y),(u,v)) \in \mathbf{R}^2 \times \mathbf{R}^2 : x^2 + y^2 \leqslant u^2 + v^2\}$;

(iv) E 是个非空集, $X = 2^E$ 表示 E 的子集的全体. $\mathcal{O} = \{(A,B) \in X \times X : A \subset B\}$.

1.6.8 设 $a, b \in \mathbf{R}$ 且 $a < b$, 试证：$\exists c \in \mathbf{Q}(a < c < b)$.

*§1.7　补充教材一：关于自然数集合 N

自然数集合 **N** 是数学中最常碰到的集合之一. 它的性质是我们经常要用的. 在本节补充教材中要对自然数的公理化讨论作一扼要的介绍. 首先介绍它的定义.

定义 1.7.1 **自然数集合 N** 是个集合, 其中有一个元素 (称为起始元) 记做 1, 还有映射 S (称为后继映射)：$\mathbf{N} \to \mathbf{N}$, 它们具有以下性质：

(a) $1 \notin S(\mathbf{N})$;

(b) S 是单射;

(c) 假若 **N** 的子集 $M \subset \mathbf{N}$ 满足以下两个条件：

(i) $1 \in M$,

(ii) $\forall n \in \mathbf{N}(n \in M \implies S(n) \in M)$,

则我们有 $M = \mathbf{N}$.

用逻辑符号表示, 性质 (c) 可以写成以下形式:

(c) $\left[(1 \in M) \wedge \left(\forall n \in \mathbf{N}(n \in M \implies S(n) \in M)\right)\right] \implies (M = \mathbf{N})$.

以上便是自然数的公理化定义. 性质 (c) 常称为 (自然数集 $\mathbf{N}$ 满足的) **第一数学归纳原理**.

命题 1.7.1 $\{1\} \cup S(\mathbf{N}) = \mathbf{N}$.

证   因集合 $\{1\} \cup S(\mathbf{N})$ 满足定义 1.7.1 的 (c) 中 M 所要满足的两个条件 (i) 和 (ii), 故 $\{1\} \cup S(\mathbf{N}) = \mathbf{N}$.   □

定义 1.7.2   对于 $a, b \in \mathbf{N}$, 若 $b = \underbrace{S \circ S \circ \cdots \circ S}_{k \text{ 个 } S}(a) = S^k(a)$ (注意: k 不少于 1), 换言之, b 是 a 经过 k 次后继映射的结果, 则称 a 小于 b, 记做 $a < b$, 或称 b 大于 a, 记做 $b > a$. 我们还常用以下记法: $a \leqslant b$ 表示 $(a < b) \vee (a = b)$, 类似地, $a \geqslant b$ 表示 $(a > b) \vee (a = b)$.

命题 1.7.2 $\mathbf{N} = \{1, S(1), S^2(1), \cdots, S^n(1), \cdots\}$.

证   易证上式右端的集合满足定义 1.7.1 的 (c) 中 M 应满足的 (i) 和 (ii).   □

注   通常, 我们把 $\mathbf{N}$ 中的元素 $S^{n-1}(1)$ 记做 $n : n = S^{n-1}(1)$.

定义 1.7.3   在 $\mathbf{N}$ 中 (归纳地) 引进加法 (记做 +) 如下: 加法 + 是 $\mathbf{N} \times \mathbf{N} \to \mathbf{N}$ 的映射:

$$\mathbf{N} \times \mathbf{N} \ni (m, n) \mapsto m + n \in \mathbf{N},$$

它满足以下条件:

(a) $\forall n \in \mathbf{N}(n + 1 = S(n))$;

(b) $\forall m \in \mathbf{N} \forall n \in \mathbf{N}\left(n + S(m) = S(n + m)\right)$.

利用命题 1.7.2 和第一数学归纳原理, 由 (a) 和 (b) 定义的加法是 $\mathbf{N} \times \mathbf{N} \to \mathbf{N}$ 的映射. 作为练习, 同学还可以证明 (参看练习 1.7.1 和练习 1.7.2) 如此定义的加法满足如下的**结合律**:

$$a + (b + c) = (a + b) + c \tag{1.7.1}$$

和**交换律**:

$$a + b = b + a. \tag{1.7.2}$$

由命题 1.7.2 和加法的结合律, 我们可以证明:

$$a > b \iff \exists c \in \mathbf{N}(a + c = b).$$

由此易得以下命题.

命题 1.7.3 $(a < b) \wedge (b < c) \implies (a < c)$.

证   这是加法结合律的推论.   □

命题 1.7.4 $\forall n \in \mathbf{N}(1 \leqslant n)$.

证 这是命题 1.7.2 的推论. □

命题 1.7.5 $\forall n, k \in \mathbf{N}(S^k(n) \neq n)$. 换言之, $m > n \Longrightarrow n \neq m$.

证 设 $k \in \mathbf{N}$ 给定了, 令

$$M = \{n \in \mathbf{N} : S^k(n) \neq n\}.$$

由定义 1.7.1 的 (a), $1 \in M$. 若 $n \in M$, 即 $S^k(n) \neq n$. 由定义 1.7.1 的 (b), $S^k(S(n)) = S(S^k(n)) \neq S(n)$. 故 $S(n) \in M$. 由定义 1.7.1 的 (c), $M = \mathbf{N}$. 命题的前半部分证毕. 后半部分是前半部分与定义 1.7.2 的结合. □

命题 1.7.6 $\forall m, n \in \mathbf{N}((m < n) \vee (m > n) \vee (m = n))$.

证 因

$$1 < S(1) < S^2(1) < \cdots < S^n(1) < S^{n+1}(1) < \cdots,$$

由命题 1.7.2, 全体自然数都在以上的一排数中. 由定义 1.7.2, 这排数中任何两个均可比较大小, 命题 1.7.6 得证. □

命题 1.7.7 $S^k(1) = S^l(1) \Longrightarrow k = l$.

证 这是命题 1.7.3, 1.7.5 和 1.7.6 的推论. 假若 $k > l$, 则 $k = l + h$. 故 $S^k(1) = S^h(S^l(1)) > S^l(1)$, 这与假设 $S^k(1) = S^l(1)$ 矛盾. □

命题 1.7.8 对一切 $m, n \in \mathbf{N}$, $m < n, m > n, m = n$ 三者中只能有一个成立.

证 因

$$1 < S(1) < S^2(1) < \cdots < S^n(1) < S^{n+1}(1) < \cdots,$$

命题 1.7.8 是命题 1.7.7 的推论. □

注 由命题 1.7.6 和命题 1.7.8, 对一切 $m, n \in \mathbf{N}$, $m < n, m > n, m = n$ 三者中有一个也只能有一个成立.

命题 1.7.9 $\forall n \in \mathbf{N} \forall m \in \mathbf{N}(n+1 > m \Longrightarrow n \geqslant m)$.

证 这是命题 1.7.2 的推论. □

定理 1.7.1 (第二数学归纳原理) 若 $M \subset \mathbf{N}$ 具有以下性质:

$$\forall n \in \mathbf{N}\Big((\forall x \in \mathbf{N}(x < n \Longrightarrow x \in M)) \Longrightarrow n \in M\Big) \qquad (1.7.3)$$

(换言之, 若小于某自然数的自然数皆属于 M, 则该自然数必属于 M), 则 $M = \mathbf{N}$.

证 为了证明 $M = \mathbf{N}$, 引进集合

$$E = \{n \in \mathbf{N} : \forall m < n(m \in M)\}.$$

由性质 (1.7.3), $E \subset M$. 再由命题 1.7.4 和命题 1.7.8, $\exists m \in \mathbf{N}(m < 1)$ 是个永远不真的命题. 由 §1 练习 1.1.1 知, $1 \in E$, 换言之, E 满足定义 1.7.1 中 (c) 的 (i). 今设 $n \in E$, 则 $\forall m < n(m \in M)$. 由此并注意到 E 的定义, $\forall m \leqslant n(m \in E)$. 根据命题 1.7.9, 我们有 $\forall m < n+1(m \in E)$. 所以, $n+1 \in E$. E 满足定义 1.7.1 中 (c) 的 (ii). 故 $E = \mathbf{N}$. 由此, $M = \mathbf{N}$. □

注　第二数学归纳原理用逻辑符号表示的形式是: 对于任何 $M \subset \mathbf{N}$, 有

$$\forall n \in \mathbf{N}\Big((\forall x \in \mathbf{N}(x < n \Longrightarrow x \in M)) \Longrightarrow n \in M\Big) \Longrightarrow M = \mathbf{N}.$$

定理 1.7.2　自然数集 $\mathbf{N}$ 是良序的, 即任何满足关系 $\emptyset \neq S \subset \mathbf{N}$ 的集合 S 有最小元 m:

$$m \in S \text{ 且 } \forall n \in S(m \leqslant n). \tag{1.7.4}$$

证　设 $S \neq \emptyset$, 且无最小元. 显然, $1 \notin S$(不然, 1 是 S 的最小元). 令

$$T = \{n \in \mathbf{N} : \forall m \in S(n < m)\}. \tag{1.7.5}$$

显然, $T \cap S = \emptyset$. 我们现在要证明 T 满足条件 (1.7.3): 设 $n \in \mathbf{N}$ 满足条件:

$$\forall x \in \mathbf{N}(x < n \Longrightarrow x \in T). \tag{1.7.6}$$

我们要证明的是 $n \in T$. 若不然, $\exists m \in S(m \leqslant n)$. 若 $m < n$, 由 (1.7.6), $m \in T$. 由 T 的定义 (1.7.5), $m < m$. 这不可能. 若 $m = n$, 由 (1.7.6), 所有小于 m 的数都属于 T, 因而, 所有小于 m 的数都不属于 S. 因 $m \in S$, 故 m 是 S 的最小数. 这与 S 无最小元矛盾. 故 $n \in T$, 换言之, T 满足条件 (1.7.3). 由定理 1.7.1, $T = \mathbf{N}$. 由此, $S = \emptyset$. 这与假设矛盾.　□

定义 1.7.4　在 $\mathbf{N}$ 中引进乘法 (记做 $\cdot$ 或 $\times$) 如下:

(a) $\forall n \in \mathbf{N}(n \cdot 1 = n)$;

(b) $\forall n \in \mathbf{N} \forall m \in \mathbf{N}(n \cdot (m + 1) = n \cdot m + n)$.

练　习

1.7.1　证明: 由定义 1.7.3 给出的加法 $+ : \mathbf{N} \times \mathbf{N} \to \mathbf{N}$ 满足结合律 (1.7.1).

1.7.2　证明: 由定义 1.7.3 给出的加法 $+ : \mathbf{N} \times \mathbf{N} \to \mathbf{N}$ 满足交换律 (1.7.2).

1.7.3　用归纳法证明以下等式: 对于任何自然数 n, 有

(i) $1 + 2 + \cdots + n = \dfrac{n(n+1)}{2}$;

(ii) $1^2 + 2^2 + \cdots + n^2 = \dfrac{n(n+1)(2n+1)}{6}$;

(iii) $1^3 + 2^3 + \cdots + n^3 = (1 + 2 + \cdots + n)^2$.

1.7.4　设 n 和 p 是自然数, 记

$$\binom{n}{m} = \begin{cases} \dfrac{n!}{m!(n-m)!}, & \text{若 } m \leqslant n, \\ 0, & \text{若 } m > n. \end{cases}$$

注意: $0! = 1$. 试证:

(i) $\dbinom{n}{m} = \dbinom{n}{n-m}$; 　　　　　　(ii) $\dbinom{n}{m} + \dbinom{n}{m-1} = \dbinom{n+1}{m}$;

(iii) $(x + y)^n = \sum\limits_{j=0}^{n} \dbinom{n}{j} x^j y^{n-j}$; 　　　(iv) $\sum\limits_{j=0}^{n} \dbinom{n}{j} = 2^n$;

(v) $\sum\limits_{j=0}^{m} \binom{n+j}{n} = \binom{n+m+1}{n+1}$;

(vi) $(n+1)^p - n^p = \sum\limits_{j=1}^{p} \binom{p}{j-1} n^{j-1}$;

(vii) $(n+1)^p - 1 = \sum\limits_{j=1}^{p} \binom{p}{j} n^j$;

(viii) $\sum\limits_{l=1}^{n} l^p = \dfrac{n^{p+1}}{p+1} + An^p + +Bn^{p-1} + Cn^{p-2} + \cdots$, 其中 $A, B, C, \cdots$ 是不依赖于 n, 但依赖于 p 的常数. 并在 $p = 1, 2, 3, 4$ 时求出这些常数.

(ix) 对一切 $k \in \mathbf{N}$,

$$(x_1 + \cdots + x_k)^n = \sum_{n_1 + \cdots + n_k = n} \frac{n!}{n_1! \cdots n_k!} x_1^{n_1} \cdots x_k^{n_k},$$

其中右端的 $\sum\limits_{n_1 + \cdots + n_k = n}$ 表示对一切满足等式 $n_1 + \cdots + n_k = n$ 的非负整数组 $(n_1, \cdots, n_k)$ 求和.

注 (ix) 中的公式称为**多项式定理**.

1.7.5 设法计算下列表达式:

(i) $\sum\limits_{j=1}^{n} (2j-1)$;　　(ii) $\sum\limits_{j=1}^{n} (2j-1)^2$;

(iii) $\sum\limits_{j=1}^{n} \dfrac{1}{j(j+1)}$;　　(iv) $\sum\limits_{j=1}^{n} \dfrac{2j+1}{j^2(j+1)^2}$.

1.7.6 **Fibonacci** 数定义如下: $a_1 = 1, a_2 = 1$, 当 $n \geqslant 3$ 时, $a_n = a_{n-1} + a_{n-2}$. 试用数学归纳法证明:

$$a_n = \frac{1}{\sqrt{5}} \left[\left(\frac{1+\sqrt{5}}{2} \right)^n - \left(\frac{1-\sqrt{5}}{2} \right)^n \right].$$

1.7.7 假设集合 **N** 和映射 $S : \mathbf{N} \to \mathbf{N}$ 满足以下三个条件:

(a) $1 \notin S(\mathbf{N})$;

(b) S 是单射;

(c′) 集合 **N** 是良序的, 换言之, 任何满足关系 $\emptyset \neq E \subset \mathbf{N}$ 的集合 E 有最小元 m:

$$m \in E \quad \text{且} \quad \forall n \in E(m \leqslant n).$$

(c′) 中的大小关系如定义 1.7.2 中给出的那样, 换言之, 若 b 是 a 经过 $k(> 0)$ 次后继映射 S 作用的结果, 则称 $a < b$. 试证:

(i) 如上定义的 "<" 有以下性质: $(a < b) \wedge (b < c) \Longrightarrow (a < c)$;

(ii) $\forall a \in \mathbf{N} \forall b \in \mathbf{N}$ $(a < b, b < a, a = b$ 三者中至少有一个成立$)$;

(iii) $\forall x \in \mathbf{N} (x \neq 1 \Longrightarrow 1 < x)$;

(iv) $\forall a \in \mathbf{N} \forall b \in \mathbf{N}$ $(a < b, b < a, a = b$ 三者中至多有一个成立);

(v) 集合 $\mathbf{N}$ 和映射 S 满足定义 1.7.1 中的条件 (a), (b), (c).

1.7.8　假设集合 $\mathbf{N}$ 和映射 $S: \mathbf{N} \to \mathbf{N}$ 满足以下三个条件:

(a) $1 \notin S(\mathbf{N})$;

(b) S 是单射;

(c″) 若 $M \subset \mathbf{N}$ 具有以下性质:

$$\forall n \in \mathbf{N}((\forall x \in \mathbf{N}(x < n \Longrightarrow x \in M)) \Longrightarrow n \in M), \tag{1.7.7}$$

则必有 $M = \mathbf{N}$.

这时, 定义 1.7.1 中的条件 (a), (b) 和 (c) 也满足.

注　条件 (c″) 用逻辑符号可如下表述:

$$[\forall n \in \mathbf{N}((\forall x \in \mathbf{N}(x < n \Longrightarrow x \in M)) \Longrightarrow n \in M)] \Longrightarrow (M = \mathbf{N}).$$

1.7.9　自然数的乘法满足结合律与交换律, 乘法与加法满足分配律.

*§1.8　补充教材二: 基数的比较

我们曾经定义了: 两个集合称为具有相同的基数, 若它们之间可以建立一个双射. 集合具有相同基数是集合间的一个等价关系. 基数是由这个等价关系生成的等价类的一个特征. 数学家有时干脆把基数定义为由这个等价关系生成的等价类. 等价类中的集合称为具有这个等价类所代表的基数的集合.

定义 1.8.1　设 A 和 B 是两个集合, 它们的基数分别是 α 和 β. 我们称 $\alpha = \beta$, 若 A 和 B 之间可以建立一个双射. 我们称 $\alpha \leqslant \beta$(或 $\beta \geqslant \alpha$), 若 A 和 B 的一个子集之间可以建立一个双射. 我们称 $\alpha < \beta$(或 $\beta > \alpha$), 若 A 和 B 之间不可能建立一个双射, 且 A 和 B 的一个子集之间可以建立一个双射.

例 1.8.1　若以 a 和 c 分别表示自然数集合 $\mathbf{N}$ 和开区间 $(0,1)$ 的基数, 则 $a < c$.

应注意的是, 按定义, $\alpha \leqslant \beta \Longleftrightarrow (\alpha < \beta) \vee (\alpha = \beta)$. 我们不清楚的是, 下述关系式是否成立:

$$(\alpha \leqslant \beta) \wedge (\beta \leqslant \alpha) \Longrightarrow \alpha = \beta.$$

但经过 (不平凡的) 逻辑推理, 可以证明 (参看定理 1.8.1): $(\alpha \leqslant \beta) \wedge (\beta \leqslant \alpha) \Longrightarrow \alpha = \beta$ 的确是成立的.

证　自然数集合 $\mathbf{N}$ 和开区间 $(0,1)$ 的子集 $\{1/n : n \in \mathbf{N}\}$ 之间有双射: $n \mapsto 1/n$. 自然数集合 $\mathbf{N}$ 和开区间 $(0,1)$ 之间无双射是命题 1.5.3 的结论.　　□

定理 1.8.1 (Schroeder-Bernstein 定理)　设 α 和 β 是两个基数, 又设 $\alpha \leqslant \beta$ 且 $\alpha \geqslant \beta$, 则 $\alpha = \beta$.

证　我们要证明的是这样的一个命题: 设 A_0 和 B_0 是两个集合. 已知 A_0

和 B_0 的一个子集之间可建立一个双射, 且 B_0 和 A_0 的一个子集之间也可建立一个双射, 则 A_0 和 B_0 之间必可建立一个双射.

设 $A_1 \subset A_0, B_1 \subset B_0$, 而

$$\varphi : A_0 \to B_1, \quad \psi : B_0 \to A_1$$

是两个双射. 令

$$B_2 = \varphi(A_1), \quad A_2 = \psi(B_1).$$

归纳地, 记

$$B_{n+1} = \varphi(A_n), \quad A_{n+1} = \psi(B_n).$$

由以上关于 A_n 及 B_n 的定义, 不难证明以下两个结论 (请同学补出证明的细节):

(1) $A_0 \supset A_1$ 且 $B_0 \supset B_1$;

(2) $(A_{n-1} \supset A_n \text{ 且 } B_{n-1} \supset B_n) \Longrightarrow (A_n \supset A_{n+1} \text{ 且 } B_n \supset B_{n+1})$.

根据数学归纳原理, 我们有以下两列包含关系:

$$A_0 \supset A_1 \supset A_2 \supset \cdots \supset A_n \supset \cdots \qquad (1.8.1)$$

和

$$B_0 \supset B_1 \supset B_2 \supset \cdots \supset B_n \supset \cdots. \qquad (1.8.2)$$

显然, 对于任何非负整数 n:

$$\varphi|_{A_n \setminus A_{n+1}} : A_n \setminus A_{n+1} \to B_{n+1} \setminus B_{n+2} \qquad (1.8.3)$$

和

$$\psi|_{B_n \setminus B_{n+1}} : B_n \setminus B_{n+1} \to A_{n+1} \setminus A_{n+2} \qquad (1.8.4)$$

是双射.

又不难证明以下两个等式 (希望同学补出证明的细节):

$$A_0 = \left(\bigcup_{n=0}^{\infty} (A_{2n} \setminus A_{2n+1}) \right) \cup \left(\bigcup_{n=0}^{\infty} (A_{2n+1} \setminus A_{2n+2}) \right) \cup \left(\bigcap_{n=0}^{\infty} A_n \right); \qquad (1.8.5)$$

$$B_0 = \left(\bigcup_{n=0}^{\infty} (B_{2n} \setminus B_{2n+1}) \right) \cup \left(\bigcup_{n=0}^{\infty} (B_{2n+1} \setminus B_{2n+2}) \right) \cup \left(\bigcap_{n=0}^{\infty} B_n \right). \qquad (1.8.6)$$

由 (1.8.1) 及 (1.8.2), 等式 (1.8.5) 右端各项是两两不相交的, 同理等式 (1.8.6) 右端各项也是两两不相交的. 利用双射 (1.8.3) 及 (1.8.4) 可知:

$$\varphi\Big|_{\bigcup_{n=0}^{\infty} (A_{2n} \setminus A_{2n+1})} : \bigcup_{n=0}^{\infty} (A_{2n} \setminus A_{2n+1}) \to \bigcup_{n=0}^{\infty} (B_{2n+1} \setminus B_{2n+2})$$

和

$$\psi\Big|_{\bigcup_{n=0}^{\infty} (B_{2n} \setminus B_{2n+1})} : \bigcup_{n=0}^{\infty} (B_{2n} \setminus B_{2n+1}) \to \bigcup_{n=0}^{\infty} (A_{2n+1} \setminus A_{2n+2})$$

都是双射. 又由练习 1.3.4 的 (i) 可知: ψ^{-1} 是 $\bigcap\limits_{n=0}^{\infty} A_n$ 与 $\bigcap\limits_{n=0}^{\infty} B_n$ 之间的双射.

把 $\varphi\big|_{\bigcup\limits_{n=0}^{\infty}(A_{2n}\backslash A_{2n+1})}$, $\left(\psi\big|_{\bigcup\limits_{n=0}^{\infty}(B_{2n}\backslash B_{2n+1})}\right)^{-1}$ 及 $\psi^{-1}\big|_{\bigcap\limits_{n=0}^{\infty} A_n}$ 拼起来, 得到映

射 $\vartheta: A_0 \to B_0$ 如下:

$$
\vartheta(x) = \begin{cases}
\varphi(x), & \text{若 } x \in \left(\bigcup\limits_{n=0}^{\infty} (A_{2n} \setminus A_{2n+1}) \right), \\[2mm]
\psi^{-1}(x), & \text{若 } x \in \bigcup\limits_{n=0}^{\infty} (A_{2n+1} \setminus A_{2n+2}) \cup \left(\bigcap\limits_{n=0}^{\infty} A_n \right).
\end{cases}
$$

显然, 如此定义的 ϑ 是 $A_0 \to B_0$ 的双射.   □

定理 1.8.2   设 A 是一个集合, 2^A 表示 A 的全体子集组成的集合, 则 A 与 2^A 之间不可能建立双射.

证   设 $\varphi: A \to 2^A$ 是 A 到 2^A 的一个双射. 令

$$
B = \{x \in A : x \notin \varphi(x)\}. \tag{1.8.7}
$$

因 φ 是 A 到 2^A 的双射, 必有 A 中元素 y, 使得 $B = \varphi(y)$. 这里共有两种可能: (1) $y \in B$ 及 (2) $y \notin B$. 不论那一种可能都将导致矛盾:

(1) 设 $y \in B$, 由 (1.8.7), $y \notin \varphi(y) = B$. 矛盾.

(2) 设 $y \notin B$, 即, $y \notin \varphi(y)$. 由 (1.8.7), $y \in B$. 又矛盾.   □

显然, A 与 A 中单元素子集组成的 2^A 的子集之间可以建立双射. 故 2^A 的基数必大于 A 的基数. 因此, 任何基数都有比自己更大的基数, 故最大基数是不存在的.

可以证明, 任何两个基数都可以比较, 即任给两个集合 A 和 B, 则或者 A 和 B 的某子集之间可以建立双射, 或者 A 的某子集和 B 之间可以建立双射. 但这个证明牵涉到所谓的选择公理, 我们不去讨论了.

练   习

1.8.1   设 $a \in \mathbf{R}, b \in \mathbf{R}$, 且 $a < b$. 试证: 以下集合的基数相等: (i) $\mathbf{R}$; (ii) $[0, \infty)$; (iii) (a, b); (iv) $[a, b]$ 和 (v) $(a, b]$.

1.8.2   设 A 和 B 是两个与 $\mathbf{R}$ 有相同基数的集合, 且 $A \cap B = \varnothing$, 试证: $A \cup B$ 与 $\mathbf{R}$ 有相同基数.

1.8.3   试证: 集合 $\mathbf{R}$ 与 $\mathbf{R} \setminus \mathbf{Q}$ 有相同的基数.

进一步阅读的参考文献

本讲义不想介入公理化集合论的讨论. 第一章的目的只是为了介绍分析中

常用到的集合论的语言. 关于这类内容, 读者可以参考任何一本分析的书, 例如:

[1] 的第一章的第 1, 2, 3, 4 节介绍集合和映射的一般概念, 第 6 节介绍基数, 特别是可数的概念.

[6] 的第一章的第 1 节介绍集合和映射的一般概念.

[8] 的预备知识中介绍集合及其基数的概念.

[14] 的第一卷的第一章的第 1, 2 节介绍集合概念的初步.

[15] 的第一章的第 1 节简略地介绍集合和映射的一般概念.

[19] 的第零章介绍集合的一般概念, 包括一些逻辑符号的介绍.

[22] 的第一章的第 1, 3 节简略地介绍集合的概念.

[24] 的第一章介绍集合和映射的一般概念, 包括一些逻辑符号的介绍. 第二章的第 4 节介绍基数的概念.

第 2 章　实数与复数

§2.1　实数的四则运算

本讲义第 2 章到第 6 章所述及的函数多数是定义在实数域上的, 偶尔也有定义在复数域上的. 但是, 即使定义在实数域上, 它们取的值有时仍可能是复数. 虽然在中学里已接触过实数和复数, 为了本讲义将要建立的微积分能有个可靠的逻辑基础, 本章要对实数和复数作逻辑上严谨的介绍. 本节首先要讨论的是实数的四则运算.

实数域 $\mathbf{R}$ 是一个至少含有两个元素的集合. $\mathbf{R}$ 上有两个运算: **加法** (+) 和**乘法** (·). 确切些说, 对于任何 $x \in \mathbf{R}$ 和任何 $y \in \mathbf{R}$ 有 $z \in \mathbf{R}$ 与之对应, 这个 z 称为 x 与 y 的和, 记做 $z = x + y$. 类似地, 对于任何 $x \in \mathbf{R}$ 和任何 $y \in \mathbf{R}$ 有 $w \in \mathbf{R}$ 与之对应, 这个 w 称为 x 与 y 的积, 记做 $w = x \cdot y = xy$. 换言之, 加法是 $\mathbf{R} \times \mathbf{R} \to \mathbf{R}$ 的如下映射:

$$(x, y) \mapsto x + y.$$

而乘法是 $\mathbf{R} \times \mathbf{R} \to \mathbf{R}$ 的如下映射:

$$(x, y) \mapsto x \cdot y = xy.$$

加法与乘法这两个运算 (或这两个映射) 具有以下九条性质:

(P1) $\forall x, y, z \in \mathbf{R}\big(x + (y + z) = (x + y) + z\big)$;

(P2) $\exists 0 \in \mathbf{R} \forall x \in \mathbf{R}(x + 0 = 0 + x = x)$;

(P3) $\forall x \in \mathbf{R} \exists -x \in \mathbf{R}\big(x + (-x) = (-x) + x = 0\big)$;

(P4) $\forall x, y \in \mathbf{R}(x + y = y + x)$;

(P5) $\forall x, y, z \in \mathbf{R}\big(x(yz) = (xy)z\big)$;

(P6) $\exists 1 \in \mathbf{R} \forall x \in \mathbf{R}(x \cdot 1 = 1 \cdot x = x)$;

(P7) $\forall x \in \mathbf{R}\big(x \neq 0 \Rightarrow \exists x^{-1} \in \mathbf{R}(xx^{-1} = x^{-1}x = 1)\big)$;

(P8) $\forall x, y \in \mathbf{R}(x \cdot y = y \cdot x)$;

(P9) $\forall x, y, z \in \mathbf{R}\big((x + y)z = xz + yz\big)$.

性质 (P1) 称为**加法的结合律**. 有了它, 通过数学归纳法, 可以证明: 任何 (有限) 多个元素相加的结果不依赖于打括号的方法, 换言之, 不依赖于作加法的顺序. 性质 (P2) 保证了**零元**的存在: 零元是这样的元, 任何数与之相加仍然等于自己. 性质 (P5) 称为**乘法的结合律**. 有了它可以证明: 任何 (有限) 多个元素相乘的结果不依赖于打括号的方法, 换言之, 不依赖于作乘法的顺序. 性质 (P3) 保证了任何数的**负数**的存在性, 有了它, 加法的逆运算 ——**减法**—— 便可定义了:

$$\forall x \in \mathbf{R} \forall y \in \mathbf{R} \exists z \in \mathbf{R}(y + z = x).$$

事实上, 只要让 $z = x + (-y)$ 代入方程 $y + z = x$, 便得恒等式: $y + [x + (-y)] \equiv y + [(-y) + x] \equiv [y + (-y)] + x \equiv 0 + x \equiv x$. 我们愿意把 $x + (-y)$ 称为 x 与 y 之差, 或 x 减去 y 后的结果, 记做

$$x - y = x + (-y). \tag{2.1.1}$$

性质 (P6) 保证了**单位元**的存在: 单位元是这样的元, 任何数与之相乘仍然等于自己. 性质 (P7) 保证了任何非零元的**倒数**的存在性, 有了它, 限制在 $\mathbf{R} \setminus \{0\}$ 上的乘法的逆运算 ——**除法**—— 便可定义了:

$$\forall x \in \mathbf{R} \forall y \in \mathbf{R}\big(y \neq 0 \Longrightarrow \exists z \in \mathbf{R}(yz = x)\big).$$

事实上, 只要让 $z = xy^{-1}$ 代入方程 $yz = x$, 便得恒等式: $y(xy^{-1}) \equiv y(y^{-1}x) \equiv (yy^{-1})x \equiv 1x \equiv x$. 我们愿意把 xy^{-1} 称为 x 与 y 之商, 或 x 被 y 除后的结果, 记做

$$\frac{x}{y} = xy^{-1}. \tag{2.1.2}$$

满足了性质 (P1)–(P3), 我们说: $\mathbf{R}$ 相对于加法构成一个**群**. 又因加法交换律 (P4) 成立, 我们说: $\mathbf{R}$ 关于加法构成一个**交换群**, 或称 **Abel 群**. 满足了性质 (P5)–(P7), 我们说: $\mathbf{R} \setminus \{0\}$ 相对于乘法构成一个**群** (我们将在推论 2.1.1 中证明: $a \neq 0 \neq b \Longrightarrow ab \neq 0$, 换言之, 乘法是 $(\mathbf{R} \setminus \{0\}) \times (\mathbf{R} \setminus \{0\}) \to (\mathbf{R} \setminus \{0\})$ 的映射). 又因乘法交换律 (P8) 成立, 我们说: $\mathbf{R} \setminus \{0\}$ 关于乘法构成一个**交换群**, 或称 **Abel 群**. 性质 (P9) 称为**分配律**. 九条性质中只有 (P9) 既和加法有关, 又和乘法有关. 它是联系加法与乘法的桥.

一个至少含有两个元素的集合, 假若在这个集合上有两个运算: 加法和乘法, 分别记做 "+" 和 "·", 这两个运算又满足 (P1)–(P9). 我们说: 这个集合相对于这两个运算构成一个**域**. **R** 相对于加法与乘法是个域, 称为**实数域**. 应该指出, 有理数全体 **Q** 相对于加法与乘法也满足 (P1)–(P9), 故 **Q** 相对于加法与乘法也是个域, 称为**有理数域**. 由中学数学知识, 复数全体 **C** 相对于它上面的加法与乘法也满足 (P1)–(P9), 故 **C** 相对于加法与乘法也是个域, 称为**复数域**. 但是, 全体自然数 **N** 与全体整数 **Z** 都不是域. 请同学自行检验, 性质 (P1)–(P9) 中哪一条 **N** 不满足? 又是哪一条 **Z** 不满足?

下面我们要从 (P1)–(P9) 出发, 推出实数 (事实上, 也适用于有理数和复数) 四则运算的一些常用性质.

命题 2.1.1 (加法消去律) $x + y = x + z \Longrightarrow y = z$.

证 $x + y = x + z \Longrightarrow (-x) + (x + y) = (-x) + (x + z)$

$$\Longrightarrow (-x + x) + y = (-x + x) + z \Longrightarrow 0 + y = 0 + z \Longrightarrow y = z,$$

其中, 第二个 $\Longrightarrow$ 用了 (P1), 第三个 $\Longrightarrow$ 用了 (P3), 第四个 $\Longrightarrow$ 用了 (P2). □

相似地, 我们可以证明

命题 2.1.2 (乘法消去律) $(x \neq 0) \wedge (xy = xz) \Longrightarrow y = z$.

我们还可以证明以下

命题 2.1.3 $0x = x0 = 0$.

证   因 **R** 至少有两个元素, $\exists y \in \mathbf{R}(y \neq 0)$. 根据分配律, 消去律和 0 的性质 (P2), 我们有 $0x + yx = (0 + y)x = yx = 0 + yx \Longrightarrow 0x = 0$. $x0 = 0$ 由乘法的交换律得到. □

推论 2.1.1 $xy = 0 \Longleftrightarrow (x = 0) \vee (y = 0)$.

证   " $\Longleftarrow$ " 在命题 2.1.3 中已经证明. " $\Longrightarrow$ " 由消去律得到. □

应该指出, 推论 2.1.1 是中学里解代数方程的理论根据. 例如

$$(x - 1)(x - 2) = 0 \Longleftrightarrow (x - 1 = 0) \vee (x - 2 = 0) \Longleftrightarrow (x = 1) \vee (x = 2).$$

推论 2.1.2 $0 \neq 1$.

证   因 **R** 至少含有两个元素, 故 **R** 中 $\exists y \neq 0$. 由此, $1y = y \neq 0$. 因 $0y = 0$, 故 $1 \neq 0$. □

常有同学问, $0 \neq 1$ 这个几乎不言自明的结论为什么还要证明? 这个问题的回答是: 我们之所以证明它, 是想说明它只是 (P1)–(P9) 的逻辑推论. 换言之, 只要 (P1)–(P9) 成立, 它非成立不可. 所谓 $0 \neq 1$ 几乎不言自明是基于以下关于 0 和 1 的直观理解: 0 是空集的元素个数, 1 是只有一个元素构成的集合 (单点集) 的元素个数. 空集与只有一个元素构成的集合 (单点集) 是完全不相同的, 因此 $0 \neq 1$. 这里有太多的直观概念未加界定, 与从 (P1)–(P9) 严格地推演相比在逻辑上太不严谨.

命题 2.1.4 $-(-x) = x$.

证 $x + (-x) = 0 = -(-x) + (-x) \Longrightarrow x = -(-x)$. 最后一步推演中用了加法消去律. □

命题 2.1.5 $(-x)y = -xy$.

证 $xy + (-x)y = (x+(-x))y = 0y = 0 = xy + (-xy) \Longrightarrow (-x)y = -xy$.

这里 $\Longrightarrow$ 左边的四个等号分别用了 (P9), (P3), 命题 2.1.3 及再一次 (P3). $\Longrightarrow$ 用了加法消去律. □

推论 2.1.3 $(-x)(-y) = xy$.

证 $(-x)(-y) = -[x(-y)] = -[-xy] = xy$.

这三个等号的根据留给读者自行给出. □

练 习

2.1.1 问: 以下的由数构成的集合中, 关于数的加法和数的乘法, 哪些是具有性质 (P1)–(P9) 的 (将 (P1)–(P9) 的表述中的集合 **R** 换成对应的集合后) 集合?

(i) **N**;   (ii) **Z**;   (iii) **Q**;   (iv) **C**.

2.1.2 设 $S = \{0, 1\}$. 在 S 上分别定义的加法与乘法如下表所示:

+	0	1
0	0	1
1	1	0

·	0	1
0	0	0
1	0	1

问: S 相对于如上定义的加法与乘法具有性质 (P1)–(P9) 吗?

2.1.3 设 $S = \{x = r_1 + r_2\sqrt{2} : r_1, r_2 \in \mathbf{Q}\}$. 问: S 相对于实数的加法与乘法具有性质 (P1)–(P9) 吗?

2.1.4 试证关于减法的分配律: 设 $a, b, c \in \mathbf{R}$, 有

$$(a - b)c = ac - bc.$$

§2.2 实数的大小顺序

四则运算及其基本性质 (P1)–(P9) 是实数域, 有理数域及复数域 (还有其他的域) 所共有的. 我们要逐步引进一些其他的概念把实数域与其他的域 (包括有理数域及复数域) 区分开. 首先, 我们要引进实数的大小比较的概念, 也即, 实数域是个有大小顺序的域, 简称**序域**. 确切些说, $\exists \widetilde{\mathbf{R}}_+ \subset \mathbf{R}$, 它具有以下性质:

(P10) $\forall x \in \mathbf{R}((x = 0) \vee (x \in \widetilde{\mathbf{R}}_+) \vee (-x \in \widetilde{\mathbf{R}}_+))$, 而且 $(x = 0)$, $(x \in \widetilde{\mathbf{R}}_+)$ 及 $(-x \in \widetilde{\mathbf{R}}_+)$ 这三个命题中只能有一种成立;

(P11) $\forall x, y \in \widetilde{\mathbf{R}}_+ (x + y \in \widetilde{\mathbf{R}}_+)$;

(P12) $\forall x, y \in \widetilde{\mathbf{R}}_+ (xy \in \widetilde{\mathbf{R}}_+)$.

有了具有性质 (P10)–(P12) 的 $\widetilde{\mathbf{R}}_+$ 以后, 我们可以在 $\mathbf{R}$ 中引进一个偏序关系 (参看 §1.6 的附加习题中的 1.6.7 题, 请同学自行证明它是偏序关系)">"(读做 "大于"):

$$x > y \Longleftrightarrow x - y \in \widetilde{\mathbf{R}}_+. \tag{2.2.1}$$

通常, 我们还引进以下记法: " $<$ ", " $\geqslant$ " 和 " $\leqslant$ "(分别读做 "小于", "大于或等于" 和 "小于或等于"), 它们的涵义分别是:

$$x < y \Longleftrightarrow y > x, \tag{2.2.2}$$

$$(x > y) \vee (x = y) \Longleftrightarrow x \geqslant y \tag{2.2.3}$$

及

$$(x < y) \vee (x = y) \Longleftrightarrow x \leqslant y. \tag{2.2.4}$$

由性质 (P10)–(P12), 大小关系还有以下性质:

$$\forall x, y \in \mathbf{R}((x = y), (x < y) \text{ 及 } (x > y)$$
三个命题中有一个也只有一个成立), \tag{2.2.5}$

$$(x > y) \wedge (z \in \mathbf{R}) \Longrightarrow x + z > y + z \qquad (2.2.6)$$

及

$$(x > y) \wedge (z > 0) \Longrightarrow xz > yz. \qquad (2.2.7)$$

这三条性质的证明留给同学了.

注 具有性质 (2.2.5) 的偏序关系称为全序. 具有性质 (2.2.5), (2.2.6) 和 (2.2.7) 的域称为序域.

应该指出, 有理数域 $\mathbf{Q}$ 也是序域, 换言之, 也有满足 (P10)–(P12) 的 $\tilde{\mathbf{Q}}_+$(只须让 $\tilde{\mathbf{Q}}_+ = \tilde{\mathbf{R}}_+ \cap \mathbf{Q}$). 但复数域非序域.

我们有以下关于序域的简单性质.

命题 2.2.1 $\forall x \in \mathbf{R}(x^2 \geqslant 0)$.

证 若 $x = 0$, 则 $x^2 = 0$, 结论显然成立. 又若 $x > 0$, 则根据上面的性质 (2.2.7), $x^2 > 0$. 最后, 若 $x < 0$, 则 $0 = x + (-x) < 0 + (-x) = -x$. 而根据推论 2.1.3 及刚才证明的结论, $x^2 = (-x)^2 > 0$. □

推论 2.1.2 说, $1 \neq 0$. 现在, 我们有以下进一步的结果:

推论 2.2.1 $1 > 0$.

证 $1 = 1^2 \geqslant 0$. 由推论 2.1.2, $1 > 0$. □

命题 2.2.2 $x > 0 \Longrightarrow \dfrac{1}{x} > 0$.

证 若 $\dfrac{1}{x} = 0$, 则 $1 = x\dfrac{1}{x} = 0$. 这与推论 2.1.2 矛盾. 若 $\dfrac{1}{x} < 0$, 则 $1 = x\dfrac{1}{x} < 0$. 这与推论 2.2.1 矛盾. □

有了大小关系的这些性质, 中学里学过的有关大小关系的其他性质便很容易得到了. 例如, 以下命题

$$x > y > 0 \Longrightarrow \frac{1}{y} > \frac{1}{x}.$$

可以证明如下: 首先, $x > y > 0 \Longrightarrow xy > 0 \Longrightarrow \dfrac{1}{xy} > 0$. 然后对不等式 $x > y$ 两端同乘以正数 $\dfrac{1}{xy}$ 便得到

$$\frac{1}{y} = \frac{1}{xy}x > \frac{1}{xy}y = \frac{1}{x}.$$

因为中学里学到的知识都可以由 (P1)–(P12) 推得, 以后我们可以大胆地利用中学里学过的知识进行我们所需要的推导.

在实数域 **R** 中可以引进**绝对值**的概念. 有理数域 **Q**, 作实数域的子域也有绝对值概念:

$$|x| = \begin{cases} x, & \text{当 } x \geqslant 0 \text{ 时}, \\ -x, & \text{当 } x < 0 \text{ 时}. \end{cases} \tag{2.2.8}$$

中学里学过的以下不等式是常用的, 它们的证明和中学里学的完全一样, 这里就不再复述了:

$$|x+y| \leqslant |x| + |y| \tag{2.2.9}$$

及

$$|x-y| \geqslant ||x| - |y||. \tag{2.2.10}$$

同学最好考虑一下以下的问题: 方程 (2.2.9) 与 (2.2.10) 中等号成立的充分必要条件分别是什么?

练　习

2.2.1　证明以下的 **Bernoulli 不等式**: 对于任何自然数 $n > 1$ 和满足 $0 \neq \alpha > -1$ 的数 α, 有
$$(1+\alpha)^n > 1 + n\alpha.$$

2.2.2　证明以下的不等式: 对于任何自然数 $n \geqslant 2$ 和正数 $\alpha > 0$, 有
$$(1+\alpha)^n \geqslant 1 + n\alpha + n(n-1)\frac{\alpha^2}{2}.$$

2.2.3　设 $0 < a < b, 1 < k \in \mathbf{N}$. 试证:
$$b^k < a^k + k(b-a)b^{k-1}.$$

2.2.4　试证: 对于任何两个实数 x 和 y, 我们有表示 x 和 y 的较大者及较小者如下的公式:
$$\max(x,y) = \frac{x+y+|x-y|}{2}, \quad \min(x,y) = \frac{x+y-|x-y|}{2}.$$

§2.3　实数域的完备性

四则运算及序和它们的性质 (P1)–(P12) (这些都是我们在中学里学过的!) 还不足以把实数域 **R** 与有理数域 **Q** 区分开. 本节要引进的

完备性是实数域有, 而有理数域所没有的特性. 正是这个特性保证了微积分 (数学分析几乎可以理解成微积分的同义词, 本讲义就是介绍微积分及其应用的教材) 中许多重要的极限在实数域中的存在, 它对于微积分的严格逻辑基础的建立是不可缺少的. 也正是这个原因, 使我们必须把微积分建立在实数域上, 而不是在有理数域上. 这也是我们必须严格地引进实数域的理由. 为了讨论实数域的这个重要的特性, 我们先引进几个重要的概念:

定义 2.3.1 设集合 $A \subset \mathbf{R}$. $M \in \mathbf{R}$ 称为 A 的一个**上界**, 假若 $\forall x \in A(x \leqslant M)$. 这时 A 称为**上有界的**, 或称为**有上界的**.

定义 2.3.2 设集合 $A \subset \mathbf{R}$. $m \in \mathbf{R}$ 称为 A 的一个**下界**, 假若 $\forall x \in A(x \geqslant m)$. 这时 A 称为**下有界的**, 或称为**有下界的**.

定义 2.3.3 既有上界又有下界的实数集合称为**有界集**.

显然, A 有界, 当且仅当 $\exists M \in \mathbf{R} \forall x \in A(|x| \leqslant M)$(请同学自行补出证明的细节).

定义 2.3.4 设集合 $A \subset \mathbf{R}$. $\alpha \in \mathbf{R}$ 称为 A 的**最小上界**, 或称**上确界**, 假若 α 是 A 的上界, 且对于 A 的任何上界 β, 必有 $\alpha \leqslant \beta$. 集合 A 的上确界 α 记做

$$\alpha = \sup A. \tag{2.3.1}$$

定义 2.3.5 设集合 $A \subset \mathbf{R}$. $\alpha \in \mathbf{R}$ 称为 A 的**最大下界**, 或称**下确界**, 假若 α 是 A 的下界, 且对于 A 的任何下界 β, 必有 $\alpha \geqslant \beta$. 集合 A 的下确界 α 记做

$$\alpha = \inf A. \tag{2.3.2}$$

注 同学不难证明:

(1) $\alpha = \sup A$ 当且仅当以下两个条件得以满足:

(i) $A \cap (\alpha, \infty) = \emptyset$;

(ii) $\forall \varepsilon > 0((\alpha - \varepsilon, \alpha] \cap A \neq \emptyset)$.

(2) $\alpha = \inf A$ 当且仅当以下两个条件得以满足:

(i) $A \cap (-\infty, \alpha) = \emptyset$;

(ii) $\forall \varepsilon > 0([\alpha, \alpha + \varepsilon) \cap A \neq \emptyset)$.

有的书上就是用以上关于上下确界的刻画作为上下确界的定义的.

现在我们可以引进实数域的最后一个基本性质了. 它称为**实数域的完备性**:

(P13) 任何有上界的非空实数集都有 (实数域中的) 上确界.

这个性质 (P13) 把实数域与有理数域区分开了. 虽然, 任何有上界的非空有理数集都可看成有上界的非空实数集, 根据 (P13) 它必有 (取值实数的) 上确界, 但这个上确界不一定是有理数. 例如, 集合 $\{x \in \mathbf{Q} : x^2 < 2\}$ 是有上界的 (2 就是一个上界, 因为 $y > 2 \Longrightarrow y^2 > 4 > 2$.) 但下面的命题告诉我们, 它在 $\mathbf{Q}$ 中无上确界.

命题 2.3.1   集合 $\{x \in \mathbf{Q} : x^2 < 2\}$ 在 $\mathbf{Q}$ 中无上确界.

证   假设有理数 p/q 是集合 $\{x \in \mathbf{Q} : x^2 < 2\}$ 的上确界. 因为 $1^2 = 1 < 2$, 故, $p/q \geqslant 1 > 0$. 以后不妨假设: $p, q \in \mathbf{N}$ (不然, p, q 必是两个负整数, 因 $p/q = (-p)/(-q)$, 可把 p, q 换成 $-p, -q$). 中学里已经证明过, 对于任何 $p, q \in \mathbf{N}$, $(p/q)^2 \neq 2$. 为了方便同学, 我们把证明复述如下: 若 $(p/q)^2 = 2$, 不妨设 p 和 q 无公因数, 则 $p^2 = 2q^2$. 因此 p^2 是偶数. 所以 p 必是偶数. 设 $p = 2k$, 则 $(2k)^2 = 2q^2$, 故 $2k^2 = q^2$. 和以前的推理一样地得到, q 也是偶数. 这与 p 和 q 无公因数的假设矛盾.

现在我们可以着手证明: 有理数 p/q 是集合 $\{x \in \mathbf{Q} : x^2 < 2\}$ 的上确界的假设将导致逻辑的矛盾. 因 $(p/q)^2 \neq 2$, 故只能有两种情形: $p^2/q^2 < 2$ 和 $p^2/q^2 > 2$.

先考虑 $p^2/q^2 < 2$ 的情形. 记有理数 $r = (2 - p^2/q^2)(2 + 2p/q)^{-1}$. 显然, 有

$$0 < r < 1 < 2 \tag{2.3.3}$$

且

$$2 - \frac{p^2}{q^2} = r\left(2 + 2\frac{p}{q}\right). \tag{2.3.4}$$

由此, 我们有

$$\left(\frac{p}{q} + r\right)^2 = \frac{p^2}{q^2} + r^2 + 2r\frac{p}{q} = 2 - \left(2 - \frac{p^2}{q^2}\right) + r\left(r + 2\frac{p}{q}\right)$$
$$< 2 - \left(2 - \frac{p^2}{q^2}\right) + r\left(2 + 2\frac{p}{q}\right) = 2, \tag{2.3.5}$$

其中不等式是由 (2.3.3) 得到的, 而最后一个等式是由 (2.3.4) 得到的. (2.3.5) 与 p/q 是集合 $\{x \in \mathbf{Q} : x^2 < 2\}$ 的上确界的假设矛盾.

再考虑 $p^2/q^2 > 2$ 的情形, 令

$$s = \left(\frac{p^2}{q^2} - 2\right)\frac{q}{2p}, \tag{2.3.6}$$

则

$$0 < s < \frac{p^2}{q^2} \cdot \frac{q}{2p} = \frac{p}{2q}. \tag{2.3.7}$$

因而

$$\frac{p}{q} - s > 0. \tag{2.3.8}$$

由 (2.3.6), 有

$$s\frac{2p}{q} = \frac{p^2}{q^2} - 2, \tag{2.3.9}$$

故

$$\left(\frac{p}{q} - s\right)^2 = \frac{p^2}{q^2} + s^2 - s\frac{2p}{q} = 2 + \left(\frac{p^2}{q^2} - 2\right) + s^2 - s\frac{2p}{q}$$
$$= 2 + s^2 > 2, \tag{2.3.10}$$

其中, 最后一个等式用了 (2.3.9), 而不等式用了 (2.3.7). 注意到 (2.3.8), $p/q - s$ 是正数. (2.3.10) 告诉我们, 这个正数是集合 $\{x \in \mathbf{Q} : x^2 < 2\}$ 的上界, 这又与 p/q 是集合 $\{x \in \mathbf{Q} : x^2 < 2\}$ 的上确界的假设矛盾. □

应该指出, 上面引进的实数的性质 (P1)–(P13) 已经给出了实数的完整刻画, 换言之, 实数的任何我们将需要用到的性质都可以由性质 (P1)–(P13) 通过逻辑推演得到. 确切些说, 我们可以证明: 任何两个满足条件 (P1)–(P13) 的序域都是同构的, 换言之, 这两个序域之间存在一个保持加法, 乘法与大小顺序不变的双射. 本讲义不想去讨论这个问题的细节了, 同学可以作为附加题自己去思考.

下面我们先介绍一个由性质 (P13) 推导出的简单且有用的推论:

定理 2.3.1 (Archimedes 原理) 自然数集合 $\mathbf{N}$ 是无上界的.

证 若 $\mathbf{N}$ 有上界, 则 $\mathbf{N}$ 有上确界 M. $\forall n \in \mathbf{N}(n \leqslant M)$, 且对于 $\mathbf{N}$ 的任何上界 M_1, 有 $M \leqslant M_1$. 因 $\forall n \in \mathbf{N}(n+1 \in \mathbf{N})$, 故 $\forall n \in \mathbf{N}(n+1 \leqslant M) \Longrightarrow \forall n \in \mathbf{N}(n \leqslant M-1)$. 这就是说, $M-1$ 也是 $\mathbf{N}$

的上界, 故 $M \leqslant M - 1$. 另一方面, $M = (M - 1) + 1 \Longrightarrow M - 1 < M$. 这与 (2.2.5) 矛盾. 这个矛盾证明了 Archimedes 原理的成立.   □

推论 2.3.1 $\forall \varepsilon > 0 \exists N \in \mathbf{N} \forall n \in \mathbf{N}(n \geqslant N \Longrightarrow 1/n < \varepsilon)$.

证   假设 $\exists \varepsilon > 0 \forall N \in \mathbf{N} \exists n \in \mathbf{N}((n \geqslant N) \wedge (1/n > \varepsilon))$. 当 $N \leqslant n$ 且 $1/n > \varepsilon > 0$ 时, 我们有 $N \leqslant n < 1/\varepsilon$. 所以, $\forall N \in \mathbf{N}(N < 1/\varepsilon)$. 由此, $1/\varepsilon$ 是 $\mathbf{N}$ 的一个上界. 这与 Archimedes 原理矛盾.   □

推论 2.3.1 的结论在中学学极限时就已多次用过. 当时, 常取 $N = [1/\varepsilon] + 1$ 以说明 N 的存在 ($[1/\varepsilon]$ 表示 $1/\varepsilon$ 的**整数部分**, 即最大的不大于 $1/\varepsilon$ 的整数). 应该指出, 实数的整数部分的存在性是由 Archimedes 原理 (和 $\mathbf{N}$ 的良序性) 保证的.(不然, 假若 M 是 $\mathbf{N}$ 的上界, 则 $M + 1$ 的整数部分 $[M + 1]$ 就不存在了! 请同学自行证明: 由 Archimedes 原理和 $\mathbf{N}$ 的良序性得到 $1/\varepsilon$ 的整数部分的存在性.) 现在我们清楚了, 实数序域的完备性保证了 Archimedes 原理的成立, 后者又保证了推论 2.3.1 的成立. 这就是 (在中学学极限时就已多次用过的) 推论 2.3.1 在实数理论中的逻辑位置.

实数序域的完备性的重要意义在于: 它保证了许多极限在实数域中的存在性, 这使得微积分这个近代科学不可缺少的数学工具有了坚固可靠的逻辑基础. 它的细节将在以后的章节中阐明.

为了方便, 对于无上界的非空实数集 E, 常用记法: $\sup E = \infty$ 来表示. 有时也称 E 的上确界是 ∞(读做 "**无穷大**"). 同理, 对于无下界的非空实数集 E, 常用记法: $\inf E = -\infty$. 有时也称 E 的下确界是 $-\infty$. 为了方便, 我们还做如下约定:

$$\sup \emptyset = -\infty, \quad \inf \emptyset = \infty.$$

练   习

2.3.1 设 $\{a_n : n \in \mathbf{N}\}$ 和 $\{b_n : n \in \mathbf{N}\}$ 是两个数列. 假设它们满足以下三个条件: (a) $\forall n \in \mathbf{N}(a_n \leqslant a_{n+1})$; (b) $\forall n \in \mathbf{N}(b_n \geqslant b_{n+1})$; (c) $\forall n \in \mathbf{N}(a_n \leqslant b_n)$. 试证: (i) $\sup\limits_{n \in \mathbf{N}} a_n$ 存在且有限; (ii) $\inf\limits_{n \in \mathbf{N}} b_n$ 存在且有限; (iii) $\sup\limits_{n \in \mathbf{N}} a_n \leqslant \inf\limits_{n \in \mathbf{N}} b_n$; (iv) $\bigcap\limits_{n \in \mathbf{N}} [a_n, b_n] = [\sup\limits_{n \in \mathbf{N}} a_n, \inf\limits_{n \in \mathbf{N}} b_n] \neq \emptyset$.

注 1   条件 (a), (b) 和 (c) 是和以下的关系式等价的: $\forall n \in \mathbf{N}([a_n, b_n] \neq \emptyset)$, 且

$$[a_1, b_1] \supset [a_2, b_2] \supset \cdots \supset [a_n, b_n] \supset \cdots.$$

满足以上条件时, (闭) 区间族 $\{[a_n, b_n] : n \in \mathbf{N}\}$ 称为(闭) 区间套.

注 2 最后一个论断 (iv) 称为**区间套定理**, 它属于德国数学家 Cantor. 他是近代集合论的奠基人之一.

2.3.2 设 D 是个由实数组成的可数集:

$$D = \{a_1, \cdots, a_n, \cdots\} \subset \mathbf{R}.$$

又给定了一个非空闭区间 $[c, d]$, $c < d$. 试证:

(i) 给定了一个实数 $r \in \mathbf{R}$ 及一个非空闭区间 $[k, l]$, $k < l$, 一定有一个闭区间 $[g, h]$, $g < h$, 使得 $r \notin [g, h] \subset [k, l]$;

(ii) 有非空闭区间 $[c_1, d_1] \subset [c, d]$, $c_1 < d_1$, 使得 $a_1 \notin [c_1, d_1]$;

(iii) 若已有 n 个非空闭区间 $\{[c_j, d_j] : c_j < d_j, j = 1, \cdots, n\}$, 使得

$$[c_1, d_1] \supset [c_2, d_2] \supset \cdots \supset [c_n, d_n] \quad \text{且} \quad a_j \notin [c_j, d_j] \ (j = 1, \cdots, n),$$

则有非空闭区间 $[c_{n+1}, d_{n+1}]$, $c_{n+1} < d_{n+1}$, 使得

$$[c_n, d_n] \supset [c_{n+1}, d_{n+1}]; \quad \text{且} \quad a_{n+1} \notin [c_{n+1}, d_{n+1}];$$

(iv) 对于如上构筑的区间套 $\{[c_n, d_n] : n \in \mathbf{N}\}$, 我们有 $\left(\bigcap_{n=1}^{\infty} [c_n, d_n] \right) \cap D = \emptyset$;

(v) 非空闭区间 $[c, d]$ 中至少有一个数 x 不属于集合 $D = \{a_1, \cdots, a_n, \cdots\}$;

(vi) 非空闭区间 $[c, d]$ 不可数.

注 这是由实数集 $\mathbf{R}$ 的性质 (P1)–(P13) 出发得到实数集 $\mathbf{R}$ 非可数的证明. 它是通过区间套定理得到的.

2.3.3 设 I 是个 (闭的, 开的或半开半闭的) 区间, $\{I_\alpha : \alpha \in J\}$ 是一族 (闭的, 开的或半开半闭的) 区间, 其中 J 是 (可能有限也可能无限的) 指标集. 假若

$$I \subset \bigcup_{\alpha \in J} I_\alpha,$$

我们称区间 I 被区间族 $\{I_\alpha : \alpha \in J\}$ 所**覆盖**.

以下假设 $I = [a, b]$ 是个 (有界) 闭区间, $\{I_\alpha : \alpha \in J\}$ 是一族开区间, 且闭区间 $I = [a, b]$ 被开区间族 $\{I_\alpha : \alpha \in J\}$ 所覆盖. 记

$$K = \{x \in [a, b] : [a, x] \text{ 可被开区间族 } \{I_\alpha : \alpha \in J\} \text{ 中某有限子族所覆盖}\}.$$

试证:

(i) $K \neq \emptyset$;

(ii) K 有上界, 因而有上确界. 记 $M = \sup K$;

(iii) $M \in [a, b]$;

(iv) $\forall \varepsilon > 0 (M - \varepsilon \in K)$;

(v) $M \in K$;

(vi) $M = b$;

(vii) $b \in K$, 换言之, 闭区间 $[a,b]$ 可被开区间族 $\{I_\alpha : \alpha \in J\}$ 中某有限子族所覆盖;

(viii) 试用 (vii) 的结论证明 Archimedes 原理;

(ix) 试用 (vii) 的结论证明 Cantor 的区间套定理 (参看练习 2.3.1 的 (iv) 及练习 2.3.1 后的注 2).

注 以上的结论 (vii) 称为**有限覆盖定理**. 德国数学家 Heine 在德国数学家 Cantor 和 Weierstrass 工作的启发下证明了闭区间上连续函数的一致连续性. 它的方法稍作修改便可得到有限覆盖定理. 稍后, 法国数学家 Borel 独立地得到了上述形式的有限覆盖定理 (vii), 但只对可数个开区间组成的开区间族覆盖一个闭区间的情形说的. 法国数学家 Lebesgue 得到了一般形式的有限覆盖定理 (vii). 较多的书上称它为 **Heine-Borel 有限覆盖定理**, 本讲义也将沿用这个称呼. 也有书上称它为 **Borel-Lebesgue 有限覆盖定理**.

2.3.4　(i) 设 $[a,b] \subset \bigcup_{j=1}^{n} (c_j, d_j)$, 其中 $n \in \mathbf{N}, a < b, c_j < d_j, 1 \leqslant j \leqslant n$. 试证:

$$b - a < \sum_{j=1}^{n} (d_j - c_j).$$

(ii) $[a,b]$ 是个有界闭区间; $\{I_\alpha : \alpha \in J\}$ 是个开区间族, J 是它的指标集. 今设

$$[a,b] \subset \bigcup_{\alpha \in J} I_\alpha.$$

试证:

$$b - a < \sup_{\text{有限集} F \subset J} \sum_{\alpha \in F} |I_\alpha|,$$

其中, $|I_\alpha|$ 表示区间 I_α 的长度.

(iii) 设 D 是个可数集, 则对于任何 $\varepsilon > 0$, 有可数个开区间 $I_n, n = 1, 2, \cdots$, 使得

$$D \subset \bigcup_{n=1}^{\infty} I_n, \ \text{且} \ \sum_{n=1}^{\infty} |I_n| < \varepsilon.$$

(iv) 非空闭区间 $[a,b]$ $(a < b)$ 不是可数集.

注 这是由实数集 $\mathbf{R}$ 的性质 (P1)–(P13) 出发得到实数集 $\mathbf{R}$ 非可数的又一证明. 它是通过 Heine-Borel 有限覆盖定理完成的.

2.3.5　设 $[a,b]$ 是个有界闭区间, $\{I_\alpha = (k_\alpha, l_\alpha) : \alpha \in J\}$ 是有限个开区间组成的开区间族, 其中 J 是指标组成的有限集. 今设

$$[a,b] \subset \bigcup_{\alpha \in J} I_\alpha,$$

换言之, 闭区间 $[a,b]$ 被由有限个开区间组成的区间族 $\{I_\alpha : \alpha \in J\}$ 所覆盖. 试证:

(i) 记 $S = \{k_\alpha, l_\alpha : \alpha \in J\}$(有可能这个集合中有相等的点, 凡是相等的点都看成是同一个点), $\lambda = \min\{|u-v| : u \in S, v \in S, u \neq v\} > 0$, 则对于任何 $x, y \in [a,b]$, 只要 $0 < y - x < \lambda$, 在闭区间 $[x,y]$ 中最多只有集合 $\{k_\alpha, l_\alpha : \alpha \in J\}$ 中的一个点;

(ii) 若闭区间 $[x,y] \subset [a,b]$ 中与集合 $S = \{k_\alpha, l_\alpha : \alpha \in J\}$ 互不相交, 则任何盖住 x 的开区间 $I_\alpha = (k_\alpha, l_\alpha)$ 必盖住 y;

(iii) 若闭区间 $[x,y] \subset [a,b]$ 中只有集合 $S = \{k_\alpha, l_\alpha : \alpha \in J\}$ 的一个点 h, 则任何盖住 h 的开区间 $I_\beta = (k_\beta, l_\beta)$ 必盖住闭区间 $[x,y]$;

(iv) 对于 (i) 中的正数 λ, 我们有: 任何 $x, y \in [a,b]$, 只要 $|x-y| < \lambda$, 便有某个开区间 $I_\alpha = (k_\alpha, l_\alpha)$ 盖住 $[x,y]$.

注 这个证明比较直观, 但无法推广到高维情形. 高维情形将另找办法. 参看 §2.5 的练习 2.5.14 的 (ii).

2.3.6 设 $[a,b]$ 是个有界闭区间, $\{I_\alpha = (k_\alpha, l_\alpha) : \alpha \in J\}$ 是一个由开区间组成的开区间族, 其中 J 是指标集, 可能有限也可能无限. 今设

$$[a,b] \subset \bigcup_{\alpha \in J} I_\alpha,$$

换言之, 闭区间 $[a,b]$ 被开区间族 $\{I_\alpha : \alpha \in J\}$ 所覆盖. 试证: 有一个正数 Λ, 对于任何 $x, y \in [a,b]$, 只要 $|x-y| < \Lambda$, 便有一个 $\alpha \in J$, 使得开区间 $I_\alpha = (k_\alpha, l_\alpha)$ 盖住 x 及 y.

注 具有结论中所述性质的正数 Λ 称为覆盖闭区间 $[a,b]$ 的开区间族 $\{I_\alpha : \alpha \in J\}$ 中的一个 **Lebesgue 数**. 本题证明了, 任何覆盖闭区间 $[a,b]$ 的开区间族 $\{I_\alpha : \alpha \in J\}$ 的 **Lebesgue 数**的存在.

2.3.7 设 $E \subset \mathbf{R}, l \in \mathbf{R}$ 称为 E 的一个**聚点** (也称**极限点**), 若

$$\forall \epsilon > 0 (E \cap (l - \epsilon, l + \epsilon) \text{是无限集}).$$

试证:

(i) $l \in \mathbf{R}$ 是 E 的一个聚点, 当且仅当

$$\forall \epsilon > 0 \big((E \setminus \{l\}) \cap (l - \epsilon, l + \epsilon) \neq \emptyset \big);$$

(ii) $l \in \mathbf{R}$ 非 E 的聚点, 当且仅当

$$\exists \epsilon > 0 (E \cap (l - \epsilon, l + \epsilon) \text{是有限集});$$

(iii) 设 E 是 $\mathbf{R}$ 中的有界无限集, 则 E 必有聚点.

注 (iii) 常被称为 (实数轴上的) **Bolzano-Weierstrass 聚点存在定理**. 提示中的证法是通过 Heine-Borel 有限覆盖定理完成的. 读者也可试着用 Cantor 的区间套定理去证明它.

(iv) 利用 Bolzano-Weierstrass 聚点存在定理证明: $\mathbf{Z}$ 既无上界, 又无下界;

(v) 对于一切 $a,b\in\mathbf{R}, a<b$, 必有 $m,n\in\mathbf{Z}$ 使得 $m<a<b<n$;

(vi) 对于一切 $a,b\in\mathbf{R}, a<b$ 和 $\varepsilon>0$, 必有 $N\in\mathbf{N}$ 使得 $(n-m)/N<\varepsilon$, 其中 $m,n\in\mathbf{Z}$ 是小题 (v) 中对应于 $a,b\in\mathbf{R}, a<b$ 的 $m,n\in\mathbf{Z}$,

(vii) 对于一切 $a,b\in\mathbf{R}, a<b$, 我们有以下结论: $\forall x\in[a,b]$(x 是 $\mathbf{Q}\cap[a,b]$的聚点).

注 1 结论 (vii) 也常被叙述为: $\mathbf{Q}\cap[a,b]$ 在 $[a,b]$ 中稠密.

注 2 结论 (vii) 也可通过本节练习 2.3.10 来证明.

2.3.8 设 $\{x_n\}$ 是个实数列, $l\in\mathbf{R}$ 称为实数列 $\{x_n\}$ 的一个聚点(也称极限点), 若
$$\forall\varepsilon>0\Big(\{n\in\mathbf{N}:x_n\in(l-\varepsilon,l+\varepsilon)\}\text{是无限集}\Big).$$
试证:

(i) $l\in\mathbf{R}$ 非 $\{x_n\}$ 的聚点, 当且仅当
$$\exists\varepsilon>0\Big(\{n\in\mathbf{N}:x_n\in(l-\varepsilon,l+\varepsilon)\}\text{是有限集}\Big);$$

(ii) 设 $\{x_n\}$ 是 $\mathbf{R}$ 中的有界序列, 则 $\{x_n\}$ 必有聚点.

注 (ii) 称为 **Bolzano-Weierstrass 关于 (实数轴上) 有界序列的聚点存在定理**.

2.3.9 设闭区间 $[a,b]=A\cup B$, 其中 $a\leqslant b$ 且 $A\neq\emptyset\neq B$. 试证: 有 $x\in[a,b]$, 使得
$$\forall\varepsilon>0\Big(A\cap(x-\varepsilon,x+\varepsilon)\neq\emptyset\neq B\cap(x-\varepsilon,x+\varepsilon)\Big).$$

注 本题的结论称为闭区间 $[a,b]$ 的**连通性**.

2.3.10 试证: (i) 对于任何 $\alpha\in\mathbf{R}\setminus\mathbf{Q}$ 和任何 $n\in\mathbf{N}$, 必有 $k,m\in\mathbf{N}$, 使得
$$k\leqslant n,\quad \left|\alpha-\frac{m}{k}\right|<\frac{1}{kn}.$$

(ii) 对于任何 $\alpha\in\mathbf{R}\setminus\mathbf{Q}$, 有无限多个形如 m/n 的有理数, 使得
$$\left|\alpha-\frac{m}{n}\right|<\frac{1}{n^2}.$$

特别, 我们得到以下结论: (参看练习 2.3.7), 任何 $\alpha\in\mathbf{R}$ 都是 $\mathbf{Q}$ 的聚点. 这个性质也常称为: $\mathbf{Q}$ 在 $\mathbf{R}$ 中稠密.

§2.4 复   数

复数域是这样一个集合: $\mathbf{C}=\mathbf{R}\times\mathbf{R}=\{(x,y):x\in\mathbf{R},y\in\mathbf{R}\}$. 在 $\mathbf{C}$ 上定义了如下的加法 "+" 及乘法 ".":
$$(x,y)+(z,w)=(x+z,y+w);$$

$$(x, y) \cdot (z, w) = (xz - yw, xw + yz).$$

不难看出, $\{(x, y) \in \mathbf{C} : y = 0\}$ 是 $\mathbf{C}$ 的一个**子域** (换言之, 它是 $\mathbf{C}$ 的子集, 且相对于 $\mathbf{C}$ 中的加法, 减法, 乘法与除法封闭, 确切地说, 任何两个属于这个子集的复数之和, 差, 积均属于这个子集, 当第二个数非零时, 两数之商也属于这个子集). 这个子域在映射 $\varphi((x, 0)) = x$ 下与实数域 $\mathbf{R}$ **同构**. 换言之, 以上映射是这个子域与实数域 $\mathbf{R}$ 之间的双射, 而这个子域的两个元素的和在这个映射下的像恰等于这两个元素在映射下的像之和. 又这个子域的两个元素的积在这个映射下的像恰等于这两个元素在映射下的像之积:

$$\varphi((x, 0)) + \varphi((y, 0)) = \varphi((x, 0) + (y, 0)),$$

$$\varphi((x, 0)) \cdot \varphi((y, 0)) = \varphi((x, 0) \cdot (y, 0)).$$

两个同构的域 (相对于加减乘除运算) 的数学结构是完全一样的. 数学上常把它们看成是同一个域.

我们常把 $(x, 0)$ 记做实数 x. 习惯上, 又把 $(0, 1)$ 记做 i. 这样, 我们有

$$(x, y) = (x, 0) + (0, y) = x + iy.$$

x 称为 $z = x + iy$ 的**实部**, y 称为 $z = x + iy$ 的**虚部**. 它们分别记为

$$x = \Re z, \quad y = \Im z.$$

在上述对应下, 我们现在引进的复数域和中学里用以下方式来引进复数域 $\mathbf{C}$ 是完全一样的:

$$\mathbf{C} = \{z = x + iy : x \in \mathbf{R}, y \in \mathbf{R}\},$$

其中 i 是一个符号, 称为虚单位. 在复数域上已经定义的加法与乘法用中学里习惯的记法可表述如下:

$$(x_1 + iy_1) + (x_2 + iy_2) = (x_1 + x_2) + i(y_1 + y_2);$$

$$(x_1 + iy_1) \cdot (x_2 + iy_2) = (x_1 x_2 - y_1 y_2) + i(x_1 y_2 + x_2 y_1).$$

中学里的记法在本讲义的以下部分仍然使用. 不难证明复数域上的加法与乘法也具有实数域上的加法与乘法所具有的九条性质 (P1)–(P9).

因此, 复数域上的加法与乘法也具有由这九条性质 (P1)–(P9) 所推出的其他性质. 正因为如此, 我们才把复数全体 (相对于它的加法与乘法) 称为复数域. 应该指出的是, 通常的复数之间无大小的比较. 换言之, 复数域非序域.

中学里还学过复数的三角表示:

$$z = x + \mathrm{i}y = r(\cos\theta + \mathrm{i}\sin\theta),$$

其中 $r = \sqrt{x^2 + y^2}$, 而 θ 是满足方程组 $x = r\cos\theta$, $y = r\sin\theta$ 的解. θ 应是多值函数 $\theta = \arctan\dfrac{y}{x}$ 的值中的一部分.

我们常称 r 为 z 的**绝对值** (或称模), 记做

$$|z| = r = \sqrt{x^2 + y^2}.$$

θ 常称为 z 的**辐角**, 记做

$$\arg z = \theta.$$

应注意的是, $\arg z$ 可取所有满足方程组 $x = r\cos\theta$, $y = r\sin\theta$ 的 θ. 因此, $\arg z$ 是个多值函数, 即同一个复数 z 可以有不只一个辐角 $\arg z$ 的值与之对应. 确切地说, 若限定模 $r = |z| \geqslant 0$, 则满足复数三角表示的辐角的值可以相差一个 2π 的整数倍, 即, 若 $\alpha = \arg z$, 则 $\forall n \in \mathbf{Z}(\alpha + 2n\pi = \arg z)$. 应该指出, 复数 $z = 0$ 的辐角 $\arg 0$ 可以任意取. 有时, 也称复数 $z = 0$ 无辐角. 我们还知道, 若

$$z = r(\cos\theta + \mathrm{i}\sin\theta), \quad \zeta = \rho(\cos\phi + \mathrm{i}\sin\phi),$$

则

$$z\zeta = r\rho[\cos(\theta + \phi) + \mathrm{i}\sin(\theta + \rho)].$$

换言之,

$$|z\zeta| = |z||\zeta|,$$

而

$$\arg(z\zeta) = \arg z + \arg\zeta.$$

应注意的是左右两端均为多值的, 可以有个 2π 的整数倍的差异.

设 $z_1, z_2, \cdots, z_n$ 是 n 个复数. 利用数学归纳法, 我们有

$$|z_1 z_2 \cdots z_n| = |z_1||z_2|\cdots|z_n|; \qquad (2.4.1)$$

而

$$\arg(z_1 z_2 \cdots z_n) = \arg z_1 + \arg z_2 + \cdots + \arg z_n. \qquad (2.4.2)$$

特别, 有

$$|z^n| = |z|^n \qquad (2.4.3)$$

和

$$\arg z^n = n \arg z. \qquad (2.4.4)$$

假若

$$z = \cos\theta + \mathrm{i}\sin\theta, \qquad (2.4.5)$$

则

$$z^n = \cos n\theta + \mathrm{i}\sin n\theta. \qquad (2.4.6)$$

另一方面, 利用二项式定理 (它在任何域上皆成立), 有

$$z^n = \sum_{j=0}^{n}\binom{n}{j}\mathrm{i}^j \cos^{n-j}\theta\sin^j\theta$$

$$= \sum_{k=0}^{[n/2]}(-1)^k\binom{n}{2k}\cos^{n-2k}\theta\sin^{2k}\theta$$

$$+ \mathrm{i}\sum_{k=0}^{[(n-1)/2]}(-1)^k\binom{n}{2k+1}\cos^{n-2k-1}\theta\sin^{2k+1}\theta. \qquad (2.4.7)$$

注意: $[x]$ 表示 x 的整数部分, 即不大于 x 的最大的整数.

因此, 比较 (2.4.6) 及 (2.4.7) 的右端后, 我们有

命题 2.4.1 对于任何自然数 n 和任何实数 θ, 我们有

$$\cos n\theta = \sum_{k=0}^{[n/2]}(-1)^k\binom{n}{2k}\cos^{n-2k}\theta\sin^{2k}\theta \qquad (2.4.8)$$

及

$$\sin n\theta = \sum_{k=0}^{[(n-1)/2]}(-1)^k\binom{n}{2k+1}\cos^{n-2k-1}\theta\sin^{2k+1}\theta. \qquad (2.4.9)$$

设 $\zeta = \varrho(\cos\varphi + \mathrm{i}\sin\varphi)$, 则方程 $z^n = \zeta$ 有 n 个解:

$$z_j = \sqrt[n]{\varrho}\left(\cos\frac{\varphi+2j\pi}{n} + \sin\frac{\varphi+2j\pi}{n}\right), \quad j = 0, \cdots, n-1,$$

其中 $\sqrt[n]{\varrho}$ 指 (非负实数)ϱ 的非负的 n 次根, 它是唯一确定的. 对于复数 ζ 的 n 次根则有以上 n 个. 我们也把它们记做

$$\sqrt[n]{\zeta} = \sqrt[n]{\varrho}\left(\cos\frac{\varphi+2j\pi}{n} + \sin\frac{\varphi+2j\pi}{n}\right), \quad j = 0, \cdots, n-1.$$

应该记住的是, $\sqrt[n]{\zeta}$ 是个多值函数.

练 习

2.4.1   复数全体 $\mathbf{C}$ 相对于它上面的加法与乘法是具有性质 (P1)–(P9) 的. 故 $\mathbf{C}$ 相对于它上面的加法与乘法构成一个域, 称为复数域. 试证: 无论你在复数域上如何定义 $\mathbf{C}_+$, 都不可能具有性质 (P10)–(P12)(当然, 应把 (P10)–(P12) 中的 $\mathbf{R}_+$ 换成 $\mathbf{C}_+$).

2.4.2   试证:

$$\forall x \in \mathbf{C}\forall y \in \mathbf{C}\Big(|x+y| \leqslant |x|+|y|\Big) \quad \text{及} \quad \forall x \in \mathbf{C}\forall y \in \mathbf{C}\Big(|x-y| \geqslant |x|-|y|\Big).$$

并请讨论以上两个不等式中等号成立的充分必要条件.

2.4.3   设 $E \subset \mathbf{C}, l \in \mathbf{C}$ 称为 E 的一个**聚点** (也称**极限点**), 若

$$\forall \varepsilon > 0(E \cap \{z \in \mathbf{C} : |z-l| < \varepsilon\} \text{ 是无限集}).$$

试证:

(i) $l \in \mathbf{C}$ 是 E 的一个聚点, 当且仅当

$$\forall \varepsilon > 0((E \setminus \{l\}) \cap \{z \in \mathbf{C} : |z-l| < \varepsilon\} \neq \emptyset);$$

(ii) $l \in \mathbf{C}$ 非 E 的聚点, 当且仅当

$$\exists \varepsilon > 0(E \cap \{z \in \mathbf{C} : |z-l| < \varepsilon\} \text{ 是有限集});$$

(iii) $l = a + ib \in \mathbf{C}$ 是 E 的一个聚点, 当且仅当

$$\forall \varepsilon > 0(E \cap \{z = x+iy \in \mathbf{C} : |x-a| < \varepsilon, |y-b| < \varepsilon\} \text{ 是无限集}).$$

(iv) $l = a + ib \in \mathbf{C}$ 是 E 的一个聚点, 当且仅当

$$\forall \varepsilon > 0(E \cap (\{z = x+iy \in \mathbf{C} : |x-a| < \varepsilon, |y-b| < \varepsilon\} \setminus \{l\}) \neq \emptyset);$$

(v) $l = a + ib \in \mathbf{C}$ 非 E 的聚点, 当且仅当

$$\exists \varepsilon > 0(E \cap \{z = x+iy \in \mathbf{C} : |x-a| < \varepsilon, |y-b| < \varepsilon\} \text{ 是有限集});$$

(vi) 设 E 是 **C** 中的有界无限集, 则集合

$$A = \{x \in \mathbf{R} : \exists y \in \mathbf{R}(x + iy \in E)\} \text{ 和 } B = \{y \in \mathbf{R} : \exists x \in \mathbf{R}(x + iy \in E)\}$$

都是有界集, 且至少有一个是无限集;

(vii) 设 E 是 **C** 中的有界无限集. 又假设 (vi) 中的 A 是无限集, 则 A 的任何可数个 (互不相同的) 元素组成的序列 $\{x_n\}$ 有聚点 $a \in \mathbf{R}$;

(viii) 用 (vii) 中的记号, 序列 $\{x_n\}$ 有子列 $\{x_{n_k}\}$, 使得 $|x_{n_k} - a| < 1/k$, $k = 1, 2, \cdots$;

(ix) 对于每个 $k \in \mathbf{N}$, 选一个 $y_k \in \mathbf{R}$, 使得 $x_{n_k} + iy_k \in E$, 则序列 $\{y_k\}$ 有极限点 b, 且 $a + ib$ 是 E 的聚点. 因此, **C** 中的有界无限集 E 必有聚点.

注 (ix) 称为**平面上的 Bolzano-Weierstrass 关于有界集的聚点存在定理**.

2.4.4 (i) 设 $\{Q_n : n \in \mathbf{N}\}$ 是复平面上一个由四边与实轴或虚轴平行的开长方形 (即不带四根边的长方形) 构成的序列, 它覆盖了一个四边与实轴或虚轴平行的闭长方形 $\overline{Q}$ (即带四根边的长方形), 则必有 $m \in \mathbf{N}$, 使得

$$\overline{Q} \subset \bigcup_{j=1}^{m} Q_j.$$

(ii) 问: 若闭长方形 $\overline{Q}$ 换成闭圆或闭椭圆, Q_n 照旧, 结论还对吗?

(iii) 又问: 若闭长方形 $\overline{Q}$ 换成闭圆, Q_n 换成开圆, 结论还对吗?

2.4.5 设 $\{Q_\alpha : \alpha \in A\}$ 是复平面上一族四边与实轴或虚轴平行的开长方形, 它覆盖了一个四边与实轴或虚轴平行的闭长方形 $\overline{Q}$, 则必有 A 的一个可数子集 $\{\alpha_1, \cdots, \alpha_n, \cdots\}$, 使得

$$\overline{Q} \subset \bigcup_{n=1}^{\infty} Q_{\alpha_n}.$$

2.4.6 设 $\{Q_\alpha : \alpha \in A\}$ 是复平面上一族四边与实轴或虚轴平行的开长方形, 它覆盖了一个四边与实轴或虚轴平行的闭长方形 $\overline{Q}$, 则必有 A 的有限子集 $\{\alpha_1, \cdots, \alpha_m\}$, 使得

$$\overline{Q} \subset \bigcup_{n=1}^{m} Q_{\alpha_n}.$$

注 这是**平面上的 Heine-Borel 有限覆盖定理**的一种形式.

2.4.7 设 $\{S_\alpha : \alpha \in A\}$ 是复平面上一族开圆 (即不带圆周的圆), 它覆盖了一个闭圆 $\overline{S}$ (即带圆周的圆), 则必有 A 的有限子集 $\{\alpha_1, \cdots, \alpha_m\}$, 使得

$$\overline{S} \subset \bigcup_{j=1}^{m} S_{\alpha_j}.$$

注 这也是**平面上的 Heine-Borel 有限覆盖定理**的又一种形式. 证明主要依赖于题 2.4.4 的 (iii).

2.4.8 给定 $\alpha \in \mathbf{C}$ 及 $k \geqslant 0$, 设 $\{z \in \mathbf{C} : |z - \alpha| \leqslant k\} = A \cup B$, 且 $A \neq \emptyset \neq B$. 试证: 有 $x \in \{z \in \mathbf{C} : |z - \alpha| \leqslant k\}$, 使得

$$\forall \varepsilon > 0 (A \cap \{z \in \mathbf{C} : |z - x| < \varepsilon\} \neq \emptyset \neq B \cap \{z \in \mathbf{C} : |z - x| < \varepsilon\}).$$

注 本题的结论称为**闭圆盘** $\{z \in \mathbf{C} : |z - \alpha| \leqslant k\}$ **的连通性**.

§2.5 附 加 习 题

2.5.1 集合 $G \subset \mathbf{R}$ 称为**开集**, 假若 $\forall x \in G \exists \varepsilon > 0 ((x - \varepsilon, x + \varepsilon) \equiv \{y \in \mathbf{R} : |y - x| < \varepsilon\} \subset G)$. 试证:

(i) $\emptyset$ 是开集, $\mathbf{R}$ 是开集;

(ii) $\forall \alpha \in J (G_\alpha$ 是开集$) \Longrightarrow \bigcup_{\alpha \in J} G_\alpha$ 是开集; (注意: 指标集 J 可能有限, 也可能无限.)

(iii) $\forall k \in \{1, 2, \cdots, n\} (G_k$ 是开集$) \Longrightarrow \bigcap_{k=1}^{n} G_k$ 是开集.

2.5.2 试证: (i) 开区间是 ($\mathbf{R}$ 的) 开集, 因而任意多个 (有限多个或无限多个) 开区间之并是开集;

(ii) ($\mathbf{R}$ 的) 任何开集 G 都是一些 (可能有限多个, 也可能无限多个) 非空开区间之并, 这些非空开区间构成一个至多可数集.

2.5.3 集合 $F \subset \mathbf{R}$ 称为**闭集**, 假若 F^C 是开集. 试证:

(i) $\emptyset$ 是闭集, $\mathbf{R}$ 是闭集;

(ii) $\forall \alpha \in J (F_\alpha$ 是闭集$) \Longrightarrow \bigcap_{\alpha \in J} F_\alpha$ 是闭集; (注意: 指标集 J 可能有限, 也可能无限.)

(iii) $\forall k \in \{1, \cdots, n\} (F_k$ 是闭集$) \Longrightarrow \bigcup_{k=1}^{n} G_k$ 是闭集;

2.5.4 试证: 集合 $F \subset \mathbf{R}$ 是闭集, 当且仅当 $F \subset \mathbf{R}$ 的任何极限点都在 $F \subset \mathbf{R}$ 中. 因而, 任何闭区间是闭集.

注 极限点的定义参看练习 2.3.7.

2.5.5 设集合 $F \subset \mathbf{R}$ 是闭集, 又设集合 $G \subset \mathbf{R}$ 是开集. 试证:

(i) 集合 $F \setminus G$ 是闭集;

(ii) 集合 $G \setminus F$ 是开集.

2.5.6 设集合 $F \subset \mathbf{R}$ 是闭集, $\{G_\alpha \subset \mathbf{R} : \alpha \in J\}$ 是一族开集, $I = [a, b] \subset \mathbf{R}$ 是闭区间, 且设 $F \subset I$. 试证:

(i) 若 $I \subset \bigcup_{\alpha \in J} G_\alpha$, 则有指标集 J 的有限子集 J_0, 使得 $I \subset \bigcup_{\alpha \in J_0} G_\alpha$;

(ii) 若 $F \subset \bigcup_{\alpha \in J} G_\alpha$, 则有指标集 J 的有限子集 J_0, 使得 $F \subset \bigcup_{\alpha \in J_0} G_\alpha$.

注 (ii) 是练习 2.3.3 的 (vii) 的有限覆盖定理的推广形式：$\mathbf{R}$ 中的有界闭集被开集族覆盖必有有限子覆盖. 它也称为 **Heine-Borel 有限覆盖定理**.)

2.5.7 设 $\{F_\alpha \subset \mathbf{R} : \alpha \in J\}$ 是一族闭集, $I = [a, b] \subset \mathbf{R}$ 是闭区间, 又设 $\forall \alpha \in J(F_\alpha \subset I)$, 且 $\bigcap\limits_{\alpha \in J} F_\alpha = \emptyset$. 试证：有指标集 J 的有限子集 J_0, 使得 $\bigcap\limits_{\alpha \in J_0} F_\alpha = \emptyset$.

注 它是练习 2.3.1 的 (iv) 中的 Cantor 区间套定理的推广形式.

2.5.8 设 $E \subset \mathbf{R}$. 集合 E 的**闭包** $\overline{E}$ 定义为

$$\overline{E} = \bigcap_{\substack{\mathbf{R} \supset F \supset E, \\ F\text{闭}}} F.$$

试证：

(i) $\overline{E}$ 是闭集, 且 $\overline{E} \supset E$. 又若闭集 $F \supset E$, 则 $F \supset \overline{E}$. 换言之, $\overline{E}$ 是包含 E 的最小的闭集;

(ii) $\overline{E_1 \cup E_2} = \overline{E}_1 \cup \overline{E}_2$;

(iii) E 是闭集, 当且仅当 $\overline{E} = E$;

(iv) $\overline{E} = \overline{\overline{E}}$.

2.5.9 集合 $G \subset \mathbf{C}$ 称为**开集**, 假若 $\forall x \in G \exists \varepsilon > 0(\{z \in \mathbf{C} : |z - x| < \varepsilon\} \subset G)$. 试证：

(i) $\emptyset$ 是开集, $\mathbf{C}$ 是开集;

(ii) $\forall \alpha \in J(G_\alpha$ 是开集$) \Longrightarrow \bigcup\limits_{\alpha \in J} G_\alpha$ 是开集; (注意：指标集 J 可能有限, 也可能无限.)

(iii) $\forall k \in \{1, \cdots, n\}(G_k$ 是开集$) \Longrightarrow \bigcap\limits_{k=1}^{n} G_k$ 是开集;

2.5.10 试证：

(i) 开圆盘 $\{z \in \mathbf{C} : |z - x| < \varepsilon\}$ 是开集, 其中 x 是给定的复数, 而 ε 是给定的正数;

(ii) 开长方形 $\{z = a + ib \in \mathbf{C} : k_1 < a < k_2, l_1 < b < l_2\}$ 是开集, 其中, k_1, k_2, l_1, l_2 是四个给定的实数, 而且 $k_1 < k_2, l_1 < l_2$.

2.5.11 集合 $F \subset \mathbf{C}$ 称为**闭集**, 假若 F^C 是开集. 试证：

(i) $\emptyset$ 是闭集, $\mathbf{C}$ 是闭集;

(ii) $\forall \alpha \in J(F_\alpha$ 是闭集$) \Longrightarrow \bigcap\limits_{\alpha \in J} F_\alpha$ 是闭集; (注意：指标集 J 可能有限, 也可能无限.)

(iii) $\forall k \in \{1, 2, \cdots, n\}(F_k$ 是闭集$) \Longrightarrow \bigcup\limits_{k=1}^{n} F_k$ 是闭集;

2.5.12 试证：

(i) 闭圆盘 $\{z \in \mathbf{C} : |z - x| \leqslant \varepsilon\}$ 是闭集, 其中 x 是给定的复数, 而 ε 是给定的正数;

(ii) 闭长方形 $\{z = a + ib \in \mathbf{C} : k_1 \leqslant a \leqslant k_2, l_1 \leqslant b \leqslant l_2\}$ 是闭集, 其中 k_1, k_2, l_1, l_2 是四个给定的实数, 而且 $k_1 < k_2, l_1 < l_2$.

2.5.13 试把练习 2.5.4 和 2.5.5 中的关于 $\mathbf{R}$ 中开集与闭集的结论搬到 $\mathbf{C}$ 中的开集与闭集上来.

2.5.14 假设 F 是 $\mathbf{C}$ 上的有界闭集 (即满足条件 $\exists M \in \mathbf{R}_+ \forall z \in F(|z| \leqslant M)$ 的闭集), 又设 $\{G_\alpha : \alpha \in J\}$ 是 $\mathbf{C}$ 上的一组开集, 且

$$F \subset \bigcup_{\alpha \in J} G_\alpha.$$

试证:

(i) 复平面 $\mathbf{C}$ 上有有限个开圆盘

$$D_i = \{z \in \mathbf{C} : |z - a_i| < r_i\},$$

其中 $a_i \in \mathbf{C}, r_i > 0 \ (i = 1, 2, \cdots, n)$, 使得

$$F \subset \bigcup_{i=1}^{n} D_i,$$

且对于每个 $i \in \{1, \cdots, n\}$, 有一个 $\alpha_i \in J$, 使得

$$\widetilde{D}_i \equiv \{z \in \mathbf{C} : |z - a_i| < 2r_i\} \subset G_{\alpha_i}.$$

(ii) 令 $l = \min\limits_{1 \leqslant i \leqslant n} r_i$, 则对于 F 中的任何两点 a 和 b, 只要 $|a - b| < l$, 必有一个 $\alpha \in J$, 使得 $a \in G_\alpha$ 且 $b \in G_\alpha$.

注 结论 (ii) 是**平面上的 Lebesgue 数存在定理**. 它的证明思路比之练习 2.3.6 中直线上的 Lebesgue 数存在定理的证明思路更易推广到一般情形去.

*§2.6 补充教材一: 整数环 $\mathbf{Z}$ 与有理数域 $\mathbf{Q}$ 的构筑

本节将粗略地介绍引进整数环 $\mathbf{Z}$ 与有理数域 $\mathbf{Q}$ 的途径. 我们先在自然数集与自身的笛卡儿积 $\mathbf{N} \times \mathbf{N}$ 上引进一个等价关系 $\sim$:

$$\forall (m, n), (m_1, n_1) \in \mathbf{N} \times \mathbf{N}\Big(((m, n) \sim (m_1, n_1)) \iff (m + n_1 = m_1 + n)\Big). \quad (2.6.1)$$

不难证明: 如上引进的 $\sim$ 是个等价关系 (同学自行补证).

定义 2.6.1 整数集 $\mathbf{Z}$ 定义为自然数集与自身的笛卡儿积 $\mathbf{N} \times \mathbf{N}$ 相对于 (2.6.1) 中定义的等价关系 $\sim$ 的等价类全体 (换言之, 每个这样的等价类就是一个整数, 每个整数就是一个这样的等价类). 若以 $[m, n]$ 表示含有元素 (m, n) 的等价类, 整数集 $\mathbf{Z}$ 上定义加法 "+" 和乘法 "·" 如下:

$$[m,n] + [m_1,n_1] = [m+m_1, n+n_1];$$

$$[m,n] \cdot [m_1,n_1] = [mm_1 + nn_1, mn_1 + m_1 n].$$

命题 2.6.1 加法 "+" 和乘法 "·" 与等价类中的代表 (m,n) 与 (m_1,n_1) 的选择无关.

证 下面只证明: 乘法 "·" 与等价类中的代表 (m,n) 与 (m_1,n_1) 的选择无关. 设 (m,n) 和 (m_2,n_2) 等价, (m_1,n_1) 和 (m_3,n_3) 等价. 设 $m < m_2$ 和 $m_1 > m_3$, 因而有 $k \in \mathbf{N}$ 和 $l \in \mathbf{N}$ 使得 $m_2 = m+k$ 和 $m_1 = m_3+l$, 因而有 $n_2 = n+k$ 和 $n_1 = n_3+l$. 我们有

$$mm_1 + nn_1 = (mm_3 + nn_3) + (ml + nl),$$

$$mn_1 + m_1 n = (mn_3 + m_3 n) + (ml + nl),$$

$$m_2 m_3 + n_2 n_3 = (mm_3 + nn_3) + (kn_3 + km_3),$$

$$m_2 n_3 + m_3 n_2 = (mn_3 + m_3 n) + (kn_3 + km_3).$$

由此, $(mm_1+nn_1, mn_1+m_1 n)$ 和 $(m_2 m_3+n_2 n_3, m_2 n_3+m_3 n_2)$ 等价. (1) $m < m_2$ 且 $m_1 < m_3$, (2) $m > m_2$ 且 $m_1 > m_3$ 以及 (3) $m > m_2$ 且 $m_1 < m_3$ 的三种情形留给同学自行补证. 当 $m = m_2$ 或 $m_1 = m_3$ 有一个成立时, 证明更为简单, 也留给同学了.

加法与等价类中的代表 (m,n) 与 (m_1,n_1) 的选择无关的证明留给同学了.

$\square$

如上定义的 **Z** 相对于如上定义的加法和乘法构成一个环. 所谓环是指一个非空集合, 它上面有两个运算, 常称为加法与乘法. 加法与乘法分别满足各自的交换律和结合律, 加法与乘法又满足分配律, 加法还有逆运算, 但乘法没有要求有逆运算. 同学自行补证: **Z** 相对于如上定义的加法与乘法的确是个环. 这个环称为**整数环**.

通常, 我们把 $[n+1,1]$ 记做 n, $[1,1]$ 记做 0, $[1,n+1]$ 记做 $-n$. 可以证明: 任何整数 $[m,n]$ 均可表示成以上三种形式之一 (同学自行补证). 这样, 我们便得到中学中已经熟悉的整数的表示形式了.

通过 $\mathbf{N} \times \mathbf{N}$ 上的一个等价关系得到的等价类定义为整数, 这多少有点和中学学到的不一样, 对于刚刚离开中学的同学来说, 似乎抽象了一些. 我们也可以用以下方法定义整数, 它与我们熟悉的整数更接近, 但有点繁琐. 更重要的是它不如前述较抽象的方法那样容易推广到更一般的情形上去.

定义 2.6.2 整数全体 **Z** 定义为

$$\mathbf{Z} = \{0, n, -n : n \in \mathbf{N}\}.$$

Z 上的加法 "+" 和乘法 "·" 分别定义如下:

$$n + m = \begin{cases} n + m, & \text{若 } n, m \in \mathbf{N}, \\ n, & \text{若 } m = 0, \\ m, & \text{若 } n = 0, \\ n - k, & \text{若 } n \in \mathbf{N}, m = -k, k \in \mathbf{N}, \text{ 且 } n > k, \\ 0, & \text{若 } n \in \mathbf{N}, m = -n, \\ -(k - n), & \text{若 } n \in \mathbf{N}, m = -k, k \in \mathbf{N}, \text{ 且 } n < k, \\ m - k, & \text{若 } m \in \mathbf{N}, n = -k, k \in \mathbf{N}, \text{ 且 } m > k, \\ 0, & \text{若 } m \in \mathbf{N}, n = -m, \\ -(k - m), & \text{若 } m \in \mathbf{N}, n = -k, k \in \mathbf{N}, \text{ 且 } m < k, \\ -(k + l), & \text{若 } n = -k, m = -l, k, l \in \mathbf{N}. \end{cases}$$

$$n \cdot m = \begin{cases} n \cdot m, & \text{若 } n, m \in \mathbf{N}, \\ 0, & \text{若 } m = 0, \\ 0, & \text{若 } n = 0, \\ -n \cdot k, & \text{若 } n \in \mathbf{N}, m = -k, k \in \mathbf{N}, \\ -m \cdot k, & \text{若 } m \in \mathbf{N}, n = -k, k \in \mathbf{N}, \\ k \cdot l, & \text{若 } n = -k, m = -l, k, l \in \mathbf{N}. \end{cases}$$

现在我们有了两个整数环 $\mathbf{Z}$ 的定义. 这两个方法定义的整数环 $\mathbf{Z}$ 在代数结构上是完全一样的, 换言之, 两个集合之间可以建立个双射, 而且, 这个双射保持加法与乘法 (的结果) 不变. 代数上称这个双射为**同构映射**. 若两个代数结构 (如群, 环, 域等) 之间能建立同构映射, 便称它们为**同构**的. 同构的代数结构在代数上 (即只从它们的元素的代数运算来看) 被认为是同一个代数结构, 无需加以区别. 应该指出的是, 定义 2.6.2 定义整数环的途径正和我们在小学和中学中所熟悉的整数定义一样, 但定义 2.6.1 中定义整数的方法更容易被推广去处理其他的情形. 所以数学上更愿意采用定义 2.6.1. 数学的研究对象不断扩大, 那种只适用于特殊的研究对象的方法将被适用于更广泛的研究对象的方法替代. 而后者常常更抽象些. 这就是数学不得不越来越抽象的原因. 数学史 (也许整个科学史) 反复证明了这个颠扑不破的规律.

整数环 $\mathbf{Z}$ 上可以引进序关系 $<$ 和减法运算如下:

定义 2.6.3 $[m, n] < [m_1, n_1] \iff m + n_1 < m_1 + n$. 任何整数 $[n, m]$ 的负数定义如下: $-[n, m] = [m, n]$. 有了负数概念, 便可引进减法: $[m_1, n_1] - [m, n] = [m_1, n_1] + (-[m, n])$.

易见: $[m, n] < [m_1, n_1] \iff [m_1, n_1] - [m, n] \in \tilde{\mathbf{Z}}_+$, 其中 $\tilde{\mathbf{Z}}_+ = \{[n+1, 1] : n \in \mathbf{N}\}$. 不难证明 (同学自行补证): $\mathbf{Z}$ 具有性质 (P10)–(P12), 故整数环 $\mathbf{Z}$ 是个序环.

下面我们将在整数环 $\mathbf{Z}$ 的基础上构筑有理数域 $\mathbf{Q}$.

先在集合 $\{(m, n) \in \mathbf{Z} \times \mathbf{Z} : n \neq 0\}$ 上引进一个等价关系 $\sim$:

$$(m, n) \sim (m_1, n_1) \Longleftrightarrow mn_1 = m_1 n.$$

不难证明, $\sim$ 是个等价关系 (参看 §1.6 的 1.6.4 题的 (ii)).

定义 2.6.4 有理数域 $\mathbf{Q}$ 定义为集合 $\{(m, n) \in \mathbf{Z} \times \mathbf{Z} : n \neq 0\}$ 相对于等价关系 $\sim$ 的等价类的全体. 每个等价类便是一个有理数. 含有元素 (m, n) 的等价类记做 $\{m, n\}$. 有理数域 $\mathbf{Q}$ 上的加法与乘法定义如下:

$$\{m, n\} + \{m_1, n_1\} = \{mn_1 + m_1 n, nn_1\};$$

$$\{m, n\} \cdot \{m_1, n_1\} = \{mm_1, nn_1\}.$$

不难证明 (同学自行补证), $\mathbf{Q}$ 相对于如上定义的加法与乘法构成个域, 即, 具有性质 (P1)–(P9).

易见, $\{m, n\} = \{-m, -n\}$. 故每个有理数可以表示成 $\{m, n\}$, 其中 $n > 0$.

定义 2.6.5

$$\widetilde{\mathbf{Q}}_+ = \{\{m, n\} \in \mathbf{Q} : mn > 0\}.$$

不难证明 (同学自行补证): $\widetilde{\mathbf{Q}}_+$ 具有性质 (P10)–(P12). 故 $\mathbf{Q}$ 是个序域.

通常, $\{m, n\}$ 表示成 $\dfrac{m}{n}$ 或 m/n. 这样, 我们便得到中学中已经熟悉的有理数表示形式了.

*§2.7 补充教材二: 实数域的构筑

在有理数域 $\mathbf{Q}$ 的基础上, 我们愿意简略地介绍 Dedekind 关于实数域 $\mathbf{R}$ 的构筑方法如下:

定义 2.7.1 设

$$\mathbf{Q} = A \cup B, \tag{2.7.1}$$

其中

$$A \neq \emptyset \neq B, \tag{2.7.2}$$

且

$$\forall a \in A \forall b \in B(a < b). \tag{2.7.3}$$

满足 (2.7.1)—(2.7.3) 的集合对 (A, B) 称为 $\mathbf{Q}$ 的一个**分割**.

易见, 由 (2.7.3), 分割中的 A 和 B 满足关系: $A \cap B = \emptyset$.

在 $\mathbf{Q}$ 的全体分割 $\{(A, B) : A$和B满足条件$(2.7.1), (2.7.2)$和$(2.7.3)\}$ 构成的集合上引进一个等价关系 $\sim$:

$$(A, B) \sim (A_1, B_1) \Longleftrightarrow \Big((A \setminus A_1) \cup (A_1 \setminus A) \text{ 最多只有一个元素}\Big).$$

易见, $\sim$ 是个等价关系 (同学自己补证). 相对于 $\sim$, 全体分割分解成许多等价类. 每个等价类称为一个 **Dedekind分割**. 含有分割 (A, B) 的 Dedekind 分割记做 $[A, B]$.

每个 Dedekind 分割称为一个实数. 全体 Dedekind 分割记做 **R**. **R** 上的加法按以下方式定义:

$$[A, B] + [A_1, B_1] = [A + A_1, (A + A_1)^C],$$

其中

$$A + A_1 = \{a + a_1 : a \in A, a_1 \in A_1\}.$$

乘法定义如下: 设 A 和 A_1 中都有正有理数.

$$[A, B] \cdot [A_1, B_1] = [(B \cdot B_1)^C, B \cdot B_1],$$

其中

$$B \cdot B_1 = \{xy : x \in B, y \in B_1\};$$

若 A 中有正有理数, A_1 中却没有, 则

$$[A, B] \cdot [A_1, B_1] = [B \cdot A_1, (B \cdot A_1)^C];$$

若 A_1 中有正有理数, A 中却没有, 则

$$[A, B] \cdot [A_1, B_1] = [B_1 \cdot A, (B_1 \cdot A)^C];$$

若 A 和 A_1 中都无正有理数.

$$[A, B] \cdot [A_1, B_1] = [(A \cdot A_1)^C, A \cdot A_1].$$

不难证明: (1) 如上定义的加法和乘法与等价类中代表的选择无关; (2) 在 **R** 上可以引进负数的概念: $-[A, B] = [-B, -A]$. 有了负数, 便有减法: $[C, D] - [A, B] = [C, D] + (-[A, B])$; (3) **R** 相对于如上定义的加法与乘法构成一个域, 即具有性质 (P1)–(P9)(同学自行补证).

在 **R** 上可以引进大小关系如下:

$$[A, B] < [A_1, B_1] \iff (A_1 \supset A, \text{且} A_1 \setminus A \text{至少含有两个元素}).$$

换言之, 令 $\tilde{\mathbf{R}}_+ = \{[A, B] : A \cap \tilde{\mathbf{Q}}_+ \neq \emptyset\}$, 而

$$[A, B] < [A_1, B_1] \iff [A_1, B_1] - [A, B] \in \tilde{\mathbf{R}}_+.$$

不难证明: (1) 如上定义的大小关系与等价类中代表的选择无关; (2) **R** 相对于如上的大小关系满足 (P10)–(P12) (同学自行补证), 即 **R** 是序域.

今证明:

定理 2.7.1 **R** 具有性质 (P1)–(P13), 即 **R** 是完备的序域.

证 性质 (P1)–(P12) 的成立已如上述. 今证 (P13) 如下:

设 $\{[A_\alpha, B_\alpha] : \alpha \in J\}$ 是一个有上界的非空实数集. 有上界意味着有一个 Dedekind 分割 $[C, D]$, 使得

$$\forall \alpha \in J(A_\alpha \subset C).$$

令

$$E = \bigcup_{\alpha \in J} A_\alpha,$$

则 (E, E^C) 是个分割. 不难证明 (同学自行补证), Dedekind 分割 $[E, E^C]$ 是 $\{[A_\alpha, B_\alpha] : \alpha \in J\}$ 的上确界.   □

进一步阅读的参考文献

本章的目的只是为了介绍分析中常用到的实数与复数的知识. 关于这类内容, 读者可以参考以下关于分析的书:

[1] 的第一章的第 **5, 7, 8, 9, 10, 11** 节介绍数的概念. 从自然数出发, 到有理数, 实数和复数. 讨论在逻辑上是严格的. 同时还介绍了群, 环和域的概念.

[6] 的第一章的第 **2, 3, 4, 5, 6, 7, 8, 9** 节介绍数的一般概念, 略微讨论了一些超越数的知识.

[11] 的绪论中讨论了 Dedekind 的实数理论.

[14] 的第一卷的第一章第 **3, 4, 5** 节介绍了实数理论.

[15] 的第一章的第 **2, 3, 4, 5, 6, 7, 8** 节介绍实数理论, 也包括了整数及归纳法的介绍.

[22] 的第一章的第 **2** 节简略地介绍了实数理论.

[24] 的第二章的第 **1, 2, 3** 节介绍了实数理论.

第3章 极　　限

§3.1　序列的极限

本节中讨论的序列主要是实数列, 即 $\mathbf{N} \to \mathbf{R}$ 的一个映射 φ. 在适当的时候, 我们会指出, 把实数列换成复数列时, 所作的讨论将做怎样的修改后也是行得通的. 数学上常形象地把这个称为序列的映射的像按自变量 (即自然数) 的大小顺序排成一行以表示该序列:

$$a_1, \ a_2, \ \cdots, \ a_n, \ \cdots,$$

其中 $a_n = \varphi(n)$. 有时, 序列也简记做 $\{a_n\}_{n=1}^{\infty}$ 或 $\{a_n\}$ (有时也记做 $(a_n)_{n=1}^{\infty}$ 或 (a_n)).

定义 3.1.1　实数序列

$$a_1, \ a_2, \ \cdots, \ a_n, \ \cdots \tag{3.1.1}$$

称为当 $n \to \infty$ 时**趋于 (或收敛于) 极限** $\alpha \in \mathbf{R}$, 假若

$$\forall \varepsilon > 0 \exists N \in \mathbf{N} \forall n \geqslant N \big(a_n \in (\alpha - \varepsilon, \alpha + \varepsilon)\big). \tag{3.1.2}$$

这时, 也称序列 (3.1.1) **有极限** α, 记做 $\alpha = \lim\limits_{n \to \infty} a_n$, 或当 $n \to \infty$ 时, $a_n \to \alpha$. 有极限的序列称为**收敛 (序) 列**, 无极限的序列称为**发散 (序) 列**. 极限为零的序列称为**无穷小序列**.

注 1　$\alpha = \lim\limits_{n \to \infty} a_n$ 的涵义是: 任给一个误差的范围 $\varepsilon > 0$, 便有 $N \in \mathbf{N}$ (这个 N 依赖于所给的误差范围 ε, 一般来说, 误差范围 ε 给得越小 (即精密度越高), N 将取得越大.), 序列 (3.1.1) 中第 N 项及其以后所有的项与 α 的误差均在这个范围内: $\forall n \geqslant N(|a_n - \alpha| < \varepsilon)$. 以下的表述是和上面的表述是等价的: 任给一个误差的范围 $\varepsilon > 0$, 使得误差超过这个范围的 (即 $|a_n - \alpha| \geqslant \varepsilon$ 的) (3.1.1) 中的项只有有限个. 这个条件的必要性是显然的, 它的充分性是因为有限个自然数中必有最大者. 当指标 n 大于这个最大者时, 误差必小于 ε.

注 2 易见

$$a_n \in (\alpha - \varepsilon, \alpha + \varepsilon) \Longleftrightarrow \alpha - \varepsilon < a_n < \alpha + \varepsilon$$
$$\Longleftrightarrow -\varepsilon < a_n - \alpha < \varepsilon \Longleftrightarrow |a_n - \alpha| < \varepsilon.$$

因而, 定义 3.1.1 可改述为以下等价的形式:

定义 3.1.1′ 数列 (包括实数列及复数列)

$$a_1, a_2, \cdots, a_n, \cdots \tag{3.1.1}'$$

称为当 $n \to \infty$ 时趋于 (或收敛于) 极限 α, 假若

$$\forall \varepsilon > 0 \exists N \in \mathbf{N} \forall n \geqslant N(|a_n - \alpha| < \varepsilon). \tag{3.1.2}'$$

值得注意的是, 因为复数也有绝对值的概念, 这样改述后的极限定义 3.1.1′ 适用于定义复数列 $\{a_n\}$ 的复值极限 α. 因为复数没有大小比较的概念, 原来的定义 3.1.1 是不适用于刻画复数列 $\{a_n\}$ 的复值极限 α 的.

作为练习 (参看练习 3.1.8), 同学们可以证明命题: 设 $\{z_n\}$ 是复数列, 其中

$$z_n = a_n + \mathrm{i} b_n, \quad a_n, b_n \in \mathbf{R}\ (n = 1, 2, \cdots),$$

则复数列 (z_n) 收敛, 当且仅当两个实数列 $\{a_n\}$ 和 $\{b_n\}$ 收敛. 这时, 我们有

$$\lim_{n \to \infty} z_n = \lim_{n \to \infty} a_n + \mathrm{i} \lim_{n \to \infty} b_n.$$

注 3 序列 (3.1.1) 不以 α 为极限 (即序列 (3.1.1) 或无极限, 或有极限但极限不是 α), 记做 $\alpha \neq \lim\limits_{n \to \infty} a_n$. 易见, 它用 ε-N 的语言表述的刻画是:

$$\alpha \neq \lim_{n \to \infty} a_n \Longleftrightarrow \exists \varepsilon > 0 \forall N \in \mathbf{N} \exists n \geqslant N(|a_n - \alpha| \geqslant \varepsilon). \tag{3.1.3}$$

(3.1.3) 是 (3.1.2)′ 的否定表述. (3.1.3) 是这样由 (3.1.2)′ 得到的: 先把 (3.1.2)′ 的最后一个命题 $|a_n - \alpha| < \varepsilon$ 换成它的否定命题 $|a_n - \alpha| \geqslant \varepsilon$. 然后把前面所有的 $\forall$ 换成 $\exists$, 并把前面所有的 $\exists$ 换成 $\forall$. 应该指出的

是, 否定表述由原表述通过如上规则得到的逻辑依据是 de Morgan 对偶原理 (也请参看练习 1.2.3 及练习 1.2.4). 希望同学自己能想清楚这一点. 对一个给定的命题, 作出它的否定表述是任何想学习近代数学的读者所必须学会的. 从现在开始, 同学们无论如何要通过反复练习学会准确地 (而且迅捷地) 表述一个给定命题的否定命题.

注 4　序列 (3.1.1) 无极限, 即对于任何数 α, 序列 (3.1.1) 都不以 α 为其极限. 易见, 序列 (3.1.1) 无极限的充分必要条件是:

$$\forall \alpha \in \mathbf{R}(\alpha \neq \lim_{n \to \infty} a_n) \Longleftrightarrow \forall \alpha \in \mathbf{R} \exists \varepsilon > 0 \forall N \in \mathbf{N} \exists n \geqslant N(|a_n - \alpha| \geqslant \varepsilon).$$
$$(3.1.4)$$

注 5　若序列 (3.1.1) 有极限, 则极限是唯一确定的. 换言之, 若

$$\left(\lim_{n \to \infty} z_n = \alpha \right) \wedge \left(\lim_{n \to \infty} z_n = \beta \right) \Longrightarrow (\alpha = \beta).$$

请同学 (利用练习 2.4.2 及 $(\alpha = \beta) \Longleftrightarrow (|\alpha - \beta| = 0)$ 这个事实) 自行给出证明.

例 3.1.1　若 $\forall n \in \mathbf{N}(a_n = c)$, 其中 c 表示常数, 则

$$\lim_{n \to \infty} a_n = c.$$

这个在中学就已熟悉的结果怎样由极限的定义出发加以证明请同学自行完成.

例 3.1.2　试证:

$$\lim_{n \to \infty} \frac{1}{n} = 0. \qquad (3.1.5)$$

证　由推论 2.3.1(它是 Archimedes 原理的推论),

$$\forall \varepsilon > 0 \exists N \in \mathbf{N} \forall n \in \mathbf{N}(n \geqslant N \Longrightarrow |1/n - 0| = 1/n < \varepsilon).$$

按极限的定义, 我们有

$$\lim_{n \to \infty} \frac{1}{n} = 0. \qquad \square$$

定义 3.1.2　实数序列 $\{a_n\}$ 称为**有上界的**, 若序列 (看成映射的像) $\{a_n : n \in \mathbf{N}\}$ 是有上界的集合, 即 $\exists M \in \mathbf{R} \forall n \in \mathbf{N}(a_n \leqslant M)$. 这时, 我们常用以下记法表示像 $\{a_n : n \in \mathbf{N}\}$ 的**上确界**:

$$\sup a_n = \sup\{a_n : n \in \mathbf{N}\}.$$

类似地, 可定义实数序列的**有下界**和实数序列的**下确界**的概念, 并引进记法):

$$\inf a_n = \inf\{a_n : n \in \mathbf{N}\}.$$

既有上界又有下界的实数序列称为**有界序列**. 易见, 实数列 $\{a_n\}$ 有界, 当且仅当

$$\exists M \in \mathbf{R} \forall n \in \mathbf{N}(|a_n| \leqslant M).$$

注 有上界, 有下界, 上确界和下确界等概念只对实数列有意义, 因为复数之间不可比较大小. 然而, 最后叙述的数列有界的条件可以用来定义**复数列的有界性**: 复数列 $\{a_n\}$ 称为有界的, 当且仅当

$$\exists M \in \mathbf{R} \forall n \in \mathbf{N}(|a_n| \leqslant M).$$

定理 3.1.1 给了两个序列 $\{a_n\}$ 和 $\{b_n\}$, 若 $\exists N \in \mathbf{N} \forall n \geqslant N(a_n = b_n)$, 则序列 $\{a_n\}$ 和 $\{b_n\}$ 或同时收敛, 或同时发散. 同时收敛时, 它们的极限相等.

证 极限定义的直接推论. □

这个定理告诉我们, 序列的收敛与发散, 及收敛序列的极限跟序列的前有限项的值无关.

定理 3.1.2 若 $\lim\limits_{n \to \infty} a_n = \alpha$, 则序列 $\{a_n\}$ 是有界的.

证 由序列极限的定义 3.1.1, 让定义 3.1.1 中的 $\varepsilon = 1$, $\exists N \in \mathbf{N} \forall n \geqslant N(|a_n - \alpha| \leqslant 1)$. 故 $\forall n \geqslant N(|a_n| \leqslant |\alpha| + 1)$. 令

$$M = \max(|a_1|, \cdots, |a_{N-1}|, |\alpha| + 1),$$

则

$$\forall n \in \mathbf{N}(|a_n| \leqslant M).$$

故序列 $\{a_n\}$ 是有界的. □

定理 3.1.3 若 $\lim\limits_{n \to \infty} a_n = \alpha$, $\lim\limits_{n \to \infty} b_n = \beta$, 则我们有

(i) $\lim\limits_{n \to \infty} (a_n + b_n) = \alpha + \beta$;

(ii) $\lim\limits_{n \to \infty} (a_n \cdot b_n) = \alpha \cdot \beta$, **特别**, $\lim\limits_{n \to \infty} (c \cdot b_n) = c \cdot \beta$, 其中 c 是常数;

(iii) 又若 $\beta \neq 0$, 便有 $\lim\limits_{n \to \infty} \dfrac{a_n}{b_n} = \dfrac{\alpha}{\beta}$.

证   先证 (i). 由所给条件,

$$\forall \varepsilon > 0 \exists N_1 \in \mathbf{N} \forall n \geqslant N_1 \left(|a_n - \alpha| < \frac{\varepsilon}{2} \right),$$

且

$$\forall \varepsilon > 0 \exists N_2 \in \mathbf{N} \forall n \geqslant N_2 \left(|b_n - \beta| < \frac{\varepsilon}{2} \right).$$

令 $N = \max(N_1, N_2)$. 显然, $n \geqslant N \implies (n \geqslant N_1) \wedge (n \geqslant N_2)$. 再注意到

$$|a_n + b_n - (\alpha + \beta)| = |(a_n - \alpha) + (b_n - \beta)| \leqslant |a_n - \alpha| + |b_n - \beta|,$$

我们便有

$$\forall \varepsilon > 0 \exists N \in \mathbf{N} \forall n \geqslant N \left(|a_n + b_n - (\alpha + \beta)| < \frac{\varepsilon}{2} + \frac{\varepsilon}{2} = \varepsilon \right).$$

今证 (ii). 由定理 3.1.2, 序列 $\{a_n\}$ 和 $\{b_n\}$ 是有界的. 故 $\exists M_1 \in \mathbf{R}\ \forall n \in \mathbf{N}(|a_n| \leqslant M_1)$, 且 $\exists M_2 \in \mathbf{R}\ \forall n \in \mathbf{N}(|b_n| \leqslant M_2)$. 记 $M = \max(M_1, M_2)$, 则 $\forall n \in \mathbf{N}((|a_n| \leqslant M) \wedge (|b_n| \leqslant M))$. 由此, 还有 $\alpha \leqslant M$ 与 $\beta \leqslant M$. 由定理的条件, $\forall \varepsilon > 0 \exists n_0 \in \mathbf{N} \forall n \geqslant n_0 ((|a_n - \alpha| < \varepsilon/(2M)) \wedge (|b_n - \beta| < \varepsilon/(2M)))$. 所以, 当 $n \geqslant n_0$ 时,

$$\begin{aligned}
|a_n \cdot b_n - \alpha \cdot \beta| &= |(a_n \cdot b_n - a_n \cdot \beta) + (a_n \cdot \beta - \alpha \cdot \beta)| \\
&\leqslant |a_n \cdot b_n - a_n \cdot \beta| + |a_n \cdot \beta - \alpha \cdot \beta| \\
&\leqslant |a_n||b_n - \beta| + |a_n - \alpha||\beta| \\
&\leqslant M(|b_n - \beta| + |a_n - \alpha|) \\
&< M(\varepsilon/(2M) + \varepsilon/(2M)) = \varepsilon.
\end{aligned}$$

若 $a_n = c$, $n = 1, 2, \cdots$, 便得 (ii) 最后的特殊情形的结论. (ii) 证毕.

最后证 (iii). 因 $\beta \neq 0$, 故 $\exists N_1 \in \mathbf{N} \forall n \geqslant N_1(|b_n| > |\beta|/2)$. 因序列 $\{a_n\}$ 和 $\{b_n\}$ 收敛, $\forall \varepsilon > 0 \exists N_2 \in \mathbf{N} \forall n \geqslant N_2(\max(|a_n - \alpha|, |b_n - \beta|) < \varepsilon)$. 令 $N = \max(N_1, N_2)$, 则当 $n \geqslant N$ 时, 我们有

$$\left|\frac{a_n}{b_n}-\frac{\alpha}{\beta}\right|=\left|\frac{a_n\beta-\alpha\beta+\alpha\beta-\alpha b_n}{b_n\beta}\right|$$

$$=\frac{|a_n\beta-\alpha\beta+\alpha\beta-\alpha b_n|}{|b_n\beta|}$$

$$\leqslant\frac{2}{|\beta|^2}\left(|\beta||a_n-\alpha|+|\alpha||b_n-\beta|\right)$$

$$<\frac{2(|\alpha|+|\beta|)}{|\beta|^2}\varepsilon.$$

由 $\beta\neq0$ 的事实, 上式右端的第一个因子是个固定的实数. 只要 ε 充分地小, 上式右端的表达式 $[2(|\alpha|+|\beta|)/|\beta|^2]\varepsilon$ 也可达到任意小的程度. $\qquad\square$

注 在 (iii) 的证明中, 我们完全可以把

$$\forall\varepsilon>0\exists N_2\in\mathbf{N}\forall n\geqslant N_2(\max(|a_n-\alpha|,|b_n-\beta|)<\varepsilon)$$

换成

$$\forall\varepsilon>0\exists N_2\in\mathbf{N}\forall n\geqslant N_2\left(\max(|a_n-\alpha|,|b_n-\beta|)<\frac{|\beta|^2\varepsilon}{2(|\alpha|+|\beta|)}\right),$$

使得最后的结论变成

$$\left|\frac{a_n}{b_n}-\frac{\alpha}{\beta}\right|=\frac{|a_n\beta-\alpha\beta+\alpha\beta-\alpha b_n|}{|b_n\beta|}$$

$$\leqslant\frac{2}{|\beta|^2}\left(|\beta||a_n-\alpha|+|\alpha||b_n-\beta|\right)<\varepsilon.$$

但这样做反而让人感到琐碎.(iii) 的证明中的做法在文献中常见.

定理 3.1.4 (夹逼定理) 设

$$\lim_{n\to\infty}a_n=\alpha,\ \lim_{n\to\infty}b_n=\alpha,\quad\text{且}\quad\forall n\in\mathbf{N}(a_n\leqslant c_n\leqslant b_n),$$

则 $\lim_{n\to\infty}c_n=\alpha$.

证 由条件, 有

$$\forall\varepsilon>0\exists N_1\in\mathbf{N}\forall n\geqslant N_1(a_n\in(\alpha-\varepsilon,\alpha+\varepsilon))$$

和

$$\forall \varepsilon > 0 \exists N_2 \in \mathbf{N} \forall n \geqslant N_2(b_n \in (\alpha - \varepsilon, \alpha + \varepsilon)).$$

记 $N = \max(N_1, N_2)$, 便有

$$\forall \varepsilon > 0 \exists N \in \mathbf{N} \forall n \geqslant N((a_n \in (\alpha - \varepsilon, \alpha + \varepsilon)) \wedge (b_n \in (\alpha - \varepsilon, \alpha + \varepsilon))).$$

因 $a_n \leqslant c_n \leqslant b_n$, 故

$$\forall \varepsilon > 0 \exists N \in \mathbf{N} \forall n \geqslant N(c_n \in (a_n, b_n) \subset (\alpha - \varepsilon, \alpha + \varepsilon)).$$

这就是说, $\lim\limits_{n \to \infty} c_n = \alpha$.   □

例 3.1.3 试证:

$$\forall k > 1 \left(\lim_{n \to \infty} \frac{1}{k^n} = 0 \right). \tag{3.1.6}$$

证 因为 $n \geqslant 2$ 时,

$$k^n = [1 + (k-1)]^n = \sum_{j=0}^{n} \frac{n!}{j!(n-j)!}(k-1)^j$$
$$\geqslant 1 + n(k-1) > n(k-1),$$

(注意: 这就是在用 Bernoulli 不等式 (参看练习 2.2.1)). 故

$$0 < \frac{1}{k^n} < \frac{1}{k-1} \cdot \frac{1}{n}.$$

由例 3.1.1, 例 3.1.2, 定理 3.1.3(iii) 和定理 3.1.4, 有

$$\lim_{n \to \infty} \frac{1}{k^n} = 0.$$ □

定义 3.1.3 序列

$$a_1, a_2, \cdots, a_n, \cdots$$

被称为当 $n \to \infty$ 时趋于 (或发散于, 或有) 极限 ∞, 假若

$$\forall M \in \mathbf{R} \exists N \in \mathbf{N} \forall n \geqslant N(a_n > M). \tag{3.1.7}$$

这时, 记做 $\lim\limits_{n \to \infty} a_n = \infty$, 或当 $n \to \infty$ 时, $a_n \to \infty$.

定义 3.1.4 序列

$$a_1, a_2, \cdots, a_n, \cdots,$$

被称为当 $n \to \infty$ 时趋于 (或发散于, 或有) 极限 $-\infty$, 假若

$$\forall M \in \mathbf{R} \exists N \in \mathbf{N} \forall n \geqslant N(a_n < M). \tag{3.1.8}$$

这时, 记做 $\lim\limits_{n \to \infty} a_n = -\infty$, 或当 $n \to \infty$ 时, $a_n \to -\infty$.

注 有极限 $\pm\infty$ 的序列不能称为收敛 (序) 列, 仍应称为**发散 (序) 列**. 我们称它们发散于 $\pm\infty$.

例 3.1.4 试证:

$$\lim_{n \to \infty} \sqrt{n} = \infty. \tag{3.1.9}$$

证 由 Archimedes 原理, $\forall M \in \mathbf{R} \exists N \in \mathbf{N}(N > M^2)$. 故

$$\forall M \in \mathbf{R} \exists N \in \mathbf{N} \forall n \geqslant N(\sqrt{n} \geqslant \sqrt{N} > \sqrt{M^2} = M).$$

这就证明了 $\lim\limits_{n \to \infty} \sqrt{n} = \infty$. □

例 3.1.5 试证:

$$\forall k \in (0, 1)\left(\lim_{n \to \infty} \frac{1}{k^n} = \infty \right). \tag{3.1.10}$$

证 因 $1/k > 1$, 故

$$\frac{1}{k} = 1 + h, \ h > 0.$$

由 Bernoulli 不等式 (参看练习 2.2.1),

$$\frac{1}{k^n} = (1 + h)^n \geqslant 1 + nh > nh.$$

由 Archimedes 原理,

$$\forall M \in \mathbf{R} \exists N \in \mathbf{N}(N > M/h).$$

所以

$$\forall M \in \mathbf{R} \forall n \geqslant N\left(\frac{1}{k^n} > nh \geqslant Nh > \frac{M}{h} \cdot h > M \right).$$

这就说明了

$$\lim_{n \to \infty} \frac{1}{k^n} = \infty. \qquad \square$$

练   习

3.1.1 设 $a, b > 0$, 试证: $\sqrt{ab} \leqslant \dfrac{a+b}{2}$; 并且等号只在 $a = b$ 时成立.

3.1.2 设 $a > 0$, 试证 $\lim\limits_{n \to \infty} \sqrt[n]{a} = 1$.

3.1.3 试证 $\lim\limits_{n \to \infty} \sqrt[n]{n} = 1$.

3.1.4 设 $a_1, a_2, \cdots, a_n > 0$.

(i) 又设 $i, j, k \in \{1, 2, \cdots, n\}$, 令

$$
b_{ijk} = \begin{cases} a_k, & \text{当 } i \neq k \neq j \text{ 时,} \\ \dfrac{a_i + a_j}{2}, & \text{当 } k = i \text{ 或 } k = j \text{ 时.} \end{cases}
$$

试证: 对于任何 $i, j \in \{1, 2, \cdots, n\}$, 我们有 $\left(\sum\limits_{k=1}^{n} a_k \right)/n = \left(\sum\limits_{k=1}^{n} b_{ijk} \right)/n$, 而

$$
\left(\prod_{k=1}^{n} a_k \right)^{1/n} \leqslant \left(\prod_{k=1}^{n} b_{ijk} \right)^{1/n}.
$$

(ii) 选择 $i, j \in \{1, 2, \cdots, n\}$, 使得

$$
a_i = \min\{a_k : 1 \leqslant k \leqslant n\}, \quad a_j = \max\{a_k : 1 \leqslant k \leqslant n\},
$$

然后用 (i) 中的方法构造 $b_{ij1}, \cdots, b_{ijn}$. 记

$$
a_k^0 = a_k, \quad a_k^1 = b_{ijk}, \quad 1 \leqslant k \leqslant n.
$$

对 $\{a_k^1\}_{k=1}^{n}$ 用上述方法构造 $\{a_k^2\}_{k=1}^{n}$ (先定出 i, j, 然后确定 $\{a_k^2\}_{k=1}^{n}$). 由归纳法可得到 $\{a_k^l : 1 \leqslant k \leqslant n, 0 \leqslant l\}$. 试证:

(a) $\dfrac{\sum\limits_{k=1}^{n} a_k^l}{n} = \dfrac{\sum\limits_{k=1}^{n} a_k^0}{n}$;

(b) $\left(\prod\limits_{k=1}^{n} a_k^l \right)^{1/n} \leqslant \left(\prod\limits_{k=1}^{n} a_k^{l+1} \right)^{1/n}$;

(c) $\lim\limits_{l \to \infty} a_k^l = \dfrac{\sum\limits_{p=1}^{n} a_p}{n}$;

(iii) 试证: $\left(\sum\limits_{k=1}^{n} a_k \right)/n \geqslant \left(\prod\limits_{k=1}^{n} a_k \right)^{1/n}$.

注 (iii) 的结论是说: 有限个正数的算术平均不小于它们的几何平均. 我们这里的证明是初等的 (用了归纳原理). 将来我们用微积分的工具可以更简单明了地完成 (iii) 的证明.

3.1.5 设 $a > 0$, 又设

$$
x_0 > 0, \quad x_n = \frac{1}{2}\left(x_{n-1} + \frac{a}{x_{n-1}} \right), \quad n = 1, 2, \cdots.
$$

试证:

(i) 若 $x_0 = \sqrt{a}$, 则 $\forall n \in \mathbf{N}(x_n = \sqrt{a})$;

(ii) 若 $x_0 \neq \sqrt{a}$, 则 $\forall n \geqslant 1(x_n > \sqrt{a})$;

(iii) 若 $x_0 \neq \sqrt{a}$, 则 $\forall n \geqslant 1(x_n > x_{n+1})$;

(iv) $\lim\limits_{n \to \infty} x_n = \sqrt{a}$.

3.1.6 以下序列 $\{a_n\}$ 中, 哪些是收敛的? 哪些是发散的? 收敛的序列的极限是什么?

(1) $a_n = \dfrac{n(n+1)}{n^2+1}, \quad n \in \mathbf{N}$;

(2) $a_n = \dfrac{c_2 n^2 + c_1 n + c_0}{b_2 n^2 + b_1 n + b_0}, \ c_0, c_1, c_2 \in \mathbf{R}, \ b_0, b_1, b_2 > 0, \quad n \in \mathbf{N}$;

(3) $a_n = \dfrac{13n^6 - 27}{26n^5\sqrt{n} + 33\sqrt{n}}, \quad n \in \mathbf{N}$;

(4) $a_n = \dfrac{1}{n}\sum\limits_{m=1}^{n}\dfrac{1}{m^2}, \quad n \in \mathbf{N}$;

(5) $a_n = \dfrac{r^n}{n^m}, \ m \in \mathbf{N}, \quad r \in \mathbf{R}$.

注 这里的答案依赖于 r 和 m.

3.1.7 **试证**: 复数序列 $\{z_n : n = 1, 2, \cdots\}$ 收敛于 a 的充分必要条件是: 实数序列 $\{|z_n - a| : n = 1, 2, \cdots\}$ 收敛于零.

3.1.8 设 $\{z_n = x_n + \mathrm{i}y_n : n = 1, 2, \cdots\}$ 是个复数序列, 则它收敛的充分必要条件是: 两个实数序列 $\{x_n : n = 1, 2, \cdots\}$ 和 $\{y_n : n = 1, 2, \cdots\}$ 均收敛, 条件满足时我们还有

$$\lim_{n \to \infty} z_n = \lim_{n \to \infty} x_n + \mathrm{i} \lim_{n \to \infty} y_n.$$

§3.2 序列极限的存在条件

定义 3.2.1 序列 $\{a_n\}$ 被称为**单调递增的**, 若

$$\forall n \in \mathbf{N}(a_n < a_{n+1});$$

序列 $\{a_n\}$ 被称为**单调不减的**, 若

$$\forall n \in \mathbf{N}(a_n \leqslant a_{n+1});$$

序列 $\{a_n\}$ 被称为**单调递减的**, 若

$$\forall n \in \mathbf{N}(a_n > a_{n+1});$$

序列 $\{a_n\}$ 被称为**单调不增的**, 若

$$\forall n \in \mathbf{N}(a_n \geqslant a_{n+1}).$$

以上四种序列统称为**单调序列**.

定理 3.2.1   设序列 $\{a_n\}$ 是有上界的, 单调不减的, 则 $\lim\limits_{n\to\infty} a_n$ 存在且有限, 事实上,

$$\lim_{n\to\infty} a_n = \sup a_n; \tag{3.2.1$_1$}$$

设序列 $\{a_n\}$ 是无上界且单调不减的, 则 $\lim\limits_{n\to\infty} a_n$ 存在但非有限:

$$\lim_{n\to\infty} a_n = \sup a_n = \infty; \tag{3.2.1$_2$}$$

设序列 $\{a_n\}$ 是有下界的, 单调不增的, 则 $\lim\limits_{n\to\infty} a_n$ 存在且有限, 事实上,

$$\lim_{n\to\infty} a_n = \inf a_n; \tag{3.2.2$_1$}$$

设序列 $\{a_n\}$ 是无下界且单调不增的, 则 $\lim\limits_{n\to\infty} a_n$ 存在但非有限:

$$\lim_{n\to\infty} a_n = \inf a_n = -\infty. \tag{3.2.2$_2$}$$

证   只证前半部分, 后半部分可相仿地证明, 也可通过考虑序列 $\{-a_n\}$ 而化成前半部分的问题. 设序列 $\{a_n\}$ 是有上界的, 记 $\alpha = \sup a_n$, 则

$$\forall \varepsilon > 0 \forall N \in \mathbf{N} \exists n_0 \geqslant N(\alpha - \varepsilon < a_{n_0} \leqslant \alpha).$$

又因序列 $\{a_n\}$ 是单调不减的, α 又是 $\{a_n\}$ 的上确界,

$$(n > n_0) \wedge (\alpha - \varepsilon < a_{n_0} \leqslant \alpha) \Longrightarrow \alpha - \varepsilon < a_{n_0} \leqslant a_n \leqslant \alpha.$$

故

$$\forall \varepsilon > 0 \exists n_0 \in \mathbf{N} \forall n \geqslant n_0 (\alpha - \varepsilon < a_n \leqslant \alpha).$$

这就证明了 $\lim\limits_{n\to\infty} a_n = \alpha = \sup a_n$.

设序列 $\{a_n\}$ 是无上界的, 则 $\sup a_n = \infty$. 故

$$\forall M > 0 \forall N \in \mathbf{N} \exists n_0 \geqslant N(M < a_{n_0}).$$

又因序列 $\{a_n\}$ 是单调不减的,

$$(n > n_0) \wedge (M < a_{n_0}) \implies M < a_{n_0} \leqslant a_n.$$

故 $\forall M > 0 \exists n_0 \in \mathbf{N} \forall n \geqslant n_0 (M < a_n)$. 这就证明了

$$\lim_{n \to \infty} a_n = \sup a_n = \infty. \qquad \square$$

例 3.2.1 以下极限存在且有限.

$$\lim_{n \to \infty} \left(1 + \frac{1}{n}\right)^n.$$

证 由二项式定理,

$$\left(1 + \frac{1}{n}\right)^n = \sum_{j=0}^{n} \binom{n}{j} \left(\frac{1}{n}\right)^j = \sum_{j=0}^{n} \frac{n(n-1)\cdots(n-j+1)}{j! \, n^j}$$
$$= \sum_{j=0}^{n} \frac{1}{j!} \left(1 - \frac{1}{n}\right) \left(1 - \frac{2}{n}\right) \cdots \left(1 - \frac{j-1}{n}\right).$$

由此, 我们可以推得, 序列 $(1 + 1/n)^n$ 是单调递增的有界序列. 有界性的证明:

$$\sum_{j=0}^{n} \frac{1}{j!} \left(1 - \frac{1}{n}\right) \left(1 - \frac{2}{n}\right) \cdots \left(1 - \frac{j-1}{n}\right)$$
$$\leqslant \sum_{j=0}^{n} \frac{1}{j!} \leqslant \left(1 + \sum_{j=1}^{n} \frac{1}{2^{j-1}}\right) \leqslant (1 + 2) = 3.$$

单调递增性的证明: 因为

$$\left(1 - \frac{1}{n}\right) \left(1 - \frac{2}{n}\right) \cdots \left(1 - \frac{j-1}{n}\right)$$
$$< \left(1 - \frac{1}{n+1}\right) \left(1 - \frac{2}{n+1}\right) \cdots \left(1 - \frac{j-1}{n+1}\right),$$

所以

$$\sum_{j=0}^{n} \frac{1}{j!} \left(1 - \frac{1}{n}\right) \left(1 - \frac{2}{n}\right) \cdots \left(1 - \frac{j-1}{n}\right)$$

$$< \sum_{j=0}^{n} \frac{1}{j!} \left(1 - \frac{1}{n+1}\right)\left(1 - \frac{2}{n+1}\right)\cdots\left(1 - \frac{j-1}{n+1}\right)$$

$$< \sum_{j=0}^{n+1} \frac{1}{j!} \left(1 - \frac{1}{n+1}\right)\left(1 - \frac{2}{n+1}\right)\cdots\left(1 - \frac{j-1}{n+1}\right).$$

由定理 3.2.1 知极限 $\lim\limits_{n\to\infty}\left(1 + \frac{1}{n}\right)^n$ 存在且有限.   □

注   这个重要的极限是由 18 世纪伟大的瑞士数学家欧拉 (L. Euler) 在他的研究中首先发现的, 常记做

$$\mathrm{e} = \lim_{n\to\infty}\left(1 + \frac{1}{n}\right)^n. \tag{3.2.3}$$

伟大的瑞士数学家 Euler 被称为 18 世纪全世界数学家的当之无愧的导师. 他长期在彼得堡科学院工作, 对俄罗斯数学的发展有重大影响.

定义 3.2.2   序列 $\{a_n\}$ 的**上极限**定义为

$$\limsup_{n\to\infty} a_n = \overline{\lim_{n\to\infty}} a_n = \lim_{n\to\infty}\left(\sup_{k\geqslant n} a_k\right); \tag{3.2.4}$$

序列 $\{a_n\}$ 的**下极限**定义为

$$\liminf_{n\to\infty} a_n = \underline{\lim_{n\to\infty}} a_n = \lim_{n\to\infty}\left(\inf_{k\geqslant n} a_k\right). \tag{3.2.5}$$

注 1   因

$$\sup_{k\geqslant n} a_k \geqslant \sup_{k\geqslant n+1} a_k,$$

(3.2.4) 的右端的极限, 作为单调不增序列的极限, 一定存在 (可能等于 $\pm\infty$). 同理, (3.2.5) 的右端的极限也一定存在. 应注意的是, 若序列 $\{a_n\}$ 无上界, 则我们约定: $\sup a_n = \infty$. 类似地, 若序列 $\{a_n\}$ 无下界, 则我们约定: $\inf a_n = -\infty$. 又约定: 若序列 $\{a_n\}$ 从某项开始恒等于 ∞:

$$\exists N \in \mathbf{N} \forall n \geqslant N(a_n = \infty),$$

则

$$\lim_{n\to\infty} a_n = \infty.$$

类似地, 若序列 $\{a_n\}$ 从某项开始恒等于 $-\infty$:

$$\exists N \in \mathbf{N} \forall n \geqslant N(a_n = -\infty),$$

则

$$\lim_{n \to \infty} a_n = -\infty.$$

这样, 序列的上极限和下极限一定存在, 但可能为 $\pm\infty$.

注 2 不难证明 (请同学自行补证): 设 $\alpha \neq \pm\infty$. $\alpha = \limsup\limits_{n \to \infty} a_n$, 当且仅当 α 满足以下两个条件:

(i) $\forall \varepsilon > 0$ ($\{n \in \mathbf{N} : a_n > \alpha + \varepsilon\}$ 是有限集);

(ii) $\forall \varepsilon > 0$ ($\{n \in \mathbf{N} : \alpha - \varepsilon < a_n < \alpha + \varepsilon\}$ 是无限集).

同样不难证明: 设 $\alpha \neq \pm\infty$. $\alpha = \liminf\limits_{n \to \infty} a_n$, 当且仅当 α 满足以下两个条件:

(i) $\forall \varepsilon > 0$ ($\{n \in \mathbf{N} : a_n < \alpha - \varepsilon\}$ 是有限集);

(ii) $\forall \varepsilon > 0$ ($\{n \in \mathbf{N} : \alpha - \varepsilon < a_n < \alpha + \varepsilon\}$ 是无限集).

上下极限为 $\pm\infty$ 的充分必要条件的表述和证明请同学自行思考. 以下命题的证明较简单, 留给同学自行完成了.

命题 3.2.1 任何序列 $\{a_n\}$ 的上下极限有以下不等式:

$$\limsup_{n \to \infty} a_n \geqslant \liminf_{n \to \infty} a_n. \tag{3.2.6}$$

定理 3.2.2 序列 $\{a_n\}$ 有极限的充分必要条件是, 它的上极限和下极限相等. 这时, 我们有

$$\lim_{n \to \infty} a_n = \limsup_{n \to \infty} a_n = \liminf_{n \to \infty} a_n.$$

证 先证明条件的充分性. 只讨论 $\limsup\limits_{n \to \infty} a_n \neq \pm\infty$ 的情形. 对于 $\limsup\limits_{n \to \infty} a_n == \pm\infty$ 的情形讨论相仿, 把它留给同学了.

假设 $\alpha = \limsup\limits_{n \to \infty} a_n$, 我们有

$$\forall \varepsilon > 0 \exists N_1 \in \mathbf{N} \forall n \geqslant N_1 \left(\sup_{k \geqslant n} a_k < \alpha + \varepsilon \right).$$

由此

$$\forall \varepsilon > 0 \exists N_1 \in \mathbf{N} \forall n \geqslant N_1(a_n < \alpha + \varepsilon).$$

同理, 假设 $\alpha = \liminf\limits_{n \to \infty} a_n$, 我们有

$$\forall \varepsilon > 0 \exists N_2 \in \mathbf{N} \forall n \geqslant N_2(a_n > \alpha - \varepsilon).$$

令 $N = \max(N_1, N_2)$, 我们有以下结论:

$$\forall \varepsilon > 0 \exists N \in \mathbf{N} \forall n \geqslant N\big(a_n \in (\alpha - \varepsilon, \alpha + \varepsilon)\big).$$

所以, $\lim\limits_{n \to \infty} a_n = \alpha = \limsup\limits_{n \to \infty} a_n = \liminf\limits_{n \to \infty} a_n.$

下面证明条件的必要性. 只讨论 $\lim\limits_{n \to \infty} a_n$ 存在且有限的情形. 对于 $\lim\limits_{n \to \infty} a_n = \pm\infty$ 的情形留给同学自行处理. 记 $\alpha = \lim\limits_{n \to \infty} a_n$. 我们有

$$\forall \varepsilon > 0 \exists N \in \mathbf{N} \forall n \geqslant N(a_n \in (\alpha - \varepsilon, \alpha + \varepsilon)).$$

因此, $\forall n \geqslant N\Big(\sup\limits_{k \geqslant n} a_n \leqslant \alpha + \varepsilon\Big)$, 故

$$\limsup\limits_{n \to \infty} a_n \leqslant \alpha + \varepsilon.$$

由 ε 的任意性, 有

$$\limsup\limits_{n \to \infty} a_n \leqslant \alpha.$$

同理, $\liminf\limits_{n \to \infty} a_n \geqslant \alpha$. 由命题 3.2.1, $\limsup\limits_{n \to \infty} a_n \geqslant \liminf\limits_{n \to \infty} a_n$, 故

$$\limsup\limits_{n \to \infty} a_n = \liminf\limits_{n \to \infty} a_n. \qquad \square$$

定义 3.2.3　序列 $\{a_n\}$ 称为 **Cauchy 列** (或称**基本列**), 若

$$\forall \varepsilon > 0 \exists N \in \mathbf{N} \forall n, m \geqslant N(|a_n - a_m| < \varepsilon).$$

定理 3.2.3 (Cauchy 收敛准则)　序列 $\{a_n\}$ 收敛, 当且仅当它是 Cauchy 列. 换言之, 序列 $\{a_n\}$ 收敛的充分必要条件是:

$$\forall \varepsilon > 0 \ \exists N \in \mathbf{N} \ \forall n, m \geqslant N \ (|a_n - a_m| < \varepsilon). \tag{3.2.7}$$

证 设序列 $\{a_n\}$ 收敛于 α, 则

$$\forall \varepsilon > 0 \exists N \in \mathbf{N} \forall n \geqslant N(|a_n - \alpha| < \varepsilon/2).$$

由此, 我们有结论:

$$\forall \varepsilon > 0 \exists N \in \mathbf{N} \forall n, m \geqslant N(|a_n - a_m| \leqslant |a_n - \alpha| + |a_m - \alpha| < \varepsilon/2 + \varepsilon/2 = \varepsilon).$$

所以, 收敛列 $\{a_n\}$ 必是 Cauchy 列.

反之, 设序列 $\{a_n\}$ 是 Cauchy 列. 让 Cauchy 列定义中的 $\varepsilon = 1$, 则 $\exists N \in \mathbf{N} \forall n \geqslant N(|a_n - a_N| \leqslant 1)$. 故

$$\forall n \in \mathbf{N}(|a_n| \leqslant M),$$

其中 $M = \max(|a_N| + 1, |a_1|, \cdots, |a_{N-1}|)$. 因此, 序列 $\{a_n\}$ 有界. 它的上下极限皆有限. 令

$$\alpha = \limsup_{n \to \infty} a_n, \quad \beta = \liminf_{n \to \infty} a_n.$$

因序列 $\{a_n\}$ 是 Cauchy 列,

$$\forall \varepsilon > 0 \exists N \in \mathbf{N} \forall n, m \geqslant N(|a_n - a_m| < \varepsilon).$$

换言之,

$$\forall \varepsilon > 0 \exists N \in \mathbf{N} \forall n, m \geqslant N(a_n - \varepsilon < a_m < a_n + \varepsilon).$$

故

$$\forall \varepsilon > 0 \exists N \in \mathbf{N} \left(a_N - \varepsilon \leqslant \inf_{n \geqslant N} a_n \leqslant \sup_{n \geqslant N} a_n \leqslant a_N + \varepsilon \right).$$

所以

$$\forall \varepsilon > 0 \exists N \in \mathbf{N} \left(0 \leqslant \sup_{n \geqslant N} a_n - \inf_{n \geqslant N} a_n \leqslant 2\varepsilon \right).$$

因 $\inf_{n \geqslant k} a_n$ 关于 k 不减, 而 $\sup_{n \geqslant k} a_n$ 关于 k 不增, 又 $\inf_{n \geqslant k} a_n \leqslant \sup_{n \geqslant k} a_n$, 故

$$\forall \varepsilon > 0 \exists N \in \mathbf{N} \forall k \geqslant N \left(0 \leqslant \sup_{n \geqslant k} a_n - \inf_{n \geqslant k} a_n \leqslant 2\varepsilon \right).$$

由此, 我们有

$$0 \leqslant \limsup_{n\to\infty} a_n - \liminf_{n\to\infty} a_n \leqslant 2\varepsilon.$$

由 ε 的任意性, 有

$$\limsup_{n\to\infty} a_n = \liminf_{n\to\infty} a_n.$$

由定理 3.2.2, 序列 $\{a_n\}$ 收敛.   □

注 1   Cauchy 收敛准则中关于序列 $\{a_n\}$ 收敛的充分必要条件

$$\forall \varepsilon > 0 \exists N \in \mathbf{N} \forall n, m \geqslant N(|a_n - a_m| < \varepsilon)$$

和序列 $\{a_n\}$ 有 (有限) 极限的定义中的条件

$$\exists \alpha \in \mathbf{R} \forall \varepsilon > 0 \exists N \in \mathbf{N} \forall n \geqslant N(|a_n - \alpha| < \varepsilon)$$

相比, 一个重要的区别是: 后一条件中极限值 α 要公开出现, 而前一条件的表述中极限值 α 并未露面. Cauchy 收敛准则对于检验一个序列是否收敛是很有用的, 即使我们并不能确定该序列的极限值.

注 2   单调序列的概念牵涉到数列中的数的大小比较, 故有界单调序列的极限存在定理不适用于复数列. Cauchy 列概念的定义和 Cauchy 收敛准则的叙述中均未牵涉到数列中的数的大小比较, 因而也适用于复数列. 利用定义 3.1.1 后的注 2 的最后那一条要求同学作为练习自行证明的命题, 同学们可以自行完成复数列的 Cauchy 收敛准则的叙述与证明. (利用 §3.1 的练习 3.1.8 的方法可以证明: 复数列 $\{z_n = x_n + \mathrm{i}y_n\}$ 是 Cauchy 列, 当且仅当两个实数列 $\{x_n\}$ 和 $\{y_n\}$ 都是 Cauchy 列. 再加上练习 3.1.8 的结论便可完成这里所要的证明.)

练   习

3.2.1   设 $\{a_n\}_{n=1}^{\infty}$ 是一个实数列, 而 $\alpha \in \mathbf{R}$. 若 $\{n_i\}_{i=1}^{\infty}$ 是一串递增的自然数列

$$n_1 < n_2 < \cdots < n_j < \cdots,$$

则 $\{a_{n_i}\}_{i=1}^{\infty}$ 称为 $\{a_n\}_{n=1}^{\infty}$ 的一个**子列**.

(i) 试证: $\{a_n\}_{n=1}^{\infty}$ 有收敛于 α 的子列的充分必要条件是, 对于任何 $\varepsilon > 0$, 在开区间 $(\alpha - \varepsilon, \alpha + \varepsilon)$ 中有序列 $\{a_n\}_{n=1}^{\infty}$ 的无限多项;

(ii) 试证: $\{a_n\}_{n=1}^{\infty}$ 无收敛于 α 的子列的充分必要条件是, 有一个 $\varepsilon > 0$, 在开区间 $(\alpha - \varepsilon, \alpha + \varepsilon)$ 中只有序列 $\{a_n\}_{n=1}^{\infty}$ 的有限多项;

(iii) 试证：若序列 $\{a_n\}_{n=1}^\infty$ 是有界列, 则序列 $\{a_n\}_{n=1}^\infty$ 必有收敛子列;

注 (iii) 的结论称为 **Bolzano-Weierstrass 有界 (实数) 列收敛子列存在定理**.

(iv) 试叙述并证明: 对于复数列 $\{a_n\}_{n=1}^\infty$ 的上述三条命题;

(v) 试证: (复数的) Cauchy 列必是有界列;

(vi) 试证: 若 (复数的) Cauchy 列有收敛子列, 它必是收敛列;

(vii) 试证: (复数的) Cauchy 列必是收敛列.

3.2.2 我们重温一下实数序列 $\{a_n\}$ 的聚点 (也称极限点) 的定义 (参看 §2.3 的练习 2.3.8): $\alpha \in \mathbf{R}$ 是实数序列 $\{a_n\}$ 的一个极限点, 当且仅当

$$\forall \varepsilon > 0\Big(\{n \in \mathbf{N} : a_n \in (\alpha - \varepsilon, \alpha - \varepsilon)\} \text{ 是无限集}\Big);$$

∞ 是实数序列 $\{a_n\}$ 的一个极限点, 当且仅当

$$\forall M \in \mathbf{R}\Big(\{n \in \mathbf{N} : a_n > M\} \text{ 是无限集}\Big);$$

$-\infty$ 是实数序列 $\{a_n\}$ 的一个极限点, 当且仅当

$$\forall M \in \mathbf{R}\Big(\{n \in \mathbf{N} : a_n < M\} \text{ 是无限集}\Big).$$

试证:

(i) 设 $\{a_n\}$ 是个实数序列. $\alpha \in [-\infty, \infty]$ 是实数序列 $\{a_n\}$ 的一个极限点, 当且仅当 $\{a_n\}$ 有一个极限为 α 的子列.

(ii) $\limsup\limits_{n\to\infty} a_n$ 是实数序列 $\{a_n\}$ 的最大极限点, 而 $\liminf\limits_{n\to\infty} a_n$ 是实数序列 $\{a_n\}$ 的最小极限点.

§3.3 级 数

许多数列的极限是以级数的和的形式出现的. 本节将讨论级数的基本知识.

定义 3.3.1 给了一个序列 $\{a_j\}_{j=1}^\infty$, 构造一个新的序列 $\{s_n\}_{n=1}^\infty$, 其中

$$s_n = a_1 + a_2 + \cdots + a_n = \sum_{j=1}^n a_j.$$

我们称 s_n 是序列 $\{a_j\}$ 的**第 n 个部分和**, 序列 $\{s_n\}$ 是关于序列 $\{a_j\}$ 的部分和序列. 若部分和序列 $\{s_n\}$ 收敛, 则称**级数**

$$\sum_{j=1}^\infty a_j$$

收敛, 并把序列 s_n 的极限称为级数 $\sum\limits_{j=1}^{\infty} a_j$ 的和, 记做

$$\lim_{n \to \infty} s_n = \lim_{n \to \infty} \sum_{j=1}^{n} a_j = \sum_{j=1}^{\infty} a_j.$$

若部分和序列 $\{s_n\}$ 发散, 则称级数

$$\sum_{j=1}^{\infty} a_j$$

发散. 若部分和序列 $\{s_n\}$ 发散于 ∞ (或 $-\infty$), 则记

$$\sum_{j=1}^{\infty} a_j = \infty (或 = -\infty).$$

a_j 称为上述级数的**一般项**.

例 3.3.1 几何 (等比) 级数

$$\sum_{n=0}^{\infty} r^n$$

当 $|r| < 1$ 时收敛, 当 $|r| \geqslant 1$ 时发散. 确切些说, 当 $|r| < 1$ 时,

$$\sum_{n=0}^{\infty} r^n = (1-r)^{-1};$$

当 $r \geqslant 1$ 时,

$$\sum_{n=0}^{\infty} r^n = \infty;$$

当 $r \leqslant -1$ 时, 级数 $\sum\limits_{n=0}^{\infty} r^n$ 的部分和无极限.

证 当 $r \neq 1$ 时, 该级数的部分和是

$$\sum_{j=0}^{n} r^j = \frac{1 - r^{n+1}}{1 - r}.$$

故当 $|r| < 1$ 时, 级数收敛于 $(1-r)^{-1}$. 当 $r = 1$ 时, 级数的部分和是 $\sum\limits_{j=0}^{n} 1^j = n + 1$. 此时, 级数发散于 ∞. 当 $r > 1$ 时, 级数的部分和的极

限是

$$\lim_{n\to\infty} \frac{1-r^{n+1}}{1-r} = \frac{1}{r-1}\lim_{n\to\infty}(r^{n+1}-1) = \infty.$$

当 $r < -1$ 时, 级数的部分和 $\dfrac{1-r^{n+1}}{1-r}$ 当 n 为偶数时是正的, 当 n 为奇数时是负的. 而且当 $n \to \infty$ 时, 级数的部分和的绝对值趋于无穷大. 因而, 级数的部分和无极限. 当 $r = -1$ 时, 部分和取以下的值:

$$s_n = \begin{cases} -1, & \text{当 } n \text{ 等于奇数时,} \\ 0, & \text{当 } n \text{ 等于偶数时.} \end{cases}$$

所以, 这时级数无极限.　　　　　　　　　　　　　　　　　　□

命题 3.3.1　给了两个级数 $\displaystyle\sum_{n=1}^{\infty} a_n$ 和 $\displaystyle\sum_{n=1}^{\infty} b_n$. 若有自然数 N, 使得当 $n \geqslant N$ 时,

$$a_n = b_n,$$

则这两个级数的敛散性相同, 即或同时收敛, 或同时发散.

证　因为这两个级数的对应的部分和

$$s_n = \sum_{j=1}^{n} a_j \quad \text{和} \quad t_n = \sum_{j=1}^{n} b_j$$

之间有如下关系:

$$\forall n \geqslant N\Big(t_n = s_n + \sum_{j=1}^{N-1}(b_j - a_j)\Big).$$

而 $\displaystyle\sum_{j=1}^{N-1}(b_j - a_j)$ 不依赖于 n. 故 s_n 与 t_n 的敛散性相同.　　□

以下两个命题的证明比较简单, 留给同学自行完成了.

命题 3.3.2　给了两个收敛级数 $\displaystyle\sum_{n=1}^{\infty} a_n$ 和 $\displaystyle\sum_{n=1}^{\infty} b_n$, 则级数

$$\sum_{n=1}^{\infty}(a_n \pm b_n)$$

也收敛, 且

$$\sum_{n=1}^{\infty}(a_n \pm b_n) = \sum_{n=1}^{\infty} a_n \pm \sum_{n=1}^{\infty} b_n. \tag{3.3.1}$$

命题 3.3.3   给了一个常数 c 和一个收敛级数 $\sum\limits_{n=1}^{\infty} a_n$, 则级数

$$\sum_{n=1}^{\infty} c\, a_n$$

也收敛, 且

$$\sum_{n=1}^{\infty} ca_n = c\sum_{n=1}^{\infty} a_n. \tag{3.3.2}$$

定理 3.3.1   若级数 $\sum\limits_{n=1}^{\infty} a_n$ 收敛, 则

$$\lim_{n\to\infty} a_n = 0.$$

证   设 $s = \sum\limits_{n=1}^{\infty} a_n$, 则

$$s = \lim_{n\to\infty} s_n = \lim_{n\to\infty} s_{n-1},$$

其中

$$s_n = \sum_{j=1}^{n} a_j.$$

因 $a_n = s_n - s_{n-1}$, 故

$$\lim_{n\to\infty} a_n = \lim_{n\to\infty}(s_n - s_{n-1}) = s - s = 0. \qquad \square$$

下面我们要引进一种特殊类型的级数, 它的收敛性比较容易刻画. 而一般级数的收敛性的研究许多时候可化为这种特殊类型的级数的收敛性的研究.

定义 3.3.2   若级数

$$\sum_{n=1}^{\infty} a_n$$

的项都是非负的: $\forall n \in \mathbf{N}(a_n \geqslant 0)$, 这个级数便称为**正项级数**.

定理 3.3.2   若级数 $\sum\limits_{n=1}^{\infty} a_n$ 是正项级数, 则级数收敛的充分必要条件是:

$$\exists M \in \mathbf{R}\, \forall n \in \mathbf{N}\left(\sum_{j=1}^{n} a_j \leqslant M\right).$$

当这个条件不满足时, 该级数发散于 ∞:

$$\sum_{n=1}^{\infty} a_n = \infty.$$

证 因级数 $\sum_{n=1}^{\infty} a_n$ 的项都是非负的, 级数的部分和 $\sum_{j=1}^{n} a_j$ 是单调不减的. 由定理 3.2.1, 级数收敛, 即它的部分和序列收敛, 当且仅当部分和有上界:

$$\exists M \in \mathbf{R} \forall n \in \mathbf{N} \left(\sum_{j=1}^{n} a_j \leqslant M \right).$$

当这个条件不满足时, 部分和序列成无上界的单调不减序列, 当然发散于 ∞. □

定理 3.3.3 若两个级数

$$\sum_{n=1}^{\infty} a_n \quad \text{和} \quad \sum_{n=1}^{\infty} b_n$$

的对应项满足不等式:

$$\forall n \in \mathbf{N}(a_n \geqslant b_n \geqslant 0),$$

则级数 $\sum_{n=1}^{\infty} a_n$ 收敛时, 级数 $\sum_{n=1}^{\infty} b_n$ 必收敛. $\left(\text{一个等价的叙述是: 级数} \sum_{n=1}^{\infty} b_n \text{ 发散时, 级数} \sum_{n=1}^{\infty} a_n \text{ 必发散.}\right)$

证 由定理的条件, 有

$$\forall n \in \mathbf{N} \left(\sum_{j=1}^{n} a_j \geqslant \sum_{j=1}^{n} b_j \geqslant 0 \right).$$

级数 $\sum_{n=1}^{\infty} a_n$ 收敛时, 它的部分和 $\sum_{j=1}^{n} a_j$ 非负且有上界. 这时, 级数 $\sum_{n=1}^{\infty} b_n$ 的部分和 $\sum_{j=1}^{n} b_j$ 也非负且有上界. 由定理 3.3.2, 级数 $\sum_{n=1}^{\infty} b_n$ 收敛. □

例 3.3.2 讨论级数

$$\sum_{n=1}^{\infty} \frac{1}{n^k}$$

的敛散条件, 其中 $k \in \mathbf{Q}$.

先考虑 $k = 1$ 的情形. 这时, 级数第 $n = 2^m + l$ (其中 $1 \leqslant l \leqslant 2^m - 1$) 个部分和有以下估计:

$$\sum_{j=1}^{2^m+l} \frac{1}{j} \geqslant \sum_{j=1}^{2^m} \frac{1}{j} = 1 + \frac{1}{2} + \left(\frac{1}{3} + \frac{1}{4}\right) + \left(\frac{1}{5} + \frac{1}{6} + \frac{1}{7} + \frac{1}{8}\right)$$

$$+ \cdots + \left(\frac{1}{2^{m-1} + 1} + \cdots + \frac{1}{2^m}\right)$$

$$\geqslant 1 + \sum_{j=1}^{m} \frac{2^{j-1}}{2^j} = 1 + \frac{m}{2}.$$

因 m 作为 $n = 2^m + l$ 的函数是不减的, 且对于任何 $K > 0$, 由 Archimedes 原理, 存在 $N \in \mathbf{N}$ 使得 $N > K$. 只要 $n > 2^N$, 便有 $m \geqslant N > K$. 所以 m 无界, 故 $\lim\limits_{n \to \infty} m = \infty$. 级数 $\sum\limits_{n=1}^{\infty} \frac{1}{n}$ 的部分和无界, 它必发散.

当 $k < 1$ 时, $\frac{1}{n} \leqslant \frac{1}{n^k}$. 由定理 3.3.3, $k < 1$ 时, 级数 $\sum\limits_{n=1}^{\infty} \frac{1}{n^k}$ 也发散.

现在考虑 $k > 1$ 的情形. 这时级数第 $n = 2^m + l$ (其中 $1 \leqslant l \leqslant 2^m - 1$) 个部分和有以下估计:

$$\sum_{j=1}^{2^m+l} \frac{1}{j^k} \leqslant \sum_{j=1}^{2^{m+1}-1} \frac{1}{j^k} = 1 + \left(\frac{1}{2^k} + \frac{1}{3^k}\right) + \left(\frac{1}{4^k} + \frac{1}{5^k} + \frac{1}{6^k} + \frac{1}{7^k}\right)$$

$$+ \cdots + \left(\frac{1}{2^{mk}} + \cdots + \frac{1}{(2^{m+1} - 1)^k}\right)$$

$$\leqslant 1 + \frac{1}{2^{k-1}} + \frac{1}{2^{2(k-1)}} + \cdots + \frac{1}{2^{m(k-1)}} \leqslant \frac{1}{1 - \frac{1}{2^{k-1}}}.$$

级数的部分和序列有界. 故在 $k > 1$ 时, 级数 $\sum\limits_{n=1}^{\infty} \frac{1}{n^k}$ 收敛.

定理 3.3.4 (级数的 Cauchy 收敛准则)   级数 $\sum\limits_{n=1}^{\infty} a_n$ 收敛的充分必要条件是:

$$\forall \varepsilon > 0 \exists N \in \mathbf{N} \forall n \geqslant N \forall p \in \mathbf{N} \left(\left|\sum_{j=n}^{n+p} a_j\right| < \varepsilon\right). \tag{3.3.3}$$

证 以上条件恰是关于级数的部分和序列的 Cauchy 收敛准则中的条件. □

定义 3.3.3 级数 $\sum\limits_{n=1}^{\infty} a_n$ 称为**绝对收敛**的, 假若级数

$$\sum_{n=1}^{\infty} |a_n|$$

收敛.

定理 3.3.5 绝对收敛的级数必收敛.

证 设级数 $\sum\limits_{n=1}^{\infty} |a_n|$ 收敛, 故

$$\forall \varepsilon > 0 \exists N \in \mathbf{N} \forall n \geqslant N \forall p \in \mathbf{N} \left(\sum_{j=n}^{n+p} |a_j| < \varepsilon \right).$$

因而

$$\forall \varepsilon > 0 \exists N \in \mathbf{N} \forall n \geqslant N \forall p \in \mathbf{N} \left(\left| \sum_{j=n}^{n+p} a_j \right| \leqslant \sum_{j=n}^{n+p} |a_j| < \varepsilon \right).$$

由定理 3.3.4, 级数 $\sum\limits_{n=1}^{\infty} a_n$ 收敛. □

例 3.3.3 考虑级数 $\sum\limits_{n=1}^{\infty} \dfrac{(-1)^n}{n}$ 的敛与散.

给定了 $\varepsilon > 0$, 由 Archimedes 原理, 有自然数 $N > 1/\varepsilon$. 因 $k \geqslant N > 1/\varepsilon$ 时,

$$\left| \sum_{n=k}^{k+p} \frac{(-1)^n}{n} \right| = \frac{1}{k} - \left(\frac{1}{k+1} - \frac{1}{k+2} \right) - \cdots \leqslant \frac{1}{k} < \varepsilon.$$

由 Cauchy 收敛准则, 级数

$$\sum_{n=1}^{\infty} \frac{(-1)^n}{n}$$

收敛, 但因级数 $\sum\limits_{n=1}^{\infty} 1/n$ 发散 (参看例 3.3.2), 故级数 $\sum\limits_{n=1}^{\infty} (-1)^n/n$ 非绝对收敛.

注 非绝对收敛的收敛级数常称为**条件收敛**级数.

定理 3.3.6   设 $\sum\limits_{n=0}^{\infty} a_n$ 和 $\sum\limits_{n=0}^{\infty} b_n$ 是两个收敛的正项级数, 则级数

$$\sum_{n=0}^{\infty} \left(\sum_{j=0}^{n} a_j b_{n-j} \right)$$

也收敛, 且

$$\sum_{n=0}^{\infty} \left(\sum_{j=0}^{n} a_j b_{n-j} \right) = \left(\sum_{n=0}^{\infty} a_n \right) \left(\sum_{n=0}^{\infty} b_n \right). \tag{3.3.4}$$

证   这是因为

$$\left(\sum_{n=0}^{[N/2]} a_n \right) \left(\sum_{m=0}^{[N/2]} b_m \right) = \sum_{n=0}^{[N/2]} \sum_{m=0}^{[N/2]} a_n b_m \leqslant \sum_{n=0}^{N} \left(\sum_{j=0}^{n} a_j b_{n-j} \right)$$

$$\leqslant \sum_{n=0}^{N} \sum_{m=0}^{N} a_n b_m = \left(\sum_{n=0}^{N} a_n \right) \left(\sum_{m=0}^{N} b_m \right),$$

而左右两端均收敛于

$$\left(\sum_{n=0}^{\infty} a_n \right) \left(\sum_{n=0}^{\infty} b_n \right). \qquad \square$$

注   对于任何 $x \in \mathbf{R}$, $[x]$ 表示不大于 x 的最大整数. $[x]$ 的存在是由 Archimedes 原理和 $\mathbf{N}$ 的良序性保证的 (参看推论 2.3.1 后面的解释).

推论 3.3.1   设 $\sum\limits_{n=0}^{\infty} a_n$ 和 $\sum\limits_{n=0}^{\infty} b_n$ 是两个绝对收敛的级数, 则级数

$$\sum_{n=0}^{\infty} \left(\sum_{j=0}^{n} a_j b_{n-j} \right)$$

也绝对收敛, 且

$$\sum_{n=0}^{\infty} \left(\sum_{j=0}^{n} a_j b_{n-j} \right) = \left(\sum_{n=0}^{\infty} a_n \right) \left(\sum_{n=0}^{\infty} b_n \right). \tag{3.3.5}$$

证   绝对收敛的 (实数项的) 级数可以写成两个收敛的正项级数之差, 如:

$$\sum_{n=0}^{\infty} a_n = \sum_{n=0}^{\infty} a_n^+ - \sum_{n=0}^{\infty} a_n^-,$$

其中
$$a_n^+ = \frac{|a_n| + a_n}{2}, \quad a_n^- = \frac{|a_n| - a_n}{2},$$
则
$$\left(\sum_{n=0}^{\infty} a_n\right)\left(\sum_{n=0}^{\infty} b_n\right) = \left(\sum_{n=0}^{\infty} a_n^+ - \sum_{n=0}^{\infty} a_n^-\right)\left(\sum_{n=0}^{\infty} b_n^+ - \sum_{n=0}^{\infty} b_n^-\right)$$
$$= \left(\sum_{n=0}^{\infty} a_n^+\right)\left(\sum_{n=0}^{\infty} b_n^+\right) - \left(\sum_{n=0}^{\infty} a_n^+\right)\left(\sum_{n=0}^{\infty} b_n^-\right)$$
$$- \left(\sum_{n=0}^{\infty} a_n^-\right)\left(\sum_{n=0}^{\infty} b_n^+\right) + \left(\sum_{n=0}^{\infty} a_n^-\right)\left(\sum_{n=0}^{\infty} b_n^-\right)$$
$$= \sum_{n=0}^{\infty}\left(\sum_{j=0}^{n} a_j^+ b_{n-j}^+\right) - \sum_{n=0}^{\infty}\left(\sum_{j=0}^{n} a_j^+ b_{n-j}^-\right)$$
$$- \sum_{n=0}^{\infty}\left(\sum_{j=0}^{n} a_j^- b_{n-j}^+\right) + \sum_{n=0}^{\infty}\left(\sum_{j=0}^{n} a_j^- b_{n-j}^-\right)$$
$$= \sum_{n=0}^{\infty}\left[\left(\sum_{j=0}^{n} a_j^+ (b_{n-j}^+ - b_{n-j}^-)\right) - \left(\sum_{j=0}^{n} a_j^- (b_{n-j}^+ - b_{n-j}^-)\right)\right]$$
$$= \sum_{n=0}^{\infty}\left(\sum_{j=0}^{n} a_j b_{n-j}\right).$$
□

注 绝对收敛级数的概念可以搬到复数项级数上去. 定理 3.3.5 和推论 3.3.1 也适用于复数项级数. 利用定义 3.1.1 后的注 2 的最后那一条要求作为练习自行证明的命题, 同学们不难完成它的证明.

练 习

3.3.1. 设 $\sum_{n=1}^{\infty} a_n$ 和 $\sum_{n=1}^{\infty} b_n$ 是两个正项级数. 若有 $N \in \mathbf{N}$, 使得
$$\forall n > N\left(\frac{a_{n+1}}{a_n} \leqslant \frac{b_{n+1}}{b_n}\right),$$
则由级数 $\sum_{n=1}^{\infty} b_n$ 的收敛性可推得级数 $\sum_{n=1}^{\infty} a_n$ 的收敛性.

3.3.2. 设 $a, b \in \mathbf{N}, b > 1, f$ 是在 (a, ∞) 上定义的取正值的单调不增的函数. 试证:

(i) $\sum_{j=b^{k-1}}^{b^k-1} f(j) \leqslant (b-1)b^{k-1}f(b^{k-1});$

(ii) $\displaystyle\sum_{j=b^{k-1}}^{b^k-1} f(j) \geqslant (b-1)b^{k-1} f(b^k)$;

(iii) 级数

$$\sum_{n=a}^{\infty} f(n) \quad \text{和} \quad \sum_{n=a}^{\infty} b^n f(b^n)$$

同时收敛或发散;

注　这个检验级数敛散的方法称为**凝聚检验法**. 它是例 3.3.2 用的方法的推广.

(iv) 级数 $\displaystyle\sum_{n=2}^{\infty} \dfrac{1}{n\ln n}$ 发散;

(v) 设 $s>1$, 级数 $\displaystyle\sum_{n=2}^{\infty} \dfrac{1}{n(\ln n)^s}$ 收敛.

3.3.3　试证: 设级数 $\displaystyle\sum_{n=1}^{\infty} a_n$ 绝对收敛, 而级数 $\displaystyle\sum_{n=1}^{\infty} b_n$ 收敛. 记

$$A = \sum_{n=1}^{\infty} a_n, \quad B = \sum_{n=1}^{\infty} b_n, \quad c_k = \sum_{j=1}^{k} a_j b_{k-j+1}, \quad k=1,2,\cdots,$$

则级数 $\displaystyle\sum_{k=1}^{\infty} c_k$ 收敛, 且

$$\sum_{k=1}^{\infty} c_k = AB.$$

注　本题的结论称为 Mertens 定理.

3.3.4　以下级数中, 哪些是收敛的? 哪些是发散的?

(i) $\displaystyle\sum_{n=1}^{\infty} \dfrac{1}{n(n+2)}$;

(ii) $\displaystyle\sum_{n=1}^{\infty} \dfrac{1}{1+a^n}$, $a \neq -1$;

注　这里的答案应依赖于常数 a.

(iii) $\displaystyle\sum_{n=1}^{\infty} \dfrac{1}{\sqrt{n(n+\mu)}}$, $\mu > 0$.

3.3.5　设 $\{c_{mn}\}_{0 \leqslant m,n < \infty}$ 是一个 (向右和向下方向的) 无限矩阵, 它满足以下条件:

(i) $\exists H \in \mathbf{R} \forall m \in \mathbf{Z}_+ \left(\displaystyle\sum_{n=0}^{\infty} |c_{mn}| \leqslant H \right)$;

(ii) $\forall n \in \mathbf{Z}_+ \left(\displaystyle\lim_{m\to\infty} c_{mn} = 0 \right)$;

(iii) $\displaystyle\lim_{m\to\infty} \sum_{n=0}^{\infty} c_{mn} = 1$.

又设 $\{s_n\}_{0 \leqslant n < \infty}$ 是个收敛序列, 且 $\displaystyle\lim_{n\to\infty} s_n = s$. 记 $t_m = \displaystyle\sum_{n=0}^{\infty} c_{mn} s_n$, 则

$$\lim_{m\to\infty} t_m = s.$$

注 以上结果常称为 **Toeplitz 定理**. 满足条件 (i), (ii) 和 (iii) 的无限矩阵 $\{c_{mn}\}_{0\leqslant m,n<\infty}$ 称为 **Toeplitz 矩阵**, 通过它把序列 $\{s_n\}$ 换成序列 $\{t_n\}$. 又把求极限 $\lim\limits_{n\to\infty} s_n$ 的问题换成求极限 $\lim\limits_{n\to\infty} t_n$ 的问题, 这称为 (对应于矩阵 $\{c_{mn}\}_{0\leqslant m,n<\infty}$ 的) **Toeplitz 求和法**. Toeplitz 定理告诉我们: Toeplitz 求和法把收敛序列转变成收敛序列, 且极限值不变. 值得注意的是: Toeplitz 求和法有可能把发散序列 $\{s_n\}_{n=0}^\infty$ 转变成收敛序列 $\{t_n\}_{n=0}^\infty$. 这时, 我们称 $\lim\limits_{n\to\infty} t_n$ 为序列 $\{s_n\}_{n=0}^\infty$ 在给定的 Toeplitz 求和法意义下的和. 这就是对发散序列或发散级数的求和法的思想. 我们将在以下的练习中举例说明.

3.3.6 (i) 假设 $\lim\limits_{n\to\infty} s_n = s$. 试证:
$$\lim_{n\to\infty} \frac{s_0 + s_1 + \cdots + s_n}{n+1} = s.$$

注 这个结果是 Toeplitz 定理的特例. 对应的求和法最早是由数学家 **Frobenius** 提出的, 但是通常它被称为 **Cesáro 求和法**.

(ii) 试证: 发散序列 $\{(-1)^n\}_{n=1}^\infty$ 在 Cesáro 求和法意义下有和并请求出这个和.

3.3.7 (i) 假设 $\lim\limits_{n\to\infty} s_n = s$, 而 $0 < x_0 < x_1 < \cdots$ 且
$$\lim_{n\to\infty} x_n = 1.$$
又设
$$t_n = (1-x_n)\sum_{k=0}^\infty (x_n)^k s_k, \quad n = 0,1,\cdots.$$
试证: $\lim\limits_{n\to\infty} t_n = s$.

(ii) 假设 $\lim\limits_{n\to\infty} s_n = s$, 而
$$t_x = (1-x)\sum_{k=0}^\infty x^k s_k, \quad n = 0,1,\cdots.$$
试证: $\lim\limits_{x\to 1-0} t_x = s$.

注 这个结果是 Toeplitz 定理的特例, 只不过将 $n\to\infty$ 换成了 $x\to 1$. 对应的求和法最早是由法国数学家 Poisson 提出的, 挪威数学家 Abel 对它有过深入的研究, 所以常被称为 **Poisson-Abel 求和法**.

(iii) 假设级数 $\sum\limits_{n=0}^\infty a_n$ 收敛, 且 $\sum\limits_{n=0}^\infty a_n = s$. 试证: 当 $|x| < 1$ 时, 级数 (称为幂级数)
$$\sum_{n=0}^\infty a_n x^n$$
收敛, 且
$$\lim_{x\to 1-0}\sum_{n=0}^\infty a_n x^n = s.$$

注　这个结果常被称为 **Abel 关于幂级数的第二定理**.

(iv) 试证: 发散序列 $\{(-1)^n\}_{n=1}^\infty$ 在 Poisson-Abel 求和法意义下有和. 并请求出这个和.

3.3.8　设 $\{a_n\}$ 是个实数列, 且级数 $\sum\limits_{n=1}^\infty a_n$ 收敛. 试证:

$$\lim_{n\to\infty} \frac{1}{n} \sum_{k=1}^n k a_k = 0.$$

3.3.9　试证:

$$\forall r \in (-1,1) \left(\frac{1-r^2}{1-2r\cos x + r^2} = 1 + 2\sum_{n=1}^\infty r^n \cos nx \right).$$

3.3.10　级数 $\sum\limits_{n=1}^\infty b_n$ 被称为级数 $\sum\limits_{n=1}^\infty a_n$ 的一个重排, 假若有一个 **N** 到自身的双射 φ, 使得

$$\forall n \in \mathbf{N}(b_n = a_{\varphi(n)}).$$

假设级数 $\sum\limits_{n=1}^\infty a_n$ 绝对收敛, 则对于级数 $\sum\limits_{n=1}^\infty a_n$ 的任一个重排 $\sum\limits_{n=1}^\infty b_n$, 必有

$$\sum_{n=1}^\infty a_n = \sum_{n=1}^\infty b_n.$$

3.3.11　设 $\{\alpha_n\}$ 和 $\{\beta_n\}$ 是两串实数, 记

$$B_n = \sum_{j=1}^n \beta_j,\ n \in \mathbf{N}.$$

试证:

(i) $\sum\limits_{j=k}^{k+p} \alpha_j \beta_j = \sum\limits_{j=k}^{k+p-1} (\alpha_j - \alpha_{j+1})(B_j - B_{k-1}) + \alpha_{k+p}(B_{k+p} - B_{k-1})$.

(ii) 若 $\{\alpha_n\}$ 是单调 (不增或不减) 数列, 而 $\{B_n - B_{k-1}\}_{n=k}^\infty$ 是有界数列, 记

$$L = \sup_{n \geqslant k} |B_n - B_{k-1}|,$$

则

$$\left| \sum_{j=k}^{k+p} \alpha_j \beta_j \right| \leqslant L(|\alpha_k - \alpha_{k+p}| + |\alpha_{k+p}|) \leqslant L(|\alpha_k| + 2|\alpha_{k+p}|).$$

(iii) 若级数 $\sum\limits_{n=1}^\infty \beta_n$ 收敛, 而数列 $\{\alpha_n\}$ 单调且有界, 则级数 $\sum\limits_{n=1}^\infty \alpha_n \beta_n$ 收敛.

(iv) 若数列 $\{\alpha_n\}$ 单调且趋于零, 而且有实数 M 使得

$$\forall n \in \mathbf{N}(|B_n| \leqslant M),$$

则级数 $\sum\limits_{n=1}^\infty \alpha_n \beta_n$ 收敛.

(v) 若数列 $\{\alpha_n\}$ 单调且趋于零, 则级数

$$\sum_{n=1}^{\infty} (-1)^n \alpha_n$$

收敛.

注 以上 (i) 中的等式称为 **Abel 变换**; (iii) 称为 **Abel 判别法**; (iv) 称为 **Dirichlet 判别法**; (v) 称为交错级数的 **Leibniz (关于交错级数的) 判别法**. 这三个判别法在判断一个级数的条件收敛性时常被用到, 同学应把它们当作定理记住. Abel 变换以后将经常用到, 而且它是积分学中重要的的分部积分法的离散形式.

(vi) 如下级数是条件收敛的:

$$\sum_{n=1}^{\infty} \frac{(-1)^n}{\sqrt{n}}.$$

(vii) 如下级数 $\Big($ 它是 (vi) 中级数与自身的 (Mertens 定理中的) 乘积 $\Big)$ 是发散的.

$$\sum_{k=1}^{\infty} \left(\sum_{j=1}^{k} \frac{(-1)^j}{\sqrt{j}} \frac{(-1)^{k-j+1}}{\sqrt{k-j+1}} \right).$$

注 (vi) 与 (vii) 说明: Mertens 定理中要求两个级数中有一个绝对收敛的条件并非多余.

§3.4 正项级数收敛性的判别法

定理 3.3.2 及定理 3.3.3 给出了正项级数收敛的一般判别准则. 利用这些准则, 我们将得到研究具体级数敛散性时更便于操作的以下几个判别法.

定理 3.4.1 (d'Alembert 邻项比的判别法) 设级数 $\sum\limits_{n=1}^{\infty} a_n$ 是正项级数. 若有自然数 N 和 $r < 1$, 使得当 $n \geqslant N$ 时, $a_n > 0$ 且

$$\frac{a_{n+1}}{a_n} \leqslant r, \tag{3.4.1}$$

则级数 $\sum\limits_{n=1}^{\infty} a_n$ 收敛. 若有自然数 N, 使得当 $n \geqslant N$ 时, $a_n > 0$ 且

$$\frac{a_{n+1}}{a_n} \geqslant 1, \tag{3.4.2}$$

则级数 $\sum\limits_{n=1}^{\infty} a_n$ 发散.

证 若有自然数 N 和 $r < 1$, 使得当 $n \geqslant N$ 时, $a_n > 0$ 且

$$\frac{a_{n+1}}{a_n} \leqslant r,$$

则当 $n \geqslant N$ 时,

$$a_{n+1} \leqslant r a_n.$$

由归纳法, 当 $n \geqslant N$ 时,

$$a_{n+1} \leqslant r^{n-N+1} a_N.$$

该级数的项从某项开始不大于一个收敛的等比级数的对应项, 故收敛.

若有自然数 N, 使得当 $n \geqslant N$ 时, $a_n > 0$ 且

$$\frac{a_{n+1}}{a_n} \geqslant 1,$$

则当 $n \geqslant N$ 时,

$$a_{n+1} > a_n > 0.$$

故 a_n 不可能收敛于零, 级数发散. $\qquad\square$

定理 3.4.2 (Cauchy 根式判别法) 设级数 $\sum\limits_{n=1}^{\infty} a_n$ 是正项级数. 若有自然数 N 和 $r < 1$, 使得当 $n \geqslant N$ 时,

$$\sqrt[n]{a_n} \leqslant r, \tag{3.4.3}$$

则级数 $\sum\limits_{n=1}^{\infty} a_n$ 收敛. 若有无穷多个 $n \in \mathbf{N}$, 使得

$$\sqrt[n]{a_n} \geqslant 1, \tag{3.4.4}$$

则级数的一般项 a_n 当 n 趋于无穷大时不趋于零, 因而级数 $\sum\limits_{n=1}^{\infty} a_n$ 发散.

证 若有自然数 N 和 $r < 1$, 使得当 $n \geqslant N$ 时,

$$\sqrt[n]{a_n} < r \leqslant 1,$$

则当 $n \geqslant N$ 时.

$$a_n \leqslant r^n,$$

级数 $\sum\limits_{n=1}^{\infty} a_n$ 从某项开始小于一收敛的等比级数的对应项, 故收敛.

若有无穷多个 $n \in \mathbf{N}$, 使得

$$\sqrt[n]{a_n} \geqslant 1,$$

则级数 $\sum\limits_{n=1}^{\infty} a_n$ 有无穷多个项不小于 1, 级数的一般项不趋于 0, 级数发散. □

练　习

3.4.1　设 $\{a_n\}$ 是一串正数列, 试证:

$$\liminf_{n \to \infty} \frac{a_{n+1}}{a_n} \leqslant \liminf_{n \to \infty} a_n^{1/n} \leqslant \limsup_{n \to \infty} a_n^{1/n} \leqslant \limsup_{n \to \infty} \frac{a_{n+1}}{a_n}.$$

注　由此可见, 凡是可用 d'Alembert 检验法作出敛散性判断的级数, 一定可用 Cauchy 检验法作出敛散性判断. 当然, 有时用 d'Alembert 检验法比用 Cauchy 检验法计算起来要方便.

3.4.2　设 $\{a_n\}$ 和 $\{c_n\}$ 是两串正数, 且级数 $\sum\limits_{n=1}^{\infty} \frac{1}{c_n}$ 发散. 记

$$\mathcal{K}_n = c_n \frac{a_n}{a_{n+1}} - c_{n+1} \quad (n \in \mathbf{N}).$$

试证:

(i) 若有 $\delta > 0$ 和 $N \in \mathbf{N}$, 使得 $\forall n > N(\mathcal{K}_n \geqslant \delta)$, 则

(a) $\forall n > N(c_n a_n - c_{n+1} a_{n+1} \geqslant \delta a_{n+1})$;

(b) $\lim\limits_{n \to \infty} c_n a_n$ 存在;

(c) 级数 $\sum\limits_{n=1}^{\infty} a_n$ 收敛.

(ii) 若有 $N \in \mathbf{N}$, 使得 $\forall n > N(\mathcal{K}_n \leqslant 0)$, 则级数 $\sum\limits_{n=1}^{\infty} a_n$ 发散.

注 1　以上的论断 (i) 与 (ii) 称为 **Kummer 判别法**.

注 2　"级数 $\sum\limits_{n=1}^{\infty} \frac{1}{c_n}$ 的发散性" 的假设只在关于级数 $\sum\limits_{n=1}^{\infty} a_n$ 发散的结论 (ii) 的证明中用到.

3.4.3　让 Kummer 判别法中的 $c_n = 1$, 试重新证明 d'Alembert 判别法 (定理 3.4.1).

3.4.4　让 Kummer 判别法中的 $c_n = n$, 便可得到以下的 **Raabe 判别法**: 记

$$\mathcal{R}_n = n \frac{a_n}{a_{n+1}} - n.$$

我们有

(i) 若有 $\delta > 0$ 和 $N \in \mathbf{N}$, 使得 $\forall n > N(\mathcal{R}_n \geqslant 1 + \delta)$, 则级数 $\sum\limits_{n=1}^{\infty} a_n$ 收敛;

(ii) 若有 $N \in \mathbf{N}$, 使得 $\forall n > N(\mathcal{R}_n \leqslant 1)$, 则级数 $\sum_{n=1}^{\infty} a_n$ 发散.

3.4.5 让 Kummer 判别法中的 $c_n = n \ln n$, 便可得到以下的 **Bertrand 判别法**: 记

$$\mathcal{B}_n = \ln n \cdot (\mathcal{R}_n - 1) = \ln n \left[n \frac{a_n}{a_{n+1}} - n - 1 \right].$$

我们有

(i) 若有 $\delta > 0$ 和 $N \in \mathbf{N}$, 使得 $\forall n > N(\mathcal{B}_n \geqslant 1 + \delta)$, 则级数 $\sum_{n=1}^{\infty} a_n$ 收敛;

(ii) 若有 $N \in \mathbf{N}$, 使得 $\forall n > N(\mathcal{B}_n \leqslant 1)$, 则级数 $\sum_{n=1}^{\infty} a_n$ 发散.

3.4.6 假设 $\{a_n\}$ 是一串正数, 且 a_n / a_{n+1} 可以写成以下形式:

$$\frac{a_n}{a_{n+1}} = \lambda + \frac{\mu}{n} + \frac{\theta_n}{n^2},$$

其中 λ 和 μ 是常数, 而 θ_n 是有界量: $\exists L \in \mathbf{R} \forall n \in \mathbf{N}(|\theta_n| \leqslant L)$, 则级数 $\sum_{n=1}^{\infty} a_n$ 的敛散性由下表描述:

	$\lambda > 1$	$\lambda = 1$	$\lambda < 1$
$\mu > 1$	收敛	收敛	发散
$\mu \leqslant 1$	收敛	发散	发散

注 以上结论称为 **Gauss 判别法**.

§3.5 幂 级 数

我们在中学里学过的函数中, 最便于处理的便是以下的 N 次多项式:

$$P(x) = a_0 + a_1 x + a_2 x^2 + \cdots + a_N x^N = \sum_{n=0}^{N} a_n x^n.$$

有了极限概念后, 作为多项式的直接推广便是以下定义的幂级数:

定义 3.5.1 形如

$$\sum_{n=0}^{\infty} a_n x^n$$

的级数称为**幂级数**, 其中 $\{a_n\}$ 是一个数列 (实数列或复数列), x 是一个变量, 它可以取实数值, 也可以取复数值. $a_n x^n$ 称为幂级数的一般项.

注 应该指出, 幂级数

$$\sum_{n=0}^{\infty} a_n x^n$$

的一般项为 $a_n x^n$, 因而它的部分和都依赖于 x. 假若它收敛, 它的和也应该依赖于 x. 故幂级数的和在它的收敛区域内 (与多项式一样) 是 x 的函数. 以下形式的级数也称为幂级数, 确切些说, 是在 x_0 处展开的幂级数:

$$f(x) = \sum_{n=0}^{\infty} a_n (x - x_0)^n.$$

假若函数 $f(x)$ 在 $\{x \in \mathbf{C} : |x - x_0| < \varepsilon\}$ 上可以表示成上述幂级数, 我们称函数 $f(x)$ 在 x_0 处是**解析的**.

定理 3.5.1 (Cauchy-Hadamard 收敛半径公式) 给了幂级数

$$\sum_{n=0}^{\infty} a_n x^n.$$

记

$$\rho = \frac{1}{\limsup\limits_{n \to \infty} \sqrt[n]{|a_n|}}, \tag{3.5.1}$$

则幂级数 $\sum\limits_{n=0}^{\infty} a_n x^n$ 当 $|x| < \rho$ 时绝对收敛, 当 $|x| > \rho$ 时发散. 数 ρ 称为幂级数 $\sum\limits_{n=0}^{\infty} a_n x^n$ 的**收敛半径**.

注 当 $\limsup\limits_{n \to \infty} \sqrt[n]{|a_n|} = 0$ 时, 我们约定

$$\rho = \frac{1}{\limsup\limits_{n \to \infty} \sqrt[n]{|a_n|}} = \infty.$$

当 $\limsup\limits_{n \to \infty} \sqrt[n]{|a_n|} = \infty$ 时, 我们约定

$$\rho = \frac{1}{\limsup\limits_{n \to \infty} \sqrt[n]{|a_n|}} = 0.$$

证 我们只考虑满足以下条件的情形:

$$0 < \limsup\limits_{n \to \infty} \sqrt[n]{|a_n|} < \infty.$$

两个被上述条件排除的极端情形请同学自行补证. 当

$$|x| < \rho = \frac{1}{\limsup\limits_{n \to \infty} \sqrt[n]{|a_n|}}$$

时, 我们有

$$|x| \limsup\limits_{n \to \infty} \sqrt[n]{|a_n|} < 1.$$

所以, 这时应有

$$|x| \limsup\limits_{n \to \infty} \sqrt[n]{|a_n|} < \frac{1}{2}\left(|x| \limsup\limits_{n \to \infty} \sqrt[n]{|a_n|} + 1\right) < 1.$$

也就是说

$$|x| \lim\limits_{N \to \infty}\left(\sup\limits_{n \geqslant N} \sqrt[n]{|a_n|}\right) < \frac{1}{2}\left(|x| \limsup\limits_{n \to \infty} \sqrt[n]{|a_n|} + 1\right) < 1.$$

所以, N 充分大时, 便有

$$|x| \sup\limits_{n \geqslant N} \sqrt[n]{|a_n|} < \frac{1}{2}\left(|x| \limsup\limits_{n \to \infty} \sqrt[n]{|a_n|} + 1\right) < 1.$$

由此可知, 当 n 充分大时, 有

$$|x| \sqrt[n]{|a_n|} < \frac{1}{2}\left(|x| \limsup\limits_{n \to \infty} \sqrt[n]{|a_n|} + 1\right) \in [0,1).$$

注意到 $\frac{1}{2}\left(|x| \limsup\limits_{n \to \infty} \sqrt[n]{|a_n|} + 1\right)$ 是个不依赖于 n 的小于 1 的正数, 以上不等式恰是级数 $\sum\limits_{n=0}^{\infty} a_n x^n$ 绝对收敛 (Cauchy 根式判别法中) 的充分条件.

当 $|x| > \rho$ 时, 我们有

$$|x| \limsup\limits_{n \to \infty} \sqrt[n]{|a_n|} > 1.$$

所以有无穷多个 $n \in \mathbf{N}$, 使得

$$\sqrt[n]{|a_n x^n|} = \sqrt[n]{|a_n|}|x| \geqslant 1.$$

因而有无穷多个 n 使得 $|a_n x^n| \geqslant 1$. 因而幂级数 $\sum\limits_{n=0}^{\infty} a_n x^n$ 的一般项

$a_n x^n$ 当 n 趋于无穷大时不趋于零, 幂级数 $\sum_{n=0}^{\infty} a_n x^n$ 发散. □

注 1   由 Cauchy-Hadamard 收敛半径公式易见, 假若 $x = x_0$ 时幂级数 $\sum_{n=0}^{\infty} a_n x^n$ 收敛, 则

$$\forall y \in \mathbf{C}\Big(|y| < |x_0| \implies \text{幂级数 } \sum_{n=0}^{\infty} a_n x^n \text{ 在 } x = y \text{ 时绝对收敛}\Big).$$

以上这个结论常被称为**关于幂级数的 Abel 第一定理**.

注 2   当 x 恰在收敛圆的圆周上时: $|x| = \limsup_{n\to\infty} \sqrt[n]{|a_n|}$, 幂级数 $\sum_{n=0}^{\infty} a_n x^n$ 的收敛与否是个复杂的问题. 这要对每个具体的幂级数进行具体的研究后才能确定.

推论 3.5.1   两个幂级数

$$f(x) = \sum_{n=0}^{\infty} a_n x^n \quad \text{和} \quad g(x) = \sum_{n=0}^{\infty} b_n x^n$$

的收敛半径分别为 r 和 ρ, 而 $0 < \alpha < \min(r, \rho)$, 则当 $|x| \leqslant \alpha$ 时, 函数 $f(x)g(x)$ 有以下的幂级数展开:

$$f(x)g(x) = \sum_{n=0}^{\infty} c_n x^n,$$

它的系数

$$c_n = \sum_{k=0}^{n} a_k b_{n-k}, \quad n = 0, 1, 2, \cdots.$$

这个幂级数在闭圆周 $|x| \leqslant \alpha$ 上是个绝对收敛的级数,

证   在 $|x| \leqslant \alpha$ 上, 表示 $f(x)$ 和 $g(x)$ 的幂级数均绝对收敛, 幂级数 $\sum_{n=0}^{\infty} \Big(\sum_{k=0}^{n} a_k b_{n-k} \Big) x^n$ 的绝对收敛性是推论 3.3.1 的结果. □

例 3.5.1   幂级数

$$\sum_{n=0}^{\infty} \frac{x^n}{n!}$$

的收敛半径是无穷大 (即, 对于一切复数 x, 幂级数收敛). 这是因为当 $n \geqslant 2$ 时, 我们有

$$\frac{1}{\sqrt[n]{n!}} < \frac{1}{\sqrt[n]{[n/2]^{n/2}}} \leqslant \frac{1}{[n/2]^{1/2}},$$

故 $\lim\limits_{n\to\infty}\sup \dfrac{1}{\sqrt[n]{n!}} = 0$. 这表明上述幂级数的收敛半径是无穷大.

定义 3.5.2　由例 3.5.1 的幂级数给出的 (自变量 $x \in \mathbf{C}$ 的) 函数称为**指数函数**, 记做:

$$\exp x = \sum_{n=0}^{\infty} \frac{x^n}{n!}. \tag{3.5.2}$$

它在整个复平面上有定义.

定理 3.5.2　指数函数 $\exp$ 满足以下函数方程: 对于任何复数 x 和 y, 有

$$\exp x \cdot \exp y = \exp(x + y).$$

证　由指数函数定义, 对于任何复数 x 和 y,

$$\exp x = \sum_{n=0}^{\infty} \frac{x^n}{n!}, \quad \exp y = \sum_{n=0}^{\infty} \frac{y^n}{n!}.$$

根据推论 3.3.1 并利用二项式定理, 这两个绝对收敛的幂级数的乘积应为

$$\exp x \cdot \exp y = \left(\sum_{n=0}^{\infty} \frac{x^n}{n!} \right) \left(\sum_{n=0}^{\infty} \frac{y^n}{n!} \right) = \sum_{n=0}^{\infty} \sum_{j=0}^{n} \frac{x^j}{j!} \frac{y^{n-j}}{(n-j)!}$$

$$= \sum_{n=0}^{\infty} \frac{1}{n!} \sum_{j=0}^{n} \frac{n!}{j!(n-j)!} x^j y^{n-j} = \sum_{n=0}^{\infty} \frac{(x+y)^n}{n!} = \exp(x + y). \quad \square$$

中学里学到的指数函数最基本的性质恰是定理 3.5.2 中叙述的性质. 指数函数的一切性质都可以作为这个性质的逻辑推论而得到. 从我们的定义 3.5.2 出发立即得到了定理 3.5.2. 这说明了通过定义 3.5.2 给出指数函数是完全合理的 (参看命题 3.5.1 后的讨论及 §4.1 的练习 4.1.1 的 (ii)).

我们以前引进了一个非常重要的常数 (参看 (3.2.3)):

$$\mathrm{e} = \lim_{n\to\infty} \left(1 + \frac{1}{n} \right)^n.$$

现在, 我们要给出该常数的另一个表示式:

命题 3.5.1 下述极限等式成立:

$$\mathrm{e} \equiv \lim_{n \to \infty} \left(1 + \frac{1}{n}\right)^n = \sum_{n=0}^{\infty} \frac{1}{n!}. \tag{3.5.3}$$

证 由例 3.2.1, 对于任何 $n \in \mathbf{N}$, 我们有

$$\left(1 + \frac{1}{n}\right)^n = \sum_{j=0}^{n} \frac{1}{j!} \left(1 - \frac{1}{n}\right) \left(1 - \frac{2}{n}\right) \cdots \left(1 - \frac{j-1}{n}\right)$$

$$\leqslant \sum_{j=0}^{n} \frac{1}{j!} \leqslant \sum_{j=0}^{\infty} \frac{1}{j!}.$$

故

$$\mathrm{e} = \lim_{n \to \infty} \left(1 + \frac{1}{n}\right)^n \leqslant \sum_{j=0}^{\infty} \frac{1}{j!}.$$

另一方面, 在例 3.2.1 的证明过程中, 我们已经知道: $(1+1/n)^n$ 是个单调递增序列. 因此, 对于任何两个自然数 n 和 l, 只要 $n \geqslant l$, 便有

$$\lim_{k \to \infty} \left(1 + \frac{1}{k}\right)^k \geqslant \left(1 + \frac{1}{n}\right)^n$$

$$= \sum_{j=0}^{n} \frac{1}{j!} \left(1 - \frac{1}{n}\right) \left(1 - \frac{2}{n}\right) \cdots \left(1 - \frac{j-1}{n}\right)$$

$$\geqslant \sum_{j=0}^{l} \frac{1}{j!} \left(1 - \frac{1}{n}\right) \left(1 - \frac{2}{n}\right) \cdots \left(1 - \frac{j-1}{n}\right).$$

让 l 固定, $n \to \infty$ 时 (因为 $n \geqslant l$, 这是允许的), 我们得到:

$$\lim_{k \to \infty} \left(1 + \frac{1}{k}\right)^k \geqslant \sum_{j=0}^{l} \frac{1}{j!}.$$

因上式中的 l 可取任何自然数, 我们有

$$\lim_{k \to \infty} \left(1 + \frac{1}{k}\right)^k \geqslant \sum_{j=0}^{\infty} \frac{1}{j!}. \qquad \square$$

下面我们将讨论由定义 3.5.2 给出的指数函数与中学所学的指数函数 e^x 之间的关系.

由指数函数 exp 的定义 (定义 3.5.2),

$$e^0 = 1 = \exp 0.$$

又因

$$e^1 = e = \sum_{j=0}^{\infty} \frac{1}{j!} = \exp 1,$$

由定理 3.5.2, 有

$$e^2 = e \cdot e = \exp 1 \cdot \exp 1 = \exp 2.$$

再由定理 3.5.2, 通过数学归纳法, 有

$$\forall n \in \mathbf{N}(e^n = \exp n).$$

还是由定理 3.5.2, 有

$$\forall n \in \mathbf{N}\big((e^{1/n})^n = e = \exp 1 = \exp \big(\underbrace{\frac{1}{n} + \cdots + \frac{1}{n}}_{n\text{个}}\big) = (\exp(1/n))^n\big),$$

故

$$e^{1/n} = \exp(1/n).$$

再用一次定理 3.5.2, 对于一切 $n, m \in \mathbf{N}$,

$$e^{m/n} = [e^{1/n}]^m = [\exp(1/n)]^m = \exp \big(\underbrace{\frac{1}{n} + \cdots + \frac{1}{n}}_{m\text{个}}\big) = \exp(m/n).$$

作为定理 3.5.2 的推论, 有 $\exp(-x) \cdot \exp x = \exp 0 = 1$, 故

$$\exp(-x) = (\exp x)^{-1}.$$

特别, 对于一切 $n, m \in \mathbf{N}$,

$$\exp(-m/n) = [\exp(m/n)]^{-1} = [e^{m/n}]^{-1} = e^{-m/n}.$$

总结以上讨论的结果, 我们有

$$\forall r \in \mathbf{Q}(\exp r = e^r).$$

中学里我们只给出了: 当 $r \in \mathbf{Q}$ 时的 e^r 的定义. 现在我们可以利用

$$\mathrm{e}^x = \exp x \qquad (3.5.4)$$

给出一切 $x \in \mathbf{C}$ 时的 e^x 的定义. 利用幂级数 $\exp x$, 使得指数函数的定义域扩充到了整个复平面. 本讲义以后的讨论中 e^x 和 $\exp x$ 将表示同一个函数.

在引进指数函数后, 我们可以用以下方式引进定义在整个复平面上的正弦及余弦函数:

定义 3.5.3 对于任何复数 x, 令

$$\cos x = \frac{\mathrm{e}^{\mathrm{i}x} + \mathrm{e}^{-\mathrm{i}x}}{2} \qquad (3.5.5)$$

和

$$\sin x = \frac{\mathrm{e}^{\mathrm{i}x} - \mathrm{e}^{-\mathrm{i}x}}{2\mathrm{i}} \qquad (3.5.6)$$

以下关于正弦及余弦函数的幂级数展开的公式是很容易证明的. 请同学自行完成它.

命题 3.5.2 对于任何复数 x, 我们有

$$\cos x = \sum_{n=0}^{\infty} \frac{(-1)^n x^{2n}}{(2n)!} \qquad (3.5.7)$$

和

$$\sin x = \sum_{n=0}^{\infty} \frac{(-1)^n x^{2n+1}}{(2n+1)!}. \qquad (3.5.8)$$

由此, 可知 $\cos x$ 及 $\sin x$ 在 $x \in \mathbf{R}$ 时取实数值.

定理 3.5.3 我们有以下关于正弦及余弦函数的和差公式:

$$\cos(x + y) = \cos x \cos y - \sin x \sin y \qquad (3.5.9)$$

和

$$\sin(x + y) = \sin x \cos y + \cos x \sin y. \qquad (3.5.10)$$

证 只证第一个等式.

$$\cos(x + y) = \frac{\mathrm{e}^{\mathrm{i}(x+y)} + \mathrm{e}^{-\mathrm{i}(x+y)}}{2}$$
$$= \frac{\mathrm{e}^{\mathrm{i}x}\mathrm{e}^{\mathrm{i}y} + \mathrm{e}^{-\mathrm{i}x}\mathrm{e}^{-\mathrm{i}y}}{2}.$$

另一方面,

$$\cos x \cos y = \frac{\mathrm{e}^{\mathrm{i}x} + \mathrm{e}^{-\mathrm{i}x}}{2} \cdot \frac{\mathrm{e}^{\mathrm{i}y} + \mathrm{e}^{-\mathrm{i}y}}{2}$$
$$= \frac{1}{4}\left(\mathrm{e}^{\mathrm{i}(x+y)} + \mathrm{e}^{\mathrm{i}(x-y)} + \mathrm{e}^{\mathrm{i}(-x+y)} + \mathrm{e}^{\mathrm{i}(-x-y)}\right)$$

和

$$\sin x \sin y = \frac{\mathrm{e}^{\mathrm{i}x} - \mathrm{e}^{-\mathrm{i}x}}{2\mathrm{i}} \cdot \frac{\mathrm{e}^{\mathrm{i}y} - \mathrm{e}^{-\mathrm{i}y}}{2\mathrm{i}}$$
$$= -\frac{1}{4}\left(\mathrm{e}^{\mathrm{i}(x+y)} - \mathrm{e}^{\mathrm{i}(x-y)} - \mathrm{e}^{\mathrm{i}(-x+y)} + \mathrm{e}^{\mathrm{i}(-x-y)}\right),$$

所以

$$\cos x \cos y - \sin x \sin y = \frac{\mathrm{e}^{\mathrm{i}x}\mathrm{e}^{\mathrm{i}y} + \mathrm{e}^{-\mathrm{i}x}\mathrm{e}^{-\mathrm{i}y}}{2} = \cos(x+y). \qquad \square$$

正弦及余弦函数的和差公式是刻画正弦及余弦函数的最重要的性质. 由此可见定义 3.5.3 的合理性. 本讲义第 2 章的复数几何表示中用到了中学通过几何直观给出定义的三角函数. 在以前举过的一些例中, 也用到了中学的直观定义的三角函数. 这些用到中学的直观定义的三角函数的地方不影响本讲义的主要的逻辑结构. 在本讲义中, 原则上, 三角函数都被理解为以上幂级数定义的三角函数, 在第 4 章的练习中, 我们将证明, 这里用幂级数方式引进的三角函数恰是我们在中学里用几何方式引进的三角函数. 到那时, 所有可能引起逻辑上混乱的担忧就自然消失了.

由定义 3.5.3, 我们得到有名的 **Euler 公式**: 对于任何复数 x,

$$\exp(\mathrm{i}x) = \cos x + \mathrm{i}\sin x. \tag{3.5.11}$$

这个公式告诉我们, 当 $x \in \mathbf{R}$ 时, $\exp(\mathrm{i}x)$ 是个模为 1, 辐角为 x 的复数.

在中学里, 指数函数是在代数里引进的, 三角函数是在三角学中引进的. 两类函数的引进途径 (一个是从代数运算得到的, 另一个是由于工程测量的需要, 对三角形进行研究而得到的) 是互不相关的. 现在, 我们发现, 当扩展我们的视野, 把函数的定义域扩大到复平面上去研究时, 以幂级数为工具, 这两个似乎互不相关的函数竟展现出了使人意想不到的血缘关系. 事实上, 它们是复平面上的同一个 (用幂级数表示的) 函数的两个侧面. 确切地说, 它们分别是复平面上的同一个函数 —— 指数函数 —— 在实轴与虚轴上的形态.

练 习

3.5.1 试证: (i) $\exp 0 = 1$; (ii) $\forall x > 0(\exp x > 1)$; (iii) $\forall x < 0(0 < \exp x < 1)$;

(iv) $\forall x, y \in \mathbf{R}(x < y \implies \exp x < \exp y)$;

(v) $\lim\limits_{z \to 0} \exp z = 1$ (这里的 $z \to 0$ 是指在复平面上的 $z \to 0$);

(vi) $\forall a \in \mathbf{C}\left(\lim\limits_{z \to a} \exp z = \exp a\right)$;

(vii) $\lim\limits_{x \to \infty} \exp x = \infty$;   (viii) $\lim\limits_{x \to -\infty} \exp x = 0$.

3.5.2 试证: (i)
$$\left(1 + \frac{1}{n}\right)^{n+1} > \left(1 + \frac{1}{n+1}\right)^{n+2}.$$

(ii) 序列 $\left(1 + \dfrac{1}{n}\right)^{n+1}$ 单调递减地收敛于 e:
$$\mathrm{e} = \lim_{n \to \infty} \left(1 + \frac{1}{n}\right)^{n+1}.$$

3.5.3 假设 α, β, γ 不是零, 也不是负整数. 考虑 (Gauss) **超几何级数**:
$$F(\alpha, \beta, \gamma, x) = 1 + \sum_{n=1}^{\infty} \frac{\alpha(\alpha+1)\cdots(\alpha+n-1)\beta(\beta+1)\cdots(\beta+n-1)}{n!\gamma(\gamma+1)\cdots(\gamma+n-1)} x^n,$$

试证:

(i) x 是满足条件 $|x| < 1$ 的复数时, 超几何级数绝对收敛;

(ii) x 是满足条件 $|x| > 1$ 的复数时, 超几何级数发散;

(iii) $x = \pm 1$, 且 $\gamma - \alpha - \beta > 0$ 时, 超几何级数绝对收敛;

(iv) $x = 1$, 且 $\gamma - \alpha - \beta \leqslant 0$ 时, 超几何级数发散.

3.5.4 试证: 按定义 3.5.3 给出的的正弦函数和余弦函数应满足以下恒等式:

(i) $\sin^2 x + \cos^2 x = 1$;

(ii) $\sin 2x = 2 \sin x \cos x$;

(iii) $\cos 2x = \cos^2 x - \sin^2 x = 1 - 2\sin^2 x = 2\cos^2 x - 1$;

(iv) $\sin(-x) = -\sin x$;

(v) $\cos(-x) = \cos x$;

(vi) 当 $x \in \mathbf{R}$ 时, 有 $\sin x \in \mathbf{R}$, $\cos x \in \mathbf{R}$, 且 $|\sin x| \leqslant 1, |\cos x| \leqslant 1$;

(vii) $\sin x - \sin y = 2 \sin \dfrac{x-y}{2} \cos \dfrac{x+y}{2}$;

(viii) $\cos x - \cos y = -2 \sin \dfrac{x+y}{2} \sin \dfrac{x-y}{2}$;

(ix) $\sin^2 \dfrac{x}{2} = \dfrac{1 - \cos x}{2}$;

(x) $\cos^2 \dfrac{x}{2} = \dfrac{1 + \cos x}{2}$.

注 1   以上所有等式中的自变量 x 都可以取复数值.

注 2   由 (ix), 我们有

$$\sin \frac{x}{2} = \sqrt{\frac{1 - \cos x}{2}}.$$

同理, 由 (x), 我们有

$$\cos \frac{x}{2} = \sqrt{\frac{1 + \cos x}{2}}.$$

但必须注意的是: 以上两式右端复数的开方根有两个, 究竟取两个中哪一个是一个较复杂的问题, 我们不去讨论了. 在下一章的练习题中对 $x \in \mathbf{R}$ 的情形可以有一个结论, 它和中学学到的一致.

3.5.5 **双曲正弦函数**和**双曲余弦函数**分别定义如下:

$$\sinh x = \frac{\exp x - \exp(-x)}{2}, \quad \cosh x = \frac{\exp x + \exp(-x)}{2}.$$

试求以下表示式的类似于正弦函数和余弦函数的公式:

(i) $\sinh(x + y) = ?$

(ii) $\cosh(x + y) = ?$

(iii) $\cosh^2 x - \sinh^2 x = ?$

注   有的文献中双曲正弦函数和双曲余弦函数也用以下记法: $\operatorname{sh} x = \sinh x$, $\operatorname{ch} x = \cosh x$.

3.5.6 试证:

(i) 以下两个幂级数的收敛半径相等:

$$\sum_{n=0}^{\infty} a_n x^n \quad \text{和} \quad \sum_{n=1}^{\infty} n a_n x^{n-1};$$

(ii) 设以下两个幂级数

$$f(z) = \sum_{n=0}^{\infty} a_n z^n \quad \text{和} \quad g(z) = \sum_{n=0}^{\infty} b_n z^n$$

的收敛半径都大于零, 又有可数个非零复数 $z_k \, (k = 1, 2, \cdots)$, 使得 $\lim\limits_{k \to \infty} z_k = 0$, 且

$$f(z_k) = g(z_k), \quad k = 0, 1, \cdots, n, \cdots,$$

则 f 和 g 的收敛半径相等, 且在复平面的收敛开圆内 $f \equiv g$;

(iii) 设以下两个幂级数

$$f(z) = \sum_{n=0}^{\infty} a_n z^n \quad \text{和} \quad g(z) = \sum_{n=0}^{\infty} b_n z^n$$

的收敛半径都大于零, 且在实轴的收敛开区间内 f 和 g 相等, 则在复平面的收敛开圆内 $f \equiv g$.

3.5.7　本题想证明 e 是无理数, 用反证法, 分三步走. 试证:

(i) 若 $e = N/n$, 其中 $N, n \in \mathbf{N}$, 则有 $M \in \mathbf{N}$, 使得

$$\frac{M}{n!} = \sum_{k=n+1}^{\infty} \frac{1}{k!};$$

(ii) 当 $n \geqslant 2$ 时,

$$0 < \sum_{k=n+1}^{\infty} \frac{1}{k!} < \frac{1}{n!};$$

(iii) e 是无理数.

§3.6　函数的极限

定义 3.6.1　假设函数 $f(x)$ 的定义域是实轴上包含 $(a - A, a) \cup (a, a + A)$ 的集合, 其中 A 是某个正数. 函数 $f(x)$ 的取值可以是复数. 函数 $f(x)$ 被称为当 $x \to a$ 时**趋于** (或**收敛于**) **极限** $\alpha \in \mathbf{C}$, 假若

$$\forall \varepsilon > 0 \exists \delta > 0 \forall x \in (a - \delta, a) \cup (a, a + \delta)(|f(x) - \alpha| < \varepsilon). \quad (3.6.1)$$

这时, 也称函数当 $x \to a$ 时**有极限** α, 记做 $\alpha = \lim\limits_{x \to a} f(x)$, 或当 $x \to a$ 时, $f(x) \to \alpha$. 若 $\alpha = 0$, 则称 $x \to a$ 时, $f(x)$ 是无穷小.

$\lim\limits_{x \to a} f(x) = \alpha$ 的几何解释参看图 3.6.1.

假设函数 $f(x)$ 的定义域包含 $(a - A, a)$, 其中 A 是某个正数. 函数 $f(x)$ 被称为当 $x \to a - 0$ 时趋于 (或收敛于) 极限 $\alpha \in \mathbf{R}$ (或称当 $x \to a$ 时有**左极限** $\alpha \in \mathbf{C}$), 假若

$$\forall \varepsilon > 0 \exists \delta > 0 \forall x \in (a - \delta, a)(|f(x) - \alpha| < \varepsilon). \quad (3.6.2)$$

这时, 记做 $\alpha = \lim\limits_{x \to a - 0} f(x)$, 或当 $x \to a - 0$ 时, $f(x) \to \alpha$.

函数的**右极限**的定义可相仿地给出.

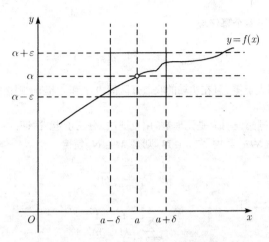

图 3.6.1 $\lim\limits_{x \to a} f(x) = \alpha$ 的几何解释

定理 3.6.1 (Heine 定理) 假设函数 $f(x)$ 的定义域是包含 $(a - A, a) \cup (a, a + A)$ 的实数集, 其中 A 是某个正数. 函数 $f(x)$ 当 $x \to a$ 时趋于 (或收敛于) 极限 $\alpha \in \mathbf{C}$ 的充分必要条件是: 对于每个实数列 $\{x_n\}$, 只要

$$\forall n \in \mathbf{N}(x_n \in (a - A, a) \cup (a, a + A)) \quad \text{且} \quad \lim_{n \to \infty} x_n = a,$$

便一定有

$$\lim_{n \to \infty} f(x_n) = \alpha.$$

证 若函数 $f(x)$ 当 $x \to a$ 时趋于 (或收敛于) 极限 α, 则

$$\forall \varepsilon > 0 \exists \delta \in (0, A) \forall x \in (a - \delta, a) \cup (a, a + \delta)(f(x) \in (\alpha - \varepsilon, \alpha + \varepsilon)).$$

又设序列 $\{x_n\}$ 满足条件: $\forall n \in \mathbf{N}(x_n \in (a - A, a) \cup (a, a + A))$, 且 $\lim\limits_{n \to \infty} x_n = a$, 故

$$\exists N \in \mathbf{N} \forall n \geqslant N(x_n \in (a - \delta, a) \cup (a, a + \delta)),$$

其中 δ 恰是证明一开始提到的那个 δ. 故

$$\forall \varepsilon > 0 \exists N \in \mathbf{N} \forall n \geqslant N(|f(x_n) - \alpha| < \varepsilon).$$

换言之,

$$\lim_{n\to\infty} f(x_n) = \alpha.$$

反之, 假设对于每个序列 $\{x_n\}$, 只要

$$\forall n \in \mathbf{N}\big(x_n \in (a-A,a)\cup(a,a+A)\big) \quad \text{且} \quad \lim_{n\to\infty} x_n = a,$$

便有

$$\lim_{n\to\infty} f(x_n) = \alpha.$$

今若

$$\lim_{x\to a} f(x) \neq \alpha,$$

则

$$\exists \varepsilon > 0 \forall n \in \mathbf{N} \exists x_n \in (a-1/n,a)\cup(a,a+1/n)(|f(x_n)-\alpha| \geqslant \varepsilon)).$$

易见,

$$\lim_{n\to\infty} x_n = a,$$

且当 n 充分大时, $x_n \in (a-A,a)\cup(a,a+A)$. 另一方面,

$$\lim_{n\to\infty} f(x_n) \neq \alpha.$$

这与假设矛盾. $\qquad\square$

注 1 事实上, 我们可以证明以下的结论: 不收敛于 a 的序列 $\{x_n\}$ 有这样的子列 $\{x_{n_k}\}$, 使得 $\{x_{n_k}\}$ 无收敛于 a 的子列. 由此得到, 若函数 $f(x)$ 当 $x \to a$ 时不趋于 (或不收敛于) 极限 $\alpha \in \mathbf{C}$, 则必有序列 $\{x_n\}$ 使得 $\{x_n\}$ 趋于 a, 但 $f(x_n)$ 无收敛于 α 的子列.

注 2 定理 3.6.1 中的序列 $\{x_n\}$ 可以限制为单调的收敛于 a 的序列. 事实上, 作此限制后, "仅当" 部分当然成立."当" 的部分是由以下引理保证的:

引理 3.6.1 设 $\{x_n\}$ 是一个收敛于 a 的 (实数) 序列, 则 $\{x_n\}$ 有收敛于 a 的单调的子列 $\{x_{n_k}\}$.

证 假若 $\{x_n\}$ 有无限多项等于 a, 则取这无限多项构成的子列便满足引理的要求. 若 $\{x_n\}$ 只有有限多项等于 a, 把这有限多项抛弃后, 不妨设 $\{x_n\}$ 中任何项都不等于 a. 这时, 或者有无限多项小于 a, 或者有无限多项大于 a. 假设有无限多项小于 a, 则对于任何自然数 n,

只要 $x_n < a$, 便有一个自然数 $m > n$, 使得 $x_n < x_m < a$. 这样, 用归纳原理, 便可得到 $\{x_n\}$ 的一个单调递增的子列 $\{x_{n_k}\}$ 收敛于 a. □

定理 3.6.1 把函数极限的问题转化为序列极限的问题. 许多关于序列极限的定理或命题均可通过定理 3.6.1 改述成对应的函数极限的定理或命题. 例如, 同学可以沿以上途径自行证明以下两个定理.

定理 3.6.2 若

$$\lim_{x \to a} f(x) = \alpha \quad \text{和} \quad \lim_{x \to a} g(x) = \beta,$$

则我们有

(1) $\lim\limits_{x \to a} (f(x) + g(x)) = \alpha + \beta$;

(2) $\lim\limits_{x \to a} (f(x) \cdot g(x)) = \alpha \cdot \beta$;

(3) 又若 $\beta \neq 0$, 便有 $\lim\limits_{x \to a} \dfrac{f(x)}{g(x)} = \dfrac{\alpha}{\beta}$.

定理 3.6.3 设 f, g 和 h 是三个定义域包含 $(a - A, a) \cup (a, a + A)$ 的实值函数, 若

$$\lim_{x \to a} f(x) = \alpha \quad \text{和} \quad \lim_{x \to a} g(x) = \alpha,$$

且

$$\exists B \in (0, A) \forall x \in (a - B, a) \cup (a, a + B)(f(x) \leqslant h(x) \leqslant g(x)),$$

则

$$\lim_{x \to a} h(x) = \alpha.$$

以上关于函数的双边极限的讨论也可搬到单边极限上, 请同学自行完成.

定义 3.6.2 定义域为 $\mathcal{D} \subset \mathbf{R}$ 的实值函数 $f(x)$ 被称为是**单调递增的**, 简称**递增的**, 若

$$\forall x, y \in \mathcal{D}(x < y \implies f(x) < f(y));$$

它被称为是**单调不减的**, 简称**不减的**, 若

$$\forall x, y \in \mathcal{D}(x < y \implies f(x) \leqslant f(y));$$

它被称为是**单调递减的**, 简称**递减的**, 若

$$\forall x, y \in \mathcal{D}(x < y \Longrightarrow f(x) > f(y));$$

它被称为是**单调不增的**, 简称**不增的**, 若

$$\forall x, y \in \mathcal{D}(x < y \Longrightarrow f(x) \geqslant f(y)).$$

不增及不减的函数统称为**单调函数**, 递增及递减的函数统称为**严格单调函数**.

定义 3.6.3 函数 $f(x)$ 被称为**有上界的**, 若它的定义域的像 $f(\mathcal{D})$ 有上界. 类似地, 可给出函数 $f(x)$**有下界**和**有界**的定义.

同学可以沿定理 3.6.1 指出的途径自行证明以下定理.

定理 3.6.4 设 $f(x)$ 是定义在开区间 (c, a) 上有上界且单调不减的函数, 则 $\lim\limits_{x \to a-0} f(x)$ 存在, 且

$$\lim_{x \to a-0} f(x) = \sup_{c < x < a} f(x); \tag{3.6.3}$$

设 $f(x)$ 是定义在开区间 (c, a) 上有下界且单调不增的函数, 则极限 $\lim\limits_{x \to a-0} f(x)$ 存在, 且

$$\lim_{x \to a-0} f(x) = \inf_{c < x < a} f(x); \tag{3.6.4}$$

设 $f(x)$ 是定义在开区间 (a, b) 上有上界且单调不增的函数, 则极限 $\lim\limits_{x \to a+0} f(x)$ 存在, 且

$$\lim_{x \to a+0} f(x) = \sup_{a < x < b} f(x); \tag{3.6.5}$$

设 $f(x)$ 是定义在开区间 (a, b) 上有下界且单调不减的函数, 则极限 $\lim\limits_{x \to a+0} f(x)$ 存在, 且

$$\lim_{x \to a+0} f(x) = \inf_{a < x < b} f(x). \tag{3.6.6}$$

我们还可以定义函数的极限为无穷大的涵义:

定义 3.6.4 设 $f(x)$ 是定义在开区间 (c, a) 上的函数, 它被称为当 $x \to a - 0$ 时**趋于**(或**发散于**, 或**有极限**)∞, 假若

$$\forall M \in \mathbf{R} \exists \varepsilon > 0 \forall x \in (a - \varepsilon, a)(f(x) > M). \tag{3.6.7}$$

这时, 记做 $\lim\limits_{x \to a-0} f(x) = \infty$, 或当 $x \to a - 0$ 时, $f(x) \to \infty$, 或称当 $x \to a$ 时, $f(x)$ 的**左极限是无穷大**.

定义 3.6.5　设 $f(x)$ 是定义在开区间 (c, a) 上的函数, 它被称为当 $x \to a - 0$ 时趋于 (或发散于, 或有) 极限 $-\infty$, 假若

$$\forall M \in \mathbf{R} \exists \varepsilon > 0 \forall x \in (a - \varepsilon, a)(f(x) < M). \tag{3.6.8}$$

这时, 记做 $\lim\limits_{x \to a-0} f(x) = -\infty$, 或当 $x \to a - 0$ 时, $f(x) \to -\infty$, 或称当 $x \to a$ 时, $f(x)$ 的**左极限是负无穷大**.

类似地, 可以给出右极限为 (正, 负) 无穷大的定义.

例 3.6.1　我们有以下常用的极限等式:

$$\lim_{x \to 0} \exp x = 1. \tag{3.6.9}$$

事实上, 我们可以得到以下更强的结果:

例 3.6.2　我们有以下常用的极限等式:

$$\lim_{x \to 0} \frac{\exp x - 1}{x} = 1. \tag{3.6.10}$$

证　由指数函数 $\exp$ 的定义,

$$\lim_{x \to 0} \frac{\exp x - 1}{x} = \lim_{x \to 0} \frac{1}{x} \left(\sum_{n=1}^{\infty} \frac{x^n}{n!} \right)$$

$$= \lim_{x \to 0} \sum_{n=1}^{\infty} \frac{x^{n-1}}{n!} = 1 + \lim_{x \to 0} \sum_{n=2}^{\infty} \frac{x^{n-1}}{n!}.$$

因为, 当 $|x| \leqslant 1$ 时,

$$\left| \sum_{n=2}^{\infty} \frac{x^{n-1}}{n!} \right| \leqslant |x| \sum_{n=2}^{\infty} \frac{1}{n!} \leqslant |x|(\mathrm{e} - 2),$$

故

$$\lim_{x \to 0} \sum_{n=2}^{\infty} \frac{x^{n-1}}{n!} = 0.$$

所以, (3.6.10) 证得. 由此, 当 $|x|$ 充分小时, 有

$$|\exp x - 1| < 2|x|.$$

(3.6.9) 证得. □

例 3.6.3 以下的极限等式也是常用的:

$$\lim_{x \to 0} \sin x = 0. \tag{3.6.11}$$

事实上, 我们可以得到以下更强的结果:

例 3.6.4 我们有以下常用的极限等式:

$$\lim_{x \to 0} \frac{\sin x}{x} = 1. \tag{3.6.12}$$

证 由三角函数 $\sin x$ 的幂级数展开公式 (3.5.8),

$$\frac{\sin x}{x} = \sum_{n=0}^{\infty} \frac{(-1)^n x^{2n}}{(2n+1)!} = 1 + x^2 \sum_{n=1}^{\infty} \frac{(-1)^n x^{2(n-1)}}{(2n+1)!}.$$

易见, 当 $|x| \leqslant 1$ 时, 有不等式:

$$\left| \sum_{n=1}^{\infty} \frac{(-1)^n x^{2(n-1)}}{(2n+1)!} \right| \leqslant \sum_{n=1}^{\infty} \frac{1}{(2n+1)!} \leqslant \sum_{m=0}^{\infty} \frac{1}{(m)!} = \mathrm{e}.$$

故当 $|x| \leqslant 1$ 时,

$$\left| \frac{\sin x}{x} - 1 \right| \leqslant |x|^2 \mathrm{e}.$$

极限等式 (3.6.12) 证毕. □

等式 (3.6.11) 是等式 (3.6.12) 的推论.

传统的数学分析教科书中常把中学通过几何直观定义的三角函数作为出发点, 并通过几何直观的方法得到方程 (3.6.12), 由此获得三角函数的导数, 积分以及它们的幂级数展开等结果. 这样做时, 先假设圆弧的长度是一个无须确切定义我们就能自然接受的概念. 本讲义的方法恰和传统的道路相反, 先用幂级数定义三角函数, 再推出三角函数的一系列性质. 它完全摆脱了几何直观. 因而它无须假定圆弧的长度是一个不用确切定义我们就能自然接受的概念. 给中学生讲三角函数是应该通过几何直观方法的. 因为三角函数的几何涵义是必须知道的. 但现在用的 (非传统的) 方法, 除了在逻辑上更严谨外, 还有另外一个好处: 完全用分析工具 (包括各种级数和各种积分) 引进新函数的途径

是定义各种 (非初等的) 超越函数时不得不作的选择, 因为那时已无直观可以借助. 早些接触这样的方法对同学也是有益的.

定义 3.6.1 是实自变量函数的极限定义. 我们现在简略地讨论一下复自变量函数的极限.

定义 3.6.6　设 $f(z)$ 是定义在复平面的某区域 $\mathcal{D} \subset \mathbb{C}$(例如, 某圆或某椭圆) 内的函数, 换言之, 自变量 $z \in \mathcal{D}$. 又设 $z_0 \in \overline{\mathcal{D}}$. 假若

$$\forall \varepsilon > 0 \exists \delta > 0 \forall z \in \mathcal{D}(0 < |z - z_0| < \delta \Longrightarrow |f(z) - \alpha| < \varepsilon),$$

则称当 $z \to z_0$ 时, 函数 $f(z)$ 的极限是 α, 记做

$$\lim_{\mathcal{D} \ni z \to z_0} f(z) = \alpha.$$

例 3.6.1 — 例 3.6.4 这四个例中的实自变量 x 换成复自变量 z 后, 等式依然成立. 证明方法和实自变量的情形完全一样. 最后我们愿意叙述一下函数极限的 Cauchy 收敛判别准则, 它是由序列极限的 Cauchy 收敛判别准则 (定理 3.2.3) 通过定理 3.6.1 建立起来的.

定理 3.6.5　假设函数 $f(z)$ 的定义域是复平面中某区域 $\mathcal{D}$. 函数 $f(z)$ 在 $\mathcal{D} \ni z \to a$ 时收敛, 当且仅当对于任何 $\varepsilon > 0$, 有 $\delta > 0$, 使得任何在 f 的定义域 $\mathcal{D}$ 中的两个点 z 和 w, 有

$$0 < \max(|z - a|, |w - a|) < \delta \Longrightarrow |f(z) - f(w)| < \varepsilon.$$

以上的定理叙述的是对自变量在复平面上趋于 a 时的函数值收敛的充分必要条件. 当自变量在实数轴上趋于 a 时的函数值收敛的充分必要条件 (Cauchy 条件) 应作如下修改:

定理 3.6.5′　假设函数 $f(x)$ 的定义域是 $[b, c)$, 而 $a \in [b, c]$. 函数 $f(x)$ 当 $[b, c) \ni x \to a$ 时收敛, 当且仅当对于任何 $\varepsilon > 0$, 有 $\delta > 0$, 使得任何在 f 的定义域 $[b, c)$ 中的两个点 x 和 y, 有

$$0 < \max(|x - a|, |y - a|) < \delta \Longrightarrow |f(x) - f(y)| < \varepsilon.$$

假设函数 $f(x)$ 的定义域是 $[b, \infty)$. 函数 $f(x)$ 当 $[b, \infty) \ni x \to \infty$ 时收敛, 当且仅当对于任何 $\varepsilon > 0$, 有 $K \in [b, \infty)$, 使得任何在 f 的定义域 $[b, \infty)$ 中的两个点 x 和 y, 有

$$\min(x,y) > K \Longrightarrow |f(x) - f(y)| < \varepsilon.$$

对于函数极限我们也可引进上极限及下极限的概念: 假设实值函数 $f(x)$ 的定义域是 $[b,c), a \in [b,c]$. 函数 $f(x)$ 当 $[b,c) \ni x \to a$ 时的上极限定义为

$$\limsup_{[b,c) \ni x \to a} f(x) = \lim_{\varepsilon \to 0+} \left(\sup_{x \in (a-\varepsilon, a+\varepsilon) \cap [b,c)} f(x) \right).$$

下极限的定义可以相仿地给出. 实值函数的上下极限也有实数列上下极限的类似的性质. 例如, 实值函数的极限存在的充分必要条件是: 对应的上下极限存在且相等. 这时, 极限值恰等于上下极限的公共值. 所有这些问题愿同学自己 (或通过定义, 或通过 Heine 定理) 去探讨了.

练 习

3.6.1 试证以下极限等式:

(i) $\forall \lambda > 0 \forall n \in \mathbf{N} \left(\lim_{x \to \infty} x^n / e^{\lambda x} = 0 \right)$;

(ii) $\forall \lambda > 0 \forall n \in \mathbf{N} \left(\lim_{x \to \infty} \ln x / (\lambda x)^n = 0 \right)$;

(iii) $\forall c > 1 \forall \alpha > 0 \left(\lim_{x \to \infty} x^\alpha / c^x = 0 \right)$;

(iv) $\forall d < 1 \forall \alpha > 0 \left(\lim_{x \to \infty} d^x / x^{-\alpha} = 0 \right)$.

3.6.2 请计算以下极限; (i) $\lim_{x \to 0} \dfrac{1 - \cos x}{x^2} = ?$ (ii) $\lim_{x \to 0} \dfrac{\tan x}{x} = ?$

§3.7 附 加 习 题

3.7.1 设 $\{a_i^{(k)}\}_{(i,k) \in \mathbf{N}^2}$ 是可数个由双自然数指标描述的复数族. 它们可以排成以下的无限方阵:

$$
\begin{matrix}
a_1^{(1)} & a_2^{(1)} & \cdots & a_i^{(1)} & \cdots \\
a_1^{(2)} & a_2^{(2)} & \cdots & a_i^{(2)} & \cdots \\
\vdots & \vdots & & \vdots & \\
a_1^{(k)} & a_2^{(k)} & \cdots & a_i^{(k)} & \cdots \\
\vdots & \vdots & & \vdots &
\end{matrix}
$$

由这可数个带有双自然数指标的数作为项构成的**二重级数**

$$\sum_{i,k=1}^{\infty} a_i^{(k)}$$

称为收敛于复数 A 的 (或称二重级数的和为 A), 假若

$$\forall \varepsilon > 0 \exists N \in \mathbf{N} \forall I \geqslant N \forall K \geqslant N \left(\left| \sum_{i=1}^{I} \sum_{k=1}^{K} a_i^{(k)} - A \right| < \varepsilon \right).$$

这时记做

$$\sum_{i,k=1}^{\infty} a_i^{(k)} = A.$$

(i) 试叙述并证明关于二重级数的 Cauchy 收敛准则.

(ii) 今设可数个由双自然数指标描述的复数族中的复数均为非负实数. 试证: 由这可数个由双自然数指标描述的非负实数构成的二重级数收敛的充分必要条件是: 这可数个非负实数中的任何有限多个数之和构成的数集 S 是有上界的. 当这个条件满足时, 由这可数个由双自然数指标描述的非负实数构成的二重级数的和恰等于数集 S 的上确界.

(iii) 试叙述关于二重级数的绝对收敛的概念, 并证明: 绝对收敛的二重级数必收敛.

(iv) 试叙述

$$\sum_{i,k=1}^{\infty} a_i^{(k)} = \infty$$

和

$$\sum_{i,k=1}^{\infty} a_i^{(k)} = -\infty$$

的定义.

3.7.2　如练习 3.7.1 中那样给了可数个由双自然数指标描述的复数族. 由它们可以构筑出两个累次级数:

$$\sum_{i=1}^{\infty} \sum_{k=1}^{\infty} a_i^{(k)} = \sum_{i=1}^{\infty} \left(\sum_{k=1}^{\infty} a_i^{(k)} \right)$$

和

$$\sum_{k=1}^{\infty} \sum_{i=1}^{\infty} a_i^{(k)} = \sum_{k=1}^{\infty} \left(\sum_{i=1}^{\infty} a_i^{(k)} \right).$$

注　$\sum_{k=1}^{\infty} a_i^{(k)}$ 是一个级数, 它的和是依赖于指标 i 的. 对于这些依赖于指标 i 的和再作关于指标 i 的求和, 便得第一个 "累次级数" 的和. 第二个 "累次级数" 的和可类似地定义.

(i) 今设可数个由双自然数指标描述的复数族中的复数均为非负实数. 试证: 任一个累次级数收敛的充分必要条件是: 这可数个非负实数中的任何有限多个

数之和构成的数集 S 是有上界的. 当这个条件满足时, 这累次级数的和恰等于数集 S 的上确界. 由此可得以下结论: 只要二重级数和两个累次级数中有一个收敛, 另外两个 (二重级数或累次级数) 也收敛, 且三者收敛于同一个数.

(ii) 今设可数个由双自然数指标描述的复数族中的复数均为实数. 假若在这些实数取绝对值后得到的一个二重级数和两个累次级数中有一个收敛, 则另外两个 (二重级数或累次级数) 必收敛, 除此以外, 三个未取绝对值的级数也收敛, 且收敛于同一个数 A. 这时, 任给一个正数 $\varepsilon > 0$, 有一个由双自然数指标组成的的有限子集 F, 使得:

$$\forall \text{ 有限指标集 } I \supset F \left(\left| \sum_{(i,k)\in I} a_i^{(k)} - A \right| < \varepsilon \right).$$

(iii) 今设可数个由双自然数指标描述的复数 $a_i^{(k)} = b_i^{(k)} + \mathrm{i} c_i^{(k)}, b_i^{(k)}, c_i^{(k)} \in \mathbf{R}$, 则二重级数 $\sum_{i,k=1}^{\infty} a_i^{(k)}$ 收敛, 当且仅当以下两个二重级数

$$\sum_{i,k=1}^{\infty} b_i^{(k)} \quad \text{和} \quad \sum_{i,k=1}^{\infty} c_i^{(k)}$$

收敛. 这时

$$\sum_{i,k=1}^{\infty} a_i^{(k)} = \sum_{i,k=1}^{\infty} b_i^{(k)} + \mathrm{i} \sum_{i,k=1}^{\infty} c_i^{(k)}.$$

对于两个累次级数也有相应的命题.

(iv) 今设可数个由双自然数指标描述的复数族中的复数取绝对值后得到的一个二重级数和两个累次级数中有一个收敛, 则另外两个必收敛, 除此以外, 三个未取绝对值的级数也收敛, 且收敛于同一个数 A. 这时, 任给一个正数 $\varepsilon > 0$, 有一个由双自然数指标描述的实数族的有限子集 F, 使得

$$\forall \text{ 有限指标集 } I \supset F \left(\left| \sum_{(i,k)\in I} a_i^{(k)} - A \right| < \varepsilon \right).$$

3.7.3 设 $\{a_n\}$ 是一串复数, 则它的**无穷乘积**定义为

$$\prod_{n=1}^{\infty} a_n = \lim_{n\to\infty} \prod_{j=1}^{n} a_j.$$

假若右端是一个非零复数, 则无穷乘积 $\prod_{n=1}^{\infty} a_n$ 称为收敛的, 不然称为发散的 (注意: 收敛于零, 即 $\lim_{n\to\infty} \prod_{j=1}^{n} a_j = 0$ 时, 无穷乘积也称为发散). 试证:

(i) 若 $|x| < 1$, 则

$$\prod_{n=1}^{\infty} (1 + x^{2^{n-1}}) = \frac{1}{1-x};$$

(ii) 若 $x \neq 0$, 则

$$\prod_{n=1}^{N} \cos \frac{x}{2^n} = \frac{\sin x}{2^N \sin \dfrac{x}{2^N}};$$

(iii) 若 $x \neq 0$, 则

$$\prod_{n=1}^{\infty} \cos \frac{x}{2^n} = \frac{\sin x}{x};$$

(iv) 若 $x = 0$, 则

$$\prod_{n=1}^{\infty} \cos \frac{x}{2^n} = 1;$$

(v) 令

$$b_1 = \sqrt{\frac{1}{2}}, \quad b_n = \sqrt{\frac{1}{2} + \frac{1}{2}b_{n-1}}, \quad n = 2, 3, \cdots,$$

则有 **Vieta 公式**:

$$\frac{\pi}{2} = \frac{1}{\prod\limits_{n=1}^{\infty} b_n}.$$

3.7.4 设实数项级数 $\sum\limits_{n=1}^{\infty} a_n$ 收敛, 但不绝对收敛. $\{a_n\}$ 中的非负项全体, 按它们在 $\{a_n\}$ 中的先后次序排, 记为

$$c_1, \cdots, c_n, \cdots;$$

$\{a_n\}$ 中的负项全体, 按它们在 $\{a_n\}$ 中的先后次序排, 记为

$$d_1, \cdots, d_n, \cdots.$$

试证:

(i) $\sum\limits_{n=1}^{\infty} c_n = \infty$ 和 $\sum\limits_{n=1}^{\infty} d_n = -\infty$;

(ii) $\lim\limits_{n \to \infty} c_n = \lim\limits_{n \to \infty} d_n = 0$;

(iii) 对于任何实数 $\alpha \in \mathbf{R}$, 必有级数 $\sum\limits_{n=1}^{\infty} a_n$ 的一个重排 $\sum\limits_{n=1}^{\infty} b_n$, 使得

$$\sum_{n=1}^{\infty} b_n = \alpha.$$

注 这个结果属于 19 世纪伟大的德国数学家 Riemann.

3.7.5 试证:

(i) 设 $y = f(x)$ 和 $z = \varphi(y)$ 是两个由收敛半径分别为 $R > 0$ 和 $\rho > 0$ 的幂级数表示的函数:

$$y = f(x) = \sum_{n=0}^{\infty} a_n x^n \quad \text{和} \quad z = \varphi(y) = \sum_{m=0}^{\infty} h_m y^m.$$

若 $|a_0| = |f(0)| < \rho$, 则当 $|x|$ 充分小时, $|f(x)| < \rho$, 因而复合函数 $\varphi\big(f(x)\big)$ 有意义, 且

$$\varphi\big(f(x)\big) = \sum_{m=0}^{\infty} h_m \left(\sum_{n=0}^{\infty} a_n x^n \right)^m,$$

上式右端的每个 $\left(\sum_{n=0}^{\infty} a_n x^n \right)^m$ 是按幂级数乘法得到的幂级数 (参看推论 3.5.1), 而 $\sum_{m=0}^{\infty} h_m \left(\sum_{n=0}^{\infty} a_n x^n \right)^m$ 是将这无限多个幂级数的同类项相加后得到的幂级数. 这最后得到的幂级数的每个系数均有限, 且这个幂级数的收敛半径也大于零.

(ii) 设 $y = f(x)$ 是一个在点 x_0 处解析的函数, 因此, 它是个由收敛半径为 $R > 0$ 在 x_0 处展开的幂级数表示的函数:

$$y = f(x) = \sum_{n=0}^{\infty} a_n (x - x_0)^n.$$

设 $|x_1 - x_0| < R$, 则 $y = f(x)$ 是一个在 x_1 处解析的函数.

(iii) 设 $y = f(x)$ 是一个由收敛半径为 $R > 0$ 的幂级数表示的函数:

$$y = f(x) = \sum_{n=0}^{\infty} a_n x^n.$$

又设 $|a_0| \neq 0$, 则函数 $1/f(x)$ 在 0 点处解析.

(iv) 设 $f(x)$ 和 $g(x)$ 是两个由收敛半径为 $R > 0$ 的幂级数表示的函数:

$$f(x) = \sum_{n=0}^{\infty} a_n x^n, \quad g(x) = \sum_{n=0}^{\infty} b_n x^n.$$

又设 $|a_0| \neq 0$, 则函数 $g(x)/f(x)$ 在 0 点处解析.

(v) 当 $|x|$ 充分小时, 有

$$\tan x = x + \frac{1}{3} x^3 + \frac{2}{15} x^5 + \cdots.$$

(vi) 当 $|x|$ 充分小时, 有

$$x \cot x = 1 - \frac{1}{3} x^2 - \frac{1}{45} x^4 + \cdots.$$

3.7.6　假设 $F(x, y)$ 是一个在 $(0,0)$ 处可以展成在 $\{(x, y) \in \mathbf{C}^2 : |x| < \varepsilon, |y| < \delta\}$ 上收敛的二元幂级数的函数:

$$F(x, y) = \sum_{i=0}^{\infty} \sum_{j=0}^{\infty} d_{ij} x^i y^j.$$

又设 $d_{00} = 0$, $d_{01} \neq 0$. 由此可见, $F(0,0) = 0$, 而方程 $F(x, y) = 0$ 可以改写成以下形式:

$$y = c_{10} x + c_{20} x^2 + c_{11} xy + c_{02} y^2 + c_{30} x^3 + c_{21} x^2 y + c_{12} xy^2 + c_{03} y^3 + \cdots. \tag{3.7.1}$$

试证:

(i) 假设以上方程 (3.7.1) 有满足条件 $y(0) = 0$ 的在 0 点处解析的解:

$$y(x) = \sum_{n=1}^{\infty} a_n x^n, \tag{3.7.2}$$

则

$$\begin{cases} a_1 = c_{10}, \\ a_2 = c_{20} + c_{11}a_1 + c_{02}a_1^2, \\ a_3 = c_{11}a_2 + 2c_{02}a_1a_2 + c_{30} + c_{21}a_1 + c_{12}a_1^2 + c_{03}a_1^3, \\ \cdots\cdots\cdots\cdots\cdots\cdots\cdots\cdots\cdots\cdots\cdots\cdots. \end{cases} \tag{3.7.3}$$

(ii) (i) 中方程链 (3.7.3) 的第 n 个方程左端是 a_n, 而右端只含有 $a_1, a_2, \cdots,$ a_{n-1}.

(iii) (i) 中方程链 (3.7.3) 的解 a_n 可以唯一地表示成 c_{ij} 的正系数的多元多项式.

(iv) 方程 (3.7.1) 有解析解 (3.7.2) 的充分必要条件是: (3.7.2) 右端是个有正收敛半径的幂级数, 这个幂级数的系数是由方程链 (3.7.3) 得到的.

3.7.7 假设除了方程 (3.7.1) 外, 还有方程

$$y = \gamma_{10}x + \gamma_{20}x^2 + \gamma_{11}xy + \gamma_{02}y^2 + \gamma_{30}x^3 + \gamma_{21}x^2y + \gamma_{12}xy^2 + \gamma_{03}y^3 + \cdots. \tag{3.7.4}$$

它有满足条件 $y(0) = 0$ 的在点 0 处解析的解:

$$y(x) = \sum_{n=1}^{\infty} \alpha_n x^n, \tag{3.7.5}$$

试证:

(i) 若 $|c_{ij}| \leqslant \gamma_{ij}$, 则由方程链 (3.7.3) 确定的 a_n 满足不等式 $|a_n| \leqslant \alpha_n$. 这时, (3.7.2) 是个有正收敛半径的幂级数.

注 为了证明 (3.7.2) 是个有正收敛半径的幂级数, 我们应构筑一个方程 (3.7.5), 使得它有满足条件 $y(0) = 0$ 的在点 0 处解析的解, 且满足条件 $|c_{ij}| \leqslant \gamma_{ij}$. 下面就是设法完成这个任务.

(ii) 假设方程 (3.7.1) 右端的幂级数在 $|x| \leqslant \varepsilon$ 且 $|y| \leqslant \delta$ 时绝对收敛:

$$|c_{10}|\varepsilon + |c_{20}|\varepsilon^2 + |c_{11}|\varepsilon\delta + |c_{02}|\delta^2 + |c_{30}|\varepsilon^3 + |c_{21}|\varepsilon^2\delta + |c_{12}|\varepsilon\delta^2 + |c_{03}|\delta^3 + \cdots < \infty,$$

则有 $M \in \mathbf{R}$, 使得 $|c_{ij}| \leqslant M/(\varepsilon^i\delta^j)$.

3.7.8 试证: (i) 当 $|x| < \varepsilon$ 而 $|y| < \delta$ 时, 我们有

$$\frac{M}{\varepsilon}x + \frac{M}{\varepsilon^2}x^2 + \frac{M}{\varepsilon\delta}xy + \frac{M}{\delta^2}y^2 + \cdots = \frac{M}{(1-x/\varepsilon)(1-y/\delta)} - M - \frac{M}{\delta}y.$$

(ii) 方程

$$y = \frac{M}{\varepsilon}x + \frac{M}{\varepsilon^2}x^2 + \frac{M}{\varepsilon\delta}xy + \frac{M}{\delta^2}y^2 + \cdots$$

在 $|x| < \varepsilon, |y| < \delta$ 中的解就是方程

$$y^2 - \frac{\delta^2}{\delta + M} y + \frac{M\delta^2}{\delta + M} \cdot \frac{x}{\varepsilon - x} = 0 \qquad (3.7.6)$$

在 $|x| < \varepsilon, |y| < \delta$ 中的解.

(iii) (3.7.6) 的解共两个, 它们是

$$y(x) = \frac{\delta^2}{2(\delta + M)} \left[1 \pm \sqrt{1 - 4\frac{M(\delta + M)}{\delta^2} \frac{x}{\varepsilon - x}} \right]. \qquad (3.7.7)$$

满足初条件 $y(0) = 0$ 的解析解只有一个:

$$y(x) = \frac{\delta^2}{2(\delta + M)} \left[1 - \sqrt{1 - 4\frac{M(\delta + M)}{\delta^2} \frac{x}{\varepsilon - x}} \right]. \qquad (3.7.8)$$

(iv) 满足初条件 $y(0) = 0$ 的 (3.7.6) 的解析解 (3.7.8) 的另一表达式是:

$$y(x) = \frac{\delta^2}{2(\delta + M)} \left[1 - \left(1 - \frac{x}{\varepsilon\delta^2(\delta + 2M)^{-2}} \right)^{1/2} \left(1 - \frac{x}{\varepsilon} \right)^{-1/2} \right]. \qquad (3.7.9)$$

(v) 方程 (3.7.6) 有唯一的一个收敛半径不小于 $\varepsilon\delta^2(\delta + 2M)^{-2}$ 的幂级数解.

注   方程 (3.7.6) 确定的解称为由**隐函数方程** (3.7.6) 确定的**隐函数**. (v) 的结论称为 (解析函数类内的) **隐函数定理**.

(vi) 考虑方程

$$y - y_0 = \sum_{j=1}^{\infty} a_j(x - x_0)^j,$$

其中右端是个收敛半径大于零的在 x_0 处的幂级数, 且 $a_1 \neq 0$. 这个方程有唯一一个满足条件 $x(y_0) = x_0$ 的在 y_0 处解析的解.

注   (vi) 的结论称为 (解析函数类内的) **反函数定理**.

(vii) 函数 $y = e^x - 1$ 的反函数在 $x = 0$ 的一个邻域中是存在的, 我们将这个反函数记做 $x = \ln(1 + y)$.

注   这里引进的对数函数只是局部地定义的. 在第 5 章中将用另外的方法引进对数函数.

进一步阅读的参考文献

本章介绍的极限概念及其性质可以在以下参考文献中找到:

[1] 的第二章介绍收敛概念. 但它介绍的是一般度量空间上的收敛概念, 实数或复数的收敛是作为特殊情形来处理的.

[6] 的第二章介绍序列和级数的收敛概念以及函数的收敛概念.

[11] 的第一章和第二章的第 **2, 3** 节分别介绍序列极限和函数极限概念. 第十一章和第十二章分别介绍数值级数和函数级数. 应该说, 介绍级数的这两章内容十分丰富. 本讲义的很多内容 (特别是习题) 选自这两章.

[14] 的第一卷的第二章和第三章扼要地介绍了序列和级数的收敛概念.

[15] 的第三章和第四章介绍了序列和级数的收敛概念. 第五章介绍函数的收敛概念.

[24] 的第三章较详细地介绍序列极限和函数极限概念.

第 4 章　连续函数类和其他函数类

§4.1　连续函数的定义及其局部性质

定义 4.1.1　假设 (复值) 函数 $f(x)$ 的定义域 $\mathcal{D} \subset \mathbf{R}$ 且 $d \in \mathcal{D}$, $f(x)$ 称为在 d 点处是**连续的**, 假若

$$\lim_{\substack{x \to d \\ x \in \mathcal{D}}} f(x) = f(d).$$

换言之, $f(x)$ 称为在 d 点处是连续的, 当且仅当

$$\forall \varepsilon > 0 \exists \delta > 0 \forall x \in (d - \delta, d + \delta) \cap \mathcal{D}(|f(x) - f(d)| < \varepsilon)).$$

$f(x)$ 在 d 点处连续的几何解释参看图 4.1.1.

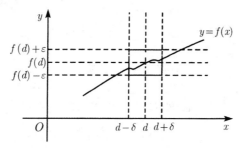

图 4.1.1　$f(x)$ 在点 d 处连续的几何解释

假设 (复值) 函数 $f(x)$ 的定义域 $\mathcal{D} \subset \mathbf{R}$ 且 $d \in \mathcal{D}$, $f(x)$ 称为在 d 点处是**右连续的**, 假若

$$\lim_{\substack{x \to d+0 \\ x \in \mathcal{D}}} f(x) = f(d).$$

换言之, $f(x)$ 称为在 d 点处是**右连续的**, 当且仅当

$$\forall \varepsilon > 0 \exists \delta > 0 \forall x \in (d, d + \delta) \cap \mathcal{D}(|f(x) - f(d)| < \varepsilon)).$$

假设 (复值) 函数 $f(x)$ 的定义域 $\mathcal{D} \subset \mathbf{R}$ 且 $d \in \mathcal{D}$, $f(x)$ 称为在 d 点处是**左连续的**, 假若

$$\lim_{\substack{x \to d-0 \\ x \in \mathcal{D}}} f(x) = f(d).$$

换言之, $f(x)$ 称为在 d 点处是**左连续的**, 当且仅当

$$\forall \varepsilon > 0 \exists \delta > 0 \forall x \in (d - \delta, d) \cap \mathcal{D}(|f(x) - (f(d)| < \varepsilon).$$

假设 (复值) 函数 $f(x)$ 的定义域 $\mathcal{D} \subset \mathbf{R}$ 且闭区间 $[a,b] \subset \mathcal{D}$, $f(x)$ 称为**在闭区间** $[a,b]$ **上连续**, 若函数 $f(x)$ 在闭区间 $[a,b]$ 的任何点处均连续. 以上叙述在区间 $[a,b]$ 换成区间 $(a,b], [a,b)$ 或 (a,b) 时也适用.

若函数 $f(x)$ 在点 $c \in [a,b]$ 处连续, 则点 c 称为函数 f 的**连续点**. f 的非连续点称为 f 的**间断点**.

不难看出以下推论:

推论 4.1.1   若实值函数 $f(x)$ 在点 $c \in [a,b]$ 处连续, 且 $f(c) > 0$, 则有 $\varepsilon > 0$, 使得

$$\forall x \in (c - \varepsilon, c + \varepsilon) \cap [a,b](f(x) > 0).$$

证   因 $f(c)/2 > 0$, 故有 $\varepsilon > 0$, 使得

$$\forall x \in (c - \varepsilon, c + \varepsilon) \cap [a,b]\big(f(x) \in (f(c) - f(c)/2, f(c) + f(c)/2)\big).$$

由此,

$$\forall x \in (c - \varepsilon, c + \varepsilon) \cap [a,b](f(x) > 0). \qquad \square$$

同理, 我们有

推论 4.1.2   若实值函数 $f(x)$ 在点 $c \in [a,b]$ 处连续, 且 $f(c) < 0$, 则有 $\varepsilon > 0$, 使得

$$\forall x \in (c - \varepsilon, c + \varepsilon) \cap [a,b](f(x) < 0).$$

假设 f 在点 $c \in (a,b)$ 处间断, 其中 (a,b) 是 f 的定义域的子集. 则间断点 c 的间断状态可分为如下几个情形:

(i) $\lim\limits_{x \to c-0} f(x)$ 及 $\lim\limits_{x \to c+0} f(x)$ 均存在且有限, 但条件 $\lim\limits_{x \to c-0} f(x) = f(c) = \lim\limits_{x \to c+0} f(x)$ 不成立. 这时我们称 c 是 f 的**第一类间断点**.

(ii) $\lim\limits_{x \to c-0} f(x)$ 及 $\lim\limits_{x \to c+0} f(x)$ 中至少有一个不存在, 或两个极限均存在但至少有一个等于 ∞ 或 $-\infty$. 这时我们称 c 是 f 的**第二类间断点**.

假设 c 是 f 的第一类间断点, 且 $\lim\limits_{x \to c-0} f(x) = \lim\limits_{x \to c+0} f(x)$, 但 $\lim\limits_{x \to c-0} f(x) = \lim\limits_{x \to c+0} f(x) \neq f(c)$. 这时我们称 c 是 f 的**可去间断点**. 在 c 是可去间断点的情形, 只要改变 f 在可去间断点 c 一点处的函数值, 便可得到一个在 c 点处连续的函数:

$$\tilde{f}(x) = \begin{cases} f(x), & \text{若 } x \neq c, \\ \lim\limits_{x \to c-0} f(x), & \text{若 } x = c. \end{cases}$$

以上关于定义在实数域的子集上取复数值的连续函数的概念, 完全可以搬到定义在复数域的子集上, 取复数值的函数上去.

定义 4.1.2 假设 (复值) 函数 $f(x)$ 的定义域 $\mathcal{D} \subset \mathbf{C}$ 且 $d \in \mathcal{D}$, $f(x)$ 称为在 d 点处是连续的, 假若

$$\lim_{\substack{x \to d \\ x \in \mathcal{D}}} f(x) = f(d).$$

换言之,

$$\forall \varepsilon > 0 \exists \delta > 0 \forall x \in \mathcal{D}\big(|x - d| < \delta \implies |f(x) - f(d)| < \varepsilon\big).$$

(复值) 函数 $f(x)$ 称为在定义域上连续, 若函数 $f(x)$ 在定义域的任何点处均连续.

易见, 常数函数 $f(x) = c$ 和恒等函数 $f(x) = x$ 都是 $\mathbf{C}$(或 $\mathbf{R}$) 上的连续函数. 事实上, 若 $f(x) = c$, 则 $|f(x) - f(d)| = 0 < \varepsilon$ 永远成立. 若 $f(x) = x$, 则 $|f(x) - f(d)| = |x - d| < \varepsilon$ 在 $|x - d| < \varepsilon$ 时成立, 即, 让定义 4.1.1 中要求的 $\delta = \varepsilon$ 便可以了.

例 4.1.1 指数函数 $\exp x$ 是 $\mathbf{C}$ 上的连续函数. 事实上,

$$|\exp x - \exp a| = |\exp a||\exp(x - a) - 1| = |\exp a|\left|\sum_{n=1}^{\infty} \frac{(x - a)^n}{n!}\right|$$

$$= |\exp a||x - a|\left|\sum_{n=1}^{\infty} \frac{(x - a)^{n-1}}{n!}\right|.$$

当 $|x - a| \leqslant 1$ 时,

$$\left| \sum_{n=1}^{\infty} \frac{(x-a)^{n-1}}{n!} \right| \leqslant \left| \sum_{n=1}^{\infty} \frac{1}{n!} \right| = |e - 1|.$$

故对于任何 $\varepsilon > 0$, 当 $|x - a| \leqslant \min[1, \varepsilon/(|\exp a||e - 1|)]$ 时, 我们有

$$|\exp x - \exp a| < \varepsilon.$$

这就证明了 $\exp x = e^x$ 在 $x = a$ 点的连续性, 其中 a 是任意的复数, 所以 $\exp$ 在 $\mathbf{C}$ 上连续.

以下定理的证明很容易, 留给同学自行完成.

定理 4.1.1　设函数 $f(x)$ 和 $g(x)$ 在 c 点处连续, 则 $(f + g)(x) = f(x) + g(x)$ 和 $(fg)(x) = f(x)g(x)$ 在 c 点处也连续. 又若 $g(c) \neq 0$, 则 $(f/g)(x) = f(x)/g(x)$ 在 c 点处也连续.

定理 4.1.2　设 $I, J \subset \mathbf{C}$ 是两个复数集合, $f : I \to J$ 且 $c \in I$, 又设 $g : J \to \mathbf{C}$. 若 f 在 c 点处连续, g 在 $f(c)$ 点处连续, 则 $g \circ f$ 在 c 点处连续.

证　设 $\varepsilon > 0$, 而 $V = \{z \in \mathbf{C} : |z - g(f(c))| < \varepsilon\}$, 由 g 在 $f(c)$ 点处连续, 必有 $\delta > 0$, 使得

$$g(\{u \in \mathbf{C} \cap J : |u - f(c)| < \delta\}) \subset V.$$

又因 f 在 c 点处连续, 有 $\gamma > 0$, 使得

$$f(\{v \in \mathbf{C} \cap I : |v - c| < \gamma\}) \subset \{u \in \mathbf{C} \cap J : |u - f(c)| < \delta\}.$$

故

$$(g \circ f)(\{v \in \mathbf{C} \cap I : |v - c| < \gamma\}) \subset g(\{u \in \mathbf{C} \cap J : |u - f(c)| < \delta\}) \subset V. \quad \square$$

例 4.1.2　三角函数 $\sin x$ 和 $\cos x$ 是 $\mathbf{C}$ 上的连续函数. 事实上, 由定义 3.5.3,

$$\cos x = \frac{e^{ix} + e^{-ix}}{2} \quad \text{和} \quad \sin x = \frac{e^{ix} - e^{-ix}}{2i}.$$

由定理 4.1.1, 定理 4.1.2 和例 4.1.1 的结论, 三角函数 $\sin x$ 和 $\cos x$ 应是 C 上的连续函数.

例 4.1.3 多项式函数

$$P(x) = a_0 + a_1 x + \cdots + a_{n-1} x^{n-1} + a_n x^n$$

是 C 上的连续函数.

事实上, 由定义 4.1.1, 常数函数 $f(x) = c$ 和恒等函数 $f(x) = x$ 都是 C 上的连续函数. 而多项式函数

$$P(x) = a_0 + a_1 x + \cdots + a_{n-1} x^{n-1} + a_n x^n$$

是这两个函数通过有限多次加法及乘法运算构造出来的. 由定理 4.1.1, 多项式函数应是 C 上的连续函数.

例 4.1.4 有理函数

$$R(x) = \frac{P(x)}{Q(x)},$$

其中

$$P(x) = a_0 + a_1 x + \cdots + a_{n-1} x^{n-1} + a_n x^n$$

和

$$Q(x) = b_0 + b_1 x + \cdots + b_{m-1} x^{m-1} + b_m x^m$$

是两个多项式, 在 $Q(x)$ 的根以外的复平面的点上是连续的.

事实上, 这是定理 4.1.1 和例 4.1.3 的推论.

练 习

4.1.1 (i) 设 $f : \mathbf{R} \to \mathbf{R}$ 是 $\mathbf{R}$ 上的连续函数, 且

$$\forall x \in \mathbf{R} \forall y \in \mathbf{R} \Big(f(x+y) = f(x) + f(y) \Big).$$

试证:

$$\forall x \in \mathbf{R} \Big(f(x) = f(1)x \Big).$$

(ii) 设 $f : \mathbf{R} \to (\mathbf{R}_+ \setminus \{0\})$ 是 $\mathbf{R}$ 上的连续函数, 且

$$\forall x \in \mathbf{R} \forall y \in \mathbf{R} \Big(f(x+y) = f(x) \cdot f(y) \Big).$$

试证:

$$\forall x \in \mathbf{R}(f(x) = f(1)^x).$$

(iii) 设 $f : (\mathbf{R}_+ \setminus \{0\}) \to (\mathbf{R}_+ \setminus \{0\})$ 是 $\mathbf{R}_+ \setminus \{0\}$ 上的连续函数, 且

$$\forall x \in \mathbf{R}_+ \setminus \{0\} \forall y \in \mathbf{R}_+ \setminus \{0\}(f(x \cdot y) = f(x) \cdot f(y)).$$

试证:

$$\forall x \in \mathbf{R}_+ \setminus \{0\}(f(x) = x^{\ln f(\mathrm{e})}).$$

(iv) 设 $f : (\mathbf{R}_+ \setminus \{0\}) \to \mathbf{R}$ 是 $\mathbf{R}_+ \setminus \{0\}$ 上的连续函数, 且

$$\forall x \in \mathbf{R}_+ \setminus \{0\} \forall y \in \mathbf{R}_+ \setminus \{0\}(f(x \cdot y) = f(x) + f(y)).$$

试证:

$$\forall x \in \mathbf{R}_+ \setminus \{0\}(f(x) = f(\mathrm{e}) \ln x).$$

4.1.2 试证:

(i) 设 $f : \mathbf{R} \to \mathbf{R}$, 则 f 是 $\mathbf{R}$ 上的连续映射的充分必要条件是

$$\forall 开集 G \subset \mathbf{R}(f^{-1}(G) 是 \mathbf{R} 中的开集);$$

(ii) 设 $f : \mathbf{C} \to \mathbf{C}$, 则 f 是 $\mathbf{C}$ 上的连续映射的充分必要条件是

$$\forall 开集 G \subset \mathbf{C}(f^{-1}(G) 是 \mathbf{C} 中的开集).$$

4.1.3 定义函数 $R : (0, 1] \to \mathbf{R}$ 如下:

$$R(x) = \begin{cases} 0, & 若 x \in (0, 1] \setminus \mathbf{Q}, \\ 1/n, & 若 x = m/n \in \mathbf{Q} \cap (0, 1], m 与 n 是两个不可约的自然数. \end{cases}$$

试证: 函数 $R : (0, 1] \to \mathbf{R}$ 在每一点 $x \in \mathbf{Q} \cap (0, 1]$ 处间断, 而在每一点 $x \in (0, 1] \setminus \mathbf{Q}$ 处连续.

注 上述函数 $R : (0, 1] \to \mathbf{R}$ 称为 Riemann 函数.

§4.2 (有界) 闭区间上连续函数的整体性质

本节的讨论限制于实数轴的闭区间 (本章中述及的闭区间都是指有界闭区间!) 上定义的连续函数. 当然, 它也可以推广到定义域是复平面上满足某些条件的集合的连续函数上去. 现在我们暂不这样做, 在第 7 章中将作出更一般的推广.

函数在点 d 的连续性的定义 (参看定义 4.1.1) 只涉及函数在点 d 附近的性质. 确切地说, 两个在点 d 的某邻域中相等的函数在点 d 处将同时连续或同时不连续 (点 d 的一个**邻域**暂且可以理解为一个包含

d 的开区间, 将来我们要对邻域作出确切的定义!). 换言之, 函数在点 d 的某邻域外的值不影响它在 d 点处的连续性. 为此, 我们常称, 函数在点 d 的连续性是一个局部性质. 函数在区间上的连续性是通过函数在区间上每一点处的连续性来定义的. 所以, 函数在区间上的连续性仍然是通过函数在区间上每一点处的局部性质间接地定义的. 但是, 直观上理解的连续函数却应该有一些有趣且有用的性质, 它们并不是局部性质. 例如, 假设 $f(x)$ 是闭区间 $[a,b]$ 上的一个连续函数, 若 $f(a) < 0 < f(b)$, 则直观上看, 区间 $[a,b]$ 内应有一点 c, 使得 $f(c) = 0$. 这个直观上完全可以接受的论断并不能从 (由局部方式表述的) 函数连续性的定义直接得到. 它还依赖于函数定义域 $[a,b]$ 的拓扑性质. 具体地说, 为了证明它, 要用到有限覆盖定理或与它等价的其他定理. 命题 "区间 $[a,b]$ 内应有一点 c, 使得 $f(c) = 0$" 只告诉我们整个区间 $[a,b]$ 上有一个具有某种性质的点, 但并未告诉我们该点究竟在区间 $[a,b]$ 的何处. 因此, 它是函数在整个闭区间 $[a,b]$ 上的性质, 常称为函数在闭区间 $[a,b]$ 上的整体性质. 本节的任务就是要弄清楚通过局部方式定义的函数连续性与它在整个区间 $[a,b]$ 上的整体性质之间的逻辑关系. 值得注意的是, 只能在具有第 2 章中的性质 P13 的实数域 (或由实数域派生出的复数域) 上才能建立这种逻辑联系. 在没有性质 P13 的数域, 例如有理数域上是不可能有这种逻辑联系的. 换言之, 连续函数的整体性质是建立在定义域 $[a,b]$ 的拓扑性质 P13 上的. 这也是微积分必须建立在实数域 (或复数域) 上, 而不是建立在有理数域上的一个重要理由.

定理 4.2.1 设实值函数 f 在闭区间 $[a,b]$ 上连续, 且 $f(a) < 0 < f(b)$, 则在开区间 (a,b) 内至少有一点 α, 使得 $f(\alpha) = 0$.

证　令

$$S = \{x \in [a,b] : f(x) < 0\}.$$

显然, $a \in S$. 故 $S \neq \varnothing$. 又因 b 是 S 的上界. S 作为一个非空有上界的集合, 应有上确界. 记

$$\alpha = \sup S.$$

我们要证明

$$f(\alpha) = 0.$$

假设 $f(\alpha) > 0$. 因 $\alpha \in [a, b]$, f 在点 α 处连续. 由推论 4.1.1, 有 $\delta > 0$, 使得

$$\forall x \in (\alpha - \delta, \alpha + \delta) \cap [a, b](f(x) > 0).$$

另一方面, 因 $\alpha = \sup S$, 由定义 2.3.4 及定义 2.3.5 后的注, $S \cap (\alpha - \delta, \alpha] \neq \varnothing$. 故至少有一点 $y \in S \cap (\alpha - \delta, \alpha]$. 因 $y \in S$, $f(y) < 0$. 而 $y \in S \cap (\alpha - \delta, \alpha] \subset (\alpha - \delta, \alpha] \cap [a, b] \subset (\alpha - \delta, \alpha + \delta) \cap [a, b]$, 故 $f(y) > 0$. 这个矛盾证明了 $f(\alpha) \leqslant 0$. 这同时也证明了 $\alpha \neq b$.

再假设 $f(\alpha) < 0$. 因 f 连续, 有 $\delta > 0$, 使得

$$\forall x \in (\alpha - \delta, \alpha + \delta) \cap [a, b](f(x) < 0).$$

因 $\alpha = \sup S$, 由定义 2.3.4 及定义 2.3.5 后的注, $(\alpha, \alpha + \delta) \cap S \subset (\alpha, \infty) \cap S = \varnothing$, 换言之, $(\alpha, \alpha + \delta) \subset S^C$. 故至少有一点 $y \in S^C \cap (\alpha, \alpha + \delta) \cap [a, b]$. 因 $y \in S^C$, $f(y) > 0$. 而 $y \in (\alpha, \alpha + \delta) \cap [a, b] \subset (\alpha - \delta, \alpha + \delta) \cap [a, b]$, 故 $f(y) < 0$. 这个矛盾证明了 $f(\alpha) \geqslant 0$. 与前半段证得的结论 $f(\alpha) \leqslant 0$ 结合起来便得到 $f(\alpha) = 0$. $\qquad\qquad\square$

注   也许定理 4.2.1 的最简便的证明是利用 §2.3 的练习 2.3.9 所述的闭区间 $[a, b]$ 的连通性. 同学可自行补出利用连通性证明本定理的细节.

推论 4.2.1(介值定理, 或称中间值定理)   设实值函数 $f(x)$ 在闭区间 $[a, b]$ 上连续, 且 $f(a) < c < f(b)$ 或 $f(a) > c > f(b)$, 则在开区间 (a, b) 内至少有一点 α, 使得 $f(\alpha) = c$.

证   当 $f(a) < c < f(b)$ 时, 对函数

$$g(x) = f(x) - c$$

应用定理 4.2.1 便得结论.

当 $f(a) > c > f(b)$ 时, 对函数

$$g(x) = c - f(x)$$

应用定理 4.2.1 便得结论.   □

例 4.2.1 考虑方程

$$x^2 = 2.$$

因函数 x^2 在 **R** 上连续, 又 $1^2 = 1 < 2 < 4 = 2^2$, 方程 $x^2 = 2$ 在区间 $(1,2)$ 内至少有一个根. 又因函数 x^2 在区间 $(1,2)$ 内单调递增, 即

$$x < y \Longrightarrow x^2 < y^2,$$

故方程 $x^2 = 2$ 在区间 $(1,2)$ 内恰有一个根. 记此根为 $\sqrt{2}$.

在中学里已经证明 (本讲义的命题 2.3.1 的证明中又复述了): $\sqrt{2} \notin$ **Q**. 这说明了, 在 **Q** 上连续的函数 $f(x) = x^2$ 在 **Q** 上没有介值定理所保证的性质: 因为 $f(1) = 1, f(2) = 4$, 但没有一个 $x \in$ **Q** 使得 $f(x) = 2$. 换言之, 只考虑定义在 **Q** 上的连续函数是没有介值定理的.

下面我们要讨论闭区间上连续函数的另一个性质.

定理 4.2.2 设 (实值或复值) 函数 f 在闭区间 $[a,b]$ 上连续, 则函数 f 在闭区间 $[a,b]$ 上有界.

证 因复值连续函数的绝对值是实值连续函数, 故不妨设 f 是实值连续函数. 令

$$S = \{y \in [a,b] : f \text{ 在 } [a,y] \text{ 上有界}\}.$$

显然, $a \in S$, 故 $S \neq \varnothing$. 又 b 是 S 的上界, 因而 S 有上确界, 记

$$\alpha = \sup S.$$

先证: f 在 $[a,\alpha]$ 上有界. 因 $[a,\alpha] \subset [a,b]$, 函数 f 在 α 处连续, 故有 $\delta > 0$, 使得 $|f|$ 在 $[\alpha-\delta,\alpha] \cap [a,b]$ 上的值不大于 $|f(\alpha)|+1$, 因而 f 在 $[\alpha-\delta,\alpha] \cap [a,b]$ 上有界. 因 $\alpha = \sup S$, 必有 $y \in S \cap [\alpha-\delta,\alpha]$. f 在 $[a,y]$ 上有界. 故函数 f 在 $[a,\alpha] \cap [a,b] = ([a,y] \cup [\alpha-\delta,\alpha]) \cap [a,b]$ 上有界. 换言之, $\alpha \in S$.

再证: $\alpha = b$. 不然, $\alpha < b$. 函数 f 在 α 处连续, 有 $\delta > 0$, 使得 $\alpha + \delta \leqslant b$, 且 $|f|$ 在 $[\alpha,\alpha+\delta]$ 上的值不大于 $|f(\alpha)|+1$, 故 f 在 $[\alpha,\alpha+\delta] \subset [a,b]$ 上有界. 因而 f 在 $[a,\alpha+\delta] = [a,\alpha] \cup [\alpha,\alpha+\delta]$ 上有界. 这与 $\alpha = \sup S$ 矛盾. 这样, 我们证明了 f 在 $[a,b]$ 上有界.   □

例 4.2.2 函数 $f(x) = 1/x$ 在开区间 $(0,1)$ 上连续, 但无界. 这

说明, 若把定理 4.2.2 中的闭区间换成开区间 (或半开半闭区间), 结论就未必成立了.

下面这个定理是定理 4.2.2 的加强形式, 它又是定理 4.2.2 的推论.

定理 4.2.3   设实值函数 f 在闭区间 $[a,b]$ 上连续, $\alpha = \sup\limits_{a \leqslant x \leqslant b} f(x)$, 则函数 f 在闭区间 $[a,b]$ 上达到这个上确界 α, 即有 $c \in [a,b]$, 使得 $f(c) = \alpha$; 同样, 函数 f 在闭区间 $[a,b]$ 上达到下确界. 换言之, 函数 f 在闭区间 $[a,b]$ 上的上确界是函数 f 在闭区间 $[a,b]$ 上的最大值, 函数 f 在闭区间 $[a,b]$ 上的下确界是函数 f 在闭区间 $[a,b]$ 上的最小值.

注   闭区间 $[a,b]$ 上定义的函数 f 称为在点 $c \in [a,b]$ 达到**最大值**, 假若

$$\forall x \in [a,b](f(x) \leqslant f(c)).$$

这时, c 称为函数 f 的**最大值点**. $f(c)$ 称为 f 在 $[a,b]$ 上的最大值.

相仿地, 可定义 f 在 $[a,b]$ 上的**最小值点**及**最小值**.

证   因 $\alpha = \sup\limits_{x \in [a,b]} f(x)$. 若函数 f 在闭区间 $[a,b]$ 上达不到这个上确界 α, 则 $\forall x \in [a,b](f(x) < \alpha)$. 令

$$g(x) = \frac{1}{\alpha - f(x)}.$$

因分母 $\alpha - f(x)$ 在 $[a,b]$ 上永远取正值, 因而永远不为零, g 在 $[a,b]$ 上连续. 由定理 4.2.2, 函数 g 在 $[a,b]$ 上有界, 即有 $M \in \mathbf{R}$, 使得

$$\forall x \in [a,b]\left(g(x) = \frac{1}{\alpha - f(x)} \leqslant M\right).$$

故
$$\forall x \in [a,b]\left(f(x) < \alpha - \frac{1}{M}\right).$$

这与 $\alpha = \sup\limits_{x \in [a,b]} f(x)$ 矛盾. 所以, 函数 f 在闭区间 $[a,b]$ 上达到上确界. 同理可证, 函数 f 在闭区间 $[a,b]$ 上达到下确界. $\Box$

下面我们要引进一个重要的概念.

定义 4.2.1   设 (实值或复值) 函数 f 定义在 $D \subset \mathbf{R}$ 上. 我们称 f 在 D 上是**一致连续**的, 假若

$$\forall \varepsilon > 0 \exists \delta > 0 \forall x, y \in D(|x - y| < \delta \implies |f(x) - f(y)| < \varepsilon).$$

应该指出, 函数 f 在 D 上连续的条件是

$$\forall x \in D \forall \varepsilon > 0 \exists \delta > 0 \forall y \in D(|x - y| < \delta \Longrightarrow |f(x) - f(y)| < \varepsilon).$$

这里的 δ 既依赖于 ε 又依赖于 x. 为了强调这个依赖性, 它应该写成 $\delta = \delta(\varepsilon, x)$. 而一致连续性定义中的 δ 只依赖于 ε 而不依赖于 x, 故可写成 $\delta = \delta(\varepsilon)$. δ 对 x 的依赖与否是 f 的一致连续性与连续性的区别所在.

例 4.2.3   定义在区间 $(0, \infty)$ 上的函数

$$f(x) = \sin \frac{1}{x}$$

是区间 $(0, \infty)$ 上的连续函数, 但不是该区间上的一致连续函数. 连续性由定理 4.1.2 推得. 不一致连续性可以如此得到:

$$\left| \sin \frac{1}{1 / \left(\left(n - \frac{1}{2} \right) \pi \right)} - \sin \frac{1}{1 / \left(\left(n + \frac{1}{2} \right) \pi \right)} \right| = 2,$$

但当 $n \geqslant 2$ 时, 我们有

$$\left| \frac{1}{\left(n - \frac{1}{2} \right) \pi} - \frac{1}{\left(n + \frac{1}{2} \right) \pi} \right| = \frac{1}{\left(n^2 - \frac{1}{4} \right) \pi} < \frac{1}{n - 1}.$$

由阿基米德原理,

$$\forall \varepsilon > 0 \exists n \in \mathbf{N} \left(0 < \frac{1}{n - 1} < \varepsilon \right).$$

所以, f 不是区间 $(0, \infty)$ 上的一致连续函数. 这个例告诉我们, 一致连续性与连续性之间是有差异的. 但是, 在闭区间上定义的函数的连续性与一致连续性是等价的. 为了证明这个结论, 我们先引进两个引理.

引理 4.2.1   设函数 f 定义在闭区间 $[a, b]$ 上, $c \in [a, b]$. 若 f 在 c 点处连续, 则对于任何 $\varepsilon > 0$, 有一个正数 δ, 使得区间 $[c - \delta, c + \delta] \cap [a, b]$ 中的任何两点 x, y 都满足不等式:

$$|f(x) - f(y)| < \varepsilon.$$

证 因函数 f 在闭区间 $[a,b]$ 的 c 点处连续, 故

$$\forall \varepsilon > 0 \exists \delta > 0 \forall x \in [c-\delta, c+\delta] \cap [a,b](|f(x) - f(c)| < \varepsilon/2).$$

所以, 对于一切 $x,y \in [c-\delta, c+\delta] \cap [a,b]$, 有

$$|f(x) - f(y)| \leqslant |f(x) - f(c)| + |f(c) - f(y)| < 2\varepsilon/2 = \varepsilon. \qquad \square$$

引理 4.2.2 设函数 f 定义在闭区间 $[a,b]$ 上, $a < c < d < b$, $\varepsilon > 0$. 若有 $\delta_1 > 0$ 和 $\delta_2 > 0$, 使得

$$\forall x,y \in [a,d](|x-y| < \delta_1 \Longrightarrow |f(x) - f(y)| < \varepsilon)$$

及

$$\forall x,y \in [c,b](|x-y| < \delta_2 \Longrightarrow |f(x) - f(y)| < \varepsilon).$$

令 $\delta = \min(\delta_1, \delta_2, d-c)$, 则

$$\forall x,y \in [a,b](|x-y| < \delta \Longrightarrow |f(x) - f(y)| < \varepsilon).$$

证 设 $x,y \in [a,b]$ 且 $|x-y| < \delta = \min(\delta_1, \delta_2, d-c)$. 若 x 和 y 中有一个不大于 c, 则 x 和 y 均在 $[a,d]$ 中, 因而 $|f(x) - f(y)| < \varepsilon$. 若 x 和 y 均大于 c, 则 x 和 y 均在 $[c,b]$ 中, 故也有 $|f(x) - f(y)| < \varepsilon$. $\square$

定理 4.2.4 设 (实值或复值) 函数 f 在闭区间 $[a,b]$ 上连续, 则函数 f 在闭区间 $[a,b]$ 上一致连续.

证 假若 f 在 $[a,b]$ 上不一致连续, 则有一个 $\varepsilon > 0$, 使得

$$\forall \delta > 0 \exists x,y \in [a,b]\big((|x-y| < \delta) \wedge (|f(x) - f(y)| \geqslant \varepsilon)\big). \qquad (4.2.1)$$

选定一个满足条件 (4.2.1) 的 $\varepsilon > 0$. 令

$$S = \{z \in [a,b] : \exists \delta > 0 \forall x,y \in [a,z](|x-y| < \delta \Longrightarrow |f(x) - f(y)| < \varepsilon\}. \qquad (4.2.2)$$

因为 $a \in S$, 故 $S \neq \varnothing$. 又 b 是 S 的上界. 所以 S 有上确界, 记为

$$\alpha = \sup S. \qquad (4.2.3)$$

我们要证明: $\alpha = b$. 假设 $\alpha < b$. 因 f 在 α 处连续, 由引理 4.2.1, 必有 $\beta > 0$, 使得 $\alpha + 2\beta < b$ 且

$$\forall x, y \in [\alpha - 2\beta, \alpha + 2\beta] \cap [a, b]\left(|f(x) - f(y)| < \varepsilon\right). \tag{4.2.4}$$

我们要证明 $\alpha + 2\beta \in S$. 设 $x, y \in [a, \alpha + 2\beta]$. 下面的讨论对两种情形分别进行:

(1) 假若 $\max(x, y) \leqslant \alpha - \beta$: 这时, $x, y \in [a, \alpha - \beta/2]$. 由 (4.2.3), $\alpha - \beta/2 \in S$. 再由 (4.2.2), $\exists \delta_1 > 0 \forall x, y \in [a, \alpha - \beta/2]\left(|x - y| < \delta_1 \implies |f(x) - f(y)| < \varepsilon\right)$.

(2) $\max(x, y) > \alpha - \beta$. 这时, 选取 $\delta_2 < \beta/2$. 由于 $x, y \in [a, \alpha + 2\beta]$, 我们有 $|x - y| < \delta_2 \implies x, y \in [\alpha - 2\beta, \alpha + 2\beta] \implies |f(x) - f(y)| < \varepsilon$.

令 $\delta = \min(\delta_1, \delta_2)$. 我们都有

$$\forall x, y \in [a, \alpha + 2\beta]\left(|x - y| < \delta \implies |f(x) - f(y)| < \varepsilon\right).$$

故 $\alpha + 2\beta \in S$. 这与 $\alpha = \sup S$ 矛盾. 这个矛盾证明了 $\alpha = b$.

现在我们可以证明: $\alpha = b \in S$. 因 f 在 b 处连续, 由引理 4.2.1, 有一个 $\eta > 0$, 使得区间 $[b - \eta, b]$ 中的任何两点 x, y 都满足不等式:

$$|f(x) - f(y)| < \varepsilon.$$

因 $b - \eta/2 \in S$, 故有 $\delta_1 > 0$, 使得

$$\forall x, y \in [a, b - \eta/2]\left(|x - y| < \delta_1 \implies |f(x) - f(y)| < \varepsilon\right).$$

由引理 4.2.2, 令 $\delta = \min(\delta_1, \eta/2)$, 我们有

$$\forall x, y \in [a, b]\left(|x - y| < \delta \implies |f(x) - f(y)| < \varepsilon\right).$$

而这就是 $\alpha = b \in S$. 它与 (4.2.1) 矛盾. □

注 也许定理 4.2.4 的最简便的证明是利用 §2.3 的练习 2.3.6 中所述的闭区间 $[a, b]$ 开覆盖的 Lebesgue 数的存在性. (在练习 4.2.2 中我们要求同学去完成这个证明.)

本节证明闭区间上连续函数的整体性质时, 都是直接利用了有界集在 **R** 中的确界存在的性质 (P13). 但完全可以利用其他能起到与

(P13) 类似作用的定理 (例如, 利用 Heine-Borel 有限覆盖定理, Cantor 区间套定理, Bolzano-Weierstrass 聚点存在定理, Bolzano-Weierstrass 有界列的收敛子列存在定理中的任一个) 去完成证明, 假若用得巧, 常比直接利用 (P13) 更简便. 同学们可以自己尝试去做这个工作 (参看本节练习 4.2.13, 练习 4.2.14 及练习 4.2.15).

练　习

4.2.1　设 $\varphi : [a,b] \to [a,b]$ 是连续映射, 试证: 有 $c \in [a,b]$ 使得 $\varphi(c) = c$.

注　使得 $\varphi(c) = c$ 的 c 称为连续映射 φ 的**不动点**. 上述命题称为 $[a,b] \to [a,b]$ 的连续映射的不动点定理.

4.2.2　设函数 f 在 $[a,b]$ 上连续, 试用引理 4.2.1 及 §2.3 的练习 2.3.6 的结果 (Lebesgue 数的存在性) 去证明函数 f 在 $[a,b]$ 上一致连续.

4.2.3　试证:

(i) 设函数 $f(x)$ 在闭区间 $[a,b]$ 上是连续函数, 则函数 $|f(x)|$ 在闭区间 $[a,b]$ 上也是连续函数.

(ii) 设函数 $f(x)$ 和 $g(x)$ 在闭区间 $[a,b]$ 上是两个连续函数, 则以下两个函数 $\max\big(f(x),g(x)\big)$ 和 $\min\big(f(x),g(x)\big)$ 在闭区间 $[a,b]$ 上也都是连续函数.

4.2.4　本题将通过反证法运用 Bolzano-Weierstrass 有界点列收敛子列存在定理证明闭区间上连续函数的有界定理. 最后还指出, 这样的思路可以将闭区间上连续函数的有界定理推广到复平面的有界闭集上定义的复值连续函数上去.

(i) 假设 $[a,b]$ 上的实值连续函数在 $[a,b]$ 上无界, 试证: 有 $[a,b]$ 上的点列 $\{x_n\}$, 使得 $|f(x_n)| \geqslant n \, (n = 1, 2, \cdots)$.

(ii) 设 f 是 $[a,b]$ 上的实值连续函数, $\{x_n\}$ 是 $[a,b]$ 上的点列, 且 $|f(x_n)| \geqslant n \, (n = 1, 2, \cdots)$. 试证: $\{x_n\}$ 有收敛子列 $\{x_{n_k}\}$, 使得 $|f(x_{n_k})| \to \infty$.

(iii) 设 f 是 $[a,b]$ 上的实值连续函数, 试证: f 在 $[a,b]$ 上有界.

(iv) 设 f 是 $[a,b]$ 上的实值连续函数, 按 (iii), f 在 $[a,b]$ 上有界. 试证: 有 $c \in [a,b]$ 使得 $f(c) = \sup\limits_{a \leqslant x \leqslant b} f(x)$, 还有 $d \in [a,b]$ 使得 $f(d) = \inf\limits_{a \leqslant x \leqslant b} f(x)$.

(v) 设 f 是有界闭集 $K \subset \mathbf{C}$ 上定义的复值连续函数, 试证: f 在 K 上有界.

4.2.5　本题想用 Heine-Borel 有限覆盖定理证明 $[a,b]$ 上的实值连续函数 f 必在 $[a,b]$ 的某一点达到 f 在 $[a,b]$ 上的上确界 (因而是 f 在 $[a,b]$ 上的最大值). 最后还指出, 这样的思路可以将闭区间上实值连续函数达到上确界的定理推广到复平面的有界闭集上定义的实值连续函数上去.

(i) 设 f 是 $[a,b]$ 上的实值连续函数, 且 $\sup\limits_{a \leqslant x \leqslant b} f(x) = M$. 若 $y \in [a,b]$ 使得 $f(y) < M$, 则有 $\delta_y > 0$ 使得 $\sup\limits_{z \in [a,b] \cap (y - \delta_y, y + \delta_y)} f(z) < M$.

(ii) 设 f 是 $[a,b]$ 上的实值连续函数, 且 $\sup\limits_{a\leqslant x\leqslant b} f(x) = M$. 若 $\forall y \in [a,b](f(y) < M)$, 则 $[a,b]$ 中有有限个点 $y_1, \cdots, y_n$, 使得

$$[a,b] \subset \bigcup_{j=1}^{n} (y_j - \delta_{y_j}, y_j + \delta_{y_j}), 且 \sup_{z \in [a,b] \cap (y_j - \delta_{y_j}, y_j + \delta_{y_j})} f(z) < M, j = 1, \cdots, n.$$

(iii) 设 f 是 $[a,b]$ 上的实值连续函数, 且 $\sup\limits_{a\leqslant x\leqslant b} f(x) = M$, 则有一点 $y \in [a,b]$, 使得 $f(y) = M$.

(iv) 设 f 是有界闭集 $K \subset \mathbf{C}$ 上定义的实值连续函数, 且 $\sup\limits_{x \in K} f(x) = M$, 则有一点 $y \in K$, 使得 $f(y) = M$.

(v)(i), (ii), (iii) 和 (iv) 中的 sup 换成 inf 后结论也成立.

4.2.6 设 $f : \mathbf{R} \to \mathbf{R}$ 是 $\mathbf{R}$ 上的连续函数. 对于 $x \in \mathbf{R}$, 若有 $y > x$ 使得 $f(y) > f(x)$, 则称 x 是 f 的一个阴影点. S 表示 f 的全体阴影点构成的集合. 试证:

(i) 若 $x \in S$, 则有 $\varepsilon > 0$, 使得开区间 $(x - \varepsilon, x + \varepsilon) \subset S$, 换言之, S 是 $\mathbf{R}$ 中的开集.

(ii) 有至多可数集 $J \subset \mathbf{N}$, 对于每个 $n \in J$, 有两个实数 a_n, b_n, 其中 $a_n < b_n$, 它们具有如下性质: $\forall n \in J \forall m \in J\left(n \neq m \implies (a_n, b_n) \cap (a_m, b_m) = \varnothing\right)$, 且 $S = \bigcup_n (a_n, b_n)$.

(iii) $\forall n \in J\left(a_n \notin S, b_n \notin S\right)$.

(iv) $\forall n \in J \forall x \in (a_n, b_n)(\sup\{y \in [x, b_n] : f(y) \geqslant f(x)\} = b_n)$.

(v) $\forall x \in (a_n, b_n)(f(x) \leqslant f(b_n))$.

(vi) $f(a_n) \leqslant f(b_n)$.

(vii) $f(a_n) = f(b_n)$.

注 以上结果 (ii) 和 (vii) 常称为**日出引理**, 它是匈牙利数学家 **F.Riesz** 在研究一元函数的可微性时得到的. 参看本讲义第 10 章的引理 10.7.3.

4.2.7 试证:

(i) 当 $|x| < \sqrt{2}$ 时, $\cos x > 0$;

(ii) 当 $0 < x < \sqrt{6}$ 时, $\sin x > 0$;

(iii) 在开区间 $(0, \sqrt{6})$ 上, $\cos x$ 是单调递减的;

(iv) $\cos 2 < 0$;

(v) 在闭区间 $[\sqrt{2}, 2]$ 上有唯一的一个数, 记做 $\pi/2$, 使得 $\cos(\pi/2) = 0$, 且在区间 $[0, \pi/2]$ 上, $\cos x > 0$;

(vi) $\sin(\pi/2) = 1$;

(vii) $\sin \pi = 0, \cos \pi = -1$;

(viii) $\sin 2\pi = 0, \cos 2\pi = 1$;

(ix) $\sin \dfrac{3\pi}{2} = -1, \cos \dfrac{3\pi}{2} = 0$;

(x) $\sin(x + 2\pi) = \sin x, \cos(x + 2\pi) = \cos x$;

(xi) 用幂级数定义的正弦与余弦函数如下的值 $\sin(k\pi/2^n)$, $\cos(k\pi/2^n)$ 与中学里学的正弦与余弦函数的值相等, 其中 $n \in \{0\} \cup \mathbf{N} k \in \mathbf{Z}$;

(xii) 用幂级数定义的正弦与余弦函数与中学里学的正弦与余弦函数完全相等.

4.2.8 试证:

(i) 当 $0 < \varphi < \pi/2$ 时, 有

$$\sin\varphi < \varphi;$$

(ii) 当 $0 < \varphi < \pi/2$ 时, 有

$$\frac{2}{\pi}\varphi < \sin\varphi;$$

(iii) 对一切 $\varphi \in \mathbf{C}$, 有

$$|\sin\varphi| \leqslant |\varphi| \sum_{n=0}^{\infty} \frac{|\varphi|^{2n}}{(2n+1)!},$$

右端的幂级数的收敛半径等于无穷大, 因此, 有定义在 $[0, \infty)$ 上的递增的连续函数 $K(u)$, 使得 $K(0) = 1$, 且

$$|\sin\varphi| \leqslant |\varphi| K(|\varphi|).$$

4.2.9 (i) 试证:

$$x > 0 \Longrightarrow \exp x > 1 + x > 1 = \exp 0;$$

(ii) 试证:

$$-1 \leqslant x < 0 \Longrightarrow \exp x > 1 + x;$$

(iii) 试证:

$$x \neq 0 \Longrightarrow \exp x > 1 + x \text{ 而 } x = 0 \Longrightarrow \exp x = 1 + x.$$

注   练习 4.2.8 及练习 4.2.9 中的不等式利用第 5 章微分学的工具是很容易获得的. 也望同学画出 $\exp x$ 和 $1 + x$ 的图像以显示上述不等式.

4.2.10 试证:

(i) $\sinh x$ 在 $\mathbf{R}$ 上是单调递增的函数, 且 $\sinh(\mathbf{R}) = \mathbf{R}$;

(ii) $\cosh x$ 在 $\mathbf{R}_+$ 上是单调递增的函数, 且 $\cosh(\mathbf{R}_+) = [1, \infty)$.

4.2.11 试证:

(i) 设 $P(z)$ 是个 n 次复系数多项式, $a \in \mathbf{C}$, 则有一个次数不超过 $(n-1)$ 次的复系数多项式 $R(z)$ 和 $c \in \mathbf{C}$, 使得

$$P(z) = c(z - a)^n + R(z);$$

(ii) 设 $P(z)$ 是一个 n 次复系数多项式, $a \in \mathbf{C}$, 则有一个 $(n-1)$ 次复系数多项式 $Q(z)$ 和 $b \in \mathbf{C}$, 使得

$$P(z) = (z - a)Q(z) + b;$$

(iii) 设 $P(z)$ 是一个 n 次复系数多项式, $a \in \mathbf{C}$, 则 a 是 $P(z)$ 的一个根, 当且仅当有一个 $(n-1)$ 次复系数多项式 $Q(z)$, 使得 $P(z)$ 具有以下形式:

$$P(z) = (z - a)Q(z).$$

4.2.12   设

$$P(z) = c_0 + c_1 z + \cdots + c_n z^n$$

是个 n 次复系数多项式, 其中 $n \geqslant 1$, $c_n \neq 0$.

(i) 记 $\mu = \inf\limits_{z \in \mathbf{C}} |P(z)|$, 试证: 有 $R \in \mathbf{R}$, 使得

$$|z| \geqslant R \Longrightarrow |P(z)| > \max(1, 2\mu).$$

(ii) 试证: 有 $z_0 \in \mathbf{C}$, 使得 $|P(z_0)| = \mu$.

(iii) 假若 $P(z_0) \neq 0$, 记 $Q(z) = \dfrac{P(z + z_0)}{P(z_0)}$. 试证: $Q(z)$ 有以下形式:

$$Q(z) = 1 + q_k z^k + \cdots + q_n z^n,$$

且 $\min\limits_{z \in \mathbf{C}} |Q(z)| = Q(0) = 1$. 为以后讨论方便, 记 $q_k = \rho e^{i\psi}$, $\rho > 0$, 其中 $1 \leqslant k \leqslant n$;

(iv) 假若 $P(z_0) \neq 0$, ψ 如 (iii) 所述. 记 $\phi = \dfrac{\pi - \psi}{k}$ 和 $z = r e^{i\phi}$. 试证: 当 r 取充分小的正数时, 有

$$|Q(z)| = |Q(r e^{i\phi})| < 1.$$

(v) 复系数多项式 $P(z)$ 在复平面 $\mathbf{C}$ 上至少有一个根.

(vi) 设 $P(z)$ 是一个 n 次复系数多项式, 则有 n 个复数 $a_1, \cdots, a_n \in \mathbf{C}$ ($a_1, \cdots, a_n$ 中可能有重复出现的), 使得 $P(z)$ 具有以下形式:

$$P(z) = k(z - a_1) \cdots (z - a_n),$$

其中 k 是个非零复数, 其实, 它就是 $P(z)$ 的 n 次项的系数. $a_1, \cdots, a_n$ 称为多项式 $P(z)$ 的根. 在 $a_1, \cdots, a_n$ 中只出现一次的根称为单根. 出现多次的根称为重根, 重根出现的次数称为该重根的重数.

注   (vi) 的结论称为**代数基本定理**. 法国数学家 d'Alembert 和德国数学家 Gauss 互相独立地证明了这个代数基本定理. 本讲义还要给出代数基本定理的其他证明.

4.2.13   本题将用区间套定理来证明闭区间上连续函数的介值定理. 试证:

(i) 设 f 是 $[a, b]$ 上的实值连续函数, 且 $f(a) \cdot f(b) \leqslant 0$, 则 $[a, b]$ 至少有一个长度为 $(b - a)/2$ 的闭子区间 $[a_1, b_1]$, 使得 $f(a_1) \cdot f(b_1) \leqslant 0$;

(ii) 设 f 是 $[a,b]$ 上的实值连续函数, 且 $f(a) \cdot f(b) \leqslant 0$, 则有闭区间套

$$[a,b] \supset [a_1, b_1] \supset \cdots \supset [a_n, b_n] \supset \cdots,$$

使得

$$|b_n - a_n| = 2^{-n}|b-a|, \quad n = 1, 2, \cdots,$$

且

$$f(a_n) \cdot f(b_n) \leqslant 0, \quad n = 1, 2, \cdots;$$

(iii) 设 f 是 $[a,b]$ 上的实值连续函数, 且 $f(a) \cdot f(b) \leqslant 0$, 则有 $c \in (a,b)$, 使得 $f(c) = 0$.

§4.3　单调连续函数及其反函数

命题 4.3.1　设 f 是定义在闭区间 $[a,b]$ 上的单调递增 (或单调递减) 的连续函数, 则 f 是闭区间 $[a,b]$ 到闭区间 $[f(a), f(b)]$(对应地, $[f(b), f(a)]$) 的双射. 这时, 它的逆映射 (或称反函数)f^{-1} 也是单调递增 (对应地, 单调递减) 的连续函数. 反之, 设 f 是定义在闭区间 $[a,b]$ 上的连续单射, 则 f 必是定义在闭区间 $[a,b]$ 上的单调递增或单调递减的函数.

证　先证命题的前半部分. 不妨设 f 在闭区间 $[a,b]$ 上单调递增, 单调递减时证明相仿. 因

$$x \neq y \Longrightarrow (x < y) \vee (x > y)$$
$$\Longrightarrow (f(x) < f(y)) \vee (f(x) > f(y)) \Longrightarrow f(x) \neq f(y),$$

故 f 是单射. 同时, 还有

$$\forall x \in [a,b](f(x) \in [f(a), f(b)]).$$

又由介值定理,

$$\forall y \in [f(a), f(b)]\exists x \in [a,b](f(x) = y).$$

故 f 是满射. 所以, f 是闭区间 $[a,b]$ 到闭区间 $[f(a), f(b)]$ 的双射. 它的反函数 f^{-1} 必是单调递增的. 若不然,

$$\exists y_1, y_2 \in [f(a), f(b)](y_1 < y_2 且 f^{-1}(y_1) \geqslant f^{-1}(y_2)).$$

因

$$f^{-1}(y_1) \geqslant f^{-1}(y_2) \Longrightarrow y_1 = f(f^{-1}(y_1)) \geqslant f(f^{-1}(y_2)) = y_2,$$

这与 $y_1 < y_2$ 的假设矛盾.

设 (y_n) 是 $f([a,b])$ 中的一个单调序列, 且 $y_n \to y$. 因序列 $(f^{-1}(y_n))$ 单调有界, 故 $\lim\limits_{n\to\infty} f^{-1}(y_n)$ 存在. 因 f 连续, 故

$$f\left(\lim_{n\to\infty} f^{-1}(y_n) \right) = \lim_{n\to\infty} f\left(f^{-1}(y_n) \right) = \lim_{n\to\infty} y_n = y = f(f^{-1}(y)).$$

因 f 是单射, 有

$$\lim_{n\to\infty} f^{-1}(y_n) = f^{-1}(y).$$

这就证明了 f^{-1} 的连续性.

再证命题的后半部分. 设 f 是定义在闭区间 $[a,b]$ 上的连续单射, 又设 f 非单调. 换言之, 既非单调递减又非单调递增, 则有 $x, y \in [a,b]$ 使得

$$x < y \text{ 且 } f(x) < f(y); \tag{4.3.1}$$

又有 $z, w \in [a,b]$ 使得

$$z < w, \text{ 且 } f(z) > f(w). \tag{4.3.2}$$

为了证明两个不等式 (4.3.1) 和 (4.3.2) 将导致矛盾, 先证明以下三个引理.

引理 4.3.1 设 f 是定义在闭区间 $[a,b]$ 上的连续单射, 又 $w, x, y \in [a,b]$ 使得

$$w < x < y,$$

则 "$f(w) < f(x) < f(y)$" 与 "$f(w) > f(x) > f(y)$" 中至少有一个 (当然, 也只有一个!) 成立.

证 设 $f(w) < f(x)$, 而 $f(y) < f(x)$, 这时, $(f(w), f(x)) \cap (f(y), f(x)) \neq \varnothing$. 任取一点 $c \in (f(w), f(x)) \cap (f(y), f(x))$, 由介值定理, 有 $u \in (w, x)$ 及 $v \in (x, y)$, 使得

$$f(u) = c = f(v).$$

这与 f 是单射的假设矛盾. 故 $f(w) < f(x)$ 时必有 $f(w) < f(x) < f(y)$.

同理, $f(w) > f(x)$ 时必有 $f(w) > f(x) > f(y)$.   □

引理 4.3.2　设 f 是定义在闭区间 $[a,b]$ 上的连续单射, 又 $w, x, y \in [a,b]$ 是三个互不相等的数, 则以下三个数必同号:

$$\frac{f(y) - f(x)}{y - x}, \quad \frac{f(y) - f(w)}{y - w}, \quad \frac{f(x) - f(w)}{x - w}. \tag{4.3.3}$$

证　因为 (4.3.3) 中三个数均与 w, x, y 的大小顺序无关, 不妨设 $w < x < y$. 由引理 4.3.1, 或者 $f(w) < f(x) < f(y)$, 或者 $f(w) > f(x) > f(y)$. 前一情形时, (4.3.3) 中三个数皆正. 后一情形时, (4.3.3) 中三个数皆负.   □

引理 4.3.3　设 f 是定义在闭区间 $[a,b]$ 上的连续单射, 又 $w, x, y, z \in [a,b]$ 是四个互不相等的数, 则以下两个数必同号:

$$\frac{f(y) - f(x)}{y - x}, \quad \frac{f(z) - f(w)}{z - w}. \tag{4.3.4}$$

证　由引理 4.3.2 知 (4.3.4) 中的两个数均与

$$\frac{f(z) - f(x)}{z - x}$$

同号.   □

现在我们可以完成命题 4.3.1 的后半部分的证明了.

引理 4.3.3 的结论告诉我们: (4.3.1) 和 (4.3.2) 不能同时成立. 命题 4.3.1 的后半部分证毕.   □

例 4.3.1　因

$$\exp x = \sum_{n=0}^{\infty} \frac{x^n}{n!},$$

故

$$x > 0 \implies \exp x > 1.$$

由此,

$$y > x > 0 \implies \exp y = \exp x \cdot \exp(y - x) > \exp x,$$

故指数函数 $\exp$ 在区间 $[0, \infty)$ 上是递增的取正值的函数.　又因 $\exp(-x) = (\exp x)^{-1}$, 指数函数 $\exp$ 在区间 $(-\infty, \infty)$ 上是递增的正

函数. 指数函数 exp 是闭区间 $[a,b]$ 到闭区间 $[\exp a, \exp b]$ 的单调递增函数, 因而是双射, 其中 a,b 是任意两个满足不等式 $a < b$ 的实数. 又因 (参看练习 3.5.1 的 (vi) 和 (vii)),

$$\bigcup_{\substack{a,b \in \mathbf{R} \\ a < b}} [a,b] = \mathbf{R}, \quad \bigcup_{\substack{a,b \in \mathbf{R} \\ a < b}} [\exp a, \exp b] = (0, \infty),$$

故指数函数 exp 是 $\mathbf{R}$ 到开区间 $(0, \infty)$ 的双射.

定义 4.3.1   指数函数 exp 的反函数, 记做 $\ln = \exp^{-1}$, 称为 (自然) 对数函数.

$\ln$ 是开区间 $(0, \infty)$ 到 $\mathbf{R}$ 的单调递增函数.

注   (自然) 对数函数也常记做 log. 在英语与德语的文献中常用 log, 俄语与法语的文献中则常用 ln. 我国的文献中似乎常用 ln. 遵从我国文献的习惯, 本讲义暂且用 $\ln = \exp^{-1}$.

由于

$$\exp(x + y) = \exp x \exp y,$$

我们有

$$\ln(x \cdot y) = \ln x + \ln y. \tag{4.3.5}$$

定义 4.3.2   设 $x > 0$, 而 $y \in \mathbf{R}$, 我们定义

$$x^y = \exp(y \ln x). \tag{4.3.6}$$

下面三个推论是定义 4.3.2 的直接推论, 我们只给出推论 4.3.3 的证明, 其余两个推论的证明留给同学自行补出了.

推论 4.3.1   对于任何 $x > 0$, 和 $y \in \mathbf{C}$, 我们有

$$\ln(x^y) = y \ln x. \tag{4.3.7}$$

推论 4.3.2   设 $x > 0$, 而 $y, z \in \mathbf{C}$, 我们有

$$x^{y+z} = x^y \cdot x^z.$$

推论 4.3.3   设 $x > 0$, 而 $y \in \mathbf{R}$, $z \in \mathbf{C}$, 我们有

$$x^{y \cdot z} = \left(x^y \right)^z.$$

推论 4.3.3 的证明   由假设, $x^y > 0$. 根据推论 4.3.1, 我们有

$$\ln(x^y) = y \ln x.$$

故

$$\left(x^y\right)^z = e^{z \cdot y \ln x} = e^{y \cdot z \ln x} = x^{y \cdot z}. \qquad \square$$

练   习

4.3.1   设 f 在区间 (a, b) 上单调不减. 试证:

(i) $c \in (a, b)$ 是 f 的间断点, 当且仅当

$$f(c - 0) = \lim_{x \to c-0} f(x) < f(c + 0) = \lim_{x \to c+0} f(x);$$

(ii) $c, d \in (a, b)$ 是 f 的两个不同的间断点, 则

$$(f(c - 0), f(c + 0)) \cap (f(d - 0), f(d - 0)) = \varnothing;$$

(iii) f 的间断点全体是至多可数集.

又问: f 在区间 (a, b) 上单调不增时的相应的结论是怎样的?

4.3.2   (i) 试证:

$$(x > -1) \wedge (x \neq 0) \Longrightarrow 0 < \ln(1 + x) < x \text{ 而 } x = 0 \Longrightarrow \ln(1 + x) = 0;$$

(ii) 试证:

$$-1 < x < 0 \Longrightarrow 0 > \ln(1 + x) > \frac{x}{1 + x};$$

(iii) 试证:

$$\lim_{x \to 0} \frac{\ln(1 + x)}{x} = 1.$$

4.3.3   在 §3.7 的练习 3.7.3 中引进了无穷乘积的概念. 本题要考虑无穷乘积 $\prod_{n=1}^{\infty} a_n$ 的敛散性. 为了讨论方便, 我们永远假定 $a_n \neq 0, n = 1, 2, \cdots$. 引进无穷乘积的余乘积的概念如下:

$$p_m = \prod_{n=m+1}^{\infty} a_n.$$

试证: (i) 无穷乘积 $\prod_{n=1}^{\infty} a_n$ 收敛的充分条件是它的某一个余乘积收敛; 而无穷乘积 $\prod_{n=1}^{\infty} a_n$ 收敛的必要条件是它的余乘积均收敛.

(ii) 无穷乘积 $\prod_{n=1}^{\infty} a_n$ 收敛的必要条件是 $\lim_{m \to \infty} p_m = 1$.

(iii) 无穷乘积 $\prod_{n=1}^{\infty} a_n$ 收敛的必要条件是 $\lim_{n \to \infty} a_n = 1$.

(iv) 无穷乘积 $\prod\limits_{n=1}^{\infty} a_n$ 收敛的必要条件是级数 $\sum\limits_{n=1}^{\infty} \ln a_n$ 收敛.

为了以后讨论方便, 令 $a_n = 1 + \alpha_n$. 上述无穷乘积及级数我们分别改写成

$$\prod_{n=1}^{\infty} (1 + \alpha_n) \ \text{和} \ \sum_{n=1}^{\infty} \ln(1 + \alpha_n).$$

(v) 假若有 $N \in \mathbf{N}$, 使得对于一切 $n \geqslant N$, α_n 保持常号 (或永远大于零, 或永远小于零), 则无穷乘积 $\prod\limits_{n=1}^{\infty} (1 + \alpha_n)$ 收敛的充分必要条件是级数 $\sum\limits_{n=1}^{\infty} \alpha_n$ 收敛.

定义 4.3.3 无穷乘积 $\prod\limits_{n=1}^{\infty} (1 + \alpha_n)$ 称为绝对收敛的, 假若级数 $\sum\limits_{n=1}^{\infty} \ln(1 + \alpha_n)$ 绝对收敛.

(vi) 无穷乘积 $\prod\limits_{n=1}^{\infty} (1 + \alpha_n)$ 绝对收敛的充分必要条件是级数 $\sum\limits_{n=1}^{\infty} \alpha_n$ 绝对收敛.

(vii) 无穷乘积

$$x \prod_{n=1}^{\infty} \left(1 - \frac{x^2}{n^2 \pi^2} \right)$$

当 $x \neq k\pi (k \in \mathbf{Z})$ 时是绝对收敛的.

(viii) 无穷乘积

$$x \left(1 - \frac{x}{\pi} \right) \left(1 + \frac{x}{\pi} \right) \left(1 - \frac{x}{2\pi} \right) \left(1 + \frac{x}{2\pi} \right) \cdots \left(1 - \frac{x}{n\pi} \right) \left(1 + \frac{x}{n\pi} \right) \cdots$$

是收敛的, 但不是绝对收敛的.

§4.4 函数列的一致收敛性

在集合 S 上有定义的函数列 $\{f_n(x)\}_{n=1}^{\infty}$ 称为**在点** $x = a$ **处收敛**, 若数列 $\{f_n(a)\}_{n=1}^{\infty}$ 收敛. 若对一切 $a \in S$, 函数列 $\{f_n(x)\}$ 在点 a 收敛, 则称该函数列在 S 上**收敛**或称在 S 上**逐点收敛**.

定义 4.4.1 在集合 S 上有定义的函数列 $\{f_n(x)\}_{n=1}^{\infty}$ 称为在 S 上**一致收敛**于函数 $g(x)$ 的, 若

$$\forall \varepsilon > 0 \exists N \in \mathbf{N} \forall x \in S \forall n \geqslant N (|f_n(x) - g(x)| < \varepsilon).$$

在集合 S 上有定义的函数列 $\{\varphi_n(x)\}_{n=1}^{\infty}$ 构成的级数

$$\sum_{n=1}^{\infty} \varphi_n(x)$$

称为在 S 上**一致收敛**于函数 $g(x)$ 的, 若它的部分和

$$s_n(x) = \sum_{j=1}^{n} \varphi_j(x)$$

构成的函数列 $\{s_n(x)\}$ 一致收敛于 $g(x)$.

显然, 在 S 上一致收敛于函数 $g(x)$ 的函数列必在 S 的每一点上收敛于函数 $g(x)$.

注 1   上述定义中的关于一致收敛的条件可以改写成以下等价的形式:

$$\forall \varepsilon > 0 \exists N \in \mathbf{N} \forall n \geqslant N \left(\sup_{x \in S} |f_n(x) - g(x)| < \varepsilon \right).$$

注 2   上述定义中的 S 可以是很一般的集合, 特别, 可以是复平面的子集. 下面的讨论主要是对 S 是实数轴上子集的情形进行的. 同学们可以对每一个命题都问一问自己: 假若搬到复平面的子集上, 结论是否仍然成立?

例 4.4.1   函数列 $\{(\sin nx)/n\}$ 在 $\mathbf{R}$ 上一致收敛于 0. 这是因为, 对于任何 $\varepsilon > 0$, 取 $N = [1/\varepsilon] + 1$(注意: N 不依赖于 x!), 便有

$$\forall n \geqslant N \forall x \in \mathbf{R} \left(\left| \frac{\sin nx}{n} \right| \leqslant \frac{1}{n} < \varepsilon \right).$$

例 4.4.2   函数列 $\{(\sin x)^{2n}\}$ 在 $\mathbf{R}$ 上收敛于函数

$$g(x) = \begin{cases} 1, & \text{若 } x = \left(k + \dfrac{1}{2} \right) \pi, k \in \mathbf{Z}, \\ 0, & \text{其他}. \end{cases}$$

但函数列 $\{(\sin x)^{2n}\}$ 在 $\mathbf{R}$ 上不一致收敛.

函数列 $\{(\sin x)^{2n}\}$ 在 $\mathbf{R}$ 上收敛于 $g(x)$ 是容易检验的. 不一致收敛性可以检验如下: 因为 $\sin$ 是连续的, 由介值定理,

$$\forall n \in \mathbf{N} \exists y_n \in (0, \pi/2)(\sin y_n = (1/2)^{1/2n}).$$

由此,

$$(\sin y_n)^{2n} = \frac{1}{2}.$$

故

$$|g(y_n) - (\sin y_n)^{2n}| = \frac{1}{2}.$$

函数列 $\{(\sin x)^{2n}\}$ 在 **R** 上不一致收敛于 $g(x)$, 或称函数列 $\{(\sin x)^{2n}\}$ 在 **R** 上的收敛于 $g(x)$ 是不一致的.

定理 4.4.1 假设在区间 $[a, b]$ 上的连续函数列 $\{f_n\}$ 一致收敛于函数 g, 则 g 在 $[a, b]$ 上也连续.

证 由于 $\{f_n\}$ 一致收敛于 g. 给定了 $\varepsilon > 0$, 有 $N \in \mathbf{N}$, 对一切 $n \geqslant N$ 和一切 $x \in [a, b]$, 有 $|g(x) - f_n(x)| < \varepsilon/3$. 设 $c \in [a, b]$, 由于 f_N 在点 c 处的连续性, 有 $\delta > 0$, 使得当 $|x - c| < \delta$ 且 $x \in [a, b]$ 时, $|f_N(x) - f_N(c)| < \varepsilon/3$. 故

$$|g(x) - g(c)| \leqslant |g(x) - f_N(x)| + |f_N(x) - f_N(c)| + |f_N(c) - g(c)|$$
$$< \frac{\varepsilon}{3} + \frac{\varepsilon}{3} + \frac{\varepsilon}{3} = \varepsilon.$$

这就证明了 g 在点 c 处的连续性. □

注 1 例 4.4.2 告诉我们, $[a, b]$ 上的连续函数列 (f_n) 不一致收敛的极限函数 g 不一定连续.

注 2 将闭区间 $[a, b]$ 换成开区间 (a, b) 或半开半闭区间 $[a, b)$ 或 $(a, b]$, 定理 4.4.1 的结论依然成立. 甚至将闭区间 $[a, b]$ 换成复平面上的开集 G 或更一般的复平面上的集合, 结论还是成立的.

定理 4.4.2(函数列一致收敛的 Cauchy 准则) 定义在 S 上的函数列 $\{f_n\}$ 一致收敛的充分必要条件是:

$$\forall \varepsilon > 0 \exists N \in \mathbf{N} \forall x \in S \forall n, m \geqslant N(|f_n(x) - f_m(x)| < \varepsilon). \quad (4.4.1)$$

证 必要性的证明: 设 $\{f_n\}$ 一致收敛于 g, 则

$$\forall \varepsilon > 0 \exists N \in \mathbf{N} \forall n \geqslant N \forall x \in S(|f_n(x) - g(x)| < \varepsilon/2).$$

若 $m, n \geqslant N$, 则

$$\forall x \in S(|f_n(x) - f_m(x)| \leqslant |f_n(x) - g(x)| + |g(x) - f_m(x)| < \varepsilon/2 + \varepsilon/2 = \varepsilon).$$

必要性证毕.

充分性的证明: 假设条件 (4.4.1) 满足. 由 Cauchy 收敛准则, 对于任何 $x \in S$, 数列 $\{f_n(x)\}$ 收敛. 记

$$g(x) = \lim_{n \to \infty} f_n(x),$$

则

$$|g(x) - f_m(x)| = \lim_{n \to \infty} |f_n(x) - f_m(x)|.$$

由条件 (4.4.1), 只要 $m \geqslant N$, 对于一切 $x \in S$, 有

$$|g(x) - f_m(x)| = \lim_{n \to \infty} |f_n(x) - f_m(x)| \leqslant \varepsilon.$$

这就证明了 $\{f_n\}$ 一致收敛于 g. □

注   定理中关于一致收敛的充分必要条件 (4.4.1) 可以改写成以下等价的形式:

$$\forall \varepsilon > 0 \exists N \in \mathbf{N} \forall n, m \geqslant N (\sup_{x \in S} |f_n(x) - f_m(x)| < \varepsilon).$$

以下的推论是上述定理用级数的语言给予的重新表述. 它的证明留给同学了.

推论 4.4.1   在集合 S 上有定义的函数级数

$$\sum_{n=1}^{\infty} \varphi_n(x)$$

在 S 上一致收敛的充分必要条件是:

$$\forall \varepsilon > 0 \exists N \in \mathbf{N} \forall n \geqslant N \forall p \in \mathbf{N} \forall x \in S \left(\left| \sum_{j=1}^{p} \varphi_{n+j}(x) \right| < \varepsilon \right).$$

定理 4.4.3(Weierstrass 优势级数判别法)   设正项 (数值)级数 $\sum_{n=1}^{\infty} a_n$ 收敛, 在集合 S 上有定义的函数列 $\{\varphi_n(x)\}_{n=1}^{\infty}$ 构成的级数

$$\sum_{n=1}^{\infty} \varphi_n(x) \tag{4.4.2}$$

满足条件:

$$\forall n \in \mathbf{N} \forall x \in S(|\varphi_n(x)| \leqslant a_n), \qquad (4.4.3)$$

则级数 (4.4.2) 一致收敛.

证　因级数 $\sum\limits_{n=1}^{\infty} a_n$ 收敛, 故

$$\forall \varepsilon > 0 \exists N \in \mathbf{N} \forall n \geqslant N \forall p \in \mathbf{N} \left(\left| \sum_{j=1}^{p} a_{n+j} \right| < \varepsilon \right).$$

注意到条件 (4.4.3), 我们有

$$\forall \varepsilon > 0 \exists N \in \mathbf{N} \forall n \geqslant N \forall p \in \mathbf{N} \forall x \in S \left(\left| \sum_{j=1}^{p} \varphi_{n+j}(x) \right| < \varepsilon \right).$$

由推论 4.4.1, 函数级数 (4.4.2) 一致收敛.　　□

定理 4.4.4　设幂级数

$$\sum_{n=0}^{\infty} a_n x^n \qquad (4.4.4)$$

的 Cauchy-Hadamard 收敛半径 (3.5.1) 是

$$\rho = \frac{1}{\limsup\limits_{n \to \infty} \sqrt[n]{|a_n|}} > 0, \qquad (4.4.5)$$

则对于一切 $r \in (0, \rho)$, 幂级数 (4.4.4) 在复平面的子集 $\{x \in \mathbf{C} : |x| \leqslant r\}$ 上一致收敛. 因而幂级数 (4.4.4) 在复平面的子集 $\{x \in \mathbf{C} : |x| < \rho\}$ 上代表一个连续函数.

证　因 $0 < r < \rho$, 选一个 $k \in (r, \rho)$, 则级数 $\sum\limits_{n=0}^{\infty} a_n k^n$ 绝对收敛 (参看定理 3.5.1), 换言之, 级数

$$\sum_{n=0}^{\infty} |a_n| k^n$$

收敛. 在复平面的子集 $\{x \in \mathbf{C} : |x| \leqslant r\}$ 上, $|a_n x^n| \leqslant |a_n| k^n$. 所以, 级数

$$\sum_{n=0}^{\infty} |a_n| k^n$$

是在复平面的子集 $\{x \in \mathbf{C} : |x| \leqslant r\}$ 上的幂级数 (4.4.4) 的一个优势级数. 由 Weierstrass 优势级数判别法, 在复平面的子集 $\{x \in \mathbf{C} : |x| \leqslant r\}$ 上的幂级数 (4.4.4) 一致收敛. 因而幂级数 (4.4.4) 在复平面的子集 $\{x \in \mathbf{C} : |x| < \rho\}$ 上代表一个连续函数. □

推论 4.4.2 函数 $\exp x, \sin x$ 和 $\cos x$ 在 $\mathbf{C}$ 上连续.

证 这三个函数的收敛半径都为无穷大. □

推论 4.4.3 函数 $\ln x$ 在半直线 $(0, \infty)$ 上连续.

证 函数 $\ln x$ 是单调连续函数 $\exp x$ 的反函数, 故连续. □

练 习

4.4.1 设 $\{f_n(x)\}$ 是区间 (a, b) 上的一个函数序列, $\{k_n\}$ 是一个正数序列, 级数 $\sum\limits_{n=1}^{\infty} k_n$ 收敛. 又设极限

$$g_n = \lim_{x \to a+0} f_n(x) \quad (n = 1, 2, \cdots)$$

存在且有限, 而不等式 $|f_n(x)| \leqslant k_n$ 对一切 $x \in (a, b)$ 和一切 $n \in \mathbf{N}$ 成立, 则

(i) 级数 $\sum\limits_{n=1}^{\infty} f_n(x)$ 在 (a, b) 上一致收敛;

(ii) 级数 $\sum\limits_{n=1}^{\infty} g_n$ 收敛;

(iii) $\lim\limits_{x \to a+0} \sum\limits_{n=1}^{\infty} f_n(x) = \sum\limits_{n=1}^{\infty} g_n$.

4.4.2 设定义在闭区间 $[0, 1]$ 上的函数列 $\{f_n(x), n \in \mathbf{N}\}$ 由下式给出:

$$f_n(x) = \begin{cases} 0, & \text{若 } x \in \left[\dfrac{1}{n}, 1\right], \\ -4n^2 x + 4n, & \text{若 } x \in \left(\dfrac{1}{2n}, \dfrac{1}{n}\right), \\ 4n^2 x, & \text{若 } x \in \left[1, \dfrac{1}{2n}\right]. \end{cases}$$

问: (i) 对于 $x \in [0, 1]$, $\lim\limits_{n \to \infty} f_n(x) = ?$

(ii) 以上这个极限在 $[0, 1]$ 上是一致收敛吗?

(iii) $\lim\limits_{n \to \infty} \sup\limits_{0 \leqslant x \leqslant 1} f_n(x) = ?$

4.4.3 设函数 f 和函数列 $\{\varphi_n\}$ 中的每个函数 φ_n 在 $[a, b]$ 上连续, 又设

$$\forall x \in [a, b] \forall n \in \mathbf{N}(\varphi_n(x) \leqslant \varphi_{n+1}(x)),$$

且

$$\forall x \in [a, b](\lim_{n \to \infty} \varphi_n(x) = f(x)).$$

试证:

(i) 对于任何 $x \in [a,b]$ 和任何 $\varepsilon > 0$ 存在一个依赖于 x 和 ε 的 $\delta(x,\varepsilon) > 0$ 和一个依赖于 x 和 ε 的 $N(x,\varepsilon) \in \mathbf{N}$, 使得

$$\forall y \in \Big(x - \delta(x,\varepsilon), x + \delta(x,\varepsilon)\Big) \forall n \geqslant N(x,\varepsilon)\Big(|\varphi_n(y) - f(y)| < \varepsilon\Big);$$

(ii) 在闭区间 $[a,b]$ 上 φ_n 一致收敛于 f.

注 1　结论 (ii) 称为 **Dini 定理**.

注 2　Dini 定理的一个更为自然的证明是利用 §2.5 的练习 2.5.7(Cantor 区间套定理的推广形式) 直接推导而得. 请同学自行补出这条思路的证明细节.

4.4.4　设 $\{\alpha_n(x)\}$ 和 $\{\beta_n(x)\}$ 是两个定义在区间 $[a,b]$ 上的函数列, 记

$$B_n(x) = \sum_{j=1}^{n} \beta_j(x), \quad n \in \mathbf{N}.$$

试证:

(i)
$$\sum_{j=k}^{k+p} \alpha_j(x)\beta_j(x) = \sum_{j=k}^{k+p-1} (\alpha_j(x) - \alpha_{j+1}(x))(B_j(x) - B_{k-1}(x))$$
$$+ \alpha_{k+p}(x)(B_{k+p}(x) - B_{k-1}(x));$$

(ii) 若 $\{B_n(x) - B_{k-1}(x)\}$ 是一致有界的函数列, 即有 $L \in \mathbf{R}$, 使得

$$\forall n \in \mathbf{N} \forall x \in [a,b](|B_n(x) - B_{k-1}(x)| \leqslant L),$$

而对于每个给定的 $x \in [a,b]$, $\{\alpha_n(x)\}$ 是单调 (不增或不减) 数列, 即

$$\forall x \in [a,b](\alpha_1(x) \leqslant \alpha_2(x) \leqslant \cdots \leqslant \alpha_n(x) \leqslant \cdots), \qquad (4.4.6)$$

或

$$\forall x \in [a,b](\alpha_1(x) \geqslant \alpha_2(x) \geqslant \cdots \geqslant \alpha_n(x) \geqslant \cdots), \qquad (4.4.7)$$

则

$$\left|\sum_{j=k}^{k+p} \alpha_j(x)\beta_j(x)\right| \leqslant L(|\alpha_k(x)| + 2|\alpha_{k+p}(x)|);$$

(iii) 若函数级数 $\sum_{n=1}^{\infty} \beta_n(x)$ 在 $[a,b]$ 上一致收敛, 而函数列 $\{\alpha_n(x)\}$ 在 $[a,b]$ 上单调且一致有界, 即 (4.4.6) 或 (4.4.7) 成立, 且有 $M \in \mathbf{R}$, 使得

$$\forall x \in [a,b] \forall n \in \mathbf{N}(|\alpha_n(x)| \leqslant M),$$

则函数级数

$$\sum_{n=1}^{\infty} \alpha_n(x)\beta_n(x)$$

在 $[a,b]$ 上一致收敛;

(iv) 若函数列 $\{\alpha_n(x)\}$ 单调, 即 (4.4.6) 或 (4.4.7) 成立, 在 $[a,b]$ 上一致趋于零, 而且有实数 M, 使得

$$\forall n \in \mathbf{N} \forall x \in [a,b]\left(\left|\sum_{j=1}^{n} \beta_j(x)\right| \leqslant M\right),$$

则函数级数

$$\sum_{n=1}^{\infty} \alpha_n(x)\beta_n(x)$$

在 $[a,b]$ 上一致收敛.

注 以上 (i) 中的等式称为 Abel 变换; (iii) 称为 **Abel 一致收敛判别法**; (iv) 称为 **Dirichlet 一致收敛判别法**. 请同学把本题与 §3.3 的练习 3.3.11 相比较.

4.4.5 设幂级数 $\sum\limits_{n=0}^{\infty} a_n x^n$ 的收敛半径是 ρ, 且数值级数

$$\sum_{n=0}^{\infty} a_n \rho^n$$

收敛, 则上述幂级数在 $[0,\rho]$ 上是一致收敛的. 因而该幂级数的和在 $[0,\rho]$ 上是连续的.

注 本题的结论称为 **Abel 关于幂级数的第二定理**. Abel 关于幂级数的第一定理已包含在 Cauchy-Hadamard 收敛半径公式中了. 请同学将本题与 §3.3 的练习 3.3.7 的 (iii) 相比较: 两者的结论事实上是一样的, 但两者证明的思路并不相同.

§4.5 附 加 习 题

4.5.1 证明下述结论:

(i) 设 $n \in \mathbf{N}$, 试证: 有一个 n 次复系数多项式 $P(u)$, 使得

$$\forall z \in \mathbf{C}\Big(\sin(2n+1)x = \sin x \cdot P(\sin^2 x)\Big),$$

且多项式 $P(u)$ 的常数项应为 $(2n+1)$;

(ii) 试证: (i) 中的 n 次多项式 $P(u)$ 有以下 n 个 (互不相等的) 单根:

$$u_j = \sin^2 \frac{j\pi}{2n+1}, \quad j = 1, \cdots, n;$$

(iii) 试证: 对一切 $x \in \mathbf{C}$ 和自然数 $k < n$, 有

$$\sin x = U_k^{(n)} \cdot V_k^{(n)},$$

其中

$$U_k^{(n)} = (2n+1)\sin\frac{x}{2n+1}\left(1 - \frac{\sin^2\dfrac{x}{2n+1}}{\sin^2\dfrac{\pi}{2n+1}}\right) \cdots \left(1 - \frac{\sin^2\dfrac{x}{2n+1}}{\sin^2\dfrac{k\pi}{2n+1}}\right)$$

和

$$V_k^{(n)} = \left(1 - \frac{\sin^2 \dfrac{x}{2n+1}}{\sin^2 \dfrac{(k+1)\pi}{2n+1}}\right) \cdots \left(1 - \frac{\sin^2 \dfrac{x}{2n+1}}{\sin^2 \dfrac{n\pi}{2n+1}}\right);$$

(iv) 试证: 对一切 $x \in \mathbf{C}$ 和自然数 k,

$$\lim_{n\to\infty} U_k^{(n)} = U_k = x\left(1 - \frac{x^2}{\pi^2}\right)\left(1 - \frac{x^2}{4\pi^2}\right) \cdots \left(1 - \frac{x^2}{k^2\pi^2}\right);$$

(v) 试证: 对一切 $x \in \mathbf{C}$ 和自然数 j,

$$\left|\frac{\sin^2 \dfrac{x}{2n+1}}{\sin^2 \dfrac{j\pi}{2n+1}}\right| \leqslant \frac{(K(|x|/(2n+1)))^2 x^2}{4j^2},$$

其中函数 $K(x)$ 是 §4.2 练习 4.2.8 的 (iii) 中的 $K(\cdot)$;

(vi) 设 $\alpha_j \in \mathbf{C}(j = 1, \cdots, n)$, 则

$$|1 - (1 - \alpha_1) \cdots (1 - \alpha_n)| \leqslant \sum_{j=1}^n (|\alpha_1| + \cdots + |\alpha_n|)^j;$$

(vii) 试证: 对一切 $x \in \mathbf{C}$ 和 $\varepsilon > 0$, 有一个 $N \in \mathbf{N}$, 只要 $k \geqslant N$, 不管 $n > k$ 如何取, 一定有

$$|V_k^{(n)} - 1| < \varepsilon;$$

(viii) 试证: 有一个 $K \in \mathbf{R}$, 使得

$$\forall k \in \mathbf{N} \forall n > k \forall x \in \mathbf{R}\left(|U_k^{(n)}(x)| \leqslant K\right);$$

(ix) 试证: 对一切 $x \in \mathbf{C}$,

$$\sin x = x \cdot \lim_{N\to\infty} \prod_{n=1}^N \left(1 - \frac{x^2}{n^2\pi^2}\right) = x \cdot \prod_{n=1}^\infty \left(1 - \frac{x^2}{n^2\pi^2}\right)$$
$$= x \cdot \left(1 - \frac{x^2}{\pi^2}\right)\left(1 - \frac{x^2}{4\pi^2}\right) \cdots \left(1 - \frac{x^2}{n^2\pi^2}\right) \cdots,$$

并证明: 对一切 $A > 0$, 以上的极限在 $\{x \in \mathbf{C} : |x| \leqslant A\}$ 上是一致收敛的.

注 这公式称为 $\sin x$ 的因式分解.

(x) 试证: **Wallis 公式**

$$\frac{2}{\pi} = \prod_{n=1}^\infty \left(1 - \frac{1}{4n^2}\right) = \lim_{n\to\infty} \left[\left(\frac{(2n-1)!!}{(2n)!!}\right)^2 (2n+1)\right].$$

4.5.2 试证:

$$\cos x = \prod_{n=1}^\infty \left(1 - \frac{4x^2}{(2n-1)^2\pi^2}\right).$$

4.5.3 试证:

$$\sinh x = x \cdot \prod_{n=1}^{\infty} \left(1 + \frac{x^2}{n^2 \pi^2} \right).$$

4.5.4 试证:

$$\cosh x = \cdot \prod_{n=1}^{\infty} \left(1 + \frac{4x^2}{(2n-1)^2 \pi^2} \right).$$

4.5.5 试证:

(i) T_n 定义如下:

$$\forall x \in [-1,1] \forall n \in \{0\} \cup \mathbf{N} \Big(T_n(x) = \cos(n \arccos x) \Big),$$

则 T_n 是 n 次多项式. 且有以下递推公式:

$$\forall n \in \mathbf{N}(T_{n+1} = 2x T_n - T_{n-1});$$

注　T_n 称为 n 次**Chebyshev多项式**.

(ii) Chebyshev 多项式有以下表示式:

$$T_n(x) = x^n + \binom{n}{2} x^{n-2}(x^2-1) + \binom{n}{4} x^{n-4}(x^2-1)^2 + \cdots;$$

(iii) 对于一切 $n \in \mathbf{N}$, T_n 的最高次项的系数是 2^{n-1};

(iv) 记 $\tilde{T}_n(x) = 2^{1-n} T_n(x)$, 则 $\tilde{T}_n$ 的首项系数为 1, 且它有以下 n 个单根:

$$x_k = \cos \frac{(2k-1)\pi}{2n}, \quad k = 1, 2, \cdots, n;$$

(v) $\tilde{T}_n$ 在 $[-1,1]$ 上的全体极值点 (满足方程 $\tilde{T}_n(x) = \pm 2^{1-n}$ 的解) 是

$$y_k = \cos \frac{k\pi}{n}, \quad k = 0, 1, \cdots, n,$$

且 $\tilde{T}_n(y_k) = (-1)^k 2^{1-n}$;

(vi) 设 f 是 $[-1,1]$ 上的实值连续函数, 且

$$|f(y_k)| < 2^{1-n}, \quad k = 0, 1, \cdots, n,$$

则 $f - \tilde{T}_n$ 在 $[-1,1]$ 上至少有 n 个根;

(vii) 记 $\mathcal{P}_n$ 表示所有 n 次项系数为 1 的 n 次多项式构成的集合, 则

$$\forall p \in \mathcal{P}_n \left(\max_{-1 \leqslant x \leqslant 1} |p(x)| \geqslant 2^{1-n} \right);$$

(viii) 对于 $-\infty < a < b < \infty$, 有

$$\forall p \in \mathcal{P}_n \left(\max_{a \leqslant x \leqslant b} |p(x)| \geqslant 2^{1-2n}(b-a)^n \right).$$

*4.6 补充教材：半连续函数及阶梯函数

本节将引进半连续函数的概念, 它在第 10 章中将被用来通过测度理论重新讨论 Riemann 可积性的充分必要条件.

定义 4.6.1 一个定义在 $[a,b]$ 上, 取值于 $(-\infty,\infty]$ 的函数 f 称为在点 x 处是下半连续的, 若

$$\forall \alpha < f(x) \exists \varepsilon > 0 \left(f\big((x-\varepsilon, x+\varepsilon) \cap [a.b]\big) \subset (\alpha, \infty] \right).$$

一个在 $[a,b]$ 的每点处都下半连续的函数 f 称为 $[a,b]$ 上的下半连续函数. 一个定义在 $[a,b]$ 上, 取值于 $[-\infty,\infty)$ 的函数 f 称为在点 x 处是上半连续的, 若

$$\forall \alpha > f(x) \exists \varepsilon > 0 \left(f\big((x-\varepsilon, x+\varepsilon) \cap [a.b]\big) \subset [-\infty, \alpha) \right).$$

一个在 $[a,b]$ 的每点处都上半连续的函数 f 称为 $[a,b]$ 上的上半连续函数.

显然, 函数 f 在点 x 处是上半连续的, 当且仅当函数 $-f$ 在点 x 处是下半连续的. 以后只对下半连续函数进行讨论. 上半连续函数将有相应的结果, 它只须把 f 换成 $-f$ 便获得了.

下面的命题比较简单, 我们把证明留给同学了.

命题 4.6.1 设 $\{f_\alpha, \alpha \in I\}$ 是一族下半连续的函数, 则 $\sup\limits_{\alpha \in I} f_\alpha$ 也是下半连续的函数. 又设 $\{f_j, j \in \{1,\cdots,n\}\}$ 是有限多个下半连续的函数, 则 $\inf\limits_{j \in \{1,\cdots,n\}} f_j$ 也是下半连续的函数.

下面的定理是本节的主要定理.

定理 4.6.1 给定了定义在 $[a,b]$ 上取值于 $[0,\infty]$ 的函数 f, 则在 $[a,b]$ 上有一串非负连续函数 $u_n(n = 1, 2, \cdots)$, 使得 $\forall x \in [a,b] \forall k \in \mathbf{N} \left(0 \leqslant \sum\limits_{n=1}^{k} u_n(x) \leqslant f(x) \right)$, 且对于函数 f 的任何下半连续的点 $x \in [a,b]$, 有等式:

$$f(x) = \sum_{n=1}^{\infty} u_n(x). \tag{4.6.1}$$

由此, 函数 f 在 $[a,b]$ 上处处下半连续的充分必要条件是: 在 $[a,b]$ 上有一串非负连续函数 $u_n(n = 1, 2, \cdots)$, 使得 (4.6.1) 处处成立.

证 当 $u_n(n = 1, 2, \cdots)$ 是 $[a,b]$ 上的非负连续函数时, 我们有

$$\sum_{n=1}^{\infty} u_n = \sup_{k \in \mathbf{N}} \sum_{n=1}^{k} u_n.$$

由命题 4.6.1, 等式 (4.6.1) 右端的函数 $\sum\limits_{n=1}^{\infty} u_n(x)$ 必下半连续.

设 f 是定义在 $[a,b]$ 上取值于 $[0,\infty]$ 的函数. 我们要证明, 在 $[a,b]$ 上有一串非负连续函数 $u_n(n=1,2,\cdots)$, 使得 $\forall x\in[a,b]\forall k\in\mathbf{N}\left(0\leqslant\sum_{n=1}^{k}u_n(x)\leqslant f(x)\right)$, 且对于函数 f 的任何下半连续的点 $x\in[a,b]$, 等式 (4.6.1) 成立. 令

$$s_n(x)=\inf_{z\in[a,b]}\Big(f(z)+n|z-x|\Big),\quad x\in[a,b],\quad n=1,2,\cdots.\tag{4.6.2}$$

我们有

$$0\leqslant s_n(x)\leqslant s_{n+1}(x)\leqslant f(x).\tag{4.6.3}$$

上式的第一个和第二个不等式显然, 第三个不等式只要注意以下事实就明白了: 在方程 (4.6.2) 的右端的表达式 $\Big(f(z)+n|z-x|\Big)$ 中让 $z=x$ 得到的值一定不小于 $s_n(x)$.

又对于任何 $x,y\in[a,b]$, 当 $s_n(x)\geqslant s_n(y)$ 时, 有

$$|s_n(x)-s_n(y)|=s_n(x)-s_n(y)=s_n(x)-\inf_{z\in[a,b]}(f(z)+n|z-y|).$$

对于任何 $\varepsilon>0$, 必有 $z_0\in[a,b]$, 使得

$$\inf_{z\in[a,b]}\Big(f(z)+n|z-y|\Big)>f(z_0)+n|z_0-y|-\varepsilon,$$

又因 $s_n(x)\leqslant f(z_0)+n|z_0-x|$, 有

$$\begin{aligned}|s_n(x)-s_n(y)|&=s_n(x)-\inf_{z\in[a,b]}\Big(f(z)+n|z-y|\Big)\\&\leqslant f(z_0)+n|z_0-x|-f(z_0)-n|z_0-y|+\varepsilon\\&=n|z_0-x|-n|z_0-y|+\varepsilon\leqslant n|y-x|+\varepsilon.\end{aligned}$$

由 ε 的任意性, 有

$$|s_n(x)-s_n(y)|\leqslant n|y-x|.$$

故 s_n 连续. 由 (4.6.3), 单调递增的函数列 s_n 的极限存在, 且

$$\lim_{n\to\infty}s_n(x)\leqslant f(x).\tag{4.6.4}$$

今设 f 在点 $x\in[a,b]$ 处下半连续, 又设 $\alpha<f(x)$, 有 x 的邻域 U(即含有点 x 的一个开区间), 使得不论 n 取什么自然数

$$\forall z\in U(f(z)+n|z-x|>\alpha).\tag{4.6.5}$$

又当 n 充分大时, 对于给定的 x 的邻域 U, 有

$$\forall z\notin U(f(z)+n|z-x|>\alpha).\tag{4.6.6}$$

由 (4.6.5) 和 (4.6.6) 得到, 当 n 充分大时, 有

$$\forall z\in[a,b](f(z)+n|z-x|>\alpha).$$

故当 n 充分大时, $s_n(x) \geqslant \alpha$. 考虑到 (4.6.4), 有

$$\lim_{n \to \infty} s_n(x) = f(x).$$

令 $s_0 \equiv 0$ 和 $u_n = s_n - s_{n-1}(n = 1, 2, \cdots)$, 便得到 (4.6.1) □

注 1　若 f 取值 $[\alpha, \infty]$, 其中 $\alpha \in \mathbf{R}$, 则 $f - \alpha$ 取值 $[0, \infty]$. 故有级数 $\sum\limits_{n=1}^{\infty} u_n(x)$, 使得 $\sum\limits_{n=1}^{\infty} u_n(x) = f - \alpha$ 在 f 的所有的下半连续点 x 处成立. 因而, $\alpha + \sum\limits_{n=1}^{\infty} u_n(x) = f$ 在 f 的所有的下半连续点 x 处成立.

注 2　若 f 为取值 $[-\infty, \beta]$ 的函数, 则 $-f$ 为取值 $[-\beta, \infty]$ 的函数. 我们可以得到类似的定理, 只须把 "非负项" 改成 "非正项", "下半连续" 改成 "上半连续" 就可以了.

定义 4.6.2　函数 $f : [a, b] \to \mathbf{R} \cup \{-\infty, \infty\}$ 称为阶梯函数, 若有 $n+1$ 个点:

$$a_0 = a < a_1 < a_2 < \cdots < a_{n-1} < a_n = b,$$

使得 f 在每个开区间 (a_{i-1}, a_i) 上取常值.

以下这个命题是显然的, 我们只给出叙述, 把证明留给同学了:

命题 4.6.2　函数 $f : [a, b] \to \mathbf{R} \cup \{-\infty, \infty\}$ 是定义 4.6.2 中的阶梯函数, 若对于每个 $i \in \{0, 1, \cdots, n\}$, 有

$$f(a_i) \leqslant \min\{f(a_i - 0), f(a_i + 0)\},$$

其中 $f(a_i - 0)$ 与 $f(a_i + 0)$ 分别表示 f 在 a_i 点的左极限与右极限 (在 $a_i = a$ 或 b 时, f 只有一个单边极限, $\min$ 可以取消), 则阶梯函数 $f : [a, b] \to \mathbf{R} \cup \{-\infty, \infty\}$ 是下半连续的. 下半连续的阶梯函数可以被一串单调不减的连续函数列的极限表示.

命题 4.6.3　任何连续函数 $f : [a, b] \to \mathbf{R}$ 都可被一串由下半连续的阶梯函数构成的单调不减的函数列的一致收敛的极限表示.

证　不妨设 $a = 0, b = 1$. 给定了连续函数 $f : [0, 1] \to \mathbf{R}$, 构造单调不减的下半连续的阶梯函数列如下:

$$g_n(x) = \begin{cases} \min\limits_{(i-1)2^{-n} \leqslant x \leqslant i2^{-n}} f(x), & \text{当 } (i-1)2^{-n} < x < i2^{-n} \text{ 时}, \\ \min\limits_{(j-1)2^{-n} \leqslant x \leqslant (j+1)2^{-n}} f(x), & \text{当 } x = j2^{-n} \text{ 时}, \\ \min\limits_{0 \leqslant x \leqslant 2^{-n}} f(x), & \text{当 } x = 0 \text{ 时}, \\ \min\limits_{1-2^{-n} \leqslant x \leqslant 1} f(x), & \text{当 } x = 1 \text{ 时}, \end{cases}$$

其中 $i = 1, \cdots, 2^n, j = 1, \cdots, 2^n - 1$. 不难检验, 下半连续的阶梯函数列 g_n 是单调不减的, 且在 $[0, 1]$ 上一致收敛于 f. □

练   习

4.6.1 设 $f:(a,b) \to \mathbf{R}$, 则 f 在 (a,b) 上下半连续的充分必要条件是:

$$\forall \alpha \in \mathbf{R} \left(f^{-1}\big((\alpha,\infty)\big) \text{是开集} \right).$$

进一步阅读的参考文献

本章介绍的连续函数概念及其性质可以在以下参考文献中找到:

[1] 的第三章的第 **1** 节介绍连续函数的基本概念. 第三章的其他节把连续概念推广到拓扑空间的映射上去.

[6] 的第三章介绍一元连续函数的基本概念.

[11] 的第二章的第 **4, 5** 节介绍一元连续函数的基本概念和基本性质.

[14] 的第一卷的第四章介绍一元连续函数和半连续函数的基本概念.

[15] 的第五章介绍一元连续函数和单调函数的基本概念和基本性质.

[16] 定理 4.6.1 的证明来自本书第二章第一节.

[24] 的第四章介绍一元连续函数的基本概念和基本性质.

第 5 章　一元微分学

§5.1　导数和微分

导数概念早在微积分诞生前就已存在. 它首先来自对几何的研究, 后来又从力学的研究中获得新的活力.

设 $y = f(x)$ 是定义在闭区间 $[a, b]$ 上的一个连续函数. 它的图像是一条平面曲线. 设 $x, x + h \in [a, b]$, 则过曲线上两点 $(x, f(x))$ 和 $(x + h, f(x + h))$ 的割线的斜率 (参看图 5.1.1) 的表达式是

$$\frac{f(x + h) - f(x)}{h}.$$

直观告诉我们, 函数 $y = f(x)$ 的图像过点 $(x, f(x))$ 的切线的位置应是过两点 $(x, f(x))$ 和 $(x + h, f(x + h))$ 的割线位置当 $h \to 0$ 时的极限位置. 而任何直线的位置是由它通过的一个点及它的斜率确定的. 过点 $(x, f(x))$ 的割线所通过的点 $(x, f(x))$ 在 $h \to 0$ 的过程中是不变的, 因而作为这些割线的极限位置的过点 $(x, f(x))$ 的切线通过一个固定的点 $(x, f(x))$. 而该切线的斜率是由割线的斜率的极限表示的, 确切些说, 函数 $y = f(x)$ 的图像过点 $(x, f(x))$ 的切线的斜率应是

$$\lim_{h \to 0} \frac{f(x + h) - f(x)}{h}. \tag{5.1.1}$$

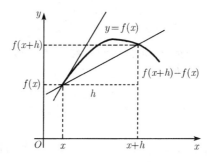

图 5.1.1　切线的斜率

假若极限 (5.1.1) 存在, 这个极限在确定切线的位置时将起到关键的作用.

下面我们再考虑一个运动学的问题. 设某质点在实数轴上作直线运动. 设 $x(t)$ 是该质点在时刻 t 的位置的坐标. 则从时刻 t 到时刻 $t+h$ 质点走过的路程是

$$x(t+h) - x(t).$$

因而从时刻 t 到时刻 $t+h$ 质点运动的平均速度是

$$\frac{x(t+h) - x(t)}{h}.$$

在牛顿力学中扮演更重要角色的是瞬时速度, 简称速度. 质点运动在时刻 t 的速度应该是从时刻 t 到时刻 $t+h$ 的平均速度当 $h \to 0$ 时的极限:

$$\lim_{h \to 0} \frac{x(t+h) - x(t)}{h}. \tag{5.1.2}$$

我们发现极限 (5.1.1) 和 (5.1.2) 的形式完全一样, 只是把函数 $f(x)$ 换成了函数 $x(t)$, 自变量 x 换成了自变量 t. 这种形式的极限的重要性从以上两个问题中已经可以看出. 在科学的进一步发展中, 这种形式的极限在各个领域 (电磁学, 量子力学, 连续介质力学, 化学, 经济学等) 中又一再出现. 因此, 有必要对它进行专门的研究, 为此我们引进以下概念:

定义 5.1.1   设 f 是定义在闭区间 $[a, b]$ 上的函数, $x \in [a, b]$. 若极限

$$\lim_{h \to 0} \frac{f(x+h) - f(x)}{h} \tag{5.1.3}$$

存在, 我们称**函数 f 在点 x 处可微 (或可导)**, 并把极限 (5.1.3) 称为**函数 f 在点 x 处的导数**, 记做

$$f'(x) = \frac{df}{dx} = \lim_{h \to 0} \frac{f(x+h) - f(x)}{h}. \tag{5.1.4}$$

若函数 f 在某区间 $[a, b]$ 的每一点 x 处都可微, 则称**函数 f 在该区间 $[a, b]$ 上可微**.

注 1 若把极限 (5.1.3) 换成对应的右 (左) 极限, 我们便得到**右 (左) 导数**的概念, 分别记做:

$$f'_{\pm}(x) = \lim_{h \to \pm 0} \frac{f(x+h) - f(x)}{h}. \tag{5.1.5}$$

若 f 的定义域是 $[a,b]$, 则在 $[a,b]$ 的左端点 a, 只能谈 f 的右导数 $f'_+(a)$; 在 $[a,b]$ 的右端点 b, 只能谈 f 的左导数 $f'_-(b)$. f 在左端点的右导数和右端点的左导数通常简称为 f 在该端点的导数, 并以 $f'(a)$ 和 $f'(b)$ 表示. 若 $x \in (a,b)$, 则 f 在 x 点处可微, 当且仅当 f 在 x 点处的左右导数皆存在且相等. 这时, f 的导数等于它的左右导数的公共值.

注 2 符号 $f'(x)$ 是法国数学家 Lagrange 设计出来的, 它清楚地表达了导数对 x 的依赖性, 当然也表达了它与 f 的关系. 符号 $\dfrac{df}{dx}$ 是德国数学家和哲学家 Leibniz 设计出来的, 它表现为两个 "微分" df 和 dx 的商的形式. 所以导数也称为**微商**. 在微积分发展的初期, 极限概念尚不清楚. 对导数作形式运算时, Leibniz 设计的这个符号给大家带来了很大方便. 若 $y = f(x)$, 则导数也记做

$$f'(x) = \frac{dy}{dx}.$$

例 5.1.1 若 $f(x) = c$, 其中 c 是个不依赖于 x 的常数, 则

$$c' = \frac{dc}{dx} = \lim_{h \to 0} \frac{c-c}{h} = 0. \tag{5.1.6}$$

例 5.1.2 若 $f(x) = x$, 则

$$x' = \frac{dx}{dx} = \lim_{h \to 0} \frac{(x+h) - x}{h} = 1. \tag{5.1.7}$$

例 5.1.3 若 $f(x) = \exp x$, 则

$$\begin{aligned}
\exp' x &= (\exp x)' = \frac{d \exp x}{dx} \\
&= \lim_{h \to 0} \frac{\exp(x+h) - \exp x}{h} \\
&= \lim_{h \to 0} \exp x \frac{\exp h - 1}{h} = \exp x.
\end{aligned} \tag{5.1.8}$$

最后一个等式的推演中我们用了等式 (3.6.10).

方程 (5.1.4) 又可改写成以下等价的形式:

$$f(x+h) - f(x) = f'(x)h + h\alpha(h), \qquad (5.1.9)$$

其中 $\alpha(h)$ 当 $h \to 0$ 时趋于零:

$$\lim_{h \to 0} \alpha(h) = \lim_{h \to 0} \left(\frac{f(x+h) - f(x)}{h} - f'(x) \right) = 0. \qquad (5.1.10)$$

为了给 (5.1.9) 一个新的写法, 我们要引进一些概念和记法:

定义 5.1.2   设 f 和 g 是两个定义在 (a,b) 上的函数, 而且有 $\varepsilon > 0$, 使得 $g(x)$ 在 $(a, a+\varepsilon)$ 上恒不为零. 若

$$\lim_{x \to a+0} \frac{f(x)}{g(x)} = 0,$$

则我们用以下的记法表示 f 和 g 满足以上这个极限等式:

$$f(x) = o(g(x)) \quad \text{或} \quad f = o(g) \quad (\text{当} x \to a+0 \text{时}).$$

又若 g 当 $x \to a+0$ 时是无穷小, 则称当 $x \to a+0$ 时 $f = o(g)$ 的 f 是个比 **g 更高阶的无穷小**.

若有一个 $0 < M \in \mathbf{R}$ 和一个 $S \subset (a,b)$, 使得 $\forall x \in S(|f(x)| \leqslant M|g(x)|)$, 则记做

$$f(x) = O(g(x)) \quad \text{或} \quad f = O(g) \quad (\text{当} x \in S \text{时}).$$

若有一个 $0 < M \in \mathbf{R}$ 和一个 $0 < \delta \in \mathbf{R}$, 使得

$$\forall x \in (a, a+\delta)(|f(x)| \leqslant Mg(x)).$$

则记做 $f = O(g)$(当 $x \to a+0$时).

若有 $\varepsilon > 0$, 使得 $g(x)$ 在 $(a, a+\varepsilon)$ 上恒不为零, 且

$$\lim_{x \to a+0} \frac{f(x)}{g(x)} = 1,$$

则记做

$$f(x) \sim g(x) \quad \text{或} \quad f \sim g \quad (\text{当} x \to a+0 \text{时}).$$

若 g 当 $x \to a+0$ 时是无穷小 (或无穷大), 则 $f \sim g$ 的 f 称为与 g **等价的无穷小**(或**无穷大**).

以上定义 5.1.2 中的 $x \to a+0$ 换成 $x \to a-0$, 或 $x \to a$, 或 $x \to \infty$ 等后, 也可以得到相应的 "小 o", "大 O" 及 "等价" 等概念.

不难检验 (请同学自行检验) 以下关系:

$$e^{-1/x} = o(1) \qquad (x \to +0),$$
$$\sin x \sim x \qquad (x \to 0),$$
$$\sin x = O(1) \qquad (0 < x < \infty),$$
$$\cos x = o(x) \qquad (x \to \infty),$$
$$1 - e^z = O(z) \qquad (z \to 0).$$

有了以上引进的记法后, 方程 (5.1.9) 和 (5.1.10) 可改写成

$$f(x+h) - f(x) = f'(x)h + o(h). \qquad (5.1.9)'$$

$\mathbf{R} \to \mathbf{R}$ 的映射 $h \mapsto l(h)$ 称为**线性映射**, 假若它满足条件:

$$\forall a, b \in \mathbf{R} \forall h, k \in \mathbf{R}\big(l(ah + bk) = al(h) + bl(k)\big).$$

对于任何 $\mathbf{R} \to \mathbf{R}$ 的线性映射 l, 记 $\lambda = l(1)$. 易见,

$$l(h) = l(1 \cdot h) = hl(1) = \lambda \cdot h.$$

换言之, 任何 $\mathbf{R} \to \mathbf{R}$ 的线性映射 l 作用在 h 上的值等于一个常数乘以 h. 反之, 不难看出, 任何形如 $l(h) = \lambda \cdot h$ 的 $\mathbf{R} \to \mathbf{R}$ 的映射 l 是线性映射. 这样, 我们建立了 $\mathbf{R} \to \mathbf{R}$ 的线性映射 l 与常数 λ 之间的一一对应. 高等代数课程告诉我们: $\mathbf{R} \to \mathbf{R}$ 的线性映射 l 与一个一行一列的矩阵之间有一一对应. 而一行一列的矩阵与一个数成一一对应. 所以, $\mathbf{R} \to \mathbf{R}$ 的线性映射, 一行一列的矩阵与一个数这三者之间有着重要的对应关系. $\mathbf{R} \to \mathbf{R}$ 的线性映射全体记做 $\mathcal{L}(\mathbf{R}, \mathbf{R})$. 因而 $\mathcal{L}(\mathbf{R}, \mathbf{R})$, $\mathbf{R}$ 和 $M_{1 \times 1}$ 三者之间有一一对应关系, 其中 $M_{1 \times 1}$ 表示一行一列矩阵的全体.

方程 (5.1.9) 式的右端第二项是一个比 h 更高阶的无穷小, 即它与 h 的比当 $h \to 0$ 时趋于零:

$$\lim_{h \to 0} \frac{h\alpha(h)}{h} = \lim_{h \to 0} \alpha(h) = 0.$$

因为 (5.1.9) 式的右端的第一项与 h 成比例. 除非 $f'(x) = 0$, 当 $|h|$ 很小时, (5.1.9) 的右端第二项比之第一项要小得多. 研究导数概念及其应用的数学分支称为**微分学**, 它的真谛是: 用 $\mathbf{R} \to \mathbf{R}$ 的线性映射 $h \mapsto f'(x)h$ 来替代 (一般说是非线性的) 映射 $h \mapsto f(x+h) - f(x)$. 这个替代在 x 的附近, 即 $|h|$ 很小时, 造成的相对误差是非常小的, 确切些说, 当 $|h| \to 0$ 时, 这个相对误差 $\dfrac{h\alpha(h)}{h}$ 趋于零. Newton 注意到, 先讨论某种现象在线性映射时的规律 (例如匀速直线运动时的规律), 然后把已得到的线性映射时的规律利用上述替代推广到该现象的非线性映射时的规律 (例如用瞬时速度替代平均速度去探索非匀速直线运动的规律) 上去, 也许这是探索所研究现象的客观规律时所不得不遵循的途径. 正因为如此, 微分学成为科学研究所不可缺少的工具, 科学发展的需要使这门新的数学获得了强大的生命力. 这门数学的发展也大大地加深了人类对自然界的理解. 这种理解的深化已经改变了并继续改变着人类社会的面貌. 因此, 我们愿意对这个替代 (通常是非线性的) 映射 $h \mapsto f(x+h) - f(x)$ 的重要的线性映射 $h \mapsto f'(x)h$ 进行认真的研究, 首先给它一个专门的称呼:

定义 5.1.3 $\mathbf{R} \to \mathbf{R}$ 的线性映射

$$h \mapsto f'(x)h \tag{5.1.11}$$

称为**函数** f **在** x **处的微分**, 记做 df_x:

$$df_x : h \mapsto f'(x)h \tag{5.1.12}$$

或

$$df_x(h) = f'(x)h. \tag{5.1.13}$$

前面介绍 $\mathbf{R} \to \mathbf{R}$ 的线性映射时曾谈到数与 $\mathbf{R} \to \mathbf{R}$ 的线性映射之间有一一对应. 数 $f'(x)$ 与线性映射 df_x 通过方程 (5.1.13) 建立起来的对应关系恰是所述的一一对应. 事实上, df_x 是 $\mathbf{R} \to \mathbf{R}$ 的线性映射, 而数 $f'(x)$ 正是代表线性映射 df_x 的 (关于一维线性空间 $\mathbf{R}$ 的通常的基的一行一列的) 矩阵中的唯一的元素.

注 微分这个词是 Leibniz 于 17 世纪引进的, 他是在极限概念尚未弄清楚的情况下为了解释微分学的形式运算规律而引进的. 他用了在当时还没有清晰定义的无穷小的概念. 在传统的数学分析教科书中, 一元函数 f 在点 x 处的导数 $f'(x)$ 看成是一个 (依赖于 x 的) 数. 本讲义更愿意把导数这个数与以这个数为唯一元素的一行一列矩阵等同起来, 这样更容易推广到 n 维和无穷维空间上去. 在传统的数学分析教科书中, 微分看成是一个 "无穷小", 记做 "$df_x = f'(x)\Delta x$", 其中 Δx 是无穷小. 这样的说法较接近于 Leibniz 原来的说法, 但它必须被看成一个趋于零的变量. 本讲义采用的已被当今数学界广泛接受的说法是: 把微分干脆理解为一个线性映射, 然后指出, $f(x+h) - f(x)$ 与微分这个线性映射在自变量 h 上的值之差在 $h \to 0$ 时是个比 h 更高阶的无穷小. 它和 Leibniz 的说法及传统的微积分教科书上的说法不一样! 它比微分是依赖于无穷小量 h 的无穷小量的传统说法更明确. 重要的是它便于推广到 n 维和无穷维空间上去, 也便于推广到流形上去. 这是两个多世纪数学发展的结果. 这个发展应归功于法国数学家 Fréchet, Gâteaux 和 E.Cartan 等多位数学家的努力. 应该指出, Leibniz 把导数理解为两个微分之商的看法已不复存在. 在本讲义的语言中, 导数与微分的差异只是: 微分是个线性映射, 导数则是这个线性映射在某个向量基下的矩阵. 这样的差异几乎可以忽略不计. 在今天的数学文献中, 导数与微分概念的术语尚未完全统一. 有的文献把导数与微分通通称为导数, 有的则通通称为微分. 我们这儿采用的术语所根据的原则是: 当线性空间有一组给定的基向量时, 导数和微分概念的定义就如上所述. 当线性空间无基向量组时 (特别在第 8 章研究无限维线性赋范空间时), 导数和微分便理解成同一个概念的两个称谓. 当 $f : [a, b] \to \mathbf{R}$ 时, 为了方便, 我们常把 $f'(x)$ 看成一个实数.

特别, 当 $f = \mathrm{id}_{\mathbf{R}}(\mathbf{R}$ 上的恒等映射) 时, 即 $f : x \to x$ 或 $\forall x \in \mathbf{R}(f(x) = x)$ 时, 为了方便, 映射 $f = \mathrm{id}_{\mathbf{R}}$ 常记做 x. 应注意的是: x 表示映射

$$x : x \mapsto x.$$

上式中, 第一个 x 表示映射, 第二个 x 表示自变量的值 x, 第三个 x 表示自变量的值 x 在映射 x 下的值. 同一个 x 表示三个不同的东西似乎会造成混乱. 但根据上下文, 一般不会混淆. 当然, 同学应小心区别它们的涵义.

这时, 我们有

$$dx : h \mapsto h.$$

换言之, $dx = \mathrm{id}$. 故公式 (5.1.13) 可改写成

$$df_x = f'(x)dx. \qquad (5.1.14)$$

应注意的是: 上式最后的 dx 是表示恒等映射.

公式 (5.1.14) 也可改写成

$$f'(x) \circ I_{1 \times 1} = f'(x) \circ \mathrm{id}_{\mathbf{R}} = df_x \circ (dx)^{-1}, \qquad (5.1.15)$$

其中 $I_{1 \times 1}$ 表示一行一列的单位矩阵所对应的线性映射, 即 $\mathbf{R}$ 上的恒等映射 $\mathrm{id}_{\mathbf{R}}$. 公式 (5.1.15) 与 Leibniz 引进的导数记法:

$$f'(x) = \frac{df}{dx}$$

是非常接近的. 这说明我们现在引进的微分概念虽然与 Leibniz 原来的不一样, 但它确能起到 Leibniz 的微分符号所起到的作用.

注　在不发生误解时, df_x 常被简记做 df.

作为方程 (5.1.9) 和 (5.1.10) 的推论, 我们有

定理 5.1.1　若 f 在 x 点处可微, 则 f 在 x 点处连续.

证　f 在 x 点处可微, 方程 (5.1.9) 和 (5.1.10) 成立. 由此,

$$\lim_{h \to 0} \big(f(x + h) - f(x) \big) = 0.$$

故 f 在 x 点处连续.　　　　　　　　　　　　　　　　　　□

练　习

5.1.1　设 $f(x) = x^n (n \in \mathbf{N})$. 试从定义 5.1.1 出发, 求出导数 $f'(x) = ?$ 再从定义 5.1.3 出发, 求出微分 $df_x = ?$

5.1.2　试证以下关系式:

$$\begin{aligned}
&1 - \cos x = O(x^2) &&(x \to 0), \\
&\ln x = o(x^n),\ n \in \mathbf{N} &&(x \to \infty), \\
&\mathrm{e}^x = o(\mathrm{e}^{x^2}) &&(x \to \infty), \\
&\cot x - \frac{1}{\sin x} \sim -\frac{x}{2} &&(x \to 0).
\end{aligned}$$

§5.2 导数与微分的运算规则

定理 5.2.1 设 f 和 g 在 $[a,b]$ 上有定义,$x \in (a,b)$. 若 f 和 g 在 x 点处可微, 则

(i) $f \pm g$ 在 x 点处可微, 且

$$(f \pm g)'(x) = f'(x) \pm g'(x); \tag{5.2.1}$$

(ii) $f \cdot g$ 在 x 点处可微, 且

$$(f \cdot g)'(x) = f'(x) \cdot g(x) + f(x) \cdot g'(x); \tag{5.2.2}$$

(iii) 又若 $g(x) \neq 0$, 则 f/g 在 x 点附近有定义, 在 x 点处可微, 且

$$\left(\frac{f}{g}\right)'(x) = \frac{f'(x) \cdot g(x) - f(x) \cdot g'(x)}{(g(x))^2}. \tag{5.2.3}$$

证 设 f 和 g 在 x 点处可微, 我们有

$$\lim_{h \to 0} \frac{f(x+h) - f(x)}{h} = f'(x)$$

和

$$\lim_{h \to 0} \frac{g(x+h) - g(x)}{h} = g'(x).$$

(i) 的证明:

$$\lim_{h \to 0} \frac{(f \pm g)(x+h) - (f \pm g)(x)}{h}$$
$$= \lim_{h \to 0} \frac{f(x+h) - f(x)}{h} \pm \lim_{h \to 0} \frac{g(x+h) - g(x)}{h}$$
$$= f'(x) \pm g'(x).$$

(ii) 的证明:

$$\lim_{h \to 0} \frac{(f \cdot g)(x+h) - (f \cdot g)(x)}{h}$$
$$= \lim_{h \to 0} \frac{f(x+h)g(x+h) - f(x)g(x+h) + f(x)g(x+h) - f(x)g(x)}{h}$$
$$= \lim_{h \to 0} \frac{(f(x+h) - f(x)) \cdot g(x+h)}{h} + \lim_{h \to 0} \frac{f(x) \cdot (g(x+h) - g(x))}{h}$$
$$= f'(x) \cdot g(x) + f(x) \cdot g'(x).$$

这里我们用了定理 5.1.1,

$$\lim_{h \to 0} g(x + h) = g(x).$$

(iii) 的证明: 设 $g(x) \neq 0$, 我们有

$$\lim_{h \to 0} \frac{(f/g)(x + h) - (f/g)(x)}{h}$$

$$= \lim_{h \to 0} \frac{f(x+h) \cdot g(x) - f(x) \cdot g(x+h)}{hg(x)g(x+h)}$$

$$= \lim_{h \to 0} \frac{f(x+h)g(x) - f(x)g(x) + f(x)g(x) - f(x)g(x+h)}{hg(x)g(x+h)}$$

$$= \lim_{h \to 0} \frac{1}{g(x)g(x+h)} \left(\frac{f(x+h) - f(x)}{h} \cdot g(x) - f(x) \cdot \frac{g(x+h) - g(x)}{h} \right)$$

$$= \frac{f'(x) \cdot g(x) - f(x) \cdot g'(x)}{(g(x))^2}.$$

这里我们用了定理 5.1.1 和假设 $g(x) \neq 0$,

$$\lim_{h \to 0} \frac{1}{g(x) \cdot g(x+h)} = \frac{1}{(g(x))^2}. \qquad \square$$

推论 5.2.1 设 f 在 $[a,b]$ 上有定义, $x \in (a,b)$. 若 f 在 x 点处可微, 则

$$(cf)'(x) = cf'(x), \qquad (5.2.4)$$

其中 c 是常数.

证 这是以上定理的 (ii) 及例 5.1.1 的结果的推论. $\qquad \square$

定理 5.2.2(一元复合函数求导的锁链法则) 设 $g : [a,b] \to \mathbf{R}$ 和 $f : [c,d] \to \mathbf{R}$ 是两个分别在 $[a,b]$ 和 $[c,d]$ 上的可微函数, 且 $g([a,b]) \subset [c,d]$, 则复合函数

$$f \circ g : [a,b] \to \mathbf{R}$$

是可微函数, 且对于任何 $x \in [a,b]$, 有以下**锁链法则**:

$$(f \circ g)'(x) = f'(g(x))g'(x). \qquad (5.2.5)$$

若引进记法: $z = f \circ g(x), y = g(x)$, 用 Leibniz 的记法, 上式可写成

$$\frac{dz}{dx} = \frac{dz}{dy} \cdot \frac{dy}{dx}. \qquad (5.2.5)'$$

注 (5.2.5)′ 显示了 Leibniz 记法的优越性. 用我们对微分的理解, 它应该写成

$$dz \circ (dx)^{-1} = [dz \circ (dy)^{-1}] \circ [dy \circ (dx)^{-1}].$$

证 为了证明 $f \circ g$ 的可微性及等式 (5.2.5), 我们要利用与等式 (5.1.4) 等价的等式 (5.1.9) 和 (5.1.10). 因 g 与 f 分别在 x 与 $g(x)$ 处可微,

$$g(x+h) - g(x) = g'(x)h + h\alpha(h), \tag{5.2.6}$$

其中 $\alpha(h)$ 满足关系式:

$$\lim_{h \to 0} \alpha(h) = 0. \tag{5.2.7}$$

另外

$$f \circ g(x+h) - f \circ g(x)$$
$$= f'(g(x))(g(x+h)-g(x)) + (g(x+h)-g(x))\beta(g(x+h)-g(x)), \tag{5.2.8}$$

其中 $\beta(k)$ 当 $k \to 0$ 时是无穷小, 即

$$\lim_{k \to 0} \beta(k) = 0. \tag{5.2.9}$$

把等式 (5.2.6) 右端的表达式代入 (5.2.8) 的右端的 $g(x+h) - g(x)$, 有

$$f \circ g(x+h) - f \circ g(x)$$
$$= f'(g(x))(g'(x)h + h\alpha(h)) + (g'(x)h + h\alpha(h))\beta(g'(x)h + h\alpha(h))$$
$$= f'(g(x))g'(x)h + h\{\alpha(h)[f'(g(x)) + \beta(g'(x)h + h\alpha(h))]$$
$$+ g'(x)\beta(g'(x)h + h\alpha(h))\}. \tag{5.2.10}$$

因

$$\lim_{h \to 0}[g'(x)h + h\alpha(h)] = 0,$$

注意到 (5.2.9), 有

$$\lim_{h \to 0} \beta(g'(x)h + h\alpha(h)) = 0,$$

故

$$\lim_{h \to 0}\{\alpha(h)[f'(g(x)) + \beta(g'(x)h + h\alpha(h))] + g'(x)\beta(g'(x)h + h\alpha(h))\} = 0.$$
$$(5.2.11)$$

记

$$\gamma(h) = \alpha(h)[f'(g(x)) + \beta(g'(x)h + h\alpha(h))] + g'(x)\beta(g'(x)h + h\alpha(h)),$$

(5.2.10) 式与 (5.2.11) 式可改写成

$$f \circ g(x + h) - f \circ g(x) = f'(g(x))g'(x)h + h\gamma(h) \qquad (5.2.12)$$

及

$$\lim_{h \to 0} \gamma(h) = 0. \qquad (5.2.13)$$

把 (5.2.12) 式与 (5.2.13) 式和 (5.1.9) 式与 (5.1.10) 式相比较, 这正好证明了 $f \circ g$ 的可微性及锁链法则 (公式 (5.2.5)).   □

推论 5.2.2   设 $g : [a, b] \to \mathbf{R}$ 和 $f : [c, d] \to \mathbf{R}$ 是两个分别在 $[a, b]$ 和 $[c, d]$ 上的可微函数, 且 $g([a, b]) \subset [c, d]$, 则

$$d[f(g)]_x = d(f \circ g)_x = f'(g(x))dg_x. \qquad (5.2.14)$$

证   根据锁链法则, 有

$$d[f(g)]_x = d(f \circ g)_x = (f \circ g)'(x)dx$$
$$= f'(g(x))g'(x)dx = f'(g(x))dg_x.$$

这里我们用了一次 (5.2.5) 和用了两次 (5.1.14).   □

注   公式 (5.2.14) 和 (5.1.14) 比较后得到这样的结论: 复合函数的微分公式 (5.2.14) 的右端在形式上和普通函数的微分公式 (5.1.14) 完全一样, 只不过把自变量 x 换成了 $g(x)$. 这个事实常被称为 (一元函数的)**一次微分形式的不变性**. 这正是 Leibniz 引进微分及其符号的优点. 为了把这个 (一元函数的) 一次微分形式的不变性推广到高维空间去, 才有了微分形式和外微分的概念, 这将在本讲义的最后几章 (14-15 章) 中介绍.

例 5.2.1 因

$$\sin x = \frac{\exp(\mathrm{i}x) - \exp(-\mathrm{i}x)}{2\mathrm{i}},$$

注意到 $(\mathrm{i}x)' = \mathrm{i}$ 及 $(-\mathrm{i}x)' = -\mathrm{i}$, 我们有

$$(\sin x)' = \sin' x = \frac{\mathrm{i}\exp(\mathrm{i}x) + \mathrm{i}\exp(-\mathrm{i}x)}{2\mathrm{i}} = \cos x. \tag{5.2.15}$$

例 5.2.2 和上例一样, 有

$$(\cos x)' = \cos' x = -\sin x. \tag{5.2.16}$$

例 5.2.3 $(x^2)' = (x \cdot x)' = 1 \cdot x + x \cdot 1 = 2x$. 这里我们用了定理 5.2.1 的 (ii) 及例 5.1.2. 用数学归纳法, 可得

$$\forall n \in \mathbf{N}\big((x^n)' = nx^{n-1}\big). \tag{5.2.17}$$

例 5.2.4 对于任何自然数 n, 有

$$(x^{-n})' = \left(\frac{1}{x^n}\right)' = \frac{1' \cdot x^n - 1 \cdot nx^{n-1}}{x^{2n}} = -\frac{n}{x^{n+1}} = -nx^{-n-1}. \tag{5.2.18}$$

定理 5.2.3 假设 f 是 $[a,b]$ 到 $[c,d]$ 的连续双射, $x \in [a,b]$. 又设 f 在 x 点处可微, 且 $f'(x) \neq 0$, 则 f 的逆映射 f^{-1} 在 $f(x)$ 点处可微, 且

$$(f^{-1})'\big(f(x)\big) = \frac{1}{f'(x)}. \tag{5.2.19}$$

若记 $y = y(x) = f(x)$, 它的反函数记做 $x = x(y) = f^{-1}(y)$, 用 Leibniz 记法, 公式 (5.2.19) 可改写成

$$\frac{dx}{dy} = \frac{1}{\dfrac{dy}{dx}}. \tag{5.2.19}'$$

这也是 Leibniz 符号的妙处.

证 首先应指出, 由命题 4.3.1,f 在 $[a,b]$ 上单调递增或递减. 设 $y, y+h \in [c,d]$, 其中 $h \neq 0$. 应有 $x, x+k \in [a,b]$, 使得

$$y = f(x), \quad y+h = f(x+k). \tag{5.2.20}$$

等价地,

$$x = f^{-1}(y), \quad x + k = f^{-1}(y + h). \tag{5.2.21}$$

故

$$\begin{aligned}
(f^{-1})'(y) &= \lim_{h \to 0} \frac{f^{-1}(y + h) - f^{-1}(y)}{h} \\
&= \lim_{h \to 0} \frac{x + k - x}{f(x + k) - f(x)}. \tag{5.2.22}
\end{aligned}$$

因 f^{-1} 在 $[c, d]$ 上连续, 故

$$\lim_{h \to 0} k = \lim_{h \to 0} (f^{-1}(y + h) - f^{-1}(y)) = 0.$$

因此,(5.2.22) 可改写成

$$(f^{-1})'(y) = \lim_{k \to 0} \frac{1}{\dfrac{f(x + k) - f(x)}{k}} = \frac{1}{f'(x)}.$$

这就证明了 f^{-1} 在 $y = f(x)$ 点处的可微性及等式 (5.2.19). □

例 5.2.5   设 $y = \ln x$, 其中 $x > 0$. 换言之,$x = \exp y$. 由定理 5.2.3,$\ln x$ 在 $\mathbf{R}_+ = \{x \in \mathbf{R} : x > 0\}$ 上可微, 且对于任何 $x > 0$,

$$\ln'(x) = \frac{1}{\exp'(y)} = \frac{1}{\exp y} = \frac{1}{x}. \tag{5.2.23}$$

例 5.2.6   设 $f(x) = x^\alpha$, 其中 $x > 0$, 而 $\alpha \in \mathbf{R}$ 是个常数. 由 (4.3.6), 我们有

$$f(x) = x^\alpha = \exp(\alpha \ln x).$$

故

$$(x^\alpha)' = (\exp(\alpha \ln x))' = \exp(\alpha \ln x) \cdot \alpha \cdot \frac{1}{x} = \alpha x^{\alpha-1}. \tag{5.2.24}$$

应该指出的是,(5.2.24) 是 (5.2.17) 与 (5.2.18)(在 $\alpha \in \mathbf{R}_+ \setminus \{0\}$ 时的) 的推广.

例 5.2.7   设 $f(x) = \ln |x|, x \neq 0$, 则有

$$(\ln |x|)' = \begin{cases} \dfrac{1}{x}, & \text{当} x > 0 \text{时}, \\[2mm] -\dfrac{1}{-x}, & \text{当} x < 0 \text{时}. \end{cases}$$

故 $x \neq 0$ 时,

$$(\ln|x|)' = \frac{1}{x}. \tag{5.2.25}$$

练 习

5.2.1 双曲正弦和双曲余弦函数已在 §3.5 的 3.5.5 题中给出定义.

(i) 试证: $(\sinh x)' = \sinh' x = \cosh x$.

(ii) 试证: $(\cosh x)' = \cosh' x = \sinh x$.

(iii) 写出 $\sinh x$ 和 $\cosh x$ 的幂级数展开式.

(iv) 试证以下四个等式:

$$\cosh^2 x + \sinh^2 x = \cosh(2x), \quad \cosh^2 x - \sinh^2 x = 1,$$
$$\cosh^2 \frac{x}{2} = \frac{\cosh x + 1}{2}, \qquad \sinh^2 \frac{x}{2} = \frac{\cosh x - 1}{2}.$$

(v) 双曲正切和双曲余切函数分别定义为

$$\forall x \in \mathbf{R} \left(\tanh x = \frac{\sinh x}{\cosh x} = \frac{e^x - e^{-x}}{e^x + e^{-x}} \right);$$
$$\forall x \neq 0 \left(\coth x = \frac{\cosh x}{\sinh x} = \frac{e^x + e^{-x}}{e^x - e^{-x}} \right).$$

试证:

$$(\tanh x)' = \frac{1}{\cosh^2 x} = 1 - \tanh^2 x;$$
$$(\coth x)' = -\frac{1}{\sinh^2 x} = 1 - \coth^2 x.$$

(vi) 试证:

$$\forall k \in \mathbf{Z} \left((\cosh x + \sinh x)^k = \cosh kx + \sinh kx \right).$$

(vii) sinh, cosh, tanh 的反函数分别记做 Arsinh, Arcosh, Artanh, 它们的定义域分别为,$\mathbf{R}$, $[1, \infty)$ 和 $(-1, 1)$. 因 cosh 是偶函数,Arcosh 将是双值的, 为使它单值, 我们约定: $\text{Arcosh}(x) > 0$. 试证:

$$\forall x \in \mathbf{R}(\text{Arsinh}x = \ln(x + \sqrt{x^2 + 1}));$$
$$\forall x \geqslant 1(\text{Arcosh}x = \ln(x + \sqrt{x^2 - 1}));$$
$$\forall x \in (-1, 1) \left(\text{Artanh}x = \frac{1}{2} \ln \frac{1+x}{1-x} \right);$$

(viii) 试求 sinh, cosh, tanh 的反函数 Arsinh, Arcosh, Artanh 的导数.

5.2.2 试求以下定义在 $(0, \infty)$ 上的实值函数 f 的导数 f' 的表达式, 其中 $u(x) > 0$:

$$f(x) = u(x)^{v(x)}, \qquad f(x) = (x^x)^x, \qquad f(x) = x^{(x^x)}, \qquad f(x) = x^{1/x},$$
$$f(x) = \ln\ln(1+x), \quad f(x) = x^{\sin x}, \quad f(x) = \frac{\cos x}{2 + \sin \ln x}, \quad f(x) = \frac{e^x}{2 + \sin(x^2)}.$$

§5.3　可微函数的整体性质及其应用

函数 f 在 x 点处的导数只依赖于函数 f 在 x 点附近 (或称邻域) 的状态. 确切地说, 若函数 f 与 g 在 x 点的一个邻域 $(x-\varepsilon, x+\varepsilon)$ 中相等, 其中 $\varepsilon > 0$, 则它们在 x 点处的导数相等. 因此, f 在 x 点处的导数 $f'(x)$ 只能刻画函数 f 在 x 点附近的性质, 换言之, 只能刻画函数 f 在 x 点处的局部性质. 正像函数在某点的连续性虽然只是函数在该点的局部性质, 但函数在某闭区间的每一点的连续性却能用来刻画函数在该闭区间上的一些整体性质. 我们自然期盼, 函数 f 在某闭区间的每一点处的可微性也许能用来刻画 f 在该区间上的某些整体性质. 这正是本节要介绍的内容. 正像连续函数的整体性质一样, 可微函数的整体性质在以后的分析学研究和应用中将扮演一个重要的角色.

定义 5.3.1　设函数 f 在区间 $[a,b]$ 上可微, $c \in [a,b]$. 若 $f'(c) = 0$, 则点 c 称为 (一元) 函数 f 的一个**临界点**.

定理 5.3.1(Fermat 引理)　设函数 f 在区间 $[a,b]$ 上可微, $c \in (a,b)$. 若 f 在点 c 处达到 f 在 $[a,b]$ 上的最大值 (或最小值), 换言之,

$$\forall x \in [a,b](f(x) \leqslant f(c)) \quad (或 \quad \forall x \in [a,b](f(x) \geqslant f(c))),$$

则点 c 是函数 f 的临界点.

证　不妨设 $\forall x \in [a,b](f(x) \leqslant f(c))$. 由此,

$$\forall h \neq 0(f(c+h) - f(c) \leqslant 0).$$

故

$$\forall h > 0\left(\frac{f(c+h) - f(c)}{h} \leqslant 0\right), \tag{5.3.1}$$

而

$$\forall h < 0\left(\frac{f(c+h) - f(c)}{h} \geqslant 0\right). \tag{5.3.2}$$

由 (5.3.1) 式,

$$f'(c) = f'_+(c) \leqslant 0, \tag{5.3.3}$$

而由 (5.3.2) 式,

$$f'(c) = f'_-(c) \geqslant 0. \tag{5.3.4}$$

比较 (5.3.3) 与 (5.3.4), 有

$$f'(c) = 0. \qquad \square$$

注 1 设函数 $f : [a,b] \to \mathbf{R}, c \in (a,b)$. 若存在 $\varepsilon > 0$, 使得 $(c - \varepsilon, c + \varepsilon) \subset [a,b]$ 且 f 在点 c 处达到 f 在 $(c - \varepsilon, c + \varepsilon)$ 上的最大值 (或最小值), 换言之,

$$\forall x \in (c - \varepsilon, c + \varepsilon)(f(x) \leqslant f(c)) \quad (\text{或} \quad (f(x) \geqslant f(c))),$$

则点 c 称为函数 f 的**极大点**(或**极小点**). 有时也称为局部极大点 (或局部极小点).)

注 2 Fermat 引理有时也表述如下 (它是上述形式的 Fermat 引理的直接推论):

定理 5.3.1′(Fermat 引理) 设函数 f 在区间 $[a,b]$ 上可微, $c \in (a,b)$. 若点 c 是 f 的极大点 (或极小点), 则点 c 是函数 f 的临界点.

证 若点 c 是 f 的极大点, 则存在 $\varepsilon > 0$, 使得 $(c - \varepsilon, c + \varepsilon) \subset [a,b]$ 且 f 在点 c 处达到 f 在 $(c - \varepsilon, c + \varepsilon)$ 上的最大值. 故对 f 在 $[c - \varepsilon, c + \varepsilon]$ 上的限制用定理 5.3.1, 便得定理 5.3.1′. $\qquad \square$

定理 5.3.2(Rolle 定理) 设 f 是闭区间 $[a,b]$ 上的连续函数, 又设 f 在开区间 (a,b) 上可微. 若

$$f(a) = f(b), \qquad (5.3.5)$$

则 f 在开区间 (a,b) 内至少有一个临界点, 即 $\exists c \in (a,b)(f'(c) = 0)$. 参看图 5.3.1.

证 若 f 在闭区间 $[a,b]$ 上等于一个常数, 则闭区间 $[a,b]$ 上的任何点都是 f 的临界点. 今设 f 在闭区间 $[a,b]$ 上并不等于一个常数, 由条件 (5.3.5), 开区间 (a,b) 内至少有一点的函数值不等于 $f(a) = f(b)$. 不妨假设该值大于 $f(a) = f(b)$(该值小于 $f(a) = f(b)$ 时证明相仿). 这时, f 在 $[a,b]$ 上的上确界大于 $f(a) = f(b)$. 由定理 4.2.3, 有一点 $c \in (a,b)$, 使得

$$f(c) = \sup_{x \in [a,b]} f(x).$$

因此

$$\forall x \in [a,b](f(x) \leqslant f(c)).$$

由 Fermat 引理,$c \in (a,b)$ 是 f 的临界点.   □

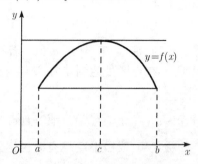

图 5.3.1   Roll 定理的几何解释

定理 5.3.3(Lagrange 中值定理)   设 f 是闭区间 $[a,b]$ 上的连续函数, 又设 f 在开区间 (a,b) 上可微, 则

$$\exists c \in (a,b)\Big(f(b) - f(a) = f'(c)(b-a) \Big). \tag{5.3.6}$$

参看图 5.3.2.

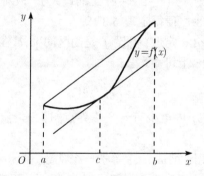

图 5.3.2   Lagrange 中值定理的几何解释

证   令

$$g(x) = f(x) - \frac{f(b) - f(a)}{b-a}(x-a).$$

易见,g 在 $[a,b]$ 上连续, 在 (a,b) 上可微, 且

$$g(a) = g(b).$$

由 Rolle 定理,

$$\exists c \in (a,b)(g'(c) = 0).$$

换言之,

$$\exists c \in (a,b)\left(f'(c) - \frac{f(b)-f(a)}{b-a} = 0\right).$$

这等价于 (5.3.6) 式. □

注 Lagrange 中值定理有时也称为**有限增量定理**, 但本讲义将把后一称呼留给另一个定理 (参看本章补充教材一).

推论 5.3.1 设 f 是闭区间 $[a,b]$ 上的连续函数, 又设 f 在开区间 (a,b) 上可微, 且

$$\forall x \in (a,b)(f'(x) \geqslant 0)\big(或(f'(x) \leqslant 0)\big), \tag{5.3.7}$$

则

$$\forall x,y \in [a,b](x < y \Longrightarrow f(x) \leqslant f(y))\big(或对应地,(x < y \Longrightarrow f(x) \geqslant f(y))\big).$$

特别, 若在闭区间 $[a,b]$ 上连续, 在开区间 (a,b) 上可微的函数 f 满足条件:

$$\forall x \in (a,b)(f'(x) = 0), \tag{5.3.8}$$

则

$$\exists c \in \mathbf{R} \forall x \in [a,b](f(x) = c).$$

证 先设

$$\forall x \in (a,b)(f'(x) \geqslant 0), \tag{5.3.7$'$}$$

又设 $x < y$, 由 Lagrange 中值定理, 有 $\xi \in (x,y)$ 使得

$$f(y) - f(x) = f'(\xi)(y - x). \tag{5.3.9}$$

由 (5.3.7)$'f'(\xi) \geqslant 0$, 又因 $y - x > 0$, 由 (5.3.9),$f(x) \leqslant f(y)$.

在条件

$$\forall x \in (a,b)(f'(x) \leqslant 0), \tag{5.3.7$''$}$$

下的对应的结论可类似地推得.

条件 (5.3.8) 满足时,(5.3.7)$'$ 及 (5.3.7)$''$ 同时满足, 故 f 在闭区间 $[a,b]$ 上取常值. □

注 1   若函数 f 在闭区间 $[a,b]$ 上可微且单调不减 (或单调不增),则

$$\forall x \in [a,b](f'(x) \geqslant 0)(对应地, (f'(x) \leqslant 0)).$$

这是导数的定义

$$f'(x) = \lim_{h \to 0} \frac{f(x+h) - f(x)}{h}$$

的推论: 若 f 单调不减, 则不论 h 是正的还是负的, 有

$$\frac{f(x+h) - f(x)}{h} \geqslant 0,$$

故 $f'(x) \geqslant 0$. 单调不增情形的证明相仿.

注 2   若 (5.3.7) 式换成

$$\forall x \in (a,b)(f'(x) > 0)(或 \forall x \in (a,b)(f'(x) < 0)),$$

则结论应换成

$$\forall x, y \in [a,b](x < y \implies f(x) < f(y))$$

$$(或对应地 \forall x, y \in [a,b](x < y \implies f(x) > f(y))).$$

换言之, f 在 $[a,b]$ 上严格单调.

这个结论的证明和推论 5.3.1 的证明一样.

例 5.3.1   因 cos 是连续偶函数, 由 §4.2 的练习 4.2.7 的 (v),

$$\forall x \in (-\pi/2, \pi/2)(\cos x > 0).$$

因

$$(\sin x)' = \sin' x = \cos x,$$

故 sin 在开区间 $(-\pi/2, \pi/2)$ 上递增, 因而, sin 在闭区间 $[-\pi/2, \pi/2]$ 上必递增 (同学补出这个论断的证明细节). 因 sin 是奇函数, 由 §4.2 的练习 4.2.7 的 (vi), 有 $\sin(\pm\pi/2) = \pm 1$.

总结以上结论, 我们有

命题 5.3.1   正弦函数 sin 在闭区间 $[-\pi/2, \pi/2]$ 上的限制 (仍记做 sin) 是闭区间 $[-\pi/2, \pi/2]$ 到闭区间 $[-1, 1]$ 的单调递增连续函数, 因而

是闭区间 $[-\pi/2,\pi/2]$ 到闭区间 $[-1,1]$ 的双射. 因 $\cos x = \sin(\pi/2 - x)$, 余弦函数 $\cos$ 在闭区间 $[0,\pi]$ 上的限制 (仍记做 $\cos$) 是闭区间 $[0,\pi]$ 到闭区间 $[-1,1]$ 的单调递减连续函数, 因而是闭区间 $[0,\pi]$ 到闭区间 $[-1,1]$ 的双射.

定义 5.3.2 如上限制后的正弦函数 $\sin : [-\pi/2,\pi/2] \to [-1,1]$ 的反函数, 记做 $\arcsin$ (有时也记做 $\sin^{-1}$), 称为反正弦函数. 如上限制后的余弦函数 $\cos : [0,\pi] \to [-1,1]$ 的反函数, 记做 $\arccos$ (有时也记做 $\cos^{-1}$), 称为反余弦函数.

$\arcsin$ 是闭区间 $[-1,1]$ 到 $[-\pi/2,\pi/2]$ 的单调递增连续函数, $\arccos$ 是闭区间 $[-1,1]$ 到 $[0,\pi]$ 的单调递减连续函数. 根据定理 5.2.3, 我们有以下关于反正弦函数与反余弦函数的导数公式: 设 $y = \arcsin x$, 或等价地,$x = \sin y$, 则有

$$(\arcsin x)' = \arcsin' x = \frac{1}{\sin' y} = \frac{1}{\cos y} = \frac{1}{\sqrt{1 - \sin^2 y}} = \frac{1}{\sqrt{1 - x^2}}.$$
$$(5.3.10)$$

应指出的是: $y = \arcsin x \in [-\pi/2,\pi/2]$, 故 $\cos y \geqslant 0$. 所以有 $\cos y = \sqrt{1 - \sin^2 y}$.

类似地, 有

$$(\arccos x)' = \arccos' x = \frac{-1}{\sqrt{1 - x^2}}. \qquad (5.3.11)$$

我们已知:

$$\forall x \in (-\pi/2, \pi/2)(\cos x > 0),$$

故

$$\forall x \in (-\pi/2, \pi/2)(\cos x \neq 0).$$

又

$$\cos(x + \pi) = \cos x \cos \pi - \sin x \sin \pi = -\cos x.$$

故有

当 $x \neq \dfrac{\pi}{2} + n\pi \ (n = 0, \pm 1, \pm 2, \cdots)$时, $\cos x \neq 0$.

定义 5.3.3　对于一切 $x \neq \pi/2 + n\pi$, $n = 0, \pm1, \pm2, \cdots$, 正切函数 tan 和正割函数 sec 在 x 点处的值分别定义为

$$\tan x = \frac{\sin x}{\cos x}, \quad \sec x = \frac{1}{\cos x}.$$

同理可证:

$$当 x \neq n\pi, \ (n = 0, \pm1, \pm2, \cdots) 时, \quad \sin x \neq 0.$$

故可引进

定义 5.3.4　对于一切 $x \neq n\pi$, $n = 0, \pm1, \pm2, \cdots$, 余切函数 cot 和余割函数 csc 在 x 点处的值分别定义为

$$\cot x = \frac{\cos x}{\sin x}, \quad \csc x = \frac{1}{\sin x}.$$

由定理 5.2.1 的 (iii), 不难证明以下两个命题:

命题 5.3.2　当 $x \neq \pi/2 + n\pi$, $n = 0, \pm1, \pm2, \cdots$ 时, 我们有

$$(\tan x)' = \tan' x = \frac{1}{\cos^2 x} \tag{5.3.12}$$

和

$$(\sec x)' = \sec' x = \frac{\sin x}{\cos^2 x}. \tag{5.3.13}$$

命题 5.3.3　当 $x \neq n\pi$ $(n = 0, \pm1, \pm2, \cdots)$ 时, 我们有

$$(\cot x)' = \cot' x = \frac{-1}{\sin^2 x} \tag{5.3.14}$$

和

$$(\csc x)' = \csc' x = \frac{-\cos x}{\sin^2 x}. \tag{5.3.15}$$

由 (5.3.12) 式可见, 函数 tan 在开区间 $(-\pi/2, \pi/2)$ 上是单调递增的, 且 $\tan((-\pi/2, \pi/2)) = \mathbf{R}$. tan 在开区间 $(-\pi/2, \pi/2)$ 上的限制 (仍记做 tan) 的反函数记做 arctan : $\mathbf{R} \to (-\pi/2, \pi/2)$. 同理可以定义 arccot : $\mathbf{R} \to (0, \pi)$.

注 在定义 5.3.2 及命题 5.3.3 中给出的 arcsin,arccos,arctan 及 arccot 的定义恰是中学里学过的反正弦函数, 反余弦函数, 反正切函数和反余切函数的主值. 它们的定义域及值域如下表所示:

$$\arcsin : \quad [-1,1] \to [-\pi/2,\pi/2];$$
$$\arccos : \quad [-1,1] \to [0,\pi];$$
$$\arctan : \quad (-\infty,\infty) \to (-\pi/2,\pi/2);$$
$$\operatorname{arccot} : \quad (-\infty,\infty) \to (0,\pi).$$

由定理 5.2.3, 不难证明以下这个命题:

命题 5.3.4 我们有反正切函数和反余切函数的导数如下:

$$(\arctan x)' = \arctan' x = \frac{1}{1+x^2} \tag{5.3.16}$$

和

$$(\operatorname{arccot} x)' = \operatorname{arccot}' x = \frac{-1}{1+x^2}. \tag{5.3.16'}$$

我们把已经得到的最常用初等函数的导数公式列成如下表格:

函数	导数	函数	导数
c	0	$\sin x$	$\cos x$
x	1	$\cos x$	$-\sin x$
$x^\alpha(x>0)$	$\alpha x^{\alpha-1}$	$\tan x(x \neq \pi/2+n\pi)$	$\dfrac{1}{\cos^2 x}$
$\dfrac{1}{x}(x \neq 0)$	$\dfrac{-1}{x^2}$	$\cot x(x \neq n\pi)$	$\dfrac{-1}{\sin^2 x}$
$a^x(a>0)$	$a^x \ln a$	$\arcsin x(|x|<1)$	$\dfrac{1}{\sqrt{1-x^2}}$
e^x	e^x	$\arccos x(|x|<1)$	$\dfrac{-1}{\sqrt{1-x^2}}$
$\log_a |x|(x \neq 0)$	$\dfrac{1}{x}\log_a \mathrm{e}$	$\arctan x$	$\dfrac{1}{1+x^2}$
$\ln |x|(x \neq 0)$	$\dfrac{1}{x}$	$\operatorname{arccot} x$	$\dfrac{-1}{1+x^2}$

定理 5.3.4(Darboux 定理) 设 f 是闭区间 $[a,b]$ 上的可微函数 (f 在 $[a,b]$ 的两个端点只有单边导数), 又设

$$f'(a) < c < f'(b) \quad \text{或} \quad f'(a) > c > f'(b),$$

则有 $\xi \in (a,b)$, 使得 $f'(\xi) = c$.

证   先设 $c = 0$, 并暂且将定理的条件确定为

$$f'(a) < 0 < f'(b).$$

f 在闭区间 $[a,b]$ 上可微, f 必在闭区间 $[a,b]$ 上连续. 由定理 4.2.3, f 在闭区间 $[a,b]$ 上应达到最小值. 由给定的条件

$$f'(a) = \lim_{h \to +0} \frac{f(a+h) - f(a)}{h} < 0,$$

由此可知, 在点 a 的右边近处必有一点, 使 f 在该点处的值小于 $f(a)$. 同理, 在点 b 的左边近处必有一点, 使 f 在该点处的值小于 $f(b)$. 故 f 在 $[a,b]$ 的两个端点处不可能达到最小值. f 在开区间 (a,b) 的某点 ξ 处达到最小值. 由 Fermat 引理, $f'(\xi) = 0$.

再考虑条件是 $f'(a) < c < f'(b)$ 的情形. 这时, 令

$$g(x) = f(x) - cx,$$

我们有

$$g'(a) < 0 < g'(b).$$

故有 $\xi \in (a,b)$, 使得

$$g'(\xi) = 0.$$

因 $g'(x) = f'(x) - c$, 上式可改写成 $f'(\xi) = c$.

条件是 $f'(a) > c > f'(b)$ 的情形, 可对 $g(x) = -f(x)$ 应用上述已经得到的结果而获得.   □

定理 5.3.5(Cauchy 中值定理)   设 f 和 g 是闭区间 $[a,b]$ 上的两个连续函数, 又设 f 和 g 在开区间 (a,b) 上可微, 且

$$\forall x \in (a,b)\big(g'(x) \neq 0\big), \tag{5.3.17}$$

则

$$\exists c \in (a,b)\left(\frac{f(b) - f(a)}{g(b) - g(a)} = \frac{f'(c)}{g'(c)}\right). \tag{5.3.18}$$

证 根据上面的 Darboux 定理 (定理 5.3.4), 条件 (5.3.17) 和推论 5.3.1 的注 2, g 在 $[a,b]$ 上单调递增或单调递减, 故连续函数 g 有反函数

$$g^{-1} : [g(a), g(b)] \to [a, b] \text{ (或} [g(b), g(a)] \to [a, b]),$$

且 g^{-1} 在 $[g(a), g(b)]$ 或 $[g(b), g(a)]$ 上连续, 在 $(g(a), g(b))$ 或 $(g(b), g(a))$ 上可微. 令

$$h = f \circ g^{-1} : [g(a), g(b)] \to f([a,b]) \text{ (或} [g(b), g(a)] \to f([a,b])), \quad (5.3.19)$$

则函数 h 在闭区间 $[g(a), g(b)]$ (或闭区间 $[g(b), g(a)]$) 上连续, 在开区间 $(g(a), g(b))$ (或开区间 $(g(b), g(a))$) 上可微. 对函数 $h=f \circ g^{-1}$ 用 Lagrange 中值定理, 有 $d \in (g(a), g(b))$ 或 $(g(b), g(a))$, 使得

$$h(g(b)) - h(g(a)) = h'(d)(g(b) - g(a)). \quad (5.3.20)$$

注意到 (5.3.19), 有

$$h'(d) = f'(g^{-1}(d))(g^{-1})'(d) = f'(g^{-1}(d)) \frac{1}{g'(g^{-1}(d))}. \quad (5.3.21)$$

把 (5.3.19) 和 (5.3.21) 代入 (5.3.20), 得到

$$f(b) - f(a) = \frac{f'(g^{-1}(d))}{g'(g^{-1}(d))}(g(b) - g(a)). \quad (5.3.22)$$

记 $c = g^{-1}(d)$, 方程 (5.3.22) 便成为 (5.3.18). □

定理 5.3.6(l'Hôpital 法则) 设函数 $f : (a, b) \to \mathbf{R}$ 和函数 $g : (a, b) \to \mathbf{R}$ 在开区间 (a, b) 上可微, 其中 $-\infty \leqslant a < b \leqslant \infty$, 且在开区间 (a, b) 上 $g'(x) \neq 0$, 又

$$\lim_{x \to a+0} \frac{f'(x)}{g'(x)} = A, \quad (5.3.23)$$

其中 $-\infty \leqslant A \leqslant \infty$. 则在以下两个条件之一得以满足时:

$$\lim_{x \to a+0} f(x) = \lim_{x \to a+0} g(x) = 0 \quad \text{或} \quad \lim_{x \to a+0} g(x) = \infty, \quad (5.3.24)$$

我们有

$$\lim_{x \to a+0} \frac{f(x)}{g(x)} = A.$$

以上结论在 $x \to a+0$ 换成 $x \to b-0$ 时也成立.

证 先设 $A < \infty$. 对于任何满足不等式 $A < p < q$ 的两个实数 p 和 q, 由 (5.3.23),

$$\exists c \in (a, b) \forall x \in (a, c)\left(\frac{f'(x)}{g'(x)} < p < q\right).$$

因 $\forall x \in (a, b)(g'(x) \neq 0)$, 由 Darboux 定理, g' 在 (a, b) 上保持符号不变. 故 g 在 (a, b) 上严格单调. 因此

$$\exists c_1 \in (a, c) \forall x \in (a, c_1)(g(x) \neq 0).$$

由 Cauchy 中值定理,

$$\forall (x, y) \subset (a, c_1) \exists \xi \in (x, y) \subset (a, c_1)\left(\frac{f(x) - f(y)}{g(x) - g(y)} = \frac{f'(\xi)}{g'(\xi)} < p < q\right). \tag{5.3.25}$$

若 (5.3.24) 中的第一个条件得到满足, 在 (5.3.25) 中让 $x \to a+0$, 有

$$\forall y \in (a, c_1)\left(\frac{f(y)}{g(y)} \leqslant p < q\right). \tag{5.3.26}$$

若 (5.3.24) 中的第二个条件得到满足, 则

$$\forall y \in (a, c_1) \exists c_2 \in (a, y) \forall x \in (a, c_2)\left(\frac{g(x) - g(y)}{g(x)} = 1 - \frac{g(y)}{g(x)} > 0\right). \tag{5.3.27}$$

由 (5.3.25) 及 (5.3.27), 有

$$\forall y \in (a, c_1) \forall x \in (a, c_2)\left(\frac{f(x) - f(y)}{g(x)} < p\left(1 - \frac{g(y)}{g(x)}\right)\right).$$

由 (5.3.24) 中的第二个条件,

$$\forall y \in (a, c_1) \exists c_3 \in (a, c_2) \forall x \in (a, c_3)\left(\frac{f(x)}{g(x)} < p - p\frac{g(y)}{g(x)} + \frac{f(y)}{g(x)} < q\right). \tag{5.3.28}$$

由 (5.3.26) 和 (5.3.28), 只要 (5.3.24) 中两个条件中有一个满足, 则

$$\forall q > A \exists c_q \forall x \in (a, c_q)\left(\frac{f(x)}{g(x)} < q\right), \tag{5.3.29}$$

换言之,

$$\limsup_{x \to a+0} \frac{f(x)}{g(x)} \leqslant A. \tag{5.3.29)$'$}$$

由 (5.3.29)$'$, $A = -\infty$ 时的 l'Hôpital 法则已得证.

今设 $A > -\infty$, 和以前的证明一样, 可以证明

$$\forall r < A \exists d_r > a \forall x \in (a, d_r)\left(\frac{f(x)}{g(x)} > r\right). \tag{5.3.30}$$

换言之,

$$\liminf_{x \to a+0} \frac{f(x)}{g(x)} \geqslant A. \tag{5.3.30)$'$}$$

由 (5.3.30), $A = \infty$ 时的 l'Hôpital 法则也得证.

最后设 $-\infty < A < \infty$, 则由 (5.3.29)$'$ 与 (5.3.30)$'$ 得到

$$\lim_{x \to a+0} \frac{f(x)}{g(x)} = A.$$

换言之, $-\infty < A < \infty$ 时的 l'Hôpital 法则成立. □

应该指出, Rolle 定理, Lagrange 中值定理和 Cauchy 中值定理中论述的是可微函数的整体性质, 而 l'Hôpital 法则是可微函数的局部性质, 它是作为整体性质 Cauchy 中值定理的推论而放在本节中的. 整体性质通常是较为深刻的.

练　习

5.3.1　(i) 设 $u(x)$ 是 $(-a, a)$ 上的可微奇函数, 即满足条件: $\forall x \in (-a, a)\big(u(x) = -u(-x)\big)$ 的可微函数. 试证: $u'(x)$ 是 $(-a, a)$ 上的偶函数.

(ii) 设 $u(x)$ 是 $(-a, a)$ 上的可微偶函数, 即满足条件: $\forall x \in (-a, a)\big(u(x) = u(-x)\big)$ 的可微函数. 试证: $u'(x)$ 是 $(-a, a)$ 上的奇函数.

5.3.2　继续讨论 §3.5 练习 3.5.3 中关于 Gauss 超几何级数

$$F(\alpha, \beta, \gamma, x) = 1 + \sum_{n=1}^{\infty} \frac{\alpha(\alpha + 1) \cdots (\alpha + n - 1)\beta(\beta + 1) \cdots (\beta + n - 1)}{n!\gamma(\gamma + 1) \cdots (\gamma + n - 1)} x^n$$

的敛散性. 今设 $x = -1$, $-1 \leqslant \gamma - \alpha - \beta \leqslant 0$(其他情形在 §3.5 练习 3.5.3 中已研究过了). 我们要研究的是以下的级数:

$$
\begin{aligned}
F(\alpha, \beta, \gamma, -1) &= \sum_{n=0}^{\infty} a_n \\
&= 1 + \sum_{n=1}^{\infty} (-1)^n \frac{\alpha(\alpha+1)\cdots(\alpha+n-1)\beta(\beta+1)\cdots(\beta+n-1)}{n!\gamma(\gamma+1)\cdots(\gamma+n-1)}.
\end{aligned}
$$

$$(5.3.31)$$

试证: (i) 有 $\lambda_n \in \mathbf{R}$, 使得

$$
-\frac{a_{n+1}}{a_n} = 1 - \frac{\gamma - \alpha - \beta + 1}{n} + \frac{\lambda_n}{n^2},
$$

且有不依赖于 n 的实数 L, 使得

$$
|\lambda_n| \leqslant L;
$$

(ii) 当 n 充分大时, 比值

$$
-\frac{a_{n+1}}{a_n} > 0;
$$

(iii) 若 $\gamma - \alpha - \beta > -1$, 有 $N \in \mathbf{N}$, 使得当 $n \geqslant N$ 时, 有

$$
0 < -\frac{a_{n+1}}{a_n} < 1,
$$

换言之, 级数 (5.3.31) 的项在 n 充分大时符号交替改变, 而绝对值单调下降地趋于零;

(iv) 若 $\gamma - \alpha - \beta > -1$, 则有 $N \in \mathbf{N}$, 使得

$$
\sum_{n=N}^{\infty} \ln \left(-\frac{a_{n+1}}{a_n} \right) = -\infty;
$$

(v) 若 $\gamma - \alpha - \beta > -1$, 则

$$
\lim_{n \to \infty} a_n = 0;
$$

(vi) 若 $\gamma - \alpha - \beta > -1$, 则级数 (5.3.31) 收敛;

(vii) 若 $\gamma - \alpha - \beta = -1$, 则级数

$$
\sum_{n=1}^{\infty} \ln \left(-\frac{a_{n+1}}{a_n} \right)
$$

收敛;

(viii) 若 $\gamma - \alpha - \beta = -1$, 则级数 (5.3.31) 发散.

把 §3.5 练习 3.5.3 及本题的结果综合起来, 可列出下表以说明**超几何级数**(在实数轴上的) 敛散性:

$\|x\| < 1$		绝对收敛
$\|x\| > 1$		发散
$x = 1$	$\gamma - \alpha - \beta > 0$	绝对收敛
	$\gamma - \alpha - \beta \leqslant 0$	发散
	$\gamma - \alpha - \beta > 0$	绝对收敛
$x = -1$	$-1 < \gamma - \alpha - \beta \leqslant 0$	条件收敛
	$\gamma - \alpha - \beta \leqslant -1$	发散

5.3.3 **设幂级数** $f(x) = \sum\limits_{n=0}^{\infty} a_n x^n$ 的收敛半径是

$$\rho = \frac{1}{\limsup\limits_{n \to \infty} \sqrt[n]{|a_n|}},$$

又设 $|x| < x_1 < \rho$, 试证:

(i) 级数 $\sum\limits_{n=0}^{\infty} n|a_n| x_1^{n-1}$ 收敛.

(ii) 若 $|h| < x_1 - |x|$, 则

$$\forall n \in \mathbf{N} \cup \{0\} \left(\left| \frac{(x+h)^n - x^n}{h} \right| \leqslant n x_1^{n-1} \right) \ \text{且} \ \lim_{h \to 0} \frac{(x+h)^n - x^n}{h} = n x^{n-1}.$$

(iii) 若 $|h| < x_1 - |x|$, 则级数

$$\frac{f(x+h) - f(x)}{h} = \sum_{n=0}^{\infty} a_n \frac{(x+h)^n - x^n}{h}$$

绝对收敛.

(iv) 当 $|x| < \rho$ 时, 有

$$f'(x) = \lim_{h \to 0} \frac{f(x+h) - f(x)}{h} = \sum_{n=1}^{\infty} n a_n x^{n-1},$$

换言之, 幂级数在它的收敛开区间内可逐项求导;

(v) 当 $|x| < \rho$ 时, 有

$$f(x) = \sum_{n=0}^{\infty} \frac{f^{(n)}(0)}{n!} x^n,$$

故 f 的幂级数展开的系数是唯一确定的.

(vi) Gauss 超几何级数定义的函数称为超几何函数, 记

$$F(\alpha, \beta, \gamma, x) = 1 + \sum_{n=1}^{\infty} \frac{\alpha(\alpha+1)\cdots(\alpha+n-1)\beta(\beta+1)\cdots(\beta+n-1)}{n!\gamma(\gamma+1)\cdots(\gamma+n-1)} x^n.$$

它满足以下的 (关于自变量 x 的) 超几何微分方程:

$$x(x-1)F'' - [\gamma - (\alpha+\beta+1)x]F' + \alpha\beta F = 0,$$

及以下的初条件:

$$\begin{cases} F(\alpha,\beta,\gamma,0) = 1, \\[2mm] \dfrac{dF}{dx}(\alpha,\beta,\gamma,0) = \dfrac{\alpha\beta}{\gamma}. \end{cases}$$

(vii) 假若函数 $g = g(x)$ 满足 (vi) 中的 (关于自变量 x 的) 超几何微分方程及 (vi) 中的初条件, 且 g 在一个以 0 为中点, 长度大于零的开区间上能展开成幂级数, 则 g 的幂级数与 Gauss 超几何级数完全一样. 换言之, g 的幂级数在 $(-1,1)$ 上收敛, 且 $\forall x \in (-1,1)\big(g(x) = F(\alpha,\beta,\gamma,x)\big)$.

5.3.4　试证下表所列的七个初等函数可用这七个初等函数右边的超几何函数表示:

$(1-x)^{-\alpha}$	$F(\alpha,\beta,\beta,x)$	$\arctan x$	$xF\left(\dfrac{1}{2},1,\dfrac{3}{2},-x^2\right)$
$\ln\dfrac{1}{1-x}$	$xF(1,1,2,x)$	$\cos(\nu\arcsin x)$	$F\left(\dfrac{\nu}{2},-\dfrac{\nu}{2},\dfrac{1}{2},x^2\right)$
$\ln\dfrac{1+x}{1-x}$	$2xF\left(\dfrac{1}{2},1,\dfrac{3}{2},x^2\right)$	$\sin(\nu\arcsin x)$	$\nu xF\left(\dfrac{1+\nu}{2},\dfrac{1-\nu}{2},\dfrac{3}{2},x^2\right)$
$\arcsin x$	$xF\left(\dfrac{1}{2},\dfrac{1}{2},\dfrac{3}{2},x^2\right)$		

由此可得到上述函数在收敛区间端点的敛散性.

5.3.5　设 f 和 g 是两个 $[a,b] \to \mathbf{R}$ 的连续函数, 且在 (a,b) 上可微. 试证: 有 $c \in (a,b)$, 使得

$$\begin{vmatrix} f(b)-f(a) & g(b)-g(a) \\ f'(c) & g'(c) \end{vmatrix} = 0.$$

注　由本题的结果, 加上条件 $\forall\xi \in (a,b)(g'(\xi) \neq 0)$, 便得 Cauchy 中值定理.

5.3.6　设函数 $f:[a,b] \to \mathbf{R}$ 在 $[a,b]$ 上连续且在 (a,b) 上可微, 又在 (a,b) 上满足方程:

$$f'(x) = \lambda \cdot f(x),$$

其中 λ 是个 $\mathbf{C}$ 中的常数. 试证:

$$\exists c \in \mathbf{R}\,\forall x \in [a,b](f(x) = c\exp\big(\lambda x\big)).$$

5.3.7　设 $f:[a,b] \to \mathbf{R}$ 是在闭区间 $[a,b]$ 上连续且在开区间 (a,b) 上可微的函数. 试证: 对于任何 $x_0 \in (a,b)$ 和任何 $x,y \in [a,b]$ 且满足 $x < y$, 有

$$|f(y)-f(x)-f'(x_0)(y-x)| \leqslant (y-x)\sup_{x<w<y}|f'(w)-f'(x_0)|.$$

5.3.8 请用 §5.3 的理论去讨论练习 4.2.9 及练习 4.3.2 中的问题. 特别, 应该证明:
$$\forall x \in \mathbf{R}(\exp x > 1 + x)$$
和
$$\forall x \in (-1, \infty)(\ln(1 + x) \leqslant x).$$

5.3.9 假设 f 是 $[a,b]$ 到 $[a_1,b_1]$ 的连续映射, $x \in [a,b]$. 又设 f 在 x 点的一个邻域内连续可微 (即可微且导数连续), 又设 $f'(x) \neq 0$. 试证: 有 c 和 d, 使得 $x \in (c,d) \subset [a,b]$, 且 f 在 (c,d) 上的限制 (为了方便, 这个限制仍记做 f) 有逆映射 f^{-1}, 后者在 $f(x)$ 点处可微, 且

$$(f^{-1})'\big(f(x)\big) = \frac{1}{f'(x)}. \tag{5.2.19$'$}$$

又若满足以上条件的 f 在 $[a,b]$ 上有 r 次连续导数, 则它的反函数 f^{-1} 在 $f\big((c,d)\big)$ 上也有 r 次连续导数.

注 这个结论称为**一元函数的 (局部) 反函数定理**. 在第 8 章中将把它推广到高维空间及无限维空间上去.

5.3.10 (i) 假若变量 y 作为变量 x 在区间 (a,b) 上的函数是通过以下的参数方程确定的:
$$\begin{cases} x = \phi(t), \\ y = \psi(t), \end{cases}$$
其中参数 $t \in (\alpha, \beta)$. 假设 ϕ 和 ψ 在区间 (α, β) 上可微, 且 ϕ 在区间 (α, β) 上导数非零. 试证: 函数 $y = y(x)$ 在区间 (a,b) 上可微, 且

$$\frac{dy}{dx} = \frac{\dfrac{dy}{dt}}{\dfrac{dx}{dt}}.$$

注 上式右端只是 t 的函数, 欲把它写成 x 的函数, 尚须用 $t = \phi^{-1}(x)$ 代入之.

(ii) 函数 $y = \sqrt{1 - x^2}$ 的参数表示是
$$\begin{cases} x = \cos t, \\ y = \sin t \end{cases} \quad (0 < t < \pi).$$
试求: $\dfrac{dy}{dx} = ?$

(iii) 函数 $y = -\sqrt{1 - x^2}$ 的参数表示是
$$\begin{cases} x = \cos t, \\ y = \sin t \end{cases} \quad (\pi < t < 2\pi).$$
试求: $\dfrac{dy}{dx} = ?$

§5.4　高阶导数, 高阶微分及 Taylor 公式

定义 5.4.1　设函数 $f : [a,b] \to \mathbf{R}$ 是可微的, f 在 $x \in [a,b]$ 处的导数 $f'(x) \in \mathbf{R}$ 是一个依赖于 x 的数, 故 $x \mapsto f'(x)$ 也是一个映射 (函数):

$$f' : [a,b] \to \mathbf{R}.$$

假若这个函数 f' 在 x 处又有导数, 则这个 f' 在 x 处的导数称为 f 在 x 处的**二阶导数**, 记做 $f''(x)$. 若 f 的 n 阶导数 $f^{(n)}(x)$ 对于任何 $x \in [a,b]$ 已有定义, 它也是一个函数 $f^{(n)} : [a,b] \to \mathbf{R}$. 又若这个函数在 x 处又可微, 则 f 的 $(n+1)$**阶导数**在 x 处的值 $f^{(n+1)}(x)$ 定义为这个函数 $f^{(n)} : [a,b] \to \mathbf{R}$ 在 x 处的导数:

$$f^{(n+1)}(x) = (f^{(n)})'(x). \tag{5.4.1}$$

假若函数 f 在 x 处有直到 n 次的导数, 则称 **f在x处n次可微**. 若函数 $f : [a,b] \to \mathbf{R}$ 在闭区间 $[a,b]$ 的每一点 x 处 n 次可微, 则称函数 **$f : [a,b] \to \mathbf{R}$在闭区间$[a,b]$上n次可微**.

定义 5.4.2　设函数 $f : [a,b] \to \mathbf{R}$ 是可微的, f 在 $x \in [a,b]$ 处的微分 $(df)_x : \mathbf{R} \to \mathbf{R}$ 是一个一维线性空间 $\mathbf{R}$ 到自身的线性映射. 这个线性映射 $(df)_x$ 依赖于 x, 故 f 的微分 df 可看成 $[a,b] \to \mathcal{L}(\mathbf{R},\mathbf{R})$ 的如下映射:

$$df : x \mapsto (df)_x,$$

其中 $\mathcal{L}(\mathbf{R},\mathbf{R})$ 表示 $\mathbf{R} \to \mathbf{R}$ 的线性映射的全体. 以前我们曾指出过, $\mathcal{L}(\mathbf{R},\mathbf{R})$, $M_{1\times 1}$ 与 $\mathbf{R}$ 之间有如下两个自然的双射:

$\mathcal{L}(\mathbf{R},\mathbf{R})$中的每个元素 (线性映射) $\mapsto$ 一个一行一列的矩阵

$\mapsto$ 矩阵的唯一的元素 $\in \mathbf{R}$.

以后我们总是不加申明地将这两个自然的双射所对应的三个元素看成是一个东西. 以上这两个自然的双射使得 $[a,b] \to \mathcal{L}(\mathbf{R},\mathbf{R})$ 的映射全体与 $[a,b] \to \mathbf{R}$ 的映射 (即 $[a,b]$ 上的实值函数) 全体之间有个一一对应, 换言之, 每个映射 $df \in \mathcal{F}([a,b], \mathcal{L}(\mathbf{R},\mathbf{R}))$ 可看成 $\mathcal{F}([a,b], \mathbf{R})$ 的

元素, 其中 $\mathcal{F}(A,B)$ 表示 A 到 B 的映射全体. 若 $df \in \mathcal{F}([a,b], \mathbf{R}) = \mathcal{F}([a,b], \mathcal{L}(\mathbf{R}, \mathbf{R}))$ 是可微的, 它的微分 $d \circ df = d(df)$ 称为 f 的**二次 (或二阶) 微分**, 记做

$$d^2 f = d \circ df = d(df). \tag{5.4.2}$$

归纳地, 可以定义 n**次 (或 n 阶) 微分**如下:

$$d^{n+1} f = d(d^n f). \tag{5.4.3}$$

注 1 以上讨论中的函数的目标域 $\mathbf{R}$ 可以换成 $\mathbf{C}$. 只要不牵涉到大小的比较, 所有对于目标域为 $\mathbf{R}$ 的函数的推理几乎都适用于目标域为 $\mathbf{C}$ 的函数. 为了方便, 下面的讨论仍限制在 $\mathbf{R}$ 上. 对于下面的任何命题, 同学可以自己问自己: 把目标域 $\mathbf{R}$ 换成 $\mathbf{C}$ 后结论成立否?

注 2 $f \in \mathcal{L}(\mathbf{R}, \mathcal{L}(\mathbf{R}, \mathbf{R}))$ 表示 f 是一个 $\mathbf{R} \to \mathcal{L}(\mathbf{R}, \mathbf{R})$ 的一个满足以下条件的映射:

$$\forall a, b, u, v \in \mathbf{R}\big(f(au+bv) = af(u) + bf(v)\big),$$

其中 $f(u), f(v), f(au+bv) \in \mathcal{L}(\mathbf{R}, \mathbf{R})$. 换言之, 以上条件可以改写成以下的等价形式:

$$\forall a, b, u, v, w \in \mathbf{R}\big(f(au+bv)(w) = af(u)(w) + bf(v)(w)\big).$$

若引进以下的 $\mathbf{R} \times \mathbf{R} \to \mathbf{R}$ 的映射:

$$\beta(u,w) \equiv f(u)(w),$$

易见, β 满足条件:

$$\forall a,b,c,d,u,v,w,z \in \mathbf{R}\Big(\beta(au+bv, cw+dz)$$
$$= ac\beta(u,w) + bc\beta(v,w) + ad\beta(u,z) + bd\beta(v,z)\Big).$$

满足以上条件的映射称为**双线性映射**. 以上条件事实上是说: 当 u 固定时, $w \mapsto \beta(u,w)$ 是线性映射; 当 w 固定时, $u \mapsto \beta(u,w)$ 是线性映射. 以上讨论告诉我们, 对于任何一个 $f \in \mathcal{L}(\mathbf{R}, \mathcal{L}(\mathbf{R}, \mathbf{R}))$, 用公式

$\beta(u,w) \equiv f(u)(w)$ 得到的 β 是双线性映射. 反之, 不难看出, 任何双线性映射可由某个 $f \in \mathcal{L}(\mathbf{R}, \mathcal{L}(\mathbf{R}, \mathbf{R}))$ 通过上述公式得到.

注 3   对于每个 $x \in [a,b], df_x \in \mathcal{L}(\mathbf{R}, \mathbf{R})$. 所以, $df : x \mapsto df_x$ 是 $[a,b] \to \mathcal{L}(\mathbf{R}, \mathbf{R})$ 的映射. 因此, $(d^2 f)_x = (d(df))_x \in \mathcal{L}(\mathbf{R}, \mathbf{R}) = \mathcal{L}(\mathbf{R}, \mathcal{L}(\mathbf{R}, \mathbf{R}))$ 应看成是由 $\mathbf{R}$ 到 $\mathcal{L}(\mathbf{R}, \mathbf{R})$ 的线性映射. 根据注 2, $(d^2 f)_x$ 又可看做 $\mathbf{R} \times \mathbf{R} \to \mathbf{R}$ 的一个**双线性映射**:

$$(d^2 f)_x : \mathbf{R} \times \mathbf{R} \to \mathbf{R},$$

$$\forall (u,v) \in \mathbf{R} \times \mathbf{R} \big((d^2 f)_x(u,v) = [(d(df))_x(u)](v) \big), \tag{5.4.4}$$

其中 $(d(df))_x(u) \in \mathcal{L}(\mathbf{R}, \mathbf{R})$.

注 4   归纳地, 在 x 处的 n 次 (或 n 阶) 微分可看做 $(\mathbf{R})^n \to \mathbf{R}$ 的一个 n-**线性映射**: 对于任何 $x \in [a,b]$,

$$(d^n f)_x(u_1, \cdots, u_n) \in \mathbf{R},$$

且对于任何 $j \in \{1,2,\cdots,n\}$ 及固定的 $u_1, u_2, \cdots, u_{j-1}, u_{j+1}, \cdots, u_n$,

$$v \mapsto (d^n f)_x(u_1, \cdots, u_{j-1}, v, u_{j+1}, \cdots, u_n)$$

是 v 的线性函数.

注 5   我们之所以强调 $(d^n f)_x$ 是 n-线性映射是因为这在讨论多元函数微分学和无限维空间上的微分学时方便. 因为 $\mathbf{R} \to \mathbf{R}$ 的线性映射具有形式: $x \to ax$, 利用归纳原理不难看出, $(\mathbf{R})^n \to \mathbf{R}$ 的 n-线性映射 A 均可表示成

$$A(u_1, \cdots, u_n) = a u_1 \cdots u_n,$$

其中 $a \in \mathbf{R}$, 在一元函数情形, n 次微分与一个实数相对应. 确切些说,

$$(d^n f)_x(u_1, \cdots, u_n) = f^{(n)}(x) u_1 \cdots u_n. \tag{5.4.5}$$

这公式表达了一元函数的 n 次微分与 n 次导数之间的联系.

注 6   设 A 和 B 分别是 j-线性和 k-线性的 $(\mathbf{R})^j \to \mathbf{R}$ 和 $(\mathbf{R})^k \to \mathbf{R}$ 的映射, 则 A 与 B 的**张量积** $A \otimes B$ 定义为 $(\mathbf{R})^{j+k} \to \mathbf{R}$ 如下的 $(j+k)$-线性映射

$$A \otimes B(u_1, \cdots, u_j, u_{j+1}, \cdots, u_{j+k}) = A(u_1, \cdots, u_j) B(u_{j+1}, \cdots, u_{j+k}),$$

上式右端是两个数 $A(u_1, \cdots, u_j)$ 和 $B(u_{j+1}, \cdots, u_{j+k})$ 的乘积. 有时, 我们也用如下的简写方法:

$$A^n = \underbrace{A \otimes \cdots \otimes A}_{n \text{个} A}.$$

因 $dx(u) = u$, 故

$$(dx)^n(u_1, \cdots, u_n) = u_1 \cdots u_n.$$

所以, 方程 (5.4.5) 可以改写成

$$(d^n f)_x(u_1, \cdots, u_n) = f^{(n)}(x)(dx)^n(u_1, \cdots, u_n), \tag{5.4.5}'$$

或

$$(d^n f)_x\big(\mathrm{id}_{\mathbf{R}}\big)^n = f^{(n)}(x)(dx)^n, \tag{5.4.5}''$$

或

$$f^{(n)}(x)\big(\mathrm{id}_{\mathbf{R}}\big)^n = (d^n f)_x \circ \big((dx)^n\big)^{-1}. \tag{5.4.5}'''$$

这和传统的 Leibniz 引进的 n 阶导数的记法

$$f^{(n)} = \frac{d^n f}{dx^n}.$$

非常接近. 不过, 这里给出了这个记法的新解释: $(5.4.5)''$ 的两端都是 n 线性映射, 而 Leibniz 则把上式右端理解为两个无穷小之商.

以上这六条注同学们读起来会感到十分费解. 它们是为以后介绍多元微分学 (第 8 章) 及线性赋范空间上的微分学 (第 8 章的 §8.9) 作准备的. 到那时回来再读也许会清楚些. 现在同学们只须把一元函数的各阶导数在 x 处的值理解成一个数就够了. 而高阶微分现在在文献中已经用得很少了.

例 5.4.1 对于任何自然数 n 和实数 μ, 用数学归纳法可得

$$\frac{d^n(x^\mu)}{dx^n} = \mu(\mu - 1) \cdots (\mu - n + 1)x^{\mu - n}.$$

例 5.4.2 对于任何自然数 n, 用数学归纳法可得

$$\frac{d^n \ln|x|}{dx^n} = (-1)^{n-1}(n-1)! x^{-n}.$$

例 5.4.3   对于任何实数 a, 用数学归纳法可得

$$\frac{d^n \exp(ax)}{dx^n} = a^n \exp(ax).$$

例 5.4.4   对于任何实数 a 和非负整数 k, 用数学归纳法可得

$$\frac{d^n \sin(ax)}{dx^n} = a^n \sin\left(ax + \frac{n\pi}{2}\right) = \begin{cases} a^n \sin(ax), & \text{若 } n = 4k, \\ a^n \cos(ax), & \text{若 } n = 4k+1, \\ -a^n \sin(ax), & \text{若 } n = 4k+2, \\ -a^n \cos(ax), & \text{若 } n = 4k+3. \end{cases}$$

例 5.4.5   对于任何实数 a 非负整数 k, 用数学归纳法可得

$$\frac{d^n \cos(ax)}{dx^n} = a^n \cos\left(ax + \frac{n\pi}{2}\right) = \begin{cases} a^n \cos(ax), & \text{若 } n = 4k, \\ -a^n \sin(ax), & \text{若 } n = 4k+1, \\ -a^n \cos(ax), & \text{若 } n = 4k+2, \\ a^n \sin(ax), & \text{若 } n = 4k+3. \end{cases}$$

命题 5.4.1   设 f 和 g 是两个在 x 处有 n 次导数的函数; 则 $f+g$ 在 x 处也有 n 次导数, 且

$$(f+g)^{(n)}(x) = f^{(n)}(x) + g^{(n)}(x) \tag{5.4.6}$$

和

$$(d^n(f+g))_x = (d^n f)_x + (d^n g)_x. \tag{5.4.7}$$

证   对 n 作归纳法.   □

命题 5.4.2(Leibniz 公式)   设 f 和 g 是两个在 x 处有 n 次导数的函数, 则 $f \cdot g$ 在 x 处也有 n 次导数, 且

$$(f \cdot g)^{(n)}(x) = \sum_{j=0}^{n} \binom{n}{j} f^{(j)}(x) \cdot g^{(n-j)}(x) \tag{5.4.8}$$

和

$$(d^n(f \cdot g))_x = \sum_{j=0}^{n} \binom{n}{j} (d^j f)_x \otimes (d^{(n-j)} g)_x. \tag{5.4.9}$$

证 对 n 作归纳法, 用到了证明 Newton 二项式定理时用到的关于组合数的恒等式 (参看练习 1.7.4 的 (ii)): 对于任何自然数 $1 \leqslant j \leqslant n$, 我们有

$$\binom{n+1}{j} = \binom{n}{j} + \binom{n}{j-1}. \qquad \square$$

复合函数的高阶导数公式相当复杂, 我们只看一下二阶导数的情形:

$$(f \circ g)''(x) = (f'(g(x))g'(x))' = f''(g(x))(g'(x))^2 + f'(g(x))g''(x). \tag{5.4.10}$$

一般的复合函数的高阶导数公式留作习题 (参看练习 5.4.1).

下面的引理是 l'Hôpital 法则的一种推广.

引理 5.4.1(推广的 l'Hôpital 法则)   设函数 $f : (a,b) \to \mathbf{R}$ 和函数 $g : (a,b) \to \mathbf{R}$ 在开区间 (a,b) 上 n 次可微, 其中 $-\infty \leqslant a < b \leqslant \infty$, 且在开区间 (a,b) 上 $g^{(n)}(x) \neq 0$. 又

$$\lim_{x \to a+0} \frac{f^{(n)}(x)}{g^{(n)}(x)} = A, \tag{5.4.11}$$

其中 $-\infty \leqslant A \leqslant \infty$, 则在以下条件得以满足时:

$$\forall j \in \{0, 1, \cdots, n-1\} (\lim_{x \to a+0} f^{(j)}(x) = \lim_{x \to a+0} g^{(j)}(x) = 0), \tag{5.4.12}$$

我们有

$$\lim_{x \to a+0} \frac{f(x)}{g(x)} = A. \tag{5.4.13}$$

以上结论在 $x \to a+0$ 换成 $x \to b-0$ 时也成立.

证   在开区间 (a,b) 上 $g^{(n)}(x) \neq 0$, 由 Darboux 定理, 在开区间 (a,b) 上 $g^{(n)}(x)$ 保持常号. 所以, 在开区间 (a,b) 上 $g^{(n-1)}(x)$ 严格单调. 由 (5.4.12), 在开区间 (a,b) 上 $g^{(n-1)}(x) \neq 0$. 由归纳原理, $\forall j \in \{0, 1, \cdots, n-1\} (g^{(j)}(x) \neq 0)$. 再对 n 作数学归纳法便得推广的 l'Hôpital 法则. $\qquad \square$

与导数定义等价的公式

$$f(x+h) = f(x) + f'(x)h + o(h). \tag{5.1.9$''$}$$

对于 n 次可微函数 f 来说可作以下形式的推广:

定理 5.4.1(带 Peano 余项的 Taylor 公式)　设函数 $f : [a, b] \to$ **C**(或 $f : [b, a] \to$ **C**) 在点 a 处有直到 n 阶的导数 $f'(a), \cdots, f^{(n)}(a)$, 则当 $x \to a + 0$(或 $x \to a - 0$) 时, 我们有以下等式:

$$f(x) = f(a) + \frac{f'(a)}{1!}(x - a) + \cdots + \frac{f^{(n)}(a)}{n!}(x - a)^n + o((x - a)^n). \quad (5.4.14)$$

证　为了证明 (5.4.14), 只须证明以下极限为零:

$$\lim_{x \to a + 0} \frac{f(x) - \left(f(a) + \frac{f'(a)}{1!}(x - a) + \cdots + \frac{f^{(n)}(a)}{n!}(x - a)^n \right)}{(x - a)^n}$$

$$= \lim_{x \to a + 0} \frac{F(x)}{G(x)} = 0, \quad (5.4.15)$$

其中

$$F(x) = f(x) - \left(f(a) + \frac{f'(a)}{1!}(x - a) + \cdots + \frac{f^{(n)}(a)}{n!}(x - a)^n \right) \quad (5.4.16)_1$$

和

$$G(x) = (x - a)^n. \quad (5.4.16)_2$$

因 f 在点 a 处有直到 n 阶的导数, 故 f 的直到 $(n - 1)$ 阶的导数在以点 a 为左端点的某闭区间 $[a, a + \varepsilon]$ 上存在, 且在点 a 处右连续. 不难证明:

$$\lim_{x \to a + 0} F^{(j)}(x) = \lim_{x \to a + 0} G(x) = \lim_{x \to a + 0} G^{(j)}(x) = 0, \quad (0 \leqslant j \leqslant n - 2).$$

由推广的 l'Hôpital 法则, 我们有

$$\lim_{x \to a + 0} \frac{f(x) - \left(f(a) + \frac{f'(a)}{1!}(x - a) + \cdots + \frac{f^{(n)}(a)}{n!}(x - a)^n \right)}{(x - a)^n}$$

$$= \lim_{x \to a + 0} \frac{f^{(n-1)}(x) - f^{(n-1)}(a) - f^{(n)}(a)(x - a)}{n(x - a)}$$

$$= \lim_{x \to a + 0} \frac{1}{n} \left(\frac{f^{(n-1)}(x) - f^{(n-1)}(a)}{x - a} - f^{(n)}(a) \right) = 0.$$

(5.4.15) 证得. □

注 方程 (5.4.14) 的右端的 n 次多项式

$$f(a) + \frac{f'(a)}{1!}(x-a) + \cdots + \frac{f^{(n)}(a)}{n!}(x-a)^n$$

称为函数 f 在 a 点处的 $(n$ 次)**Taylor多项式**. 右端最后一项 $o((x-a)^n)$ 称为 **Peano余项**.

定理 5.4.2(带有明确表达式余项的 Taylor 公式) 设函数 $f:$ $[a,b] \to \mathbf{C}$(或 $f:[b,a] \to \mathbf{C}$) 在闭区间 $[a,b]$(或 $[b,a]$) 上有直到 n 阶的连续导数, 且在开区间 (a,b)(或 (b,a)) 上有 $(n+1)$ 阶导数, 又设函数 φ 在闭区间 $[a,b]$(或 $[b,a]$) 上连续, 且在开区间 (a,b)(或 (b,a)) 上有不等于零的导数, 则有 $\xi \in (a,x)$(或$\xi \in (x,a)$), 使得以下等式成立:

$$f(x) = f(a) + \frac{f'(a)}{1!}(x-a) + \cdots + \frac{f^{(n)}(a)}{n!}(x-a)^n + R_n(x), \quad (5.4.17)$$

其中

$$R_n(x) = \frac{\varphi(x) - \varphi(a)}{\varphi'(\xi)n!} f^{(n+1)}(\xi)(x-\xi)^n. \quad (5.4.18)$$

证 对于任何 $x \in [a,b]$(或$x \in [b,a]$) 和 $t \in [a,x]$(或$t \in [x,a]$), 令

$$F(t) = f(x) - \left(f(t) + \frac{f'(t)}{1!}(x-t) + \cdots + \frac{f^{(n)}(t)}{n!}(x-t)^n \right). \quad (5.4.19)$$

易见,F 在 $[a,x]$(或$[x,a]$) 上连续, 在 (a,x)(或(x,a)) 上可微, 且

$$F'(t) = -\sum_{j=0}^{n} \left[\frac{f^{(j+1)}(t)}{j!}(x-t)^j - \frac{f^{(j)}(t)}{j!} j(x-t)^{j-1} \right]$$

$$= -\frac{f^{(n+1)}(t)}{n!}(x-t)^n. \quad (5.4.20)$$

在区间 $[a,x]$(或$[x,a]$) 上对 F 和 φ 用 Cauchy 中值定理, 有 $\xi \in [a,x]$(或$\xi \in [x,a]$), 使得

$$\frac{F(x) - F(a)}{\varphi(x) - \varphi(a)} = \frac{F'(\xi)}{\varphi'(\xi)}.$$

将 (5.4.19) 及 (5.4.20) 代入上式便得 (5.4.17) 和 (5.4.18). □

定理 5.4.3(带有 Schlömilch-Roche 余项的 Taylor 公式) 设函数 $f : [a,b] \to \mathbf{C}$(或 $f : [b,a] \to \mathbf{C}$) 在闭区间 $[a,b]$(或 $[b,a]$) 上有直到 n 阶的连续导数, 且在开区间 (a,b)(或 (b,a)) 上有 $(n+1)$ 阶导数, 则对于任何 $p > 0$, 有 $\theta \in (0,1)$, 使得以下等式成立:

$$f(x) = f(a) + \frac{f'(a)}{1!}(x-a) + \cdots + \frac{f^{(n)}(a)}{n!}(x-a)^n + R_n(x), \quad (5.4.21)$$

其中

$$R_n(x) = \frac{f^{(n+1)}(a + \theta(x-a))}{n!p}(1-\theta)^{n+1-p}(x-a)^{n+1}. \quad (5.4.22)$$

证 只须让 $\varphi(t) = (x-t)^p$ 代入公式 (5.4.17), 并在 (5.4.18) 式中让 $\xi = a + \theta(x-a)$, Schlömilch-Roche 余项便证得. □

定理 5.4.4(带有 Lagrange 余项的 Taylor 公式) 设函数 $f : [a,b] \to \mathbf{C}$(或 $f : [b,a] \to \mathbf{C}$) 在闭区间 $[a,b]$(或 $[b,a]$) 上有直到 n 阶的连续导数, 且在开区间 (a,b)(或 (b,a)) 上有 $(n+1)$ 阶导数, 则有 $\theta \in (0,1)$, 使得以下等式成立:

$$f(x) = f(a) + \frac{f'(a)}{1!}(x-a) + \cdots + \frac{f^{(n)}(a)}{n!}(x-a)^n + R_n(x), \quad (5.4.23)$$

其中

$$R_n(x) = \frac{f^{(n+1)}(a + \theta(x-a))}{(n+1)!}(x-a)^{n+1}. \quad (5.4.24)$$

证 只须让 $p = n+1$ 代入公式 (5.4.22) 便得. □

定理 5.4.5(带有 Cauchy 余项的 Taylor 公式) 设函数 $f : [a,b] \to \mathbf{C}$(或 $f : [b,a] \to \mathbf{C}$) 在闭区间 $[a,b]$(或 $[b,a]$) 上有直到 n 阶的连续导数, 且在开区间 (a,b)(或 (b,a)) 上有 $(n+1)$ 阶导数, 则有 $\theta \in (0,1)$, 使得以下等式成立:

$$f(x) = f(a) + \frac{f'(a)}{1!}(x-a) + \cdots + \frac{f^{(n)}(a)}{n!}(x-a)^n + R_n(x), \quad (5.4.25)$$

其中

$$R_n(x) = \frac{f^{(n+1)}(a + \theta(x-a))}{n!}(1-\theta)^n(x-a)^{n+1}. \quad (5.4.26)$$

证 只须让 $p = 1$ 代入公式 (5.4.22) 便得. $\qquad\qquad\qquad\qquad$ □

应该指出, 定理 5.4.1 是局部性质, 而定理 5.4.2, 5.4.3, 5.4.4 及 5.4.5 是整体性质. 整体性质对于研究函数的 Taylor 级数的收敛性是不可缺少的工具. 还应指出, Taylor 多项式可以用微分表示成如下形式:

$$f(a) + \frac{f'(a)}{1!}(x - a) + \cdots + \frac{f^{(n)}(a)}{n!}(x - a)^n$$
$$= f(a) + \frac{1}{1!}(df)_a(x - a) + \cdots + \frac{1}{n!}(d^n f)_a \underbrace{(x - a, \cdots, x - a)}_{n \, \text{重}},$$

其中 $(d^n f)_a \underbrace{(x - a, \cdots, x - a)}_{n \, \text{重}}$ 表示 n- 线性函数 $(d^n f)_a$ 在 $\underbrace{(x - a, \cdots, x - a)}_{n \, \text{重}}$ 处的值. 因而, Taylor 公式也可以用微分表示. 例如, 带有 Lagrange 余项的 Taylor 公式可以写成如下形式:

$$f(x) = f(a) + \frac{1}{1!}(df)_a(x - a) + \cdots + \frac{1}{n!}(d^n f)_a \underbrace{(x - a, \cdots, x - a)}_{n \, \text{重}}$$
$$+ \frac{1}{(n + 1)!}(d^{n+1} f)_{a + \theta(x - a)} \underbrace{(x - a, \cdots, x - a)}_{(n+1) \, \text{重}}. \qquad (5.4.27)$$

方程 (5.4.27) 只是方程 (5.4.23) 和 (5.4.24) 的另一种表达方式. 它在多元函数情形有相应的推广.

练　习

5.4.1 设 f 是在 x 点处 n 次可微的实值函数, 而 g 是在 $y = f(x)$ 点处 n 次可微的实值函数. f 和 g 分别在 x 和 y 处的 Taylor 展开是

$$f(x + h) = y + a_1 h + \cdots + a_n h^n + r_n(h),$$
$$a_j = \frac{f^{(j)}(x)}{j!}(j = 1, \cdots, n), \quad r_n(h) = O(|h|^{n+1})$$

和

$$g(y + k) = b_0 + b_1 k + \cdots + b_n k^n + s_n(k),$$
$$b_j = \frac{g^{(j)}(x)}{j!}(j = 0, 1, \cdots, n), \quad s_n(k) = O(|k|^{n+1}).$$

试证:

(i) $g \circ f(x + h)$ 在 x 处的 Taylor 展开中 h 幂的次数不超过 n 的项之和恰等于以下关于 h 的多项式中的不超过 n 次的项之和:

$$b_0 + b_1(a_1 h + \cdots + a_n h^n) + b_2(a_1 h + \cdots + a_n h^n)^2 + \cdots + b_n(a_1 h + \cdots + a_n h^n)^n.$$

(ii) 复合函数 $g \circ f$ 的高阶导数有以下公式:

$$\frac{d^n}{dx^n}(g \circ f)(x)$$
$$= \sum_{\substack{m_1 + 2m_2 + \cdots + nm_n = n \\ m_i \geqslant 0}} \frac{n!}{m_1! m_2! \cdots m_n!} g^{(p)}(f(x)) \left(\frac{f'(x)}{1!} \right)^{m_1} \cdots \left(\frac{f^{(n)}(x)}{n!} \right)^{m_n},$$

其中右端的求和号 $\displaystyle\sum_{\substack{m_1 + 2m_2 + \cdots + nm_n = n \\ m_i \geqslant 0}}$ 表示对所有的满足以下等式的 n 个非负整数组成的数列 $\{m_i\}_{1 \leqslant i \leqslant n}$ 求和:

$$m_1 + 2m_2 + \cdots + nm_n = n,$$

而 $p = m_1 + m_2 + \cdots + m_n$.

(iii) 复合函数 $g \circ f$ 的高阶导数的公式也可写成以下形式:

$$\frac{d^n}{dx^n}(g \circ f)(x)$$
$$= \sum_{p=1}^{n} \sum_{\substack{n_1 + n_2 + \cdots + n_p = n \\ n_i > 0}} \frac{n!}{p! n_1! n_2! \cdots n_p!} d^p g(f(x)) \left[f^{(n_1)}(x), f^{(n_2)}(x), \cdots, f^{(n_p)}(x) \right],$$

其中右端的第二个求和号 $\displaystyle\sum_{\substack{n_1 + n_2 + \cdots + n_p = n \\ n_i > 0}}$ 表示对所有的满足以下等式的 p 个正整数组成的数列 $\{n_i\}_{1 \leqslant i \leqslant p}$ 求和:

$$n_1 + n_2 + \cdots + n_p = n,$$

而右端表达式中的 $d^p g(f(x))$ 被看成一个 p 线性函数.

(iv) 复合函数 $g \circ f$ 的高阶导数还有以下形式的公式:

$$\frac{d^n}{dx^n}(g \circ f)(x) = \sum_{p=1}^{n} \frac{1}{p!} g^{(p)}(f(x)) \left[\sum_{q=1}^{p} \binom{p}{q} \left(-f(x) \right)^{p-q} \frac{d^n (f(x))^q}{dx^n} \right].$$

注　在 [12] 中有本题结果的推广. 同学们应在学完第 8 章的补充教材—(线性赋范空间上的微分学及变分法初步) 后再去阅读 [12].

5.4.2　设函数 $f : I \to \mathbf{R}$ 在区间 I 上定义且 n 次可微, $x_1, x_2, \cdots, x_p$ 是区间 I 上互不相同的 p 个点, 而 $n_i (1 \leqslant i \leqslant p)$ 是 p 个自然数, 且 $n = n_1 + n_2 + \cdots + n_p$. 假若在每一点 $x_i (1 \leqslant i \leqslant p)$ 处函数 f 及其直至 $n_i - 1$ 阶的导数皆为零. 试证: 在含有所有的点 $x_i (1 \leqslant i \leqslant p)$ 的最小闭区间 $\left[\min\limits_{1 \leqslant i \leqslant p} x_i, \max\limits_{1 \leqslant i \leqslant p} x_i \right]$ 有一个内点 ξ, 使得 $f^{(n-1)}(\xi) = 0$.

5.4.3 设函数 $f : I \to \mathbf{R}$ 在区间 I 上定义且 n 次可微,$x_1, x_2, \cdots, x_p$ 是区间 I 上互不相同的 p 个点, 而 $n_i(1 \leqslant i \leqslant p)$ 是 p 个自然数, 且 $n = n_1 + n_2 + \cdots + n_p$. 又设函数 g 是个 $n-1$ 次的实系数多项式, 假若在每一点 $x_i(1 \leqslant i \leqslant p)$ 处多项式 g 及其直至 $n_i - 1$ 阶的导数皆与函数 f 及其直至 $n_i - 1$ 阶的导数相等. 试证: 在含有点 x 和所有的点 $x_i(1 \leqslant i \leqslant p)$ 的最小闭区间 $\left[\min\limits_{0 \leqslant i \leqslant p} x_i, \max\limits_{0 \leqslant i \leqslant p} x_i \right]$ 上有一个内点 ξ, 其中 $x_0 = x$, 使得

$$f(x) = g(x) + \frac{(x - x_1)^{n_1} (x - x_2)^{n_2} \cdots (x - x_p)^{n_p}}{n!} f^{(n)}(\xi).$$

5.4.4 (i) 设 g 是在原点的一个邻域 I 中的五次连续可微 (即有连续的直至 5 阶的导数) 的奇函数. 试证:

$$\forall x \in I \exists \xi \in I \left(g(x) = \frac{x}{3} (g'(x) + 2g'(0)) - \frac{x^5}{180} g^{(5)}(\xi) \right).$$

(ii) 设 f 在闭区间 $[a, b]$ 上定义且在 $[a, b]$ 上五次连续可微, 则

$$\exists \xi \in (a, b) \left(f(b) - f(a) = \frac{b - a}{6} \left[f'(a) + f'(b) + 4f' \left(\frac{a + b}{2} \right) \right] - \frac{(b - a)^5}{2880} f^{(5)}(\xi) \right).$$

注 近似公式

$$f(b) - f(a) \approx \frac{b - a}{6} \left[f'(a) + f'(b) + 4f' \left(\frac{a + b}{2} \right) \right]$$

在积分近似计算的 **Simpson方法**中用到. 本题 (ii) 的结果在给出 **Simpson方法的误差估计**公式时有用.

5.4.5 设 $f : I = [a, b] \to \mathbf{R}$ 在 I 上二次可微, 记

$$M_0 = \sup_{x \in I} |f(x)|, \quad M_2 = \sup_{x \in I} |f''(x)|.$$

试证:

$$\forall x \in I \left(|f'(x)| \leqslant \frac{2M_0}{b - a} + \frac{(2x - b - a)^2 + (b - a)^2}{4(b - a)} M_2 \right).$$

5.4.6 设 $f : I \to \mathbf{R}$ 在 I 上二次可微, 其中 I 是一个 (可能无限的) 区间, 记

$$M_0 = \sup_{x \in I} |f(x)|, \quad M_1 = \sup_{x \in I} |f'(x)|, \quad M_2 = \sup_{x \in I} |f''(x)|.$$

试证:

(i) 若 I 的长度 $\geqslant 2\sqrt{M_0/M_2}$, 则 $M_1 \leqslant 2\sqrt{M_0 M_2}$;

(ii) 若 $I = \mathbf{R}$, 则 $M_1 \leqslant \sqrt{2M_0 M_2}$.

5.4.7 设 $f : (a, b) \to \mathbf{R}$, $x \in (a, b)$ 而 $f'(x)$ 存在有限.

(i) 今设 $\{h_n\}$ 和 $\{k_n\}$ 是两个满足以下条件的实数序列:

$$k_n > h_n > 0, \quad \lim_{n \to \infty} h_n = \lim_{n \to \infty} k_n = 0 \ \text{且} \ \exists M \in \mathbf{R} \left(\frac{k_n}{k_n - h_n} \leqslant M \right).$$

试证:
$$f'(x) = \lim_{n \to \infty} \frac{f(x + k_n) - f(x + h_n)}{k_n - h_n}.$$

(ii) 今设 $\{h_n\}$ 和 $\{k_n\}$ 是两个满足以下条件的实数序列:
$$k_n > 0 > h_n \quad \text{且} \quad \lim_{n \to \infty} h_n = \lim_{n \to \infty} k_n = 0.$$

试证:
$$f'(x) = \lim_{n \to \infty} \frac{f(x + k_n) - f(x + h_n)}{k_n - h_n}.$$

(iii) 今设 f 在 (a, b) 上有连续的导数, 且 $\lim\limits_{n \to \infty} h_n = \lim\limits_{n \to \infty} k_n = 0$. 试证:
$$f'(x) = \lim_{n \to \infty} \frac{f(x + k_n) - f(x + h_n)}{k_n - h_n}.$$

(iv) 设
$$f(x) = \begin{cases} x^2 \sin \dfrac{1}{x}, & \text{若 } x \neq 0, \\ 0, & \text{若 } x = 0. \end{cases}$$

试寻找两个满足以下条件的实数序列 $\{h_n\}$ 和 $\{k_n\}$:
$$\lim_{n \to \infty} h_n = \lim_{n \to \infty} k_n = 0 \quad \text{且} \quad f'(0) \neq \lim_{n \to \infty} \frac{f(k_n) - f(h_n)}{k_n - h_n}.$$

5.4.8　假设 $f : (a, b) \to \mathbf{C}$ 在点 $x_0 \in (a, b)$ 处有直到 $n + 1$ 阶的导数. f 在 x_0 处的带有 Lagrange 余项的 Taylor 公式是
$$f(x) = f(x_0) + \frac{f'(x_0)}{1!}(x - x_0) + \cdots + \frac{f^{(n-1)}(x_0)}{(n-1)!}(x - x_0)^{n-1}$$
$$+ \frac{f^{(n)}\left(x_0 + \theta(x - x_0)\right)}{n!}(x - x_0)^n.$$

试证:
$$\lim_{x \to x_0} \theta = \frac{1}{n + 1}.$$

5.4.9　设 $n \in \mathbf{N}$. 试证:

(i) 若 f 是开区间 (a, b) 上 n 次可微的函数, 则在开区间 (a, b) 上有
$$\frac{d^n(xf(x))}{dx^n} = x \frac{d^n f(x)}{dx^n} + n \frac{d^{n-1} f(x)}{dx^{n-1}}.$$

(ii) 在开区间 $(0, \infty)$ 上有
$$\frac{d^n(x^{n-1} \mathrm{e}^{1/x})}{dx^n} = (-1)^n \frac{\mathrm{e}^{1/x}}{x^{n+1}}.$$

5.4.10　设 $f : (a, b) \to \mathbf{R}$ 是开区间 (a, b) 上的可微函数, 且在点 $x \in (a, b)$ 处有二阶导数. 试证:
$$f''(x) = \lim_{h \to 0} \frac{f(x - h) - 2f(x) + f(x + h)}{h^2}.$$

5.4.11 假设 $u_1, \cdots, u_k$ 是在点 $x \in (a,b)$ 处有 n 阶导数的定义在开区间 (a,b) 上的函数. 试证以下推广的 Leibniz 公式:

$$\frac{d^n}{dx^n}\left(\prod_{j=1}^{k} u_j(x)\right) = \sum_{n_1+\cdots+n_k=n} \frac{n!}{n_1!\cdots n_k!} \prod_{j=1}^{k} \frac{d^{n_j} u_j}{dx^{n_j}}(x).$$

5.4.12 设 f 是定义在闭区间 $[a,b]$ 上的 n 次可微函数, 且

$$\forall x \in [a,b]\Big(f^{(n)}(x) = 0\Big).$$

试证: f 在闭区间 $[a,b]$ 上等于一个 $(n-1)$ 次多项式.

§5.5　Taylor 级数

Taylor 公式可改写成

$$f(x) - \left(f(a) + \frac{f'(a)}{1!}(x-a) + \cdots + \frac{f^{(n)}(a)}{n!}(x-a)^n\right) = R_n(x).$$

由此可知

定理 5.5.1　若对于任何 $x \in (c,d)$(或 $x \in [c,d)$, 或 $x \in (c,d]$, 或 $x \in [c,d]$), 有

$$\lim_{n\to\infty} R_n(x) = 0, \tag{5.5.1}$$

于是在区间 (c,d)(或 $[c,d)$, 或 $(c,d]$, 或 $[c,d]$) 上便有函数 $f(x)$ 关于 a 点处的 **Taylor级数**展式:

$$f(x) = \sum_{n=0}^{\infty} \frac{f^{(n)}(a)}{n!}(x-a)^n$$

$$= f(a) + \frac{f'(a)}{1!}(x-a) + \cdots + \frac{f^{(n)}(a)}{n!}(x-a)^n + \cdots. \tag{5.5.2}$$

若极限 (5.5.1) 在闭区间 $[c,d]$ 上是一致收敛的, 则级数等式 (5.5.2) 也是一致收敛的.

证　显然.　　　□

例 5.5.1　对于任何 $x \in \mathbf{R}$, 有

$$\exp x = \sum_{n=0}^{\infty} \frac{x^n}{n!} = 1 + \frac{x}{1!} + \cdots + \frac{x^n}{n!} + \cdots, \tag{5.5.3}$$

且以上级数在任何有界闭区间上一致收敛于 $\exp x$.

证　当 $f(x) = \exp x$ 时, 由例 5.4.3,(5.5.3) 右端级数的部分和确是 $f(x) = \exp x$ 的 Taylor 多项式, 且它的 Lagrange 余项有以下形式:

$$R_n(x) = \frac{\exp \xi}{(n+1)!} x^{n+1}, \tag{5.5.4}$$

其中 $0 < \xi < x$(或 $x < \xi < 0$). 当 $|x| \leqslant M$ 时, 由 (5.5.4), 我们有

$$|R_n(x)| \leqslant \exp M \frac{M^{n+1}}{(n+1)!}.$$

故

$$\lim_{n \to \infty} |R_n(x)| = 0,$$

且以上极限在 $x \in [-M, M]$ 上是一致的. □

应注意的是, 方程 (5.5.3) 和作为 exp 定义的方程 (3.5.2) 在形式上是完全一样的. 方程 (3.5.2) 适用于 $x \in \mathbf{C}$. 我们刚证明的 (5.5.3) 是在条件 $x \in \mathbf{R}$ 下得到的. 复平面上一类称为解析函数的 Taylor 展开将在本讲义的第三册的第 12 章中介绍. 无论如何, 我们现在知道了, 作为 exp 定义的方程 (3.5.2) 的右端是 exp 的 Taylor 级数.

例 5.5.2　对于任何 $x \in \mathbf{R}$, 有

$$\sin x = \sum_{n=0}^{\infty} (-1)^n \frac{x^{2n+1}}{(2n+1)!} = \frac{x}{1!} - \frac{x^3}{3!} + \cdots + (-1)^n \frac{x^{2n+1}}{(2n+1)!} + \cdots, \tag{5.5.5}$$

且上述级数在任何有界闭区间上一致收敛于 $\sin x$.

证　当 $f(x) = \sin x$ 时, 由例 5.4.4,(5.5.5) 右端级数的部分和确是 $f(x) = \sin x$ 的 Taylor 多项式, 且它的 Lagrange 余项有以下形式:

$$R_{2n+1}(x) = (-1)^{n+1} \frac{\sin \xi}{(2n+2)!} x^{2n+2}, \tag{5.5.6}$$

其中 $0 < \xi < x$(或 $x < \xi < 0$). 当 $|x| \leqslant M$ 时, 由 (5.5.6), 我们有

$$|R_{2n+1}(x)| \leqslant \frac{M^{2n+2}}{(2n+2)!}.$$

故
$$\lim_{n\to\infty}|R_{2n+1}(x)|=0,$$
且以上极限在任何有界闭区间上是一致的. □

应注意的是, 等式 (5.5.5) 和作为 $\sin x$ 定义的等式 (3.5.8) 在形式上是完全一样的. 等式 (3.5.8) 适用于 $x\in\mathbf{C}$. 我们刚证明的 (5.5.5) 是在条件 $x\in\mathbf{R}$ 下得到的. 无论如何, 我们知道了, 作为 $\sin x$ 定义的等式 (3.5.8) 的右端是 $\sin x$ 的 Taylor 级数.

例 5.5.3 对于任何 $x\in\mathbf{R}$, 有

$$\cos x=\sum_{n=0}^{\infty}(-1)^n\frac{x^{2n}}{(2n)!}=1-\frac{x^2}{2!}+\frac{x^4}{4!}+\cdots+(-1)^n\frac{x^{2n}}{(2n)!}+\cdots,\quad(5.5.7)$$

且一上级数在任何有界闭区间上一致收敛于 $\cos x$.

证 当 $f(x)=\cos x$ 时, 由例 5.4.5,(5.5.7) 右端级数的部分和确是 $f(x)=\cos x$ 的 Taylor 多项式, 且它的 Lagrange 余项有以下形式:

$$R_{2n}(x)=(-1)^n\frac{\sin\xi}{(2n+1)!}x^{2n+1},\quad(5.5.8)$$

其中 $0<\xi<x$(或$x<\xi<0$). 当 $|x|\leqslant M$ 时, 由 (5.5.8), 我们有

$$|R_{2n}(x)|\leqslant\frac{M^{2n+1}}{(2n+1)!}.$$

故 $\lim\limits_{n\to\infty}|R_{2n}(x)|=0$, 且以上极限在任何有界闭区间上是一致的. □

应注意的是, 等式 (5.5.7) 和作为 $\cos x$ 定义的等式 (3.5.7) 在形式上是完全一样的. 等式 (3.5.7) 适用于 $x\in\mathbf{C}$. 我们刚证明的 (5.5.7) 是在条件 $x\in\mathbf{R}$ 下得到的. 无论如何, 我们知道了, 作为 $\cos x$ 定义的等式 (3.5.7) 的右端是 $\cos x$ 的 Taylor 级数.

例 5.5.4 对于 $x\in(-1,1]$, 有

$$\ln(1+x)=\sum_{n=1}^{\infty}\frac{(-1)^{n+1}}{n}x^n$$
$$=x-\frac{x^2}{2}+\frac{x^3}{3}-\frac{x^4}{4}+\cdots+(-1)^{n+1}\frac{x^n}{n}+\cdots.\quad(5.5.9)$$

证   由例 5.4.2 和复合函数求导的锁链法则, 并注意到

$$(1+x)' = 1, \quad (1+x)^{(n)} = 0, \quad n = 2, 3, 4, \cdots,$$

利用归纳原理, 我们有

$$(\ln(1+x))^{(n)} = \frac{(-1)^{n-1}(n-1)!}{(1+x)^n}.$$

(以上结果也可通过 §5.4 的练习 5.4.1 的 (ii) 直接得到). 因而,(5.5.9) 右端的级数的部分和是函数 $\ln(1+x)$ 的 Taylor 多项式, 且它的 Taylor 展开的 Lagrange 余项和 Cauchy 余项分别具有形式:

$$R_n(x) = \frac{(-1)^n x^{n+1}}{(n+1)(1+\theta x)^{n+1}} \quad (0 < \theta < 1) \tag{5.5.10}$$

和

$$R_n(x) = \frac{(-1)^n (1-\theta)^n x^{n+1}}{(1+\theta x)^{n+1}} \quad (0 < \theta < 1). \tag{5.5.11}$$

当 $x \in [0,1]$ 时, 由 (5.5.10),

$$|R_n(x)| \leqslant \frac{1}{n+1},$$

故

$$\lim_{n \to \infty} R_n(x) = 0 \quad (x \in [0,1]).$$

又当 $x \in (-1,1)$ 时, 由 (5.5.11),

$$|R_n(x)| \leqslant \frac{|x|^{n+1}}{1-|x|} \left(\frac{1-\theta}{1+\theta x} \right)^n.$$

因当 $x > -1$ 时,$1 + \theta x > 1 - \theta$. 故

$$\left(\frac{1-\theta}{1+\theta x} \right)^n < 1.$$

所以, 当 $|x| < 1$ 时,

$$\lim_{n \to \infty} R_n(x) = 0.$$

故 (5.5.9) 当 $x \in (-1,1]$ 时成立.   □

特别, 在 $x = 1$ 时, 我们有

$$\ln 2 = \sum_{n=1}^{\infty} \frac{(-1)^{n+1}}{n} = 1 - \frac{1}{2} + \frac{1}{3} - \frac{1}{4} + \cdots + \frac{(-1)^{n+1}}{n} + \cdots. \quad (5.5.12)$$

(5.5.12) 右端的级数是非绝对收敛的收敛级数. 而且, 它是慢悠悠地收敛到 $\ln 2$ 的: 要想得到 $\ln 2$ 的小数点后两位有效数字的近似值, 必须把级数展到第一百项!

我们已知

$$-\sum_{n=1}^{\infty} \frac{1}{n} = -\infty.$$

若约定 $\ln 0 = -\infty$, 则 (5.5.9) 在 $x \in [-1, 1]$ 上成立.

例 5.5.5   对于 $x \in (-1, 1), \alpha \in \mathbf{R}$, 有

$$(1+x)^{\alpha} = \sum_{n=0}^{\infty} \frac{\alpha(\alpha-1)\cdots(\alpha-n+1)}{n!} x^n$$

$$= 1 + \frac{\alpha}{1!} x + \frac{\alpha(\alpha-1)}{2!} x^2 + \cdots + \frac{\alpha(\alpha-1)\cdots(\alpha-n+1)}{n!} x^n + \cdots. \quad (5.5.13)$$

证   由例 5.4.2 和复合函数求导的锁链法则, 并注意到

$$(1+x)' = 1, \quad \text{而} \quad (1+x)^{(n)} = 0, \ n = 2, 3, 4, \cdots,$$

我们有 (或用归纳原理, 或通过 §5.4 的练习 5.4.1 的 (ii) 直接得到).

$$((1+x)^{\alpha})^{(n)} = \alpha(\alpha-1)\cdots(\alpha-n+1)(1+x)^{\alpha-n}.$$

由此可知, 等式 (5.5.13) 右端的级数的部分和是 $(1+x)^{\alpha}$ 的 Taylor 多项式, 而 $(1+x)^{\alpha}$ 的 Cauchy 余项具有形式:

$$R_n(x) = \frac{\alpha(\alpha-1)\cdots(\alpha-n)}{n!} (1+\xi)^{\alpha-n-1}(x-\xi)^n x.$$

故

$$|R_n(x)| = \left| \frac{\alpha(\alpha-1)\cdots(\alpha-n)}{n!} (1+\xi)^{\alpha-n-1}(x-\xi)^n x \right|$$

$$= \left| \alpha\left(\frac{\alpha}{1}-1\right)\cdots\left(\frac{\alpha}{n}-1\right)(1+\xi)^{\alpha-1}\left(\frac{x-\xi}{1+\xi}\right)^n x \right|$$

$$\leqslant \left| \alpha\left(\frac{\alpha}{1}-1\right)\cdots\left(\frac{\alpha}{n}-1\right)(1+\xi)^{\alpha-1} x^{n+1} \right|, \quad (5.5.14)$$

这里, 我们用了以下的不等式:

$$\forall x \in (-1,1) \forall \xi \in (0,x) (或 \forall \xi \in (x,0)) \left(\left| \frac{x-\xi}{1+\xi} \right| \leqslant |x| \right),$$

注意到 x 与 ξ 同号且 $|x| > |\xi|$,, 以上不等式可以由以下不等式 $|x-\xi| = |x| - |\xi| \leqslant |x| - |x||\xi| \leqslant |x| + |x|\xi$ 得到.

当 α 给定后, 有一个 $N \in \mathbf{N}$, 只要 $n \geqslant N$, 便有

$$\left| \frac{\alpha}{n} - 1 \right| |x| \leqslant \frac{1+|x|}{2} < 1.$$

所以, 由 (5.5.14) 和以上不等式, 我们有

$$|R_n(x)| \leqslant \left| \alpha \left(\frac{\alpha}{1} - 1 \right) \cdots \left(\frac{\alpha}{n} - 1 \right) (1+\xi)^{\alpha-1} x^{n+1} \right|$$

$$\leqslant \left| \alpha \left(\frac{\alpha}{1} - 1 \right) \cdots \left(\frac{\alpha}{N-1} - 1 \right) (1-|x|)^{\alpha-1} x^N \right| \left(\frac{1+|x|}{2} \right)^{n-N+1}.$$

由此可知, 当 $|x| < 1$ 时,

$$\lim_{n \to \infty} R_n(x) = 0. \qquad \square$$

注 级数 (5.5.13) 称为 **Newton二项级数**.

由于对数函数和幂函数都是超几何函数的特例 (参看 §5.3 的练习 5.3.4 表中左列的第 1 行及第 2 行的例), 利用超几何级数的结果 (参看 §3.5 的练习 3.5.3 和 §5.3 的练习 5.3.2), 例 5.5.4 和例 5.5.5 中的级数在端点的敛散性的问题也解决了. 再利用 §4.4 的练习 4.4.5 的结论 (Abel 关于幂级数的第二定理) 便可知道: 例 5.5.4 和例 5.5.5 中的级数在收敛的端点恰收敛于给定的函数.

练　习

5.5.1　(i) 试求函数 $\arctan x$ 在 $x = 0$ 处展开的 Taylor 级数; 并确定它的收敛半径;

(ii) 试求函数 $\arcsin x$ 在 $x = 0$ 处展开的 Taylor 级数, 并确定它的收敛半径.

5.5.2　试证:

(i) 映射 $s \mapsto [\ln(1-s)]/s$ 在 $(0,1)$ 上连续, 且可连续延拓为 $[0,1)$ 上的连续函数;

(ii) 函数列 $\{ n \ln(1-t/n) : t \in [0,T] \}$ 当 $T < n \to \infty$ 时在 $t \in [0,T]$ 上单调不减地收敛于函数 $(-t)$;

(iii) 对于任何非负实数 T, 函数列 $\{(1-t/n)^n : n > T\}$ 当 $n \to \infty$ 时关于 $t \in [0,T]$ 单调不减地一致地收敛于 e^{-t}.

5.5.3 设函数 f 在 $[a,b]$ 上定义且连续, 又 f 在 (a,b) 上可微而极限
$$\lim_{x \to a+0} f'(x) = A$$
存在且有限. 试证: f 在点 a 有右导数, 且 f 在点 a 的右导数 $=A$.

5.5.4 (i) 考虑函数
$$g(t) = \begin{cases} 0, & \text{若 } t \leqslant 0, \\ \mathrm{e}^{-(1/t)}, & \text{若 } t > 0, \end{cases}$$
则 g 在 $\mathbf{R}$ 上是有任意多次导数的. 它在原点 0 的 Taylor 级数在开区间 $(0,\infty)$ 上处处收敛, 却处处不收敛于自己.

(ii) 在 $\mathbf{R}$ 上定义如下的函数
$$h(x) = g(1-x) \cdot g(1+x),$$
其中 g 是 (i) 中定义的函数. 试证: h 在 $(-1,1)^C$ 上恒等于零, 在 $(-1,1)$ 上恒大于零, 且在 $\mathbf{R}$ 上有任意多次连续导数.

§5.6 凸 函 数

定义 5.6.1 定义在开区间 (a,b) 上的函数 $f : (a,b) \to \mathbf{R}$ 称为 (a,b) 上的一个**凸函数**, 假若
$$\forall x,y \in (a,b) \forall \lambda \in (0,1) \big(f(\lambda x + (1-\lambda)y) \leqslant \lambda f(x) + (1-\lambda)f(y)\big). \quad (5.6.1)$$
函数 $f : (a,b) \to \mathbf{R}$ 称为 (a,b) 上的一个**严格凸函数**, 假若
$$\forall x,y \in (a,b) \forall \lambda \in (0,1) \big(x \neq y \implies f(\lambda x + (1-\lambda)y) < \lambda f(x) + (1-\lambda)f(y)\big). \quad (5.6.2)$$

注 1 (5.6.1) 中的不等式的几何意义是: 投影落在区间 (x,y)(或 (y,x)) 上的函数图像的那一段位于连接点 $(x,f(x))$ 和点 $(y,f(y))$ 的直线段之下. 参看图 5.6.1.

注 2 (5.6.1) 的另一个几何解释是: 以下的平面集合 (即投影落在区间 (x,y)(或 (y,x)) 上的函数图像之上的点集) 是**凸集** (一个平面点集称为凸集, 若该集任何两点之边线均在集中):
$$\{(u,v) \in \mathbf{R}^2 : u \in (a,b), v \geqslant f(u)\}. \quad (5.6.3)$$
参看图 5.6.2.

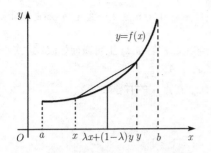 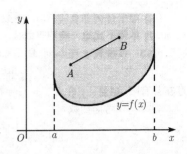

图 5.6.1   凸函数的几何解释   图 5.6.2   凸函数的另一几何解释

定义 5.6.2   定义在开区间 (a,b) 上的函数 $f:(a,b)\to \mathbf{R}$ 称为 (a,b) 上的一个**(严格) 凹函数**, 假若函数 $-f$ 在开区间 (a,b) 上是一个 (严格) 凸函数.

注 1   有时, 凹函数称为**上凸函数**, 而凸函数称为**下凸函数**.

注 2   以后我们只讨论凸函数的性质. 因为凹函数是凸函数加一个负号, 凹函数的性质可由凸函数的对应性质导出.

注 3   定义 5.6.1 及定义 5.6.2 中的开区间 (a,b) 完全可以换成闭区间 $[a,b]$ 或半开半闭区间 $(a,b]$ 及 $[a,b)$. 以后的讨论中只谈开区间 (a,b) 上的凸函数, 但几乎都可以将开区间换成闭区间或半开半闭区间.

定理 5.6.1   定义在开区间 (a,b) 上的函数 $f:(a,b)\to \mathbf{R}$ 是 (a,b) 上的一个凸函数, 当且仅当以下两个条件中有一个得以满足:

(1) $a<c<x<d<b\Longrightarrow \left(\dfrac{f(d)-f(c)}{d-c}\leqslant \dfrac{f(d)-f(x)}{d-x}\right)$;   (5.6.4)

(2) $a<c<x<d<b\Longrightarrow \left(\dfrac{f(d)-f(c)}{d-c}\geqslant \dfrac{f(c)-f(x)}{c-x}\right)$.   (5.6.5)

开区间 (a,b) 上的函数 $f:(a,b)\to \mathbf{R}$ 是 (a,b) 上的一个严格凸函数, 当且仅当以下条件之一得以满足:

(1) $a<c<x<d<b\Longrightarrow \left(\dfrac{f(d)-f(c)}{d-c}<\dfrac{f(d)-f(x)}{d-x}\right)$;   (5.6.6)

(2) $a<c<x<d<b\Longrightarrow \left(\dfrac{f(d)-f(c)}{d-c}>\dfrac{f(c)-f(x)}{c-x}\right)$.   (5.6.7)

注 1 定理的另一个表述是：函数 $f:(a,b)\to\mathbf{R}$ 是 (a,b) 上的一个凸函数，当且仅当对于任何 $d\in(a,b)$，定义在 (a,b) 上的函数

$$g_d(x)=\frac{f(d)-f(x)}{d-x}$$

是不减的.

函数 $f:(a,b)\to\mathbf{R}$ 是 (a,b) 上的一个严格凸函数，当且仅当对于任何 $d\in(a,b)$，定义在 (a,b) 上的函数 g_d 是递增的.

注 2 $g_d(x)$ 表示点 $(d,f(d))$ 与点 $(x,f(x))$ 的连线（称为过点 $(d,f(d))$ 与点 $(x,f(x))$ 的函数 f 图像的割线）的斜率.

证 过点 $(c,f(c))$ 和点 $(d,f(d))$ 的连线是函数

$$g(x)=\frac{f(d)-f(c)}{d-c}(x-c)+f(c)$$

的图像. 由定义 5.6.1 的注 1, 函数 f 在 (a,b) 上凸的充分必要条件应是

$$a<c<x<d<b\Longrightarrow\left(f(x)\leqslant\frac{f(d)-f(c)}{d-c}(x-c)+f(c)\right).$$

这个条件和以下表述等价：

$$a<c<x<d<b\Longrightarrow\left(f(x)-f(c)\leqslant\frac{f(d)-f(c)}{d-c}(x-c)\right).$$

因此, 函数 f 在 (a,b) 上凸的充分必要条件应是

$$a<c<x<d<b\Longrightarrow\left(\frac{f(x)-f(c)}{x-c}\leqslant\frac{f(d)-f(c)}{d-c}\right).\tag{5.6.5$'$}$$

同理, 函数 f 在 (a,b) 上凸的充分必要条件应是

$$a<c<x<d<b\Longrightarrow\left(\frac{f(d)-f(x)}{d-x}\geqslant\frac{f(d)-f(c)}{d-c}\right).\tag{5.6.4$'$}$$

定理的前半部分证毕. 定理的后半部分的证明雷同. $\square$

推论 5.6.1 定义在开区间 (a,b) 上的函数 $f:(a,b)\to\mathbf{R}$ 是 (a,b) 上的一个凸函数, 当且仅当

$$a<c<x<d<b\Longrightarrow\left(\frac{f(d)-f(x)}{d-x}\geqslant\frac{f(x)-f(c)}{x-c}\right).\tag{5.6.8}$$

开区间 (a,b) 上的函数 $f : (a,b) \to \mathbf{R}$ 是 (a,b) 上的一个严格凸函数, 当且仅当

$$a < c < x < d < b \Longrightarrow \left(\frac{f(d) - f(x)}{d - x} > \frac{f(x) - f(c)}{x - c} \right). \qquad (5.6.9)$$

参看图 5.6.3.

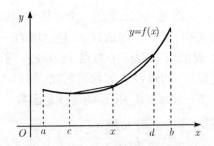

图 5.6.3　凸函数割线斜率的几何解释

　　证　由定理 5.6.1 中关于 (a,b) 上的函数是凸函数的充分必要条件是 (5.6.4) 和 (5.6.5) 中有一个成立, 所以函数 f 在 (a,b) 上凸的必要条件应是:

$$a < c < x < d < b \Longrightarrow \left(\frac{f(x) - f(c)}{x - c} \leqslant \frac{f(d) - f(x)}{d - x} \right). \qquad (5.6.8)'$$

若 $(5.6.8)'$ 成立, 便有

$$a < c < x < d < b \Longrightarrow \left(\frac{x - c}{d - c} \cdot \frac{f(x) - f(c)}{x - c} \leqslant \frac{x - c}{d - c} \cdot \frac{f(d) - f(x)}{d - x} \right), \qquad (5.6.10)$$

或等价地,

$$a < c < x < d < b \Longrightarrow \left(\frac{x - c}{d - c} \cdot \frac{f(x) - f(c)}{x - c} \leqslant \left(1 - \frac{d - x}{d - c} \right) \frac{f(d) - f(x)}{d - x} \right). \qquad (5.6.11)$$

又因

$$\frac{f(d) - f(c)}{d - c} = \frac{d - x}{d - c} \cdot \frac{f(d) - f(x)}{d - x} + \frac{x - c}{d - c} \cdot \frac{f(x) - f(c)}{x - c}, \qquad (5.6.12)$$

故 (5.6.11) 可改写成

$$a < c < x < d < b \Longrightarrow \left(\frac{f(d) - f(c)}{d - c} \leqslant \frac{f(d) - f(x)}{d - x} \right). \qquad (5.6.4)'$$

这就是函数 f 在 (a,b) 上凸的充分必要条件 (5.6.4). 我们证明了 (5.6.8)
是函数 f 在 (a,b) 上凸的充分必要条件. 推论 5.6.1 的 (关于凸的) 前
半部分已证毕. 定理的 (关于严格凸的) 后半部分的证明完全一样. □

推论 5.6.2 (a,b) 上的凸函数 f 在 (a,b) 上的每一点都有单边
(左, 右) 导数. 特别,(a,b) 上的凸函数在 (a,b) 上的每一点都连续. 又
(a,b) 上的凸函数在 (a,b) 上的单边 (左, 右) 导数都是单调不减的. 同
一点的左导数不大于右导数. 最后, f 的不可微点 (即左导不等于右导
的点) 最多只有可数个.

证 由定理 5.6.1 的不等式 (5.6.4), 对于任何 $d \in (a,b)$, 表示式

$$F(x) = \frac{f(d) - f(x)}{d - x}$$

当 $x \in (a,d)$ 时是单调不减函数. 故 $x \to d - 0$ 时,$\lim F(x)$ 存在. 换言
之, 函数 f 在 d 处有左导数. 同理, 函数 f 在 d 处有右导数. 由此, 函
数 f 在 d 处连续. 顺便注意到, 函数 f 在 d 处有左导数是 $x \to d - 0$
时,$F(x)$ 单调不减地趋向的极限. 由推论 5.6.1 的不等式 (5.6.8) 可知,
函数 f 的左导数是单调不减的. 同理, 函数 f 的右导数也是单调不减
的. 再由推论 5.6.1 的不等式 (5.6.8), 函数 f 在 d 处的左导数必不大
于函数 f 在 d 处的右导数. 推论的最后一句话是 §4.3 的练习 4.3.1(iii)
的结论的推论. □

注 1 (a,b) 上的凸函数在 (a,b) 上的每一点都有单边 (左、右)
导数. 因此,(a,b) 上的凸函数在 (a,b) 上图像的每一点都有单边 (左、
右) 切线.

注 2 设 $c,d \in (a,b)$ 且 $c < d$, 则凸函数在 (c,d) 内必有可微点.
所以作为推论 5.6.2 的推论, 我们有以下结论: 当 $c,d \in (a,b)$ 且 $c < d$
时, 有 $f'_+(c) \leqslant f'_-(d)$.

定理 5.6.2 开区间 (a,b) 上的可微函数 $f : (a,b) \to \mathbf{R}$ 是 (a,b)
上的一个凸函数, 当且仅当

$$a < c < d < b \Longrightarrow (f'(c) \leqslant f'(d)); \tag{5.6.13}$$

开区间 (a,b) 上的可微函数 $f : (a,b) \to \mathbf{R}$ 是 (a,b) 上的一个严格凸函
数, 当且仅当

$$a < c < d < b \Longrightarrow (f'(c) < f'(d)). \tag{5.6.14}$$

证　只证定理的前半部分, 后半部分的证明相仿. 设可微函数 $f:$ $(a,b) \to \mathbf{R}$ 在 (a,b) 上满足条件 (5.6.13). 由 Lagrange 中值定理,

$$\forall x \in (c,d) \subset (a,b) \exists \xi \in (c,x) \left(f'(\xi) = \frac{f(x) - f(c)}{x - c} \right) \qquad (5.6.15)$$

和

$$\forall x \in (c,d) \subset (a,b) \exists \eta \in (x,d) \left(f'(\eta) = \frac{f(d) - f(x)}{d - x} \right). \qquad (5.6.16)$$

由条件 (5.6.13),(5.6.8) 式成立. 故 f 在 (a,b) 上凸.

反之, 设可微函数 $f:(a,b) \to \mathbf{R}$ 在 (a,b) 上凸, 由推论 5.6.2,f' 当然单调不减. □

推论 5.6.3　开区间 (a,b) 上的有二阶导数的函数 $f:(a,b) \to \mathbf{R}$ 是 (a,b) 上的一个凸函数, 当且仅当

$$\forall x \in (a,b)(f''(x) \geqslant 0). \qquad (5.6.17)$$

开区间 (a,b) 上的有二阶导数的函数 $f:(a,b) \to \mathbf{R}$ 是 (a,b) 上的一个严格凸函数, 当以下条件满足时:

$$\forall x \in (a,b)(f''(x) > 0). \qquad (5.6.18)$$

证　(5.6.17) 式是开区间 (a,b) 上的有二阶导数的函数 $f:(a,b) \to$ $\mathbf{R}$ 的函数 f 的导数 f' 单调不减的充分必要条件.(5.6.18) 式是开区间 (a,b) 上的有二阶导数的函数 $f:(a,b) \to \mathbf{R}$ 的导数单调递增的充分条件. □

注　条件 (5.6.18) 并非严格凸的必要条件. 请同学举例说明.

推论 5.6.4　设开区间 (a,b) 上的 (有限) 数值函数 $f:(a,b) \to \mathbf{R}$ 是 (a,b) 上的一个凸函数, 则

$$\forall c \in (a,b) \setminus \{x\} \big(f(c) - f(x) \geqslant f'_+(x)(c - x) \big). \qquad (5.6.19)$$

若开区间 (a,b) 上的 (有限) 数值函数 $f:(a,b) \to \mathbf{R}$ 是 (a,b) 上的一个严格凸函数, 则

$$\forall c \in (a,b) \setminus \{x\} \big(f(c) - f(x) > f'_+(x)(c - x) \big). \qquad (5.6.20)$$

证 由推论 5.6.2 的证明中的讨论已经知道, 凸函数 f 的右导数 $f'_+(x)$ 是单调不减的差商序列的极限, 严格凸函数 f 的右导数 $f'_+(x)$ 是单调递增的差商序列的极限, 推论的结论便可推得. □

注 1 推论 5.6.4 的几何意义是: 凸函数的图像不在它的任何右切线之下. 除切点外, 严格凸函数的图像永远在它的任何右切线之上.

注 2 推论 5.6.4 中的右导数换成左导数后, 结论依然成立.

定理 5.6.3 开区间 (a,b) 上的可微函数 $f:(a,b) \to \mathbf{R}$ 是 (a,b) 上的一个凸函数, 当且仅当函数的图像的所有的点都不位于此图像的任何一条切线的下方. 开区间 (a,b) 上的可微函数 $f:(a,b) \to \mathbf{R}$ 是 (a,b) 上的一个严格凸函数, 当且仅当函数的图像上的所有的点, 除了切点外, 都严格地位于此图像的这条切线的上方. 参看图 5.6.4

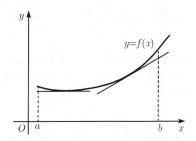

图 5.6.4 凸函数的图像在切线上方

证 设 f 在开区间 (a,b) 上是凸函数, $c \in (a,b)$. 函数的图像的所有的点都不位于此图像的任何一条切线的下方这个结论是推论 5.6.4 后注 1 论述的特殊情形.

反之, 设函数的图像的一切点都不位于此图像的任何一条切线的下方. 由 (5.6.19),

$$f(x) - f(c) \geqslant f'(c)(x - c).$$

故当 $x > c$ 时,

$$\frac{f(x) - f(c)}{x - c} \geqslant f'(c);$$

而当 $x < c$ 时,

$$\frac{f(x) - f(c)}{x - c} \leqslant f'(c).$$

由此, 条件 (5.6.8) 得于满足. f 是 (a,b) 上的凸函数.

严格凸部分的证明相仿.   □

推论 5.6.5   设 $c \in (a,b)$ 是开区间 (a,b) 上的可微凸函数 $f : (a,b) \to \mathbf{R}$ 的一个临界点: $f'(c) = 0$, 则 c 是 f 在 (a,b) 上的一个最小点:

$$\forall x \in (a,b)\big(f(c) \leqslant f(x)\big). \tag{5.6.21}$$

又设 $c \in (a,b)$ 是开区间 (a,b) 上的可微凹函数 $f : (a,b) \to \mathbf{R}$ 的一个临界点: $f'(c) = 0$, 则 c 是 f 在 (a,b) 上的一个最大点:

$$\forall x \in (a,b)\big(f(c) \geqslant f(x)\big). \tag{5.6.22}$$

若以上命题的条件中的 "凸"(或 "凹") 改成 "严格 "凸"(或严格 "凹"), 则结论 (5.6.21) 和 (5.6.22) 中的 "$\leqslant$" 和 "$\geqslant$" 当 $x \neq c$ 时应分别改成 "$<$" 和 "$>$".

证   由于 $c \in (a,b)$ 是开区间 (a,b) 上的函数 $f : (a,b) \to \mathbf{R}$ 的一个临界点, 故函数 f 的图像过点 $(c, f(c))$ 处的切线应是水平的, 它的方程应是

$$y = f(c).$$

开区间 (a,b) 上的凸函数 f 的图像的一切点都不位于此水平切线的下方.(5.6.21) 证得. 定理关于凹函数的部分可以化成凸函数而得到. 凸和凹改成严格凸和严格凹后的命题的证明和未改时完全一样.   □

推论 5.6.6   设 $c \in (a,b)$ 是开区间 (a,b) 上的可微函数 $f : (a,b) \to \mathbf{R}$ 的一个临界点: $f'(c) = 0$, 且有 $\varepsilon > 0$ 使得

$$\forall x \in (c - \varepsilon, c + \varepsilon)\big(f''(x) \geqslant 0\big),$$

则 c 是 f 的一个极小点:

$$\forall x \in (a,b)\big(f(c) \leqslant f(x)\big).$$

又设 $c \in (a,b)$ 是开区间 (a,b) 上的可微函数 $f : (a,b) \to \mathbf{R}$ 的一个临界点: $f'(c) = 0$, 且有 $\varepsilon > 0$ 使得

$$\forall x \in (c - \varepsilon, c + \varepsilon)\big(f''(x) \leqslant 0\big),$$

则 c 是 f 的一个极大点:

$$\forall x \in (a,b)\big(f(c) \geqslant f(x)\big).$$

证 这是推论 5.6.5 及推论 5.6.3 的推论. □

定理 5.6.4((离散型的)Jensen 不等式) 设 $f : (a,b) \to \mathbf{R}$ 是 (a,b) 上的凸函数,$x_1, \cdots, x_n \in (a,b)$,$\lambda_1, \cdots, \lambda_n \in (0,\infty)$ 且 $\lambda_1 + \cdots + \lambda_n = 1$, 则以下不等式成立:

$$f(\lambda_1 x_1 + \cdots + \lambda_n x_n) \leqslant \lambda_1 f(x_1) + \cdots + \lambda_n f(x_n). \tag{5.6.23}$$

证 当 $n = 2$ 时的 Jensen 不等式就是凸函数的定义. 若已知 $n = m - 1$ 时的 Jensen 不等式成立, 我们要证明 $n = m$ 时的 Jensen 不等式也成立. 设 $x_1, \cdots, x_m \in (a,b)$,$\lambda_1, \cdots, \lambda_m \in (0,\infty)$ 且 $\lambda_1 + \cdots + \lambda_m = 1$. 记

$$\mu = \lambda_2 + \cdots + \lambda_m,$$

则

$$\frac{\lambda_2}{\mu} + \cdots + \frac{\lambda_m}{\mu} = 1,$$

$$\frac{\lambda_2}{\mu} x_2 + \cdots + \frac{\lambda_m}{\mu} x_m \in (a,b),$$

且

$$\lambda_1 + \mu = 1.$$

由此

$$
\begin{aligned}
f(\lambda_1 x_1 + \cdots + \lambda_n x_n) &= f\left(\lambda_1 x_1 + \mu\left(\frac{\lambda_2}{\mu} x_2 + \cdots + \frac{\lambda_m}{\mu} x_m\right)\right) \\
&\leqslant \lambda_1 f(x_1) + \mu f\left(\frac{\lambda_2}{\mu} x_2 + \cdots + \frac{\lambda_m}{\mu} x_m\right) \\
&\leqslant \lambda_1 f(x_1) + \mu\left(\frac{\lambda_2}{\mu} f(x_2) + \cdots + \frac{\lambda_m}{\mu} f(x_m)\right) \\
&= \lambda_1 f(x_1) + \cdots + \lambda_n f(x_n).
\end{aligned}
$$

以上推理中的第一个不等式用了凸函数的定义, 第二个不等式用了归纳法的假设. □

练 习

5.6.1 先引进一个概念:

定义 5.6.3 设 f 是定义在开区间 (a,b) 上的实值函数. 点 $c \in (a,b)$ 称为函数 f 的一个**扭转点**(或称**拐点**), 假若 f 在点 c 处可微, 且有一个 $\varepsilon > 0$, 使得 $(c-\varepsilon, c-\varepsilon) \subset (a,b)$, 而 f 的图像在 $(c-\varepsilon, c)$ 上的部分和在 $(c, c+\varepsilon)$ 上的部分正好分处于 f 的图像过点 $\big(c, f(c)\big)$ 的切线的两侧.

本题将讨论扭转点的基本性质.

(i) 设 f 是定义在开区间 (a,b) 上的实值函数, f 在点 $c \in (a,b)$ 处可微. 假若有一个 $\varepsilon > 0$, 使得 $(c-\varepsilon, c-\varepsilon) \subset (a,b)$, 且 f 在 $(c-\varepsilon, c)$ 上是凹的, 而在 $(c, c+\varepsilon)$ 上是凸的 (或在 $(c-\varepsilon, c)$ 上是凸的, 而在 $(c, c+\varepsilon)$ 上是凹的), 试证: c 是函数 f 的一个扭转点.

(ii) 假若 f 在开区间 (a,b) 上有二阶导数, 且有一个 $\varepsilon > 0$, 使得

$$\forall x \in (c-\varepsilon, c)\big(f''(x) \geqslant 0\big) \quad \text{而} \quad \forall x \in (c, c+\varepsilon)\big(f''(x) \leqslant 0\big)$$

$$\left(\text{或} \quad \forall x \in (c-\varepsilon, c)\big(f''(x) > 0\big) \quad \text{而} \quad \forall x \in (c, c+\varepsilon)\big(f''(x) < 0\big)\right),$$

试证: c 是函数 f 的一个扭转点.

(iii) 假若 f 在开区间 (a,b) 上有二阶导数, 点 $c \in (a,b)$ 是函数 f 的一个扭转点, 试证: $f''(c) = 0$.

5.6.2 (i) 试求出函数 $f(x) = x^3 - x$ 在 $\mathbf{R}$ 上的全部极大点、极小点和扭转点, 并说明函数 $f(x) = x^3 - x$ 在 $\mathbf{R}$ 上的凹凸状态.

(ii) 试求出函数 $f(x) = x^4$ 在 $\mathbf{R}$ 上的全部极大点、极小点和扭转点, 并说明函数 $f(x) = x^4$ 在 $\mathbf{R}$ 上的凹凸状态.

(iii) 试确定 $\mathbf{R}$ 上定义的函数 $f_1(x) = \mathrm{e}^x$, $f_2(x) = \mathrm{e}^{-x}$, $f_3(x) = -\mathrm{e}^x$ 和 $f_4(x) = -\mathrm{e}^{-x}$ 的凹凸性.

(iv) 试确定 $(0, \infty)$ 上定义的函数 $f_1(x) = \ln x$ 和 $f_2(x) = -\ln x$ 的凹凸性与 $(-\infty, 0)$ 上定义的函数 $f_3(x) = \ln(-x)$ 和 $f_4(x) = -\ln(-x)$ 的凹凸性.

(v) 试求出函数 $f(x) = \exp x^{-2}$ 在 $\mathbf{R}$ 上的全部极大点、极小点和扭转点, 并说明函数 $f(x) = \exp x^{-2}$ 在 $\mathbf{R}$ 上的凹凸状态.

(vi) 试求出函数 $f(x) = \sin x$ 在 $\mathbf{R}$ 上的全部极大点、极小点和扭转点, 并说明函数 $f(x) = \sin x$ 在 $\mathbf{R}$ 上的凹凸状态.

(vii) 试求出函数 $f(x) = \tan x$ 在 $(-\pi/2, \pi/2)$ 上的全部极大点、极小点和扭转点, 并说明函数 $f(x) = \tan x$ 在 $(-\pi/2, \pi/2)$ 上的凹凸状态.

(viii) 设

$$f(x) = \begin{cases} x^5 \sin^2 \dfrac{1}{x}, & \text{若} x \neq 0, \\ 0, & \text{若} x = 0. \end{cases}$$

试讨论: (1) 0 是 f 的扭转点吗? (2) f 在靠近 0 左侧及右侧的凹凸性是否相反?

5.6.3 对于 $1 \leqslant p \leqslant \infty$, $0 \leqslant r \leqslant 1$, 设

$$\alpha(r) = (1+r)^{p-1} + (1-r)^{p-1},$$

$$\beta(r) = \begin{cases} [(1+r)^{p-1} - (1-r)^{p-1}]r^{1-p}, & \text{若 } r \in (0,1], \\ 0, & \text{若 } r = 0, p < 2, \\ \infty, & \text{若 } r = 0, p > 2, \end{cases}$$

(注意: 这样定义 $\beta(0)$ 是为了保证 $\beta(0) = \lim\limits_{r \to 0+} \beta(r)$.) 又设

$$F_R(r) = \alpha(r) + \beta(r)R^p,$$

其中 $R > 0$. 试证:

(i) 当 $p < 2, 0 < R \leqslant 1$ 时, $F_R(r)$ 在 $r = R$ 处达到极大;

(ii) 当 $p > 2, 0 < R \leqslant 1$ 时, $F_R(r)$ 在 $r = R$ 处达到极小;

(iii) 不论是以上两个情形中那一个, $F_R(r)$ 的极值是

$$F_R(R) = (1+R)^p + (1-R)^p;$$

(iv) 当 $p < 2$ 时, $\beta(r) \leqslant \alpha(r)$;

(v) 当 $p > 2$ 时, $\beta(r) \geqslant \alpha(r)$;

(vi) 当 $p < 2, R > 1$ 时, $\alpha(r) + \beta(r)R^p \leqslant \alpha(r)R^p + \beta(r)$;

(vii) 当 $p > 2, R > 1$ 时, $\alpha(r) + \beta(r)R^p \geqslant \alpha(r)R^p + \beta(r)$;

(viii) 当 $p < 2$, A 和 B 为非负实数时, $\alpha(r)|A|^p + \beta(r)|B|^p \leqslant |A+B|^p + |A-B|^p$, 且 $|A| \geqslant |B|$ 时, $\max\limits_{0 \leqslant r \leqslant 1} (\alpha(r)|A|^p + \beta(r)|B|^p) = |A+B|^p + |A-B|^p$;

(ix) 当 $p > 2$, A 和 B 为非负实数时, $\alpha(r)|A|^p + \beta(r)|B|^p \geqslant |A+B|^p + |A-B|^p$ 且 $|A| \geqslant |B|$ 时, $\min\limits_{0 \leqslant r \leqslant 1} (\alpha(r)|A|^p + \beta(r)|B|^p) = |A+B|^p + |A-B|^p$;

(x) 当 $p < 2$ 时, 函数 $(a^2 + b^2 + 2ab\cos\theta)^{p/2} + (a^2 + b^2 - 2ab\cos\theta)^{p/2}$ 在 $\theta = 0, \pi$ 处达到最小;

(xi) 当 $p > 2$ 时, 函数 $(a^2 + b^2 + 2ab\cos\theta)^{p/2} + (a^2 + b^2 - 2ab\cos\theta)^{p/2}$ 在 $\theta = 0, \pi$ 处达到最大;

(xii) (viii) 和 (ix) 的不等式当 A 和 B 是复数时仍然成立.

注 本题的结果在第 10 章中证明 Hanner 不等式时要用.

5.6.4 (i) 设 f 和 g 是 $[a,b]$ 上的两个凸函数, 而 $\lambda > 0$, $\mu > 0$. 试证: $\lambda f(x) + \mu g(x)$ 是 $[a,b]$ 上的凸函数.

(ii) 设 $\{f_n\}$ 是 $[a,b]$ 上的一串凸函数, 而 $\lim\limits_{n \to \infty} f_n(x)$ 在 $[a,b]$ 上存在且有限. 试证: $\lim\limits_{n \to \infty} f_n(x)$ 在 $[a,b]$ 上是凸函数.

5.6.5 设 f 和 g 是 $[a,b]$ 上的两个取正值的二次连续可微函数, 且 $\ln f$ 和 $\ln g$ 是 $[a,b]$ 上的两个凸函数 (也称 f 和 g 是 $[a,b]$ 上的两个对数凸函数). 试证: $\ln(f+g)$ 是 $[a,b]$ 上的凸函数 (换言之, 对数凸函数之和仍对).

§5.7   几个常用的不等式

为了阐明微分学在研究函数性质时的用处, 我们将在本节中推导几个常用的不等式. 这些不等式的证明有很多途径. 我们选择是较朴素的一个, 但不是最快捷的一个.

例 5.7.1   在 $(0, \infty)$ 上考虑函数

$$g_\alpha(x) = x^\alpha - \alpha x + \alpha - 1. \tag{5.7.1}$$

试证:

$$g_\alpha(x) \begin{cases} > 0, & \text{当} \alpha < 0 \text{ 或 } 1 < \alpha, \text{而} x \neq 1 \text{时}, \\ < 0, & \text{当} 0 < \alpha < 1, \text{而} x \neq 1 \text{时}, \\ = 0 & \text{当} \alpha \in \{0, 1\} \text{ 或 } x = 1 \text{时}. \end{cases} \tag{5.7.2}$$

证   在 $\alpha = 0$ 或 $\alpha = 1$ 时, 对一切 $x \in (0, \infty), g_\alpha(x) = 0$ 成立是显然的. 易见

$$g'_\alpha(x) = \alpha(x^{\alpha-1} - 1) \quad \text{和} \quad g''_\alpha(x) = \alpha(\alpha-1)x^{\alpha-2}.$$

当 $0 \neq \alpha \neq 1$ 时, 方程 $g'_\alpha(x) = 0$ 只有一个解: $x = 1$. 换言之, g_α 只有一个临界点 1, 且 $g_\alpha(1) = 0$. 当 $\alpha < 0$ 或 $1 < \alpha$ 时, 在 $(0, \infty)$ 上 $g''_\alpha(x) > 0$, 即 g_α 在 $(0, \infty)$ 上 严格凸. 而 当 $0 < \alpha < 1$ 时, 在 $(0, \infty)$ 上 $g''_\alpha(x) < 0$, 在 $(0, \infty)$ 上 g_α 严格凹. 所以, 当 $\alpha < 0$ 或 $1 < \alpha$ 时, 1 是 $g_\alpha(x)$ 在 $(0, \infty)$ 上唯一的最小点. 而当 $0 < \alpha < 1$ 时, 1 是 $g_\alpha(x)$ 在 $(0, \infty)$ 上唯一的最大点. (5.7.2) 证得.   □

例 5.7.2(Young 不等式)   设 $a, b \in (0, \infty)$, 而 $0 \neq p \neq 1, 0 \neq q \neq 1, 1/p + 1/q = 1$, 则当 $p > 1$ 时, 我们有

$$a^{\frac{1}{p}} b^{\frac{1}{q}} \leqslant \frac{a}{p} + \frac{b}{q}, \tag{5.7.3}$$

而当 $p < 1$ 时, 我们有

$$a^{\frac{1}{p}} b^{\frac{1}{q}} \geqslant \frac{a}{p} + \frac{b}{q}. \tag{5.7.4}$$

另外, (5.7.3) 和 (5.7.4) 中的等号成立, 当且仅当 $a = b$ 时.

证　只要在例 5.7.1 中让 $x = a/b, \alpha = 1/p, 1/q = 1 - 1/p$, 便得 (5.7.3) 和 (5.7.4) 的证明.　□

注　在 §3.1 的练习 3.1.1 及练习 3.1.4 中曾得到它的特殊情形, 当时非常费劲. 现在, 利用微分学的方法, 极为方便.

例 5.7.3(Hölder 不等式)　设 $x_i \geqslant 0, y_i \geqslant 0 (i = 1, \cdots, n)$ 且 $1/p + 1/q = 1$, 则

当 $p > 1$ 时,

$$\sum_{i=1}^n x_i y_i \leqslant \left(\sum_{i=1}^n x_i^p \right)^{\frac{1}{p}} \cdot \left(\sum_{i=1}^n y_i^q \right)^{\frac{1}{q}}; \qquad (5.7.5)$$

当 $0 \neq p < 1$ 时,

$$\sum_{i=1}^n x_i y_i \geqslant \left(\sum_{i=1}^n x_i^p \right)^{\frac{1}{p}} \cdot \left(\sum_{i=1}^n y_i^q \right)^{\frac{1}{q}}. \qquad (5.7.6)$$

当 $p < 0$ 时, 我们要求 (5.7.6) 中的 $x_i > 0 (i = 1, \cdots, n)$. (5.7.5) 和 (5.7.6) 中的等号成立当且仅当 n 维向量 $(x_1^p, \cdots, x_n^p)$ 和 $(y_1^q, \cdots, y_n^q)$ 线性相关, 换言之, 它们成比例时成立.

证　只证 (5.7.5),(5.7.6) 可类似地获得. 不妨设

$$X = \sum_{i=1}^n x_i^p > 0, \qquad Y = \sum_{i=1}^n y_i^q > 0,$$

因 X, Y 中有一个等于零时,(5.7.5) 自然成立 (且是等号). 令

$$a = \frac{x_i^p}{X}, \qquad b = \frac{y_i^q}{Y},$$

代入 Young 不等式 (5.7.3), 有

$$\frac{x_i y_i}{X^{\frac{1}{p}} Y^{\frac{1}{q}}} \leqslant \frac{1}{p} \frac{x_i^p}{X} + \frac{1}{q} \frac{y_i^q}{Y}, \quad i = 1, \cdots, n.$$

把以上 n 个不等式 $(i = 1, \cdots, n)$ 加起来, 有

$$\frac{\sum\limits_{i=1}^n x_i y_i}{X^{\frac{1}{p}} Y^{\frac{1}{q}}} \leqslant 1.$$

只要把以上不等式左边的分母移到右边, 便得 (5.7.5). 由 Young 不等式的等号成立的充分必要条件可知, (5.7.5) 和 (5.7.6) 中的等号成立的充分必要条件是:

$$\forall i \in \{1,\cdots,n\}\left(\frac{x_i^p}{X} = \frac{y_i^q}{Y}\right).$$

因而当且仅当 n 维向量 $(x_1^p,\cdots,x_n^p)$ 和 $(y_1^q,\cdots,y_n^q)$ 线性相关时 (5.7.5) 和 (5.7.6) 中的等号才成立. □

例 5.7.4(Minkowski 不等式)　设 $x_i \geqslant 0, y_i \geqslant 0 (i=1,\cdots,n)$ 且 $\dfrac{1}{p}+\dfrac{1}{q}=1$, 则

当 $p>1$ 时,

$$\left(\sum_{i=1}^n (x_i+y_i)^p\right)^{\frac{1}{p}} \leqslant \left(\sum_{i=1}^n x_i^p\right)^{\frac{1}{p}} + \left(\sum_{i=1}^n y_i^p\right)^{\frac{1}{p}}; \qquad (5.7.7)$$

当 $0 \neq p < 1$ 时,

$$\left(\sum_{i=1}^n (x_i+y_i)^p\right)^{\frac{1}{p}} \geqslant \left(\sum_{i=1}^n x_i^p\right)^{\frac{1}{p}} + \left(\sum_{i=1}^n y_i^p\right)^{\frac{1}{p}}. \qquad (5.7.8)$$

当 $p<0$ 时, 我们要求 (5.7.8) 中的 $x_i > 0 (i=1,\cdots,n)$. (5.7.7) 和 (5.7.8) 中的等号成立当且仅当 n 维向量 $(x_1,\cdots,x_n)$ 和 $(y_1,\cdots,y_n)$ 线性相关 (等价地, 成比例) 时成立.

证　只证 (5.7.7),(5.7.8) 可类似地获得. 不妨设

$$\sum_{i=1}^n (x_i+y_i)^p > 0,$$

不然,(5.7.7) 显然成立.

对恒等式

$$\sum_{i=1}^n (x_i+y_i)^p = \sum_{i=1}^n x_i(x_i+y_i)^{p-1} + \sum_{i=1}^n y_i(x_i+y_i)^{p-1}$$

右端两项用 Hölder 不等式, 有

$$\sum_{i=1}^{n}(x_i+y_i)^p$$

$$\leqslant \left(\sum_{i=1}^{n}x_i^p\right)^{\frac{1}{p}}\left(\sum_{i=1}^{n}(x_i+y_i)^p\right)^{\frac{1}{q}}+\left(\sum_{i=1}^{n}y_i^p\right)^{\frac{1}{p}}\left(\sum_{i=1}^{n}(x_i+y_i)^p\right)^{\frac{1}{q}}$$

$$=\left[\left(\sum_{i=1}^{n}x_i^p\right)^{\frac{1}{p}}+\left(\sum_{i=1}^{n}y_i^p\right)^{\frac{1}{p}}\right]\left(\sum_{i=1}^{n}(x_i+y_i)^p\right)^{\frac{1}{q}},$$

其中 $q=p/(p-1)$. 把上式右端的因子

$$\left(\sum_{i=1}^{n}(x_i+y_i)^p\right)^{\frac{1}{q}}$$

移到左端的分母上, 便得 (5.7.7). 由 Hölder 不等式的等号成立的充分必要条件知, (5.7.7) 的等号成立的充分必要条件是: 向量 $(x_1^p,\cdots,x_n^p)$ 与 $((x_1+y_1)^p,\cdots,(x_n+y_n)^p)$ 成比例, 且 $(y_1^p,\cdots,y_n^p)$ 与 $((x_1+y_1)^p,\cdots,(x_n+y_n)^p)$ 成比例. 因而, $(x_1^p,\cdots,x_n^p)$ 与 $(y_1^p,\cdots,y_n^p)$ 成比例. 故 (5.7.7) 的等号成立的必要条件是: $(x_1,\cdots,x_n)$ 与 $(y_1,\cdots,y_n)$ 成比例. 不难证明: 由 $(x_1,\cdots,x_n)$ 与 $(y_1,\cdots,y_n)$ 成比例, 便得向量 $(x_1^p,\cdots,x_n^p)$ 与 $((x_1+y_1)^p,\cdots,(x_n+y_n)^p)$ 成比例, 且 $(y_1^p,\cdots,y_n^p)$ 与 $((x_1+y_1)^p,\cdots,(x_n+y_n)^p)$ 成比例. 这也是 (5.7.7) 的等号成立的充分条件. □

例 5.7.5 因 $f(x)=\ln x$ 是凹的, 由 Jensen 不等式得到

$$\forall x_i\geqslant 0\forall\lambda_i\geqslant 0\left(\sum_{i=1}^{n}\lambda_i=1\Rightarrow\sum_{i=1}^{n}\lambda_i\ln x_i\leqslant\ln\left(\sum_{i=1}^{n}\lambda_i x_i\right)\right). \quad (5.7.9)$$

因此

$$\forall x_i\geqslant 0\forall\lambda_i\geqslant 0\left(\sum_{i=1}^{n}\lambda_i=1\Rightarrow\prod_{i=1}^{n}x_i^{\lambda_i}\leqslant\sum_{i=1}^{n}\lambda_i x_i\right). \quad (5.7.10)$$

注 例 5.7.2 中的 Young 不等式是本例的特殊情形. 因而在 §3.1 的练习 3.1.1 和练习 3.1.4 中的结果也可由凸函数的理论得到.

练　习

5.7.1 试证:

(i) 当 $p > 1$ 时, 函数 $f(x) = x^p$ 在 $(0, \infty)$ 上是凸的;

(ii) 当 $p > 1$ 时,

$$\forall x_i \geqslant 0 \forall \lambda_i \geqslant 0 \left(\sum_{i=1}^{n} \lambda_i = 1 \Longrightarrow \left(\sum_{i=1}^{n} \lambda_i x_i \right)^p \leqslant \sum_{i=1}^{n} \lambda_i x_i^p \right);$$

(iii) 当 $p > 1, 1/p + 1/q = 1, a_i \geqslant 0, b_i \geqslant 0$ 时,Hölder 不等式成立:

$$\sum_{i=1}^{n} a_i b_i \leqslant \left(\sum_{i=1}^{n} a_i^p \right)^{\frac{1}{p}} \left(\sum_{i=1}^{n} b_i^q \right)^{\frac{1}{q}};$$

(iv) 类似地证明当 $p < 1$ 时的 Hölder 不等式.

§5.8　附 加 习 题

5.8.1　在闭区间 $I = [0, 1]$ 上归纳地定义函数列 $\{f_n\}$ 如下:

$$f_0(x) = x,$$

设 f_n 在 $I = [0, 1]$ 上已有定义, 且 f_n 在每个小区间 $\left[\dfrac{k}{3^n}, \dfrac{k+1}{3^n} \right] (k = 0, 1, \cdots, 3^n - 1)$ 上是个一次多项式 (图像是直线), 今定义 f_{n+1} 如下: f_{n+1} 在每个小区间 $\left[\dfrac{k}{3^{n+1}}, \dfrac{k+1}{3^{n+1}} \right] (k = 0, 1, \cdots, 3^{n+1} - 1)$ 上是个一次多项式 (图像是直线), 而 f_{n+1} 在这些小区间的端点的值定义为

$$f_{n+1}\left(\frac{k}{3^n} \right) = f_n\left(\frac{k}{3^n} \right),$$

$$f_{n+1}\left(\frac{k}{3^n} + \frac{1}{3^{n+1}} \right) = f_n\left(\frac{k}{3^n} + \frac{2}{3^{n+1}} \right),$$

$$f_{n+1}\left(\frac{k}{3^n} + \frac{2}{3^{n+1}} \right) = f_n\left(\frac{k}{3^n} + \frac{1}{3^{n+1}} \right).$$

试证:

(i) $\forall n \in \mathbf{N} \forall x \in [0, 1] (0 \leqslant f_n(x) \leqslant 1)$;

(ii) 对于 $j \in \{0, 1, 2\}$, $n \in \mathbf{N}$, 有

$$\sup_{\frac{k}{3^n} + \frac{j}{3^{n+1}} \leqslant x \leqslant \frac{k}{3^n} + \frac{j+1}{3^{n+1}}} f_{n+1}(x) - \inf_{\frac{k}{3^n} + \frac{j}{3^{n+1}} \leqslant x \leqslant \frac{k}{3^n} + \frac{j+1}{3^{n+1}}} f_{n+1}(x)$$

$$\leqslant \frac{2}{3} \left(\sup_{\frac{k}{3^n} \leqslant x \leqslant \frac{k+1}{3^n}} f_n(x) - \inf_{\frac{k}{3^n} \leqslant x \leqslant \frac{k+1}{3^n}} f_n(x) \right);$$

(iii) 对于 $n \in \mathbf{N}$, 有

$$\sup_{\frac{k}{3^n} \leqslant x \leqslant \frac{k+1}{3^n}} f_n(x) - \inf_{\frac{k}{3^n} \leqslant x \leqslant \frac{k+1}{3^n}} f_n(x) \leqslant \left(\frac{2}{3} \right)^n;$$

(iv) 对于 $x \in \left[\frac{k}{3^n}, \frac{k+1}{3^n}\right]$, $n \in \mathbf{N}$, 有

$$|f_n(x) - f_{n+1}(x)| \leqslant \frac{1}{3}\left(\sup_{\frac{k}{3^n} \leqslant x \leqslant \frac{k+1}{3^n}} f_n(x) - \inf_{\frac{k}{3^n} \leqslant x \leqslant \frac{k+1}{3^n}} f_n(x)\right);$$

(v) 对于 $x \in [0,1]$, $n \in \mathbf{N}$, 有

$$|f_n(x) - f_{n+1}(x)| \leqslant \frac{1}{3}\left(\frac{2}{3}\right)^n;$$

(vi) 函数列 $\{f_n\}$ 在 $I = [0,1]$ 上一致收敛于一个连续函数 f;

(vii) $\forall k \in \{0, 1, \cdots, 3^n\} \forall p \in \mathbf{N}\left(f_{n+p}\left(\frac{k}{3^n}\right) = f_n\left(\frac{k}{3^n}\right)\right);$

(viii) $\forall n \in \mathbf{N} \forall k \in \{0, 1, \cdots, 3^n - 1\}\left(f\left(\frac{k}{3^n}\right) = f_n\left(\frac{k}{3^n}\right)\right);$

(ix) 对于 $j \in \{0, 1, 2\}$, $n \in \mathbf{N}$, 有

$$\left|\frac{f\left(\frac{k}{3^n} + \frac{j+1}{3^{n+1}}\right) - f\left(\frac{k}{3^n} + \frac{j}{3^{n+1}}\right)}{\frac{1}{3^{n+1}}} - \frac{f\left(\frac{k+1}{3^n}\right) - f\left(\frac{k}{3^n}\right)}{\frac{1}{3^n}}\right| \geqslant 1;$$

(x) f 在 $I = [0,1]$ 的任何点处均不可微.

注 本题告诉我们, **处处连续而处处不可微的函数**是存在的. 最早给出一个处处连续而处处不可微的函数的例的是德国数学家 Weierstrass, 后来德国数学家 van der Waerden 给出了一个较简单的例. 这里的例是 [4] 中的一个习题. 处处连续而处处不可微的函数是很多的 (构成了一个所谓的第二纲集). 它们在描述 Brown 运动时扮演了重要的角色.

5.8.2 设 $x \neq 0$, 由 §3.7 的练习 3.7.5 的 (iv), 以下方程确定了一个收敛半径大于零的幂级数:

$$\frac{x}{\mathrm{e}^x - 1} = \frac{1}{(\mathrm{e}^x - 1)/x} = \frac{1}{1 + \frac{x}{2!} + \frac{x^2}{3!} + \cdots} = \sum_{n=0}^{\infty} \frac{B_n}{n!} x^n,$$

其中的一串数 B_n 称为 **Bernoulli数**, 它是数学中经常出现的一串数, 重要性也许仅次于二项系数.

(i) 试证: $B_0 = 1$;

(ii) 试证: 以下关于 Bernoulli 数的递推公式成立:

$$\forall n \in \{2, 3, \cdots\}\left(\sum_{k=0}^{n-1} \binom{n}{k} B_k = 0\right);$$

(iii) 试证: 所有的 Bernoulli 数都是有理数, 前 12 个 Bernoulli 数是

$$B_0 = 1,\ B_1 = -\frac{1}{2},\ B_2 = \frac{1}{6},\ B_3 = 0,\ B_4 = -\frac{1}{30},\ B_5 = 0,$$

$$B_6 = \frac{1}{42}, \ B_7 = 0, \ B_8 = -\frac{1}{30}, \ B_9 = 0, \ B_{10} = \frac{5}{66}, \ B_{11} = 0, \cdots;$$

(iv) 试证:

$$\frac{t}{e^t - 1} + \frac{t}{2} = \frac{t}{2}\frac{\cosh(t/2)}{\sinh(t/2)},$$

并证明上述函数是偶函数. 因此 $B_{2n+1} = 0$, $n = 1, 2, \cdots$;

(v) 试证:

$$x \coth x = \frac{\sum\limits_{n=0}^{\infty} \dfrac{x^{2n}}{(2n)!}}{\sum\limits_{n=0}^{\infty} \dfrac{x^{2n}}{(2n+1)!}} = \sum_{n=0}^{\infty} \frac{B_{2n}}{(2n)!}(2x)^{2n}$$

和

$$x \cot x = \frac{\sum\limits_{n=0}^{\infty} (-1)^n \dfrac{x^{2n}}{(2n)!}}{\sum\limits_{n=0}^{\infty} (-1)^n \dfrac{x^{2n}}{(2n+1)!}} = \sum_{n=0}^{\infty} (-1)^n \frac{B_{2n}}{(2n)!}(2x)^{2n};$$

(vi) 试证:

$$\tan x = \sum_{n=1}^{\infty} (-1)^{n-1} \frac{2^{2n}(2^{2n}-1)B_{2n}}{(2n)!} x^{2n-1};$$

(vii) 试证:

$$\sum_{k=0}^{n} e^{kx} = \sum_{p=0}^{\infty} \left(\frac{1}{p!}\sum_{k=0}^{n} k^p\right)x^p;$$

(viii) 试证:

$$\sum_{k=0}^{n} e^{kx} = \sum_{p=0}^{\infty} \left(\frac{n+1}{1!}\frac{B_p}{p!} + \frac{(n+1)^2}{2!}\frac{B_{p-1}}{(p-1)!} + \cdots + \frac{(n+1)^{p+1}}{(p+1)!}\frac{B_0}{0!}\right)x^p;$$

(ix) 试证:

$$1 + 2^p + 3^p + \cdots + n^p = \frac{1}{p+1}\left[\binom{p+1}{1}(n+1)B_p + \binom{p+1}{2}(n+1)^2 B_{p-1}\right.$$
$$\left. + \cdots + \binom{p+1}{p+1}(n+1)^{p+1}B_0\right].$$

注 请与 §1.7 的练习 1.7.3 比较.

5.8.3 对于每个 $z \in \mathbf{C}$, 函数

$$F_z(x) = \frac{xe^{zx}}{e^x - 1}$$

在 $|x|$ 充分小时可展成 x 的幂级数:

$$\frac{xe^{zx}}{e^x - 1} = \sum_{k=0}^{\infty} \frac{B_k(z)}{k!}x^k, \ z \in \mathbf{C}.$$

试证:

(i) $B_k(z)$ 是如下的 z 的 k 次多项式: $B_k(z) = \sum\limits_{j=0}^{k} \begin{pmatrix} k \\ j \end{pmatrix} B_j z^{k-j}$, 称为 k**次**

Bernoulli多项式;

(ii) $B_n(0) = B_n$;

(iii) $B'_{n+1}(z) = (n+1)B_n(z)$;

(iv) $B_n(z+1) - B_n(z) = nz^{n-1}$;

(v) $B_n(1-z) = (-1)^n B_n(z)$;

(vi) $B_0(z) = 1$, $B_1(z) = z - 1/2$, $B_2(z) = z^2 - z + 1/6$, $B_3(z) = z^3 - 3z^2/2 + z/2$.

5.8.4 **定义函数** $f : \mathbf{R} \setminus \mathbf{Z} \to \mathbf{R}$ 如下:

$$f(x) = \frac{\pi^2}{\sin^2(\pi x)} - \sum_{k=-\infty}^{\infty} \frac{1}{(x-k)^2}.$$

试证:

(i) 在任何不含有整数点的有界闭区间上, 右端的级数一致收敛. 因此,f 在 $\mathbf{R} \setminus \mathbf{Z}$ 上有定义且连续, 且它是以 1 为周期的周期函数.

(ii) 极限 $\lim\limits_{x \to 0} f(x)$ 存在, 故 f 可以延拓成 $\mathbf{R} \to \mathbf{R}$ 的连续的, 以 1 为周期的周期函数 (因而在 $\mathbf{R}$ 上有界), 这个延拓后的函数仍记做 f.

(iii) $\forall x \in \mathbf{R} \left(f\left(\dfrac{x}{2}\right) + f\left(\dfrac{x+1}{2}\right) = 4f(x) \right)$.

(iv) $\forall x \in \mathbf{R}(f(x) = 0)$, 因而, 对于任何 $x \in \mathbf{R} \setminus \mathbf{Z}$, 有

$$\frac{\pi^2}{\sin^2(\pi x)} = \sum_{k=-\infty}^{\infty} \frac{1}{(x-k)^2}.$$

(v) 当 $x \in \mathbf{R} \setminus \{\pm 1/2, \pm 3/2, \pm 5/2, \cdots\}$ 时, 我们有

$$\pi^2 \tan'(\pi x) = \frac{\pi^2}{\cos^2(\pi x)} = 4 \sum_{k=-\infty}^{\infty} \frac{1}{(2x - 2k - 1)^2}.$$

(vi) $\sum\limits_{k=1}^{\infty} \dfrac{1}{k^2} = \dfrac{\pi^2}{6}$.

(vii) 假设级数 $\sum\limits_{n=0}^{\infty} c_n$ 是个收敛的正项级数, 而在闭区间 $[\alpha, \beta]$ 上的函数级数 $\sum\limits_{n=0}^{\infty} a_n(x)$ 具有以下性质: (a) $\forall n \in \mathbf{Z}_+ \forall x \in [\alpha, \beta] (|a_n(x)| \leqslant c_n)$; (b) $\forall n \in \mathbf{Z}_+ (\lim\limits_{x \to \alpha+0} a_n(x) = d_n)$. 在以上假设下, 我们有以下结论:

$$\lim_{x \to \alpha+0} \sum_{n=0}^{\infty} a_n(x) = \sum_{n=0}^{\infty} d_n.$$

(viii) 假设级数 $\sum\limits_{n=0}^{\infty} c_n$ 是个收敛的正项级数, 而在开区间 (α, β) 上收敛的函数级数 $\sum\limits_{n=0}^{\infty} a_n(x)$ 具有以下性质: 对于每个非负整数 $n, a_n(x)$ 在 (α, β) 上可微,

且

$$\forall n \in \mathbf{Z}_+ \forall x \in (\alpha, \beta)(|a_n'(x)| \leqslant c_n).$$

在以上假设下, 我们有如下结论: 函数级数 $\sum\limits_{n=0}^{\infty} a_n(x)$ 所代表的函数在开区间 (α, β) 上可微, 且对于一切 $x \in (\alpha, \beta)$, 有

$$\frac{d}{dx}\left(\sum_{n=0}^{\infty} a_n(x)\right) = \sum_{n=0}^{\infty} a_n'(x).$$

(ix) 我们有以下结果:

$$\forall x - \frac{1}{2} \in \mathbf{R} \setminus \mathbf{Z} \forall n \in \mathbf{N}\left(\pi^{2n}\frac{\tan^{(2n-1)}(\pi x)}{(2n-1)!} = 2^{2n}\sum_{k=-\infty}^{\infty}\frac{1}{(2x-2k-1)^{2n}}\right).$$

(x) 记 $\zeta(2n) = \sum\limits_{k=1}^{\infty}\dfrac{1}{k^{2n}}$, 有

$$\forall n \in \mathbf{N}\left(\pi^{2n}\frac{\tan^{(2n-1)}(0)}{(2n-1)!} = 2(2^{2n}-1)\zeta(2n)\right);$$

特别, 有 $\zeta(2) = \dfrac{\pi^2}{6}$, $\zeta(4) = \dfrac{\pi^4}{90}$.

注   对于一切满足条件 $\Re z > 1$ 的 $z \in \mathbf{C}$, 用以下公式定义的函数称为 **Riemann ζ 函数**:

$$\zeta(z) = \sum_{k=1}^{\infty}\frac{1}{k^z}.$$

我们在第 12 章的练习中将会回过来较详细地讨论 Riemann ζ 函数及其在数论中的应用.

(xi) $\forall x \in \left(-\dfrac{\pi}{2}, \dfrac{\pi}{2}\right)\left(\tan x = \sum\limits_{n=1}^{\infty}\dfrac{2(2^{2n}-1)\zeta(2n)}{\pi^{2n}}x^{2n-1}\right).$

5.8.5   定义函数 $f: \mathbf{R} \setminus \pi\mathbf{Z} \to \mathbf{R}$ 如下:

$$f(x) = \frac{\cos x}{\sin x} - \frac{1}{x} - \sum_{n=1}^{\infty}\left(\frac{1}{x-n\pi} + \frac{1}{x+n\pi}\right).$$

试证:

(i) 在任何与点集 $\pi\mathbf{Z} = \{n\pi : n \in \mathbf{Z}\}$ 不相交的有界闭区间上, 右端的级数一致收敛. 因此, f 在 $\mathbf{R} \setminus \pi\mathbf{Z}$ 上有定义且连续, 且它是以 π 为周期的周期函数.

(ii) 我们有以下的极限等式 $\lim\limits_{x\to 0} f(x) = 0$, 故 f 可以延拓成 $\mathbf{R} \to \mathbf{R}$ 的以 π 为周期的连续周期函数 (因而在 $\mathbf{R}$ 上有界). 为方便计, 这个延拓后的函数仍记做 f.

(iii) $\forall x \in \mathbf{R}\left(f\left(\dfrac{x}{2}\right) + f\left(\dfrac{x+\pi}{2}\right) = 2f(x)\right).$

(iv) $\forall x \in \mathbf{R}(f(x) = 0)$, 因而, 对于任何 $x \in \mathbf{R} \setminus \pi\mathbf{Z}$, 有

$$\frac{\cos x}{\sin x} = \frac{1}{x} + \sum_{n=1}^{\infty}\left(\frac{1}{x-n\pi} + \frac{1}{x+n\pi}\right).$$

(v) 对于任何 $x \in \mathbf{R} \setminus \pi(1/2 + \mathbf{Z})$, 有

$$\frac{\sin x}{\cos x} = -\sum_{n=1}^{\infty}\left(\frac{1}{x-\frac{2n-1}{2}\pi} + \frac{1}{x+\frac{2n-1}{2}\pi}\right).$$

(vi) 对于任何 $x \in \mathbf{R} \setminus \pi\mathbf{Z}$, 有

$$\frac{1}{\sin x} = \frac{1}{x} + \sum_{n=1}^{\infty}(-1)^n\left(\frac{1}{x-n\pi} + \frac{1}{x+n\pi}\right).$$

(vii) 设 $\{u_n(x)\}$ 是一串 $[a,b]$ 上的二次可微函数, 且级数 $\sum\limits_{n=1}^{\infty} u_n(x)$ 及级数 $\sum\limits_{n=1}^{\infty} u_n'(x)$ 在 $[a,b]$ 上收敛. 又设 $\{c_n\}$ 是一串正数, 使得 $\forall x \in [a,b]\big(|u_n''(x)| \leqslant c_n\big)$, 且 $\sum\limits_{n=1}^{\infty} c_n < \infty$. 在如上的条件下, 对于任何 $x \in [a,b]$, 我们有

$$\frac{d}{dx}\left(\sum_{n=1}^{\infty} u_n(x)\right) = \sum_{n=1}^{\infty} u_n'(x).$$

(viii) 对于任何 $x \in \mathbf{R} \setminus \pi\mathbf{Z}$, 有

$$\frac{1}{\sin^2 x} = \frac{1}{x^2} + \sum_{n=1}^{\infty}\left(\frac{1}{(x-n\pi)^2} + \frac{1}{(x+n\pi)^2}\right).$$

5.8.6 (i) 设

$$\varphi(x) = \frac{1}{2}\ln\frac{1+x}{1-x} - x, \quad \psi(x) = \frac{1}{2}\ln\frac{1+x}{1-x} - x - \frac{x^3}{3(1-x^2)},$$

试证: 当 $0 < x < 1$ 时, 我们有

$$\psi(x) < 0 < \varphi(x);$$

(ii) 试证: 当 $0 \leqslant x < 1$ 时, 我们有

$$0 \leqslant \frac{1}{2}\ln\frac{1+x}{1-x} - x \leqslant \frac{x^3}{3(1-x^2)},$$

且上边两个不等式中的等号只在 $x = 0$ 时才成立;

(iii) 试证: 对于任何自然数 n, 我们有

$$0 < \frac{1}{2}\ln\frac{n+1}{n} - \frac{1}{2n+1} < \frac{1}{12(2n+1)(n^2+n)};$$

(iv) 试证: 对于任何自然数 n, 我们有

$$0 < \left(n+\frac{1}{2}\right)\ln\frac{n+1}{n} - 1 < \frac{1}{12}\left(\frac{1}{n} - \frac{1}{n+1}\right);$$

(v) 对于任何自然数 n, 设

$$a_n = \frac{n^{n+1/2}\mathrm{e}^{-n}}{n!}, \qquad b_n = a_n\mathrm{e}^{1/12n},$$

试证: 对于任何自然数 n, 我们有

$$a_n < a_{n+1} < b_{n+1} < b_n;$$

(vi) 试证: 存在 $c \in \mathbf{R}_+$, 对于任何自然数 n, 我们有

$$a_n < c < b_n, \quad \text{且} \quad \lim_{n \to \infty} a_n = \lim_{n \to \infty} b_n = c;$$

(vii) 试证: 存在 $\theta_n \in (0,1)$, 使得对于任何自然数 n, 我们有

$$n! = c^{-1}n^{n+1/2}\mathrm{e}^{-n}\mathrm{e}^{\theta_n/12n};$$

(viii) 试证: 存在 $\theta_n \in (0,1)$, 使得对于任何自然数 n, 我们有

$$n! = \sqrt{2\pi}n^{n+1/2}\mathrm{e}^{-n}\mathrm{e}^{\theta_n/12n}.$$

注 (viii) 中的公式称为关于 $n!$ 的 **Stirling公式**.

5.8.7 本题想利用 $\sin x$ 的因式分解 (§4.5 练习 4.5.1 的 (ix)) 重新研究练习 5.8.4 及练习 5.8.5 中的问题.

(i) 设 $x \neq k\pi(k = 0, \pm 1, \pm 2, \cdots)$, 试证:

$$\ln|\sin x| = \ln|x| + \sum_{n=1}^{\infty} \ln\left|1 - \frac{x^2}{n^2\pi^2}\right|;$$

(ii) 试证: 级数

$$\sum_{n > M/\pi} \frac{2M}{n^2\pi^2 - M^2}$$

收敛;

(iii) 设 $x \neq k\pi(k = 0, \pm 1, \pm 2, \cdots)$, 试证:

$$\frac{\cos x}{\sin x} = \frac{1}{x} + \sum_{n=1}^{\infty}\left(\frac{1}{x - n\pi} + \frac{1}{x + n\pi}\right);$$

*§5.9 补充教材一: 关于可微函数的整体性质

我们在证明可微函数的整体性质 (Rolle 定理) 时用到了连续函数的整体性质, 事实上, 只用了闭区间上连续函数达到最大值和最小值的 Weierstrass 定理. 假若我们用证明连续函数整体性质的方法, 确切些说, 直接使用确界存在性 (P13) 也许能获得一些新的更好的 (在较弱的条件下结论照旧) 结果. 这就是本节补充教材的目的.

命题 5.9.1   设函数 f 在闭区间 $[a,b]$ 上连续, 又设在由至多可数个点组成的集合 A 之外的左闭右开区间 $[a,b)$ 上任何点处都有 (有限的或无限的) 右导数 f'_+. 若

$$\forall x \in [a,b) \setminus A\Big(f'_+(x) \geqslant 0\Big), \tag{5.9.1}$$

则

$$f(b) \geqslant f(a). \tag{5.9.2}$$

又若至少有一点 $y \in [a,b) \setminus A$ 使得 $f'_+(y) > 0$, 则 $f(b) > f(a)$.

证   设 (5.9.1) 成立. 因 A 可数, 可设

$$A = \{a_1, a_2, \cdots, a_n, \cdots\}.$$

任取 $\varepsilon > 0$, 令

$$J = \left\{ x \in [a,b] : \forall y \in [a,x]\left(f(y) - f(a) \geqslant -\varepsilon(y-a) - \varepsilon \sum_{a_n < y} \frac{1}{2^n}\right)\right\}, \tag{5.9.3}$$

上式右端的 $\sum\limits_{a_n < y}$ 是对满足 $a_n < y$ 的全体 n 求和. 我们的任务是, 由条件 (5.9.1) 出发去证明 $J = [a.b]$.

显然 $a \in J$, 故 $J \neq \emptyset$. 又按 J 的定义, 有

$$x \in J \text{ 且 } x_1 < x \Longrightarrow x_1 \in J.$$

因此 J 是一个以 a 为左端点的区间 (注意: J 是由两个端点确定的区间这个命题是由确界存在性 (P13) 保证的!). 设 c 是 J 的右端点. 首先, 我们要证明

$$c \in J. \tag{5.9.4}$$

若 $c = a$,(5.9.4) 显然成立. 今设 $a < x < c$, 则 $x \in J$, 故

$$f(x) - f(a) \geqslant -\varepsilon(x-a) - \varepsilon \sum_{a_n < x} \frac{1}{2^n}. \tag{5.9.5}$$

由此, 当然更有

$$f(x) - f(a) \geqslant -\varepsilon(c-a) - \varepsilon \sum_{a_n < c} \frac{1}{2^n}. \tag{5.9.6}$$

因 f 连续, 在 (5.9.5) 中让 $x \to c - 0$, 便有

$$f(c) - f(a) \geqslant -\varepsilon(c-a) - \varepsilon \sum_{a_n < c} \frac{1}{2^n}, \tag{5.9.7}$$

由 (5.9.3),(5.9.5) 和 (5.9.7) 知 (5.9.4) 成立.

其次, 我们要证明的是: $c = b$. 假设 $c < b$. 若 $c \notin A$, 故 $f'_+(c)$ 存在, 且 $f'_+(c) \geqslant 0$. 所以,

$$\exists y \in (c,b]\forall x \in [c,y]\Big(f(x) - f(c) \geqslant -\varepsilon(x-c)\Big). \tag{5.9.8}$$

把 (5.9:7) 和 (5.9.8) 中的不等式两端分别相加, 有

$$\forall x \in [c,y]\left(f(x) - f(a) \geqslant -\varepsilon(x-a) - \varepsilon \sum_{a_n < c} \frac{1}{2^n} \geqslant -\varepsilon(x-a) - \varepsilon \sum_{a_n < x} \frac{1}{2^n}\right). \quad (5.9.9)$$

由 (5.9.3),(5.9.5) 和 (5.9.9),$y \in J$. 这与 c 是 J 的右端点矛盾.

若 $\exists k \in \mathbf{N}(c = a_k)$, 因 f 在点 a_k 连续, 故

$$\exists y \in (c,b] \forall x \in (c,y]\left(f(x) - f(c) \geqslant -\frac{\varepsilon}{2^k}\right), \quad (5.9.10)$$

把 (5.9.7) 和 (5.9.10) 中的不等式两端分别相加, 有

$$f(x) - f(a) \geqslant -\varepsilon(c-a) - \varepsilon \sum_{a_n < x} \frac{1}{2^n} \geqslant -\varepsilon(x-a) - \varepsilon \sum_{a_n < x} \frac{1}{2^n}. \quad (5.9.11)$$

故 $x \in J$. 这又和 c 是 J 的右端点相矛盾. 因此 $c = b$, 所以我们有

$$f(b) - f(a) \geqslant -\varepsilon(b-a) - \varepsilon \sum_{a_n < b} \frac{1}{2^n} \geqslant -\varepsilon(b-a) - \varepsilon. \quad (5.9.12)$$

只要让 (5.9.12) 中的 $\varepsilon \to 0$, 便得 (5.9.2).

最后, 假设至少有一点 $y \in [a,b)$ 使得 $f'_+(y) > 0$. 把以上结果用到任何区间 $[c,d] \subset [a,b)$ 上, 便知 f 在 $[a,b]$ 上单调不减. 若 $f(a) = f(b)$, 则 f 在 $[a,b]$ 上等于常数, 因此 $\forall x \in [a,b]\left(f'(x) = 0\right)$. 这与 $f'_+(y) > 0$ 矛盾. □

以下推论可由命题 5.9.1 直接得到. 请同学自行补出证明的细节.

推论 5.9.1　设函数 f 在闭区间 $[a,b]$ 上连续, 又设在由至多可数个点组成的集合 A 之外的左闭右开区间 $[a,b)$ 上任何点处都有 (有限的或无限的) 右导数 f'_+, 则函数 f 在闭区间 $[a,b]$ 上单调不减的充分必要条件是

$$\forall x \in [a,b) \setminus A(f'_+(x) \geqslant 0). \quad (5.9.13)$$

又函数 f 在闭区间 $[a,b]$ 上单调递增的充分必要条件是 (5.9.13) 成立, 且集合

$$\{x \in [a,b) : f'_+(x) > 0\}$$

是 $[a,b]$ 上的稠密集, 即对于任何开区间 $\emptyset \neq (c,d) \subset [a,b]$, 有

$$(c,d) \cap \{x \in [a,b) : f'_+(x) > 0\} \neq \emptyset.$$

注　若在以上的命题或推论中, 把 $[a,b)$ 换成 $(a,b]$, 并把右导数换成左导数, 则结论依然成立.

定理 5.9.1(数值函数的有限增量定理)　设 f 和 g 是两个在有界闭区间 $[a,b]$ 上连续的数值函数,$A \subset [a,b]$ 是至多可数点集,f 和 g 在 $[a,b) \setminus A$ 上有 (有限或无限的) 右导数 f'_+ 和 g'_+. 又设集合 $\{x \in [a,b] : |f'_+(x)| = |g'_+(x)| = \infty\}$ 至多可数,且有两个实数 M 与 m 和一个至多可数集 $B \subset [a,b) \setminus A$, 使得

$$\forall x \in [a,b) \setminus (A \cup B)\left(mg'_+(x) \leqslant f'_+(x) \leqslant Mg'_+(x)\right). \quad (5.9.14)$$

(这里我们利用了约定: $0 \cdot \infty = 0$). 在以上条件下, 只可能有以下三种情形之一出现:

(i) $\exists k \in \mathbf{R} \forall x \in [a,b]\big(f(x) = Mg(x) + k\big)$;

(ii) $\exists k \in \mathbf{R} \forall x \in [a,b]\big(f(x) = mg(x) + k\big)$;

(iii) $m(g(b) - g(a)) < f(b) - f(a) < M(g(b) - g(a))$.

证 只须把命题 5.9.1 用到函数 $Mg - f$ 和 $f - mg$ 上便得到定理的结论了. $\qquad\square$

以下推论可由定理 5.9.1 直接得到. 请同学自行补出证明的细节.

推论 5.9.2 设 f 是在有界闭区间 $[a,b]$ 上连续的数值函数, $A \subset [a,b]$ 是至多可数点集, f 在 $[a,b) \setminus A$ 上有 (有限或无限) 右导数 f'_+. 又设实数 M 和 m 分别是 $f'_+(x)$ 在 $[a,b) \setminus A$ 上的上确界和下确界. 在以上条件下, 只可能有以下两种情形之一出现:

(i) f 在 $[a,b]$ 上是线性函数, 且

$$m = M = \frac{f(b) - f(a)}{b - a};$$

(ii) $m(b - a) < f(b) - f(a) < M(b - a)$.

无论那一种情形, 我们都有不等式:

$$m(b - a) \leqslant f(b) - f(a) \leqslant M(b - a).$$

定理 5.9.2 开区间 (a,b) 上的 (有限) 数值函数 $f : (a,b) \to \mathbf{R}$ 是 (a,b) 上的一个凸函数, 当且仅当 f 在 (a,b) 上连续, 且有可数集 $B \subset (a,b)$, 使得 f 在 $(a,b) \setminus B$ 的每一点可微, 而

$$\forall c,d \in (a,b) \setminus B\big(c \leqslant d \Longrightarrow f'(c) \leqslant f'(d)\big). \tag{5.9.15}$$

开区间 (a,b) 上的 (有限) 数值函数 $f : (a,b) \to \mathbf{R}$ 是 (a,b) 上的一个严格凸函数, 当且仅当 f 在 (a,b) 上连续, 且有可数集 $B \subset (a,b)$, 使得 f 在 $(a,b) \setminus B$ 的每一点可微, 而

$$\forall c,d \in (a,b) \setminus B(c < d \Longrightarrow f'(c) < f'(d)). \tag{5.9.16}$$

证 "仅当" 部分已在推论 5.6.2 中得到. 下面证明 "当" 的部分. 重点证明定理中关于凸函数的部分. 设 $a < c < x < d < b$, M_1 和 m_1 分别是 f' 在 $[c,x) \setminus B$ 上的上确界和下确界, 而 M_2 和 m_2 分别是 f' 在 $[x,d) \setminus B$ 上的上确界和下确界. 由推论 5.9.2 (不论是情形 (i) 还是情形 (ii)), 有

$$m_1(x - c) \leqslant f(x) - f(c) \leqslant M_1(x - c) \tag{5.9.17}$$

和

$$m_2(d - x) \leqslant f(d) - f(x) \leqslant M_2(d - x). \tag{5.9.18}$$

由 (5.9.15),$m_1 \leqslant M_1 \leqslant m_2 \leqslant M_2$. 由 (5.9.17) 和 (5.9.18), 有

$$\frac{f(x) - f(c)}{x - c} \leqslant \frac{f(d) - f(x)}{d - x}.$$

由推论 5.6.1,f 是 (a,b) 上的凸函数.

严格凸部分的证明线索和上面一样. 唯一应注意的是: (5.9.16) 成立时, 只能出现推论 5.9.2 中的情形 (ii).　　　　　　　　　　　　　　□

设 $\mathbf{f} : [a,b] \to \mathbf{R}^n$ 是定义在闭区间 $[a,b]$ 上的取值于 n 维欧氏空间 $\mathbf{R}^n$ 的函数. 用向量的分量写出:

$$\mathbf{f}(x) = (f_1(x), \cdots, f_n(x)).$$

向量值函数 $\mathbf{f}(x)$ 的连续性和可微性皆可通过它的分量来定义. 具体地说, $\mathbf{f}(x)$ 在 $x = x_0 \in [a,b]$ 处连续, 当且仅当

$$\forall i \in \{1, \cdots, n\}(f_i(x)\text{在}x = x_0\text{处连续}).$$

又 $\mathbf{f}(x)$ 在 $x = x_0 \in [a,b]$ 处可微, 当且仅当

$$\forall i \in \{1, \cdots, n\}(f_i(x)\text{在}x = x_0\text{处可微}).$$

这时,$\mathbf{f}(x)$ 在 $x = x_0 \in [a,b]$ 处的导数定义为

$$\mathbf{f}'(x_0) = (f_1'(x_0), \cdots, f_n'(x_0)).$$

不难看出,$\mathbf{f}(x)$ 在 $x = x_0 \in [a,b]$ 处连续, 当且仅当

$$\lim_{x \to x_0} |\mathbf{f}(x) - \mathbf{f}(x_0)|_{\mathbf{R}^n} = 0.$$

又,$\mathbf{f}(x)$ 在 $x = x_0 \in [a,b]$ 处可微, 且它的的导数是 $\mathbf{f}'(x_0)$, 当且仅当

$$\lim_{x \to x_0} \left| \mathbf{f}'(x_0) - \frac{\mathbf{f}(x) - \mathbf{f}(x_0)}{x - x_0} \right|_{\mathbf{R}^n} = 0,$$

其中 $|\cdot|_{\mathbf{R}^n}$ 表示欧氏空间 $\mathbf{R}^n$ 中的向量的长度:

$$\forall \mathbf{x} = (x_1, \cdots, x_n) \in \mathbf{R}^n \left(|\mathbf{x}|_{\mathbf{R}^n} = \sqrt{\sum_{j=1}^n |x_j|^2} \right).$$

为了证明这些论断, 只要利用以下的初等不等式就够了 (细节留给同学自己去完成了):

$$\max(|x_1|, \cdots, |x_n|) \leqslant |\mathbf{x}|_{\mathbf{R}^n} \leqslant |x_1| + \cdots + |x_n|.$$

现在, 我们愿意在以上定义的基础上, 介绍以下的

定理 5.9.3(向量值函数的有限增量定理) 设 $\mathbf{f}$ 和 g 分别是在有界闭区间 $[a,b]$ 上定义的连续向量值函数和数值函数, 且数值函数 g 还在 $[a,b]$ 上是递增

的,$A \subset [a,b]$ 是至多可数点集,$\mathbf{f}$ 和 g 在 $[a,b) \setminus A$ 的每一点处都有右导数 ($g'_+(x)$ 可能取无限值). 又设

$$\forall x \in [a,b] \setminus A(|\mathbf{f}'_+(x)|_{\mathbf{R}^n} \leqslant g'_+(x)), \qquad (5.9.19)$$

则我们有

$$|\mathbf{f}(b) - \mathbf{f}(a)|_{\mathbf{R}^n} \leqslant g(b) - g(a). \qquad (5.9.20)$$

    证   证明的主要线索和命题 5.9.1 证明的完全一样. 设 (5.9.19) 成立. 因 A 至多可数, 可设

$$A = \{a_1, a_2, \cdots, a_n, \cdots\}.$$

任取 $\varepsilon > 0$, 令

$$J = \left\{ x \in [a,b] : \forall y \in [a,x] \left(|\mathbf{f}(y) - \mathbf{f}(a)|_{\mathbf{R}^n} \leqslant g(y) - g(a) + \varepsilon(y - a) + \varepsilon \sum_{a_n < y} \frac{1}{2^n} \right) \right\},$$
$$(5.9.21)$$

上式右端的 $\sum\limits_{a_n < y}$ 是对满足 $a_n < y$ 的全体 n 求和. 由条件 (5.9.19) 出发, 我们需要证明的是: $J = [a,b]$.

    显然 J 是一个以 a 为左端点的区间 (这里我们用了确界存在性 (P13)!). 设 c 是 J 的右端点. 首先, 我们要证明

$$c \in J. \qquad (5.9.22)$$

    若 $c = a$,(5.9.22) 显然成立. 今设 $a < y < c$, 则 $y \in J$. 因 g 是递增的, 有

$$|\mathbf{f}(y) - \mathbf{f}(a)| \leqslant g(y) - g(a) + \varepsilon(y - a) + \varepsilon \sum_{a_n < y} \frac{1}{2^n}$$
$$\leqslant g(c) - g(a) + \varepsilon(c - a) + \varepsilon \sum_{a_n < c} \frac{1}{2^n}.$$

在上式中让 $y \to c - 0$, 注意到 $\mathbf{f}$ 的连续性, 有

$$|\mathbf{f}(c) - \mathbf{f}(a)|_{\mathbf{R}^n} \leqslant g(c) - g(a) + \varepsilon(c - a) + \varepsilon \sum_{a_n < c} \frac{1}{2^n}. \qquad (5.9.23)$$

故 (5.9.22) 成立.

    其次, 我们用反证法证明: $c = b$. 假设 $c < b$. 若 $c \notin A$, 则 $\mathbf{f}'_+(c)$ 与 $g'_+(c)$ 存在且满足不等式:

$$|\mathbf{f}'_+(c)|_{\mathbf{R}^n} \leqslant g'_+(c).$$

先设 $0 \leqslant g'_+(c) < \infty$. 这时有向量 $\mathbf{u}$ 使得 $\mathbf{f}'_+(c) = \mathbf{u} g'_+(c)$ 且 $|\mathbf{u}|_{\mathbf{R}^n} \leqslant 1$. 记

$$\mathbf{h} = \mathbf{f} - \mathbf{u} g,$$

则

$$\mathbf{h}'_+(c) = \mathbf{0}.$$

故对于已经取定的 $\varepsilon > 0$,

$$\exists y \in (c, b] \forall x \in [c, y](|\mathbf{f}(x) - \mathbf{f}(c) - \mathbf{u}(g(x) - g(c))|_{\mathbf{R}^n} \leqslant \varepsilon(x - c)),$$

由此对于这个 $\varepsilon > 0$,

$$\exists y \in (c, b] \forall x \in [c, y](|\mathbf{f}(x) - \mathbf{f}(c)|_{\mathbf{R}^n} \leqslant (g(x) - g(c)) + \varepsilon(x - c)). \tag{5.9.24}$$

根据 (5.9.23) 和 (5.9.24), 有

$$|\mathbf{f}(x) - \mathbf{f}(a)|_{\mathbf{R}^n} \leqslant g(x) - g(a) + \varepsilon(x - a) + \varepsilon \sum_{a_n < c} \frac{1}{2^n}$$

$$\leqslant g(x) - g(a) + \varepsilon(x - a) + \varepsilon \sum_{a_n < x} \frac{1}{2^n}, \tag{5.9.25}$$

其中 $x \in [c, y]$. 因此 $y \in J$, 这是不可能的.

再考虑 $g'_+(c) = \infty$ 的情形. 这时

$$\exists y \in (c, b] \forall x \in [c, y]\Big(|\mathbf{f}(x) - \mathbf{f}(c)|_{\mathbf{R}^n} \leqslant (|\mathbf{f}'_+(c)|_{\mathbf{R}^n} + 1)(x - c) \leqslant g(x) - g(c)\Big).$$

由此得到 (5.9.24), 和上面一样的推演便可得到矛盾.

最后假设有某个 $k \in \mathbf{N}$, 使得 $c = a_k$. 由 $\mathbf{f}$ 的连续性, 有

$$\exists y \in (c, b] \forall x \in (c, y)\left(|\mathbf{f}(x) - \mathbf{f}(c)|_{\mathbf{R}^n} \leqslant \frac{\varepsilon}{2^k}\right),$$

将这个不等式与 (5.9.23) 结合起来, 有

$$|\mathbf{f}(x) - \mathbf{f}(a)|_{\mathbf{R}^n} \leqslant g(c) - g(a) + \varepsilon(c - a) + \varepsilon \sum_{a_n < x} \frac{1}{2^n}$$

$$\leqslant g(x) - g(a) + \varepsilon(x - a) + \varepsilon \sum_{a_n < x} \frac{1}{2^n}.$$

这又是矛盾. 故 $b \in J$, 换言之, 我们有

$$|\mathbf{f}(b) - \mathbf{f}(a)|_{\mathbf{R}^n} \leqslant g(b) - g(a) + \varepsilon(b - a) + \varepsilon \sum_{a_n < b} \frac{1}{2^n}.$$

在上式中让 $\varepsilon \to 0$, 便得

$$|\mathbf{f}(b) - \mathbf{f}(a)|_{\mathbf{R}^n} \leqslant g(b) - g(a). \qquad \square$$

注   对于 n 维向量空间中的向量 $\mathbf{v} \in \mathbf{R}^n$, $|\mathbf{v}| = |\mathbf{v}|_{\mathbf{R}^n}$ 表示向量 $\mathbf{v}$ 的范数 (或称长度). 眼前, 有限维向量 $\mathbf{v} = (v_1, \cdots, v_n)$ 的范数常可理解成 Euclid 范数:

$$|\mathbf{v}|_{\mathbf{R}^n} = \sqrt{\sum_{k=1}^{n} v_k^2}.$$

事实上, 我们的考虑可以推广到更一般的 (甚至是无限维赋范空间中的) 范数上去. 关于后者的确切定义将在第 8 章的补充教材一中去讨论.

推论 5.9.3　在区间 I 上定义且连续的向量值函数 $\mathbf{f}$ 在区间 I 上恒等于常值向量的充分必要条件是: 区间 I 有至多可数子集 A, 使得

$$\forall x \in I \setminus A(\mathbf{f}'_+(x) = \mathbf{0}).$$

推论 5.9.4　设 $\mathbf{f}$ 是在区间 I 上定义且连续的向量值函数, 又区间 I 有至多可数子集 A, 使得 $\mathbf{f}$ 是在 $I \setminus A$ 的每一点上右可微, 则对于一切 $x, y \in I$ 和 $x_0 \in I \setminus A$ 有

$$|\mathbf{f}(y) - \mathbf{f}(x) - \mathbf{f}'_+(x_0)(y-x)|_{\mathbf{R}^n} \leqslant (y-x) \sup_{z \in (x,y) \cap I \setminus A} |\mathbf{f}'_+(z) - \mathbf{f}'_+(x_0)|_{\mathbf{R}^n}. \quad (5.9.26)$$

证　对函数 $\mathbf{f}(z) - \mathbf{f}'_+(x_0)z$ 应用定理 5.9.3, 而定理 5.9.3 中的 g 取为这样的线性函数, 它的导数是 $\sup\limits_{z \in (x,y) \cap I \setminus A} |\mathbf{f}'_+(z) - \mathbf{f}'_+(x_0)|_{\mathbf{R}^n}$, 推论 5.9.4 便是定理 5.9.3 的推论了.　　□

*§5.10　补充教材二：一维线性振动的数学表述

5.10.1　谐振子

设质点 M 在直线 (记做 x 轴) 上的平衡点 (取它为 x 轴的原点) 附近在一个弹性力 F 作用下运动. 弹性力 F 总是指向平衡点, 它的大小和质点与平衡点的距离成正比 (所谓的 Hooke 定律): $F = -k^2x$, $k > 0$. 设质点 M 的质量为 m, 由 Newton 第二定律, 质点运动方程是

$$\ddot{x} = -\omega^2 x, \quad (5.10.1)$$

其中 $\omega = k/\sqrt{m} > 0$. $\Big($ 在物理文献中, 函数关于时间变量 t 的导数常以函数上方打一点表示, 例如: $\dot{x} = x'(t), \ddot{x} = x''(t).$ $\Big)$ 方程 (5.10.1) 称为谐振子方程. 为了完全确定质点的运动状况, 除了方程 (5.10.1) 外, 还须知道质点的初 (始) 位置和初 (始) 速度, 即作为时间 t 的函数 $x(t)$ 应满足以下去的初 (始) 条件:

$$x(t_0) = x_0, \quad \dot{x}(t_0) = v_0, \quad (5.10.2)$$

其中 t_0, x_0, v_0 是三个给定的数, 分别代表质点运动的初 (始) 时刻, 初 (始) 位置, 初 (始) 速度.

我们先证明

命题 5.10.1　满足方程 (5.10.1) 和初 (始) 条件 (5.10.2) 的解最多只有一个. 特别, 当 $x_0 = 0, v_0 = 0$ 时, 满足方程 (5.10.1) 和初 (始) 条件 (5.10.2) 的唯一解是 $\forall t \in \mathbf{R}(x(t) = 0)$.

证　设 $y(t)$ 和 $z(t)$ 是满足 (5.10.1) 和 (5.10.2) 的两个解. 令 $w(t) = y(t) - z(t)$, 则 $w(t)$ 满足下列方程

$$\ddot{w} = -\omega^2 w \quad (5.10.3)$$

和初条件

$$w(t_0) = 0, \qquad \dot{w}(t_0) = 0. \tag{5.10.4}$$

由方程 (5.10.3), 有

$$\frac{d}{dt}(\dot{w}^2 + \omega^2 w^2) = 2\dot{w}(\ddot{w} + \omega^2 w) = 0.$$

因此

$$\dot{w}^2 + \omega^2 w^2 = \text{const}.$$

由初条件 (5.10.4) 便知

$$\dot{w}^2 + \omega^2 w^2 \equiv [\dot{w}(t_0)]^2 + \omega^2 [w(t_0)]^2 = 0.$$

所以, $\dot{w} \equiv 0$. 由此和初条件 (5.10.4) 便知 $w = \text{const} = 0$, 换言之, $y \equiv z$. ☐

已知满足初条件 (5.10.2) 的方程 (5.10.1) 最多只有一个解. 现在我们想证明确有一个解, 甚至想把这个解用初等函数表示出来. 为此, 我们设法寻求方程 (5.10.1) 的 (不一定满足初条件 (5.10.2) 的) 具有以下形式的解

$$x(t) = \mathrm{e}^{\lambda t}. \tag{5.10.5}$$

对于 (5.10.1) 中的 $x = x(t)$, 有 $\ddot{x} = \lambda^2 \mathrm{e}^{\lambda t} = \lambda^2 x$, 欲使方程 (5.10.1) 得以满足, 必须也只须 $\lambda^2 = -\omega^2$, 换言之, $\lambda = \pm \mathrm{i}\omega$ 是函数 (5.10.5) 满足方程 (5.10.1) 的充分必要条件. 我们找到了方程 (5.10.1) 的两个解:

$$\mathrm{e}^{\mathrm{i}\omega t} \quad \text{和} \quad \mathrm{e}^{-\mathrm{i}\omega t}.$$

不难看出, 这两个解的任何线性组合

$$x(t) = C_1 \mathrm{e}^{\mathrm{i}\omega t} + C_2 \mathrm{e}^{-\mathrm{i}\omega t} \tag{5.10.6}$$

也满足方程 (5.10.1), 其中 C_1 和 C_2 是两个 (不依赖于 t 的) 任意常数. 它们的具体的值将由初条件 (5.10.2) 确定, 换言之, 它们应满足方程组:

$$\begin{cases} C_1 \mathrm{e}^{\mathrm{i}\omega t_0} + C_2 \mathrm{e}^{-\mathrm{i}\omega t_0} = x_0, \\ C_1 \mathrm{i}\omega \mathrm{e}^{\mathrm{i}\omega t_0} - C_2 \mathrm{i}\omega \mathrm{e}^{-\mathrm{i}\omega t_0} = v_0. \end{cases}$$

这个方程组的解是

$$C_1 = \frac{\omega x_0 - \mathrm{i} v_0}{2\omega \mathrm{e}^{\mathrm{i}\omega t_0}}, \quad C_2 = \frac{\omega x_0 + \mathrm{i} v_0}{2\omega \mathrm{e}^{-\mathrm{i}\omega t_0}}. \tag{5.10.7}$$

故满足初条件 (5.10.2) 的方程 (5.10.1) 的解应是

$$\begin{aligned} x(t) &= \frac{\omega x_0 - \mathrm{i} v_0}{2\omega \mathrm{e}^{\mathrm{i}\omega t_0}} \mathrm{e}^{\mathrm{i}\omega t} + \frac{\omega x_0 + \mathrm{i} v_0}{2\omega \mathrm{e}^{-\mathrm{i}\omega t_0}} \mathrm{e}^{-\mathrm{i}\omega t} \\ &= x_0 \cos \omega(t - t_0) + \frac{v_0}{\omega} \sin \omega(t - t_0). \end{aligned} \tag{5.10.8}$$

以上表达式也可以写成

$$x(t) = A \sin \left(\omega(t - t_0) + \varphi \right), \tag{5.10.9}$$

$$A = \sqrt{(x_0)^2 + \left(\frac{v_0}{\omega}\right)^2}, \quad \varphi = \arcsin \frac{x_0}{\sqrt{(x_0)^2 + (\frac{v_0}{\omega})^2}}. \tag{5.10.10}$$

(5.10.9) 是谐振子的一般表达式,(5.10.10) 中的 A 和 φ 分别称为谐振子的振幅和 ($t = t_0$ 时的) 初始位相.

5.10.2 阻尼振动

假若质点除了受到弹性力 (它的方向指向平衡位置, 大小与位移成正比) 的作用外, 还受某种阻力 (例如, 磨擦力) 的作用. 这种阻力是这样一种力, 它与质点的运动速度的大小成正比, 方向相反. 这样, 质点的运动方程变成了

$$m\ddot{x} = -k^2 x - r\dot{x}, \tag{5.10.11}$$

其中 $r \geqslant 0$. 为了完全确定质点的运动状况, 还须知道质点的初 (始) 位置和初 (始) 速度:

$$x(t_0) = x_0, \quad \dot{x}(t_0) = v_0,. \tag{5.10.2}'$$

在初条件 (5.10.2)′ 下方程 (5.10.11) 的解也是唯一的, 不过它的证明不如无磨擦力情形那样简单, 我们不去讨论它的证明了 (在 7.5 节的定理 7.5.4 中, 我们将讨论一般常微分方程的初值问题的解的局部存在唯一性). 下面只去寻找解的形式.

和以前一样, 试用形式为 $x(t) = \mathrm{e}^{\lambda t}$ 的 t 的函数代入方程 (5.10.11), 我们得到常数 λ 应满足的方程

$$m\lambda^2 + r\lambda + k^2 = 0. \tag{5.10.12}$$

方程 (5.10.12) 称为微分方程 (5.10.11) 的特征方程. 它有两个根:

$$\lambda_1 = \frac{-r + \sqrt{r^2 - 4mk^2}}{2m}, \quad \lambda_2 = \frac{-r - \sqrt{r^2 - 4mk^2}}{2m}. \tag{5.10.13}$$

为了得到方程 (5.10.11) 的解的表达式, 应对三种情形分别处理: (i) $r^2 - 4mk^2 < 0$; (ii) $r^2 - 4mk^2 > 0$; (iii) $r^2 - 4mk^2 = 0$.

(i) 当 $r^2 - 4mk^2 < 0$ 时,

$$\lambda_1 = \frac{-r + \mathrm{i}\sqrt{-r^2 + 4mk^2}}{2m}, \quad \lambda_2 = \frac{-r - \mathrm{i}\sqrt{-r^2 + 4mk^2}}{2m}. \tag{5.10.14}$$

方程 (5.10.11) 的两个线性无关的解 (即两个不成比例的解) 是

$$x_1(t) = \mathrm{e}^{-\frac{r}{2m}t}\mathrm{e}^{\mathrm{i}\frac{\sqrt{-r^2+4mk^2}}{2m}t}, \quad x_2(t) = \mathrm{e}^{-\frac{r}{2m}t}\mathrm{e}^{-\mathrm{i}\frac{\sqrt{-r^2+4mk^2}}{2m}t}. \tag{5.10.15}$$

显然这两个线性无关的解的任何线性组合

$$x(t) = \mathrm{e}^{-\frac{r}{2m}t}\left(C_1 \mathrm{e}^{\mathrm{i}\frac{\sqrt{-r^2+4mk^2}}{2m}t} + C_2 \mathrm{e}^{-\mathrm{i}\frac{\sqrt{-r^2+4mk^2}}{2m}t}\right) \tag{5.10.16}$$

也是方程 (5.10.11) 的解.

为了满足初条件 (5.10.2)′, 常数 C_1 和 C_2 应满足方程组

$$\mathrm{e}^{-\frac{r}{2m}t_0}\left(C_1\mathrm{e}^{\mathrm{i}\frac{\sqrt{-r^2+4mk^2}}{2m}t_0}+C_2\mathrm{e}^{-\mathrm{i}\frac{\sqrt{-r^2+4mk^2}}{2m}t_0}\right)=x_0, \tag{5.10.17}$$

$$\mathrm{e}^{-\frac{r}{2m}t_0}\left[C_1\left(-\frac{r}{2m}+\mathrm{i}\frac{\sqrt{-r^2+4mk^2}}{2m}\right)\mathrm{e}^{\mathrm{i}\frac{\sqrt{-r^2+4mk^2}}{2m}t_0}\right.$$
$$\left.+C_2\left(-\frac{r}{2m}-\mathrm{i}\frac{\sqrt{-r^2+4mk^2}}{2m}\right)\mathrm{e}^{-\mathrm{i}\frac{\sqrt{-r^2+4mk^2}}{2m}t_0}\right]=v_0. \tag{5.10.18}$$

这个方程组的解应是

$$C_1=\mathrm{e}^{\frac{r}{2m}t_0}\mathrm{e}^{-\mathrm{i}\frac{\sqrt{-r^2+4mk^2}}{2m}t_0}\left(\frac{x_0}{2}-\mathrm{i}\frac{rx_0+2mv_0}{2\sqrt{-r^2+4mk^2}}\right), \tag{5.10.19}$$

$$C_2=\mathrm{e}^{\frac{r}{2m}t_0}\mathrm{e}^{\mathrm{i}\frac{\sqrt{-r^2+4mk^2}}{2m}t_0}\left(\frac{x_0}{2}+\mathrm{i}\frac{rx_0+2mv_0}{2\sqrt{-r^2+4mk^2}}\right). \tag{5.10.20}$$

满足初条件 (5.10.2)′ 的方程 (5.10.11) 的解应是

$$\begin{aligned}x(t)=&\mathrm{e}^{-\frac{r}{2m}(t-t_0)}\left[\left(\frac{x_0}{2}-\mathrm{i}\frac{rx_0+2mv_0}{2\sqrt{-r^2+4mk^2}}\right)\mathrm{e}^{\mathrm{i}\frac{\sqrt{-r^2+4mk^2}}{2m}(t-t_0)}\right.\\&\left.+\left(\frac{x_0}{2}+\mathrm{i}\frac{rx_0+2mv_0}{2\sqrt{-r^2+4mk^2}}\right)\mathrm{e}^{-\mathrm{i}\frac{\sqrt{-r^2+4mk^2}}{2m}(t-t_0)}\right]\\=&\mathrm{e}^{-\frac{r}{2m}(t-t_0)}\left[x_0\cos\frac{(t-t_0)\sqrt{-r^2+4mk^2}}{2m}\right.\\&\left.+\frac{rx_0+2mv_0}{\sqrt{-r^2+4mk^2}}\sin\frac{(t-t_0)\sqrt{-r^2+4mk^2}}{2m}\right]\\=&2\sqrt{\frac{m^2v_0^2+mk^2x_0^2+rmx_0v_0}{-r^2+4mk^2}}\mathrm{e}^{-\frac{r}{2m}(t-t_0)}\\&\cdot\sin\left(\frac{(t-t_0)\sqrt{-r^2+4mk^2}}{2m}+\varphi\right),\end{aligned} \tag{5.10.21}$$

其中 φ 是 $t=t_0$ 时的初始位相, 值得注意的是: (5.10.21) 是一个谐振子和一个按时间的负指数方式下降的振幅的乘积, 这是因为运动质点为了克服阻力必须作功, 运动质点的总能量 (动能与弹性位能之和) 将为作功而耗散, 总能量将随着时间增加而减少 (所谓能量耗散) 的缘故. 而动能是和振幅的平方成正比的, 故振幅随着时间增加而减小. 这正是 "阻尼振动" 的特点.

(ii) 当 $r^2-4mk^2>0$ 时,(5.10.13) 中的 λ_1 和 λ_2 都是实数, 方程 (5.10.11) 的两个线性无关的解是

$$x_1(t)=\mathrm{e}^{\frac{-(r-\sqrt{r^2-4mk^2})}{2m}t},\quad x_2(t)=\mathrm{e}^{\frac{-(r+\sqrt{r^2-4mk^2})}{2m}t}. \tag{5.10.22}$$

方程 (5.10.11) 的一般解是这两个线性无关解的线性组合:

$$x(t) = C_1 e^{\frac{-(r-\sqrt{r^2-4mk^2})}{2m}t} + C_2 e^{\frac{-(r+\sqrt{r^2-4mk^2})}{2m}t}, \tag{5.10.23}$$

其中 C_1 和 C_2 是两个常数, 它门将由初条件 (5.10.2)′ 确定:

$$C_1 e^{\frac{-(r-\sqrt{r^2-4mk^2})}{2m}t_0} + C_2 e^{\frac{-(r+\sqrt{r^2-4mk^2})}{2m}t_0} = x_0, \tag{5.10.24}$$

$$C_1 \frac{-(r-\sqrt{r^2-4mk^2})}{2m} e^{\frac{-(r-\sqrt{r^2-4mk^2})}{2m}t_0}$$

$$+ C_2 \frac{-(r+\sqrt{r^2-4mk^2})}{2m} e^{\frac{-(r+\sqrt{r^2-4mk^2})}{2m}t_0} = v_0. \tag{5.10.25}$$

故

$$C_1 = \left[x_0 \frac{r+\sqrt{r^2-4mk^2}}{2\sqrt{r^2-4mk^2}} + \frac{mv_0}{\sqrt{r^2-4mk^2}} \right] e^{\frac{r-\sqrt{r^2-4mk^2}}{2m}t_0},$$

$$C_2 = \left[x_0 \frac{r-\sqrt{r^2-4mk^2}}{2\sqrt{r^2-4mk^2}} + \frac{mv_0}{\sqrt{r^2-4mk^2}} \right] e^{\frac{r+\sqrt{r^2-4mk^2}}{2m}t_0}.$$

满足初条件 (5.10.2)′ 的方程 (5.10.11) 的解应是

$$x(t) = \frac{x_0(r+\sqrt{r^2-4mk^2}) + 2mv_0}{2\sqrt{r^2-4mk^2}} e^{\frac{-(r-\sqrt{r^2-4mk^2})}{2m}(t-t_0)}$$

$$+ \frac{x_0(r-\sqrt{r^2-4mk^2}) + 2mv_0}{2\sqrt{r^2-4mk^2}} e^{\frac{-(r+\sqrt{r^2-4mk^2})}{2m}(t-t_0)}. \tag{5.10.26}$$

这是个代表无振动的衰减至零的运动的解. 这是因为当阻力系数 r 充分大时 (即 $r^2-4mk^2>0$ 时), 弹性力引起的振动特性消失了.

(iii) 当 $r^2-4mk^2 = 0$ 时,(5.10.13) 中的 $\lambda_1 = \lambda_2$, 原来线性无关的两个解变成一个解了. 但很容易找到另一个与它线性无关的解, 这样还是得到两个解:

$$x_1(t) = e^{\frac{-r}{2m}t}, \quad x_2(t) = t e^{\frac{-r}{2m}t}. \tag{5.10.27}$$

方程 (5.10.11) 的一般解应是

$$x(t) = C_1 e^{\frac{-r}{2m}t} + C_2 t e^{\frac{-r}{2m}t}. \tag{5.10.28}$$

很容易通过初条件 (5.10.2)′ 确定常数 C_1 和 C_2. 这时质点运动的振动特性也已消失, 解也衰减为零, 但由于第二项的影响, 它比之情形 (ii) 略慢些.

5.10.3 强迫振动

下面我们讨论在弹性力, 磨擦力和另一个随着时间周期变化的外力作用下的质点的运动状态. 为了数学处理的方便, 我们假设这个随着时间周期变化的外力可以用某个余弦函数表示, 因而质点运动的方程是

$$m\ddot{x} = -k^2 x - r\dot{x} + a\cos\omega t. \tag{5.10.29}$$

它也可改写成

$$\ddot{x} + 2\rho\dot{x} + \omega_0^2 x = \alpha\cos\omega t, \qquad (5.10,30)$$

其中 $\alpha = a/m, \rho = r/(2m), \omega_0 = k/\sqrt{m}$. 当 $\alpha = 0$ 时, 方程 (5.10.30) 变成它所对应的 "齐次" 微分方程:

$$\ddot{x} + 2\rho\dot{x} + \omega_0^2 x = 0. \qquad (5.10,31)$$

根据以前的讨论, 这个 "齐次" 微分方程的一般解是它的两个特解的线性组合:

$$x(t) = C_1 x_1(t) + C_2 x_2(t), \qquad (5.10,32)$$

其中 $x_1(t)$ 和 $x_2(t)$ 是方程 (5.10.31) 的两个特解, 它们可以根据以前的讨论在三种不同的情况下分别求得. 不难看出, 假若 $z(t)$ 是方程 (5.10.30) 的一个 (特) 解, 则

$$x(t) = C_1 x_1(t) + C_2 x_2(t) + z(t) \qquad (5.10,33)$$

是方程 (5.10.30)(带有两个任意常数) 的一般解. 所以, 求解非齐次微分方程归结为寻找非齐次微分方程的一个 (特) 解. 为了计算方便, 我们愿意把求解非齐次微分方程 (5.10.30) 换成求解下面的非齐次微分方程

$$\ddot{x} + 2\rho\dot{x} + \omega_0^2 x = \alpha e^{i\omega t}, \qquad (5.10,34)$$

方程 (5.10.34) 的解的实部便是方程 (5.10.31) 的 (实值) 解. 今设法找一个具有以下形状的方程 (5.10.34) 的特解:

$$w(t) = A e^{i\omega t}. \qquad (5.10,35)$$

把它代入方程 (5.10.34) 后, 得到

$$A = \frac{\alpha}{-\omega^2 + 2\rho\omega i + \omega_0^2}. \qquad (5.10,36)$$

故特解 (5.10.35) 具有形式

$$\begin{aligned} w(t) &= \frac{\alpha}{-\omega^2 + 2\rho\omega i + \omega_0^2} e^{i\omega t} = \frac{\alpha(-\omega^2 - 2\rho\omega i + \omega_0^2)}{(-\omega^2 + \omega_0^2)^2 + 4\rho^2\omega^2}(\cos\omega t + i\sin\omega t) \\ &= \frac{\alpha}{(-\omega^2 + \omega_0^2)^2 + 4\rho^2\omega^2} \\ &\quad \times \Big[(\omega_0^2 - \omega^2)\cos\omega t + 2\rho\omega\sin\omega t + i((\omega_0^2 - \omega^2)\sin\omega t - 2\rho\omega\cos\omega t)\Big]. \end{aligned}$$
$$(5.10,37)$$

方程 (5.10.30) 的特解应是

$$\begin{aligned} z(t) = \Re(w(t)) &= \frac{\alpha}{(-\omega^2 + \omega_0^2)^2 + 4\rho^2\omega^2}[(\omega_0^2 - \omega^2)\cos\omega t + 2\rho\omega\sin\omega t] \\ &= \frac{\alpha}{\sqrt{(-\omega^2 + \omega_0^2)^2 + 4\rho^2\omega^2}}\sin(\omega t + \varphi). \end{aligned}$$
$$(5.10,38)$$

由此可见, 当 ω 和 α 给定时,$\omega_0 = \omega$(即弹性力产生的固有频率 ω_0 和周期性外力的频率 ω 相等) 时, 这个特解的振幅将达到最大值. 特别, 当 $\rho = 0$(即, 无磨擦力) 时, 这个特解的振幅将等于无穷大. 这就是所谓的 "**共振**" 现象. 任何建筑物有它的固有频率 ω_0, 它是由建筑物的材料及结构确定的弹性力产生的固有频率. 若地震的地震波的频率 ω 与这个固有频率 ω_0 相差很大, 该建筑物在这场地震中常不致倒塌. 反之, 当地震波的频率与这个固有频率相差无几时, 该建筑物很可能在这场地震中倒塌.

进一步阅读的参考文献

一元函数微分学可以在以下参考文献中找到:

[1] 的第四章介绍一元微分学. 第六章的第 6 节中介绍了 Bernoulli 数和 Bernoulli 多项式.

[4] 的第一章介绍一元微分学. 本章补充教材一关于可微函数整体性质的内容取自于 [4] 的第一章.

[6] 的第四章介绍一元微分学.

[11] 的第三章和第四章介绍一元微分学. 超几何级数的内容可在 [11] 的第十一章中找到.

[12] 中得到了复合函数高阶导数的最一般的公式.

[14] 的第一卷的第五章和第六章介绍一元微分学.

[15] 的第六章, 第七章, 第八章和第九章介绍一元微分学. 第七章和第九章包含许多有趣的应用, 特别, 第九章第 71 节中介绍了 Bernoulli 数和 Bernoulli 多项式.

[22] 的第三章的第 1 节介绍一元微分学.

[24] 的第五章介绍一元微分学.

第 6 章   一元函数的 Riemann 积分

§6.1   Riemann 积分的定义

首先, 我们讨论一个几何问题: 如何计算一个平面图形的面积? 先考虑一类特殊的图形 —— 某函数在某闭区间上的下方图形的面积. 设 f 是定义在有界闭区间 $[a, b]$ 上的 (比较 "好" 的, 例如, 连续的) 取正值的函数. 考虑 f 的图像与横轴上的闭区间 $[a, b]$ 之间的平面图形 (简称为 f 在 $[a, b]$ 上的下方图形), 即以下的平面集合

$$\{(x, y) \in \mathbf{R}^2 : x \in [a, b],\ 0 \leqslant y \leqslant f(x)\}$$

的面积的计算. 一般的平面图形常可分解成有限多块两两不相交的上述类型的图形 (即可以看做某函数下方图形的图形) 之并. 因此, 一般的平面图形的面积就是上述类型的图形面积之和. 所以我们将集中精力研究一个函数的下方图形面积的计算.

设 f 是在 $[a, b]$ 上取非负值的函数, 一个很自然的下方图形面积的计算方案是这样的:

在闭区间 $[a, b]$ 上取 $(n + 1)$ 个点

$$a = x_0 < x_1 < \cdots < x_n = b, \tag{6.1.1}$$

使闭区间 $[a, b]$ 分划成 n 个小区间. 这样, f 在 $[a, b]$ 上的下方图形的面积等于 f 在这 n 个小区间上的下方图形的面积之和. 在小区间 $[x_{i-1}, x_i]$ 上任选一点 $\xi_i \in [x_{i-1}, x_i]$, 直观地看, f 在小区间 $[x_{i-1}, x_i]$ 上的下方图形的面积应该近似地等于

$$f(\xi_i)(x_i - x_{i-1}),$$

后者表示以小区间 $[x_{i-1}, x_i]$ 为底, 高为 $f(\xi_i)$ 的长方形的面积. 因此, f 在 $[a, b]$ 上的下方图形的面积应该近似地等于

$$\sum_{i=1}^{n} f(\xi_i)(x_i - x_{i-1}) = \sum_{i=1}^{n} f(\xi_i)dx(x_i - x_{i-1}). \qquad (6.1.2)$$

(根据公式 (5.1.14) 前的那段议论, 我们有: $dx(h) = h$). 表达式 (6.1.2) 称为函数 f 对应于分划 (6.1.1) 和选点组 $\{\xi_1, \cdots, \xi_n\}$ 的 **Riemann 和**, 其中 $\xi_i \in [x_{i-1}, x_i](1 \leqslant i \leqslant n)$. 一个很自然的想法是: 假若 f 属于某一类较好的函数 (例如连续函数, 或间断点在某种意义下并不很多的函数), 当分划 (6.1.1) 中的小区间的长度的最大者趋于零时 (当然, 这时小区间的个数 $n \to \infty$), **Riemann 和 (6.1.2) 的极限**似应存在, 且这个极限

$$\lim_{\max_{1 \leqslant i \leqslant n} (x_i - x_{i-1}) \to 0} \sum_{i=1}^{n} f(\xi_i)(x_i - x_{i-1}) \qquad (6.1.3)$$

应可看做 f 在 $[a,b]$ 上的下方图形面积的定义. 参看图 6.1.1.

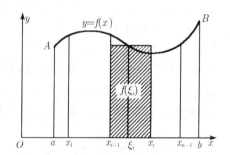

图 6.1.1 Riemann 和中的一项 $f(\xi_i)(x_i - x_{i-1})$

其次, 我们讨论一个运动学的问题: 假若已知作直线运动的质点的速度对时间的依赖关系 $v(t)$(它表示质点在时刻 t 时的瞬时速度, 简称速度), 如何去计算质点位置 (或在时刻 t 的质点位置与初始时刻 t_0 的质点位置之间的距离) 对时间的依赖关系 $x(t)$? 假定质点在作匀速运动: $v(t) = v = \text{const.}$ 不依赖于 t, 则质点在时刻 t 和 t_0 的位置之间的距离应是

$$x(t) - x(t_0) = v \cdot (t - t_0).$$

但若质点在作变速运动, 以上公式便不适用了. 这时我们很自然地会用以下办法来计算质点在时刻 t 和 t_0 的位置之间的距离. 在时间区间

$[t_0, t]$ 上用 $n+1$ 个点把区间 $[t_0, t]$ 分划成 n 个小区间:

$$t_0 < t_1, < \cdots < t_n = t. \tag{6.1.4}$$

在每个小区间 $[t_{i-1}, t_i]$ 上任选一点 $\tau_i \in [t_{i-1}, t_i]$, 假若变速运动的质点的速度 $v(t)$ 对 t 的依赖比较好时 (或是连续依赖, 或是依赖的间断时刻在某种意义下并不太多时), 在小区间 $[t_{i-1}, t_i]$ 上质点似乎可以近似地看成以 $v(\tau_i)$ 为速度的匀速直线运动. 因此, 在时间区间 $[t_{i-1}, t_i]$ 上质点走过的距离有以下近似表达式:

$$v(\tau_i) \cdot (t_i - t_{i-1}).$$

在时间区间 $[t_0, t]$ 上质点走过的距离似乎应有以下近似表达式:

$$\sum_{i=1}^n v(\tau_i)(t_i - t_{i-1}). \tag{6.1.5}$$

表达式 (6.1.5) 是函数 $v(t)$ 相对于分划 (6.1.4) 和选点组 $\{\tau_1, \cdots, \tau_n\}$ 的 **Riemann和**, 其中 $\tau_i \in [t_{i-1}, t_i](1 \leqslant i \leqslant n)$. 一个直观上可接受的想法是: 当变速运动的质点的速度 $v(t)$ 对 t 的依赖比较好时, 分划 (6.1.4) 中的小区间的长度的最大者趋于零时 (当然, 这时小区间的个数 $n \to \infty$),**Riemann和(6.1.5)的极限**似应存在, 且这个极限

$$\lim_{\max_{1 \leqslant i \leqslant n}(t_i - t_{i-1}) \to 0} \sum_{i=1}^n v(\tau_i)(t_i - t_{i-1}) \tag{6.1.6}$$

应该就是在时间区间 $[t_0, t]$ 上质点走过的距离.

以上两个问题, 一个是几何问题, 另一个是运动学的问题, 导致要计算的两个极限 (6.1.3) 和 (6.1.6) 在形式上完全一样: 某个函数的 Riemann 和的极限. 这种形式的极限在其他问题中也经常出现. 因此有必要对这种形式的极限给一个名称, 以便对它进行认真的数学研究.

定义 6.1.1 设 $f: [a, b] \to \mathbf{R}(\mathbf{C})$ 是有界闭区间 $[a, b]$ 上的实 (复) 值函数. 闭区间 $[a, b]$ 上的 $n+1$ 个点

$$\mathcal{C}: a = x_0 < x_1 < \cdots < x_{n-1} < x_n = b \tag{6.1.7}$$

称为闭区间 $[a, b]$ 的一个分划. 闭区间 $[a, b]$ 因此被分划成 n 个小区间

$$[a,b] = \bigcup_{k=1}^{n} [x_{i-1}, x_i], \tag{6.1.8}$$

其中两个不同的小区间之交或为空集, 或为单点集 (总之, 是长度为零的集). 在每个小区间上任选一点 $\xi_i \in [x_{i-1}, x_i]$, 并构造**函数 f 相对于分划 $\mathcal{C}$ 和选点组 $\boldsymbol{\xi} = \{\xi_1, \cdots, \xi_n\}$ 的 Riemann 和**:

$$\mathcal{R}(f; \mathcal{C}, \boldsymbol{\xi}) = \sum_{i=1}^{n} f(\xi_i)(x_i - x_{i-1}) = \sum_{i=1}^{n} f(\xi_i) dx(x_i - x_{i-1}). \tag{6.1.2}'$$

假若当小区间 $[x_{i-1}, x_i]\,(1 \leqslant i \leqslant n)$ 的长度的最大者趋于零时, 不论满足条件 $\xi_i \in [x_{i-1}, x_i]$ 的选点组 $\boldsymbol{\xi} = \{\xi_1, \cdots, \xi_n\}$ 如何选取, Riemann 和 $(6.1.2)'$ 收敛于某个实 (复) 数 $I \in \mathbf{R}(\mathbf{C})$, 则称 f 在 $[a,b]$ 上 (**Riemann**) **可积**, I 称为 **f 在区间 $[a,b]$ 上的 (Riemann) 积分**, (有时也简称为 **f 在区间 $[a,b]$ 上的定积分**), 记做

$$I = \int_a^b f(x) dx. \tag{6.1.9}$$

$f(x)$ 称为上述积分的**被积函数**, $[a,b]$ 称为**积分区间**, a 称为**积分下限**, b 称为**积分上限**.

注 1 积分定义中的极限既非序列的极限也非函数的极限, 这是一种我们以前尚未遇到过的极限类型. 我们不想在这里讨论一般的极限理论. 它将在第 7 章的附加习题中讨论. 我们现在只想对积分定义中这个具体极限的涵义给一个明确的阐述.

"当小区间 $[x_{i-1}, x_i]\,(1 \leqslant i \leqslant n)$ 的长度的最大者趋于零时, 不论满足条件 $\xi_i \in [x_{i-1}, x_i]$ 的选点组 $\boldsymbol{\xi} = \{\xi_1, \cdots, \xi_n\}$ 如何选取, Riemann 和 $(6.1.2)'$ 收敛于某个实数 $I \in \mathbf{R}$" 这句话的确切涵义是: 对于任何 $\varepsilon > 0$, 有一个 $\delta > 0$, 对于任何闭区间 $[a,b]$ 上的分划 $(6.1.7)$ 和任何 $\xi_i \in [x_{i-1}, x_i]$, 有

$$\max_{1 \leqslant i \leqslant n} |x_i - x_{i-1}| < \delta \Longrightarrow \left| I - \sum_{i=1}^{n} f(\xi_i)(x_i - x_{i-1}) \right| < \varepsilon. \tag{6.1.10}$$

注 2 正像定理 3.6.1 把函数极限问题化成序列极限问题那样, 积分定义中的那种新的极限类型的问题也可化成序列极限的问题. 我们只叙述它的结果, 把证明留给同学了.

有界闭区间 $[a,b]$ 上的实 (复) 值函数 f 在 $[a,b]$ 上 (Riemann) 可积的充分必要条件是: 存在一个实 (复) 数 I, 对于任何一串分划:

$$\mathcal{C}^{(k)}: a = x_0^{(k)} < x_1^{(k)} < \cdots < x_{n_k-1}^{(k)} < x_{n_k}^{(k)} = b \quad (k = 1, 2, \cdots)$$

和任何 $\xi_i^{(k)} \in [x_{i-1}^{(k)}, x_i^{(k)}]$, 只要

$$\lim_{k \to \infty} \max_{1 \leqslant i \leqslant n_k} |x_i^{(k)} - x_{i-1}^{(k)}| = 0,$$

便有

$$\lim_{k \to \infty} \mathcal{R}(f, \mathcal{C}^{(k)}, \boldsymbol{\xi}^{(k)}) = \lim_{k \to \infty} \sum_{i=1}^{n_k} f(\xi_i^{(k)})(x_i^{(k)} - x_{i-1}^{(k)}) = I,$$

其中 $\boldsymbol{\xi}^{(k)} = \{\xi_1^{(k)}, \cdots, \xi_{n_k}^{(k)}\}$.

注 3 积分 (6.1.9) 的右端的变量 x 用什么符号表示对积分的值不起作用, 变量 x 称为积分的**哑元**. 哑元 x 换成任何别的符号, 积分的值不变. 有时积分的表达式中干脆不写这个哑元:

$$I = \int_a^b f(x)dx = \int_a^b f(t)dt = \int_a^b f. \tag{6.1.9}'$$

注 4 设 $f : [a,b] \to \mathbf{C}$ 是有界闭区间 $[a,b]$ 上的复值函数, $f = f_1 + \mathrm{i}f_2$, 其中 $f_i : [a,b] \to \mathbf{R}$, $i = 1, 2$. 易见, f 在 $[a,b]$ 上可积, 当且仅当 $f_i(i = 1, 2)$ 在 $[a,b]$ 上可积, 这时, 有

$$\int_a^b f dx = \int_a^b f_1 dx + \mathrm{i} \int_a^b f_2 dx.$$

因此, 在下面讨论函数积分的一般性质时, 除非作相反的申明, 通常只讨论实值函数的积分. 复值函数的积分的相应性质, 假若成立的话, 总可从上述关系式推得.

注 5 在公式 (6.1.2) 或 (6.1.2)$'$ 中我们利用了等式

$$dx(x_i - x_{i-1}) = x_i - x_{i-1},$$

这是因为微分 dx 是 $\mathbf{R}$ 到自身的恒等映射.

虽然积分这个极限是我们以前讨论的两种极限类型 (序列极限和函数极限) 之外的极限. 但是它具有两种极限类型所具有的许多性质.

例如, 它也有极限与四则运算的关系以及 Cauchy 的收敛准则等. 这些我们都不详细讨论了. 为了以后方便, 我们只把它的 Cauchy 收敛准则表述如下:

命题 6.1.1 定义在有界闭区间 $[a,b]$ 上的实 (复) 值函数 f 是有界闭区间 $[a,b]$ 上的 (Riemann) 可积函数的充分必要条件是: 任给 $\varepsilon > 0$, 必有 $\delta > 0$, 使得任何两个分划

$$a = x_0 < x_1 < \cdots < x_n = b$$

和

$$a = y_0 < y_1 < \cdots < y_m = b$$

与任何 $\xi_i \in [x_{i-1}, x_i]$ 和 $\eta_j \in [y_{j-1}, y_j]$, 只要

$$\max_{1 \leqslant i \leqslant n} |x_i - x_{i-1}| < \delta \quad \text{且} \quad \max_{1 \leqslant j \leqslant m} |y_j - y_{j-1}| < \delta,$$

便有

$$\left| \sum_{i=1}^{n} f(\xi_i)(x_i - x_{i-1}) - \sum_{j=1}^{m} f(\eta_j)(y_j - y_{j-1}) \right| < \varepsilon. \tag{6.1.11}$$

证 利用定义 6.1.1 后的注 2 及序列的 Cauchy 收敛准则得到.

$$\square$$

很容易证明以下的

命题 6.1.2 函数 f 在 $[a,b]$ 上 (Riemann) 可积的充分必要条件是:

任给 $\varepsilon > 0$, 必有 $\delta > 0$, 使得任何两个分划

$$a = x_0 < x_1 < \cdots < x_n = b$$

和

$$a = y_0 < y_1 < \cdots < y_m = b,$$

其中 $\{x_0, \cdots, x_n\} \subset \{y_0, \cdots, y_m\}$(或称后一分划比前一分划更细), 我们有

$$\forall \xi_i \in [x_{i-1}, x_i] \forall \eta_j \in [y_{j-1}, y_j] \left(\max_{1 \leqslant i \leqslant n} |x_i - x_{i-1}| < \delta \right.$$

$$\left. \Longrightarrow \left| \sum_{i=1}^{n} f(\xi_i)(x_i - x_{i-1}) - \sum_{j=1}^{m} f(\eta_j)(y_j - y_{j-1}) \right| < \varepsilon \right). \tag{6.1.12}$$

证   由命题 6.1.1, 条件的必要性显然. 现在证明条件的充分性.
对任何两个分划

$$a = x_0 < x_1 < \cdots < x_n = b$$

和

$$a = z_0 < z_1 < \cdots < z_p = b,$$

可以构造新的分划

$$a = y_0 < y_1 < \cdots < y_m = b,$$

其中

$$\{y_0, \cdots, y_m\} = \{x_0, \cdots, x_n\} \cup \{z_0, \cdots, z_p\}.$$

只要满足条件

$$\max_{1 \leqslant i \leqslant n} |x_i - x_{i-1}| < \delta \quad \text{和} \quad \max_{1 \leqslant k \leqslant p} |z_k - z_{k-1}| < \delta,$$

便有

$$\max_{1 \leqslant j \leqslant m} |y_j - y_{j-1}| < \delta.$$

根据 (6.1.12), 便有

$$\left| \sum_{i=1}^n f(\xi_i)(x_i - x_{i-1}) - \sum_{k=1}^p f(\zeta_k)(z_k - z_{k-1}) \right|$$

$$\leqslant \left| \sum_{i=1}^n f(\xi_i)(x_i - x_{i-1}) - \sum_{j=1}^m f(\eta_j)(y_j - y_{j-1}) \right|$$

$$+ \left| \sum_{k=1}^p f(\zeta_k)(z_k - z_{k-1}) - \sum_{j=1}^m f(\eta_j)(y_j - y_{j-1}) \right| \leqslant 2\varepsilon.$$

2ε 也是任意正数. 由命题 6.1.1, 条件的充分性证得.   □

命题 6.1.3   在 $[a,b]$ 上 Riemann 可积的函数 f 在 $[a,b]$ 上必有
界.

证   函数 f 在 $[a,b]$ 上 Riemann 可积, 必有分划

$$a = x_0 < x_1 < \cdots < x_n = b$$

和 $M \in \mathbf{R}$, 使得任何 $\xi_i \in [x_{i-1}, x_i]$ $(i = 1, 2, \cdots, n)$ 都满足不等式:

$$\left| \sum_{i=1}^{n} f(\xi_i)(x_i - x_{i-1}) \right| \leqslant M.$$

由此, 我们有

$$\forall i \in \{1, 2, \cdots, n\} \left(\sup_{\xi_i \in [x_{i-1}, x_i]} \left| f(\xi_i)(x_i - x_{i-1}) \right| \text{ 有界.} \right)$$

因而, 对于任何 $i \in \{1, 2, \cdots, n\}$, f 在 $[x_{i-1}, x_i]$ 上有界. 故 f 在 $[a, b]$ 上有界. □

下面这个命题的证明比较容易, 留给读者自己去完成了.

命题 6.1.4　常数 c 在 $[a, b]$ 上 Riemann 可积, 且

$$\int_a^b c\, dx = c(b - a). \tag{6.1.13}$$

定理 6.1.1　函数 f 在 $[a, b]$ 上 (Riemann) 可积的充分必要条件是: 任给 $\varepsilon > 0$, 有 $\delta > 0$, 对于任何分划

$$a = x_0 < x_1 < \cdots < x_n = b,$$

只要 $\max\limits_{1 \leqslant i \leqslant n} (x_i - x_{i-1}) < \delta$, 我们便有

$$\sum_{i=1}^{n} \left[\sup_{\xi_i \in [x_{i-1}, x_i]} f(\xi_i) - \inf_{\xi_i \in [x_{i-1}, x_i]} f(\xi_i) \right] (x_i - x_{i-1}) < \varepsilon. \tag{6.1.14}$$

证　因为

$$\sum_{i=1}^{n} \left[\sup_{\xi_i \in [x_{i-1}, x_i]} f(\xi_i) - \inf_{\xi_i \in [x_{i-1}, x_i]} f(\xi_i) \right] (x_i - x_{i-1})$$

$$= \sup_{\substack{\xi_i \in [x_{i-1}, x_i] \\ i=1, \cdots, n}} \sum_{i=1}^{n} f(\xi_i)(x_i - x_{i-1}) - \inf_{\substack{\xi_i \in [x_{i-1}, x_i] \\ i=1, \cdots, n}} \sum_{i=1}^{n} f(\xi_i)(x_i - x_{i-1})$$

$$= \sup_{\substack{\xi_i \in [x_{i-1}, x_i],\, i=1, \cdots, n \\ \eta_i \in [x_{i-1}, x_i],\, i=1, \cdots, n}} \left[\sum_{i=1}^{n} f(\xi_i)(x_i - x_{i-1}) - \sum_{i=1}^{n} f(\eta_i)(x_i - x_{i-1}) \right],$$

由命题 6.1.2 可知, 条件 (6.1.14) 是 f 可积的必要条件.

下面证明: 条件 (6.1.14) 是 f 可积的充分条件. 为此, 只须证明由条件 (6.1.14) 可得到命题 6.1.2 中所述的条件.

任给两个分划

$$a = x_0 < x_1 < \cdots < x_n = b$$

和

$$a = y_0 < y_1 < \cdots < y_m = b,$$

其中 $\{x_0, \cdots, x_n\} \subset \{y_0, \cdots, y_m\}$. 又设 $\max\limits_{1 \leqslant i \leqslant n} |x_i - x_{i-1}| < \delta$. 显然有

$$\left| \sum_{i=1}^{n} f(\xi_i)(x_i - x_{i-1}) - \sum_{j=1}^{m} f(\eta_j)(y_j - y_{j-1}) \right|$$

$$\leqslant \max \left\{ \sum_{i=1}^{n} \sup_{\xi_i \in [x_{i-1}, x_i]} f(\xi_i)(x_i - x_{i-1}) - \sum_{j=1}^{m} \inf_{\eta_j \in [y_{j-1}, y_j]} f(\eta_j)(y_j - y_{j-1}), \right.$$

$$\left. \sum_{j=1}^{m} \sup_{\eta_j \in [y_{j-1}, y_j]} f(\eta_j)(y_j - y_{j-1}) - \sum_{i=1}^{n} \inf_{\xi_i \in [x_{i-1}, x_i]} f(\xi_i)(x_i - x_{i-1}) \right\}.$$

当 $[y_{j-1}, y_j] \subset [x_{i-1}, x_i]$ 时, $\inf\limits_{\xi_i \in [x_{i-1}, x_i]} f(\xi_i) \leqslant \inf\limits_{\eta_j \in [y_{j-1}, y_j]} f(\eta_j)$, 我们有

$$\sum_{i=1}^{n} \sup_{\xi_i \in [x_{i-1}, x_i]} f(\xi_i)(x_i - x_{i-1}) - \sum_{j=1}^{m} \inf_{\eta_j \in [y_{j-1}, y_j]} f(\eta_j)(y_j - y_{j-1})$$

$$\leqslant \sum_{i=1}^{n} \sup_{\xi_i \in [x_{i-1}, x_i]} f(\xi_i)(x_i - x_{i-1}) - \sum_{i=1}^{n} \inf_{\xi_i \in [x_{i-1}, x_i]} f(\xi_i)(x_i - x_{i-1})$$

$$\leqslant \sup_{\xi_i \in [x_{i-1}, x_i], \, i=1, \cdots, n} \sum_{i=1}^{n} f(\xi_i)(x_i - x_{i-1})$$

$$- \inf_{\xi_i \in [x_{i-1}, x_i], \, i=1, \cdots, n} \sum_{i=1}^{n} f(\xi_i)(x_i - x_{i-1})$$

$$= \sum_{i=1}^{n} \left[\sup_{\xi_i \in [x_{i-1}, x_i]} f(\xi_i) - \inf_{\xi_i \in [x_{i-1}, x_i]} f(\xi_i) \right] (x_i - x_{i-1}).$$

同理, 我们有

$$\sum_{j=1}^{m} \sup_{\eta_j \in [y_{j-1}, y_j]} f(\eta_j)(y_j - y_{j-1}) - \sum_{i=1}^{n} \inf_{\xi_i \in [x_{i-1}, x_i]} f(\xi_i)(x_i - x_{i-1})$$

$$\leqslant \sum_{i=1}^{n}\left[\sup_{\xi_i\in[x_{i-1},x_i]}f(\xi_i)-\inf_{\xi_i\in[x_{i-1},x_i]}f(\xi_i)\right](x_i-x_{i-1}).$$

这就是说, 由条件 (6.1.14), 便可得到命题 6.1.2 中所述的可积的充分必要条件. 条件 (6.1.14) 的充分性证得. □

注 表达式

$$\omega_i\equiv\omega([x_{i-1},x_i])=\sup_{\xi_i\in[x_{i-1},x_i]}f(\xi_i)-\inf_{\xi_i\in[x_{i-1},x_i]}f(\xi_i)$$

常称为函数 f 在闭区间 $[x_{i-1},x_i]$ 上的**振幅**. 定理 6.1.1 可改述为

定理 6.1.1′ 函数 f 在 $[a,b]$ 上 (Riemann) 可积的充分必要条件是: 任给 $\varepsilon>0$, 有 $\delta>0$, 对于任何分划

$$a=x_0<x_1<\cdots<x_n=b,$$

只要 $\max\limits_{1\leqslant i\leqslant n}(x_i-x_{i-1})<\delta$, 我们便有

$$\sum_{i=1}^{n}\omega_i(x_i-x_{i-1})<\varepsilon,\qquad(6.1.14)'$$

其中 ω_i 是函数 f 在闭区间 $[x_{i-1},x_i]$ 上的振幅.

定理 6.1.1′ 又可改述为

定理 6.1.2 有界函数 f 在 $[a,b]$ 上 (Riemann) 可积的充分必要条件是: 任给 $\varepsilon>0$, 有 $\delta>0$, 对于任何分划

$$a=x_0<x_1<\cdots<x_n=b,$$

只要 $\max\limits_{1\leqslant i\leqslant n}(x_i-x_{i-1})<\delta$, 我们便有

$$\sum_{\omega_i\geqslant\varepsilon}(x_i-x_{i-1})<\varepsilon,\qquad(6.1.15)$$

上式左端的求和是对一切满足条件 $\omega_i\geqslant\varepsilon$ 的指标 i 求和.

证 设 $M=\sup\limits_{a\leqslant x\leqslant b}|f(x)|$, 假若不等式 (6.1.15) 成立, 我们有

$$\sum_{i=1}^{n}\omega_i(x_i-x_{i-1})=\sum_{\omega_i\geqslant\varepsilon}\omega_i(x_i-x_{i-1})+\sum_{\omega_i<\varepsilon}\omega_i(x_i-x_{i-1})$$
$$\leqslant 2M\varepsilon+(b-a)\varepsilon=\bigl(2M+(b-a)\bigr)\varepsilon.$$

由此, 得到条件 (6.1,15) 是 f 可积的充分条件.

假设有 $\varepsilon > 0$, 对于任何 $\delta > 0$, 有分划

$$a = x_0 < x_1 < \cdots < x_n = b,$$

使得 $\max\limits_{1 \leqslant i \leqslant n}(x_i - x_{i-1}) < \delta$, 且

$$\sum_{\omega_i \geqslant \varepsilon}(x_i - x_{i-1}) \geqslant \varepsilon. \tag{6.1.16}$$

由不等式 (6.1.16), 我们有

$$\sum_{i=1}^{n}\omega_i(x_i - x_{i-1}) = \sum_{\omega_i \geqslant \varepsilon}\omega_i(x_i - x_{i-1}) + \sum_{\omega_i < \varepsilon}\omega_i(x_i - x_{i-1}) \geqslant \varepsilon^2.$$

这与定理 6.1.1′ 中的条件 (6.1.14)′ 抵触. □

为了介绍有界函数 f 在 $[a,b]$ 上 (Riemann) 可积的充分必要条件的另一个与定理 6.1.2 相近的表述, 我们需要引进以下引理.

引理 6.1.1 设 f 是 $[a.b]$ 上的有界函数, $M = \sup\limits_{a \leqslant x \leqslant b}|f(x)|$. 设闭区间 $[a,b]$ 有两个分划:

$$a = x_0 < x_1 < \cdots < x_n = b$$

和

$$a = y_0 < y_1 < \cdots < y_m = b,$$

ω_i 表示 f 是 $[x_{i-1}, x_i]$ 上的振幅, τ_j 表示 f 是 $[y_{j-1}, y_j]$ 上的振幅, 则我们有

$$\sum_{\tau_j \geqslant \varepsilon}(y_j - y_{j-1}) \leqslant \sum_{\omega_i \geqslant \varepsilon}(x_i - x_{i-1}) + n\max_{1 \leqslant j \leqslant m}(y_j - y_{j-1}).$$

证 第二个分划的小区间 $[y_{j-1}, y_j]$ $(j = 1, \cdots, m)$ 可以分为两类: 第一类 $\mathcal{A}$ 中的每一个区间 $[y_{j-1}, y_j]$ 都被第一个分划的某 (依赖于 $[y_{j-1}, y_j]$ 的) 小区间 $[x_{i-1}, x_i]$ 覆盖: $[y_{j-1}, y_j] \subset [x_{i-1}, x_i]$. 第二个分划的其他的小区间归为第二类 $\mathcal{B}$. 不难看出以下不等式:

$$\sum_{\substack{\tau_j \geqslant \varepsilon \\ [y_{j-1}, y_j] \in \mathcal{A}}}(y_j - y_{j-1}) \leqslant \sum_{\omega_i \geqslant \varepsilon}(x_i - x_{i-1}).$$

又因为每个 $\mathcal{B}$ 中的小区间的右端点必属于某个小区间 $[x_{i-1}, x_i]$, 且 $\mathcal{B}$ 中的不同小区间的右端点属于不同的小区间 $[x_{i-1}, x_i]$, 故 $\mathcal{B}$ 中的小区间的个数不超过 n. 所以,

$$\sum_{[y_{j-1}, y_j] \in \mathcal{B}} (y_j - y_{j-1}) \leqslant n \max_{1 \leqslant j \leqslant m} (y_j - y_{j-1}).$$

把这两个不等式结合起来便得引理的结论. □

定理 6.1.3 有界函数 f 在 $[a, b]$ 上 (Riemann) 可积的充分必要条件是: 任给 $\varepsilon > 0$, 有一个分划

$$a = x_0 < x_1 < \cdots < x_n = b,$$

使得

$$\sum_{\omega_i \geqslant \varepsilon} (x_i - x_{i-1}) < \varepsilon,$$

其中 ω_i 是 f 在闭区间 $[x_{i-1}, x_i]$ 上的振幅, 而上式左端的求和是对一切满足条件 $\omega_i \geqslant \varepsilon$ 的指标 i 求和.

证 由定理 6.1.2, 条件的必要性显然. 条件的充分性是定理 6.1.2 和引理 6.1.1 相结合的结果. 具体推理如下: 假设条件满足. 所以, 任给 $\varepsilon > 0$, 有一个分划

$$a = x_0 < x_1 < \cdots < x_n = b,$$

使得

$$\sum_{\omega_i \geqslant \varepsilon} (x_i - x_{i-1}) < \frac{\varepsilon}{2},$$

其中 ω_i 是 f 在闭区间 $[x_{i-1}, x_i]$ 上的振幅, 而上式左端的求和是对一切满足条件 $\omega_i \geqslant \varepsilon$ 的指标 i 求和. (注意:$\varepsilon/2$ 也是一个正数, 它可以扮演原条件叙述中 ε 的角色!) 分划中的 n 已是确定的正整数. 由引理 6.1.1, 我们得到以下结果: 对于任何分划

$$a = y_0 < y_1 < \cdots < y_m = b,$$

只要 $\max\limits_{1 \leqslant j \leqslant m} (y_j - y_{j-1}) < \varepsilon/(2n)$, 便有

$$\sum_{\tau_j \geqslant \varepsilon} (y_j - y_{j-1}) \leqslant \sum_{\omega_i \geqslant \varepsilon} (x_i - x_{i-1}) + n \max_{1 \leqslant j \leqslant m} (y_j - y_{j-1})$$

$$< \frac{\varepsilon}{2} + n\frac{\varepsilon}{2n} = \varepsilon,$$

其中 τ_j 表示函数 f 在闭区间 $[y_{j-1}, y_j]$ 上的振幅. 由定理 6.1.2, 有界函数 f 在 $[a, b]$ 上 (Riemann) 可积.   □

注   若函数 f 在闭区间 $[a, b]$ 上 Riemann 可积, 而一串分划

$$a = x_0^{(k)} < x_1^{(k)} < \cdots < x_{n_k}^{(k)} = b, \quad k = 1, 2, \cdots$$

满足条件:

$$\lim_{k \to \infty} \max_{1 \leqslant j \leqslant n_k} [x_j^{(k)} - x_{j-1}^{(k)}] = 0,$$

且 $\xi_j^{(k)} \in [x_{j-1}^{(k)}, x_j^{(k)}]$, 则有

$$\lim_{k \to \infty} \sum_{j=1}^{n_k} f(\xi_j^{(k)})[x_j^{(k)} - x_{j-1}^{(k)}] = \int_a^b f(x)dx.$$

为了得到函数 (Riemann) 可积的更为简单明了的充分必要条件, 我们需要引进一些新的概念.

定义 6.1.2   设 f 是定义在闭区间 $[a, b]$ 上的实值函数, $x \in [a, b]$. 函数 f 在点 x 处的**振幅**定义为

$$\omega_f(x) = \lim_{\varepsilon \to 0+} \left[\sup_{y \in (x-\varepsilon, x+\varepsilon) \cap [a,b]} f(y) - \inf_{y \in (x-\varepsilon, x+\varepsilon) \cap [a,b]} f(y) \right].$$

不难证明以下的命题, 所以把证明的细节留给同学了.

命题 6.1.5   设 f 是定义在闭区间 $[a, b]$ 上的实值函数, $x \in [a, b]$. 函数 f 在点 x 处连续的充分必要条件是: $\omega_f(x) = 0$.

若以 $\mathcal{D}$ 表示 f 在闭区间 $[a, b]$ 上的间断点的全体, 则以上命题可改述如下:

$$\mathcal{D} = \{x \in [a, b] : \omega_f(x) > 0\}.$$

定义 6.1.3 $\mathbf{R}$ 的子集 E 称为零测度集, 简称零集, 假若对于任何 $\varepsilon > 0$, 存在可数个开区间 (a_j, b_j), 使得

$$E \subset \bigcup_{j=1}^{\infty} (a_j, b_j) \quad \text{且} \quad \sum_{j=1}^{\infty} (b_j - a_j) < \varepsilon.$$

以下的两个命题是不难证明的, 证明的细节留给同学自行完成了.

命题 6.1.6 空集及单点集是零集.

命题 6.1.7 有限个或可数个零集之并是零集. 特别, $\mathbf{R}$ 的可数子集是零集.

注 由命题 6.1.7, 全体有理数构成个零集, 尽管全体有理数构成 $\mathbf{R}$ 上的一个稠密集. 这就是说, 稠密集也可能是零集. (顺便指出, $\mathbf{R}$ 的可数子集是零集这个命题的证明已经包含在 §2.3 的练习 2.3.4 的 (iii) 中了.) 零集是测度论中的概念, 而稠密集则是拓扑学中的概念. 在本讲义的第二册中将认真讨论这两方面的问题. 届时我们将举例说明, 零集未必是可数集.

定理 6.1.4 有界闭区间 $[a,b]$ 上的有界函数 f 在 $[a,b]$ 上是 (Riemann) 可积的充分必要条件是: f 在闭区间 $[a,b]$ 上的间断点全体构成一个零集.

证 假设 f 在闭区间 $[a,b]$ 上的间断点全体 $\mathcal{D}$ 构成一个零集, 则对于任何 $\varepsilon > 0$, 有可数个开区间 $I_j = (a_j, b_j)$ $(j = 1, 2, \cdots)$, 使得

$$\mathcal{D} \subset \bigcup_{j=1}^{\infty}(a_j, b_j) = \bigcup_{j=1}^{\infty} I_j \quad \text{且} \quad \sum_{j=1}^{\infty}(b_j - a_j) = \sum_{j=1}^{\infty}|I_j| < \varepsilon.$$

假设 x 是 f 的连续点, 我们有 $\delta_x > 0$, 使得 f 在 $[x-\delta_x, x+\delta_x]\cap[a,b]$ 上的振幅小于 ε. 记 $J_x = (x - \delta_x, x + \delta_x)$, 我们有

$$[a,b] \subset \bigcup_{j=1}^{\infty} I_j \cup \bigcup_{x\in[a,b]\setminus\mathcal{D}} J_x.$$

由 Heine-Borel 有限覆盖定理, 有有限个开区间 I_j 和有限个 J_x 覆盖住 $[a,b]$. 这有限个开区间的端点全体构成的集合记做 S. 将集合 $S\cup\{a,b\}$ 中的点按大小次序排成一列:

$$a = c_0 < c_1 < \cdots < c_{N-1} < c_N = b.$$

这列数构成了 $[a,b]$ 的一个分划. 这个分划的小区间分成两类: 凡可看成某个连续点 x 的振幅小于 ε 的小区间 $[x - \delta_x, x + \delta_x]$ 的子区间的分划的小区间归属于第一类, 剩下的小区间归属于第二类. 因而 f 在每个第一类小区间上的振幅均小于 ε, 换言之, 使得 f 在其上的振幅大于或等于 ε 的小区间均属于第二类. 每个第二类的小区间必是覆盖某个

间断点的某个区间 I_j 的子区间, 因而第二类小区间的长度和不大于

$$\sum_{j=1}^{\infty} |I_j| < \varepsilon.$$

由定理 6.1.3, f 在 $[a,b]$ 上 Riemann 可积. 条件的充分性证得.

今假设 f 在闭区间 $[a,b]$ 上的间断点全体 $\mathcal{D}$ 不构成一个零集, 其中 $\mathcal{D}$ 表示 f 在闭区间 $[a,b]$ 上的间断点全体. 记 $\mathcal{D}_n = \{x \in [a,b] : \omega_f(x) > 1/n\}$, 则

$$\mathcal{D} = \bigcup_{n=1}^{\infty} \mathcal{D}_n.$$

假若每个 $\mathcal{D}_n$ 都是零集, 则 $\mathcal{D}$ 也是零集. 故至少有一个 $n_0 \in \mathbf{N}$, 使得 $\mathcal{D}_{n_0}$ 不是零集. 因此有一个 $\varepsilon_1 > 0$, 使得任何覆盖 $\mathcal{D}_{n_0}$ 的可数个开区间的长度之和必大于 ε_1.

设

$$a = x_0 < x_1 < \cdots < x_{n-1} < x_n = b$$

是 $[a,b]$ 上任意的一个分划. 这个分划的小区间分为两类: 凡与 $\mathcal{D}_{n_0}$ 相交的小区间归于第一类, 剩下的归于第二类. 第一类小区间族覆盖 $\mathcal{D}_{n_0}$, 因而它的开区间的长度之和必大于 ε_1. f 在每个第一类小区间上的振幅都大于 $1/n_0$. 记 $\varepsilon_2 = \min(\varepsilon_1, 1/n_0)$, 我们有

$$\sum_{\omega_i > \varepsilon_2} (x_i - x_{i-1}) > \varepsilon_2,$$

其中 ω_i 表示 f 在 $[x_{i-1}, x_i]$ 上的振幅. 由定理 6.1.3, f 不可积. 条件的必要性证得.   □

注 在本讲义的第二册第 10 章的定理 10.4.1 中将用另外的方法 (它建立在测度理论的基础上) 得到这里定理 6.1.4 的结果.

推论 6.1.1 闭区间 $[a,b]$ 上的连续函数 f 是 (Riemann) 可积的.

证 因为空集是零集, 由定理 6.1.4, f 在闭区间 $[a,b]$ 上是 (Riemann) 可积的.   □

推论 6.1.2 $[a,b]$ 上的单调函数在 $[a,b]$ 上 Riemann 可积.

证 由 §4.3 的练习 4.3.1 的 (iii) 和定理 6.1.4, $[a,b]$ 上的单调函数在 $[a,b]$ 上也 Riemann 可积.   □

练   习

6.1.1　计算以下的积分:

$$\int_0^1 x^n dx = ?$$

§6.2　Riemann 积分的简单性质

下面我们讨论 Riemann 积分的简单性质.

以下的命题是定理 6.1.4 的直接推论, 证明的细节留给同学了.

命题 6.2.1　设函数 f 在闭区间 $[a,b]$ 上 Riemann 可积, 又设 $[c,d] \subset [a,b]$, 则函数 f 在闭区间 $[c,d]$ 上也 Riemann 可积.

下面命题的证明需要稍多说一些话.

命题 6.2.2　设函数 f 在闭区间 $[a,b]$ 和 $[b,c]$ 上均 Riemann 可积, 其中 $a < b < c$, 则函数 f 在闭区间 $[a,c]$ 上也 Riemann 可积, 且

$$\int_a^c f(x)dx = \int_a^b f(x)dx + \int_b^c f(x)dx. \tag{6.2.1}$$

证　函数 f 在 $[a,c]$ 上的可积性由定理 6.1.4 容易看出. 对于任何 $\varepsilon > 0$, 有 $[a,b]$ 和 $[b,c]$ 的分划:

$$\mathcal{C} : a = u_0 < u_1 < \cdots < u_s = b \tag{6.2.2}$$

与

$$\mathcal{D} : b = v_0 < v_1 < \cdots < v_t = c, \tag{6.2.3}$$

使得以下两个不等式成立:

$$\left| \sum_{j=1}^s f(\xi_j)[u_j - u_{j-1}] - \int_a^b f(x)dx \right| < \frac{\varepsilon}{2}$$

和

$$\left| \sum_{k=1}^t f(\eta_k)[v_k - v_{k-1}] - \int_b^c f(x)dx \right| < \frac{\varepsilon}{2},$$

其中 $\xi_j \in [u_{j-1}, u_j]$, $\eta_k \in [v_{k-1}, v_k]$. 不难看出, $[a,c]$ 上的分划

$$\mathcal{E} : a = u_0 < u_1 < \cdots < u_s = v_0 < v_1 < \cdots < v_t = c$$

和选点组 $\boldsymbol{\zeta} = \{\xi_1, \cdots, \xi_s, \eta_1, \cdots, \eta_t\}$ 对应的 Riemann 和恰是

$$\mathcal{R}(f; \mathcal{E}, \boldsymbol{\zeta}) = \mathcal{R}(f; \mathcal{C}, \boldsymbol{\xi}) + \mathcal{R}(f; \mathcal{D}, \boldsymbol{\eta}).$$

根据前面得到的两个不等式, 我们有

$$\left| \mathcal{R}(f; \mathcal{E}, \boldsymbol{\zeta}) - \left(\int_a^b f(x)dx + \int_b^c f(x)dx \right) \right|$$

$$\leqslant \left| \sum_{j=1}^s f(\xi_j)[u_j - u_{j-1}] - \int_a^b f(x)dx \right|$$

$$+ \left| \sum_{k=1}^t f(\eta_k)[v_k - v_{k-1}] - \int_b^c f(x)dx \right| < \varepsilon.$$

再由定理 6.1.3 后的注, 不难看出, 公式 (6.2.1) 成立.   □

下面两个命题的证明比较容易, 留给同学了:

命题 6.2.3   设 f 和 g 是闭区间 $[a, b]$ 上的两个可积函数, c 是常数, 则 $f + g$ 和 cf 在 $[a, b]$ 上也是可积的, 且

$$\int_a^b (f + g)(x)dx = \int_a^b f(x)dx + \int_a^b g(x)dx; \tag{6.2.4}$$

$$\int_a^b (cf)(x)dx = c \int_a^b f(x)dx. \tag{6.2.5}$$

命题 6.2.4   设 f 和 g 是闭区间 $[a, b]$ 上的两个可积函数, 且

$$\forall x \in [a, b](f(x) \leqslant g(x)), \tag{6.2.6}$$

则我们有以下不等式:

$$\int_a^b f(x)dx \leqslant \int_a^b g(x)dx. \tag{6.2.7}$$

命题 6.2.5   若 f 和 g 在闭区间 $[a, b]$ 上可积, 则 fg 在闭区间 $[a, b]$ 上可积.

证   注意到 fg 的间断点全体包含在 f 的间断点全体与 g 的间断点全体的并集中, 由定理 6.1.4 立即得到命题 6.2.5 的证明.   □

以下的定理称为积分的第一中值定理. 它很有用, 但证明很简单, 留给同学自行完成了.

命题 6.2.6(积分的第一中值定理) 设 f, g 和 h 是闭区间 $[a, b]$ 上的三个可积函数, $h \geqslant 0$, 且

$$\forall x \in [a, b](f(x) \leqslant g(x)), \tag{6.2.8}$$

则

$$\int_a^b f(x)h(x)dx \leqslant \int_a^b g(x)h(x)dx. \tag{6.2.9}$$

特别, 若有常数 m 和 M, 使得

$$\forall x \in [a, b](m \leqslant f(x) \leqslant M), \tag{6.2.10}$$

则

$$m\int_a^b h(x)dx \leqslant \int_a^b f(x)h(x)dx \leqslant M\int_a^b h(x)dx. \tag{6.2.11}$$

又若 f 在 $[a, b]$ 上连续, 则有 $\xi \in [a, b]$, 使得

$$\int_a^b f(x)h(x)dx = f(\xi)\int_a^b h(x)dx. \tag{6.2.12}$$

为了今后计算的方便, 我们作出以下的约定:

约定 若 $a > b$, 则约定

$$\int_a^b f(x)dx = -\int_b^a f(x)dx; \tag{6.2.13}$$

另外, 约定

$$\int_a^a f(x)dx = 0. \tag{6.2.14}$$

在这样的约定下, 公式

$$\int_a^c f(x)dx = \int_a^b f(x)dx + \int_b^c f(x)dx \tag{6.2.3'}$$

对一切 $a, b, c \in \mathbf{R}$(不一定要满足条件 $a < b < c$) 均成立.

命题 6.2.7 设 f 是闭区间 $[a, b]$ 上的 Riemann 可积函数, $x_0 \in [a, b]$. 令

$$\forall x \in [a, b]\left(F(x) = \int_{x_0}^x f(t)dt\right), \tag{6.2.15}$$

则 $F(x)$ 是 $[a, b]$ 上的连续函数.

证   假设 $h \in \mathbf{R}$, 使得 $x_0 + h \in [a, b]$, 则

$$
|F(x + h) - F(x)| = \left| \int_{x_0}^{x+h} f(t)dt - \int_{x_0}^{x} f(t)dt \right|
$$

$$
= \left| \int_{x}^{x+h} f(t)dt \right| \leqslant M \cdot |h|,
$$

其中 $M = \sup\limits_{a \leqslant x \leqslant b} |f(x)|$. 由此可知, $\lim\limits_{h \to 0} |F(x + h) - F(x)| = 0$.   □

练 习

6.2.1   假设实值函数 f 和 g 在有界闭区间 $[a, b]$ 上均可积. 试证以下命题:
(i) 对于闭区间 $[a, b]$ 的任何分划

$$
a = x_0 < x_1 < \cdots < x_n = b,
$$

我们有

$$
\sum_{j=1}^{n} \int_{x_{j-1}}^{x_j} |f(x) - f(x_{j-1})||g(x)|dx \leqslant M \sum_{j=1}^{n} \omega_j(x_j - x_{j-1}),
$$

其中 $\omega_j = \sup\limits_{x \in [x_{j-1}, x_j]} f(x) - \inf\limits_{x \in [x_{j-1}, x_j]} f(x)$ 表示函数 f 在小区间 $[x_{j-1}, x_j]$ 上的
"振幅", 而 $M = \sup\limits_{a \leqslant x \leqslant b} |g(x)|$;
(ii)   对任何 $\varepsilon > 0$, 有 $\delta > 0$, 使得对于闭区间 $[a, b]$ 的任何分划

$$
a = x_0 < x_1 < \cdots < x_n = b,
$$

只要 $\max\limits_{1 \leqslant k \leqslant n} (x_k - x_{k-1}) < \delta$, 便有

$$
\sum_{j=1}^{n} \int_{x_{j-1}}^{x_j} |f(x) - f(x_{j-1})||g(x)|dx < \varepsilon;
$$

(iii) 我们有

$$
\int_a^b f(x)g(x)dx = \lim_{\max\limits_{1 \leqslant k \leqslant n} (x_k - x_{k-1}) \to 0} \sum_{k=1}^{n} f(x_{k-1}) \int_{x_{k-1}}^{x_k} g(x)dx,
$$

其中右端的极限是对于一切分划

$$
a = x_0 < x_1 < \cdots < x_n = b,
$$

当分划的小区间长度的最大者 $\max\limits_{1 \leqslant k \leqslant n} (x_k - x_{k-1})$ 趋于零时取的;

(iv) 记

$$G(x) = \int_a^x g(t)dt,$$

则

$$\int_a^b f(x)g(x)dx$$

$$= \lim_{\max_{1 \leqslant k \leqslant n} (x_k - x_{k-1}) \to 0} \left[\sum_{k=1}^{n-1} [f(x_{k-1}) - f(x_k)]G(x_k) + G(b)f(x_{n-1}) \right],$$

其中右端的极限是对于一切分划

$$a = x_0 < x_1 < \cdots < x_n = b,$$

当分划的小区间长度的最大者 $\max\limits_{1 \leqslant k \leqslant n} (x_k - x_{k-1})$ 趋于零时取的;

(v) 假设 f 在有界闭区间 $[a,b]$ 上非负又单调不增, 则

$$mf(a) \leqslant \int_a^b f(x)g(x)dx \leqslant Mf(a),$$

其中

$$m = \inf_{a \leqslant x \leqslant b} G(x), \quad M = \sup_{a \leqslant x \leqslant b} G(x),$$

这里 G 的涵义如 (iv) 中所述;

(vi) 假设 f 在有界闭区间 $[a,b]$ 上非负又单调不增, 则

$$\exists \xi \in [a,b] \left(\int_a^b f(x)g(x)dx = f(a) \int_a^\xi g(x)dx \right);$$

(vii) 假设 f 在有界闭区间 $[a,b]$ 上非负又单调不减, 则

$$\exists \xi \in [a,b] \left(\int_a^b f(x)g(x)dx = f(b) \int_\xi^b g(x)dx \right);$$

(viii) 假设 f 在有界闭区间 $[a,b]$ 上单调 (不增或不减), 则

$$\exists \xi \in [a,b] \left(\int_a^b f(x)g(x)dx = f(a) \int_a^\xi g(x)dx + f(b) \int_\xi^b g(x)dx \right).$$

注 (vi) 和 (vii) 的公式称为 **Bonnet公式**,(viii) 的结论称为**积分的第二中值定理**.

6.2.2 (i) 设 $\{f_n\}$ 是有界闭区间 $[a,b]$ 上定义的一个可积函数列, 且在 $[a,b]$ 上一致收敛于 $[a,b]$ 上的函数 f. 试证: 函数 f 在 $[a,b]$ 上可积, 且

$$\lim_{n \to \infty} \int_a^b f_n(x)dx = \int_a^b f(x)dx.$$

(ii) 设 $\{g_n\}$ 是 $[0,1]$ 上如下定义的一个函数列:

$$g_n(x) = \begin{cases} 4n^2x, & \text{当} x \in [0, 1/(2n)] \text{时,} \\ 4n - 4n^2x, & \text{当} x \in (1/(2n), 1/n] \text{时,} \\ 0, & \text{当} x \in [1/n, 1] \text{时.} \end{cases}$$

试证:

$$\forall x \in [0, 1] \left(\lim_{n \to \infty} g_n(x) = 0 \right), \quad \text{但} \quad \lim_{n \to \infty} \int_0^1 g_n(x) dx \neq 0 = \int_0^1 0 dx.$$

注   (ii) 告诉我们: (i) 中 "一致收敛" 的条件减弱成 "收敛" 时, 积分号与极限号的交换有可能改变所得的值. 请参看 §4.4 的练习 4.4.2.

6.2.3   设 $\{f_n\}$ 是有界闭区间 $[a, b]$ 上定义的一个可积函数列, 且在 $[a, b]$ 上级数 $\sum f_n$ 一致收敛于 $[a, b]$ 上的函数 f. 试证: 函数 f 在 $[a, b]$ 上可积, 且

$$\int_a^b f(x) dx = \sum_{n=1}^{\infty} \int_a^b f_n(x) dx.$$

6.2.4   设 $f : [a, b] \times [c, d] \to \mathbf{R}$, $f : (x, \alpha) \mapsto f(x, \alpha)$ 是 $[a, b] \times [c, d]$ 上的二元连续函数, 其中 $[a, b]$ 和 $[c, d]$ 是有界闭区间, 则函数

$$h(\alpha) = \int_a^b f(x, \alpha) dx$$

是 $[c, d]$ 上的连续函数.

注   所谓 f 在点 (x, α) 处是二元连续函数, 是指 f 满足以下条件: 对于任何 $\varepsilon > 0$ 有 $\delta > 0$, 使得任何满足条件 $\sqrt{(y-x)^2 + (\beta-\alpha)^2} < \delta$ 的 $(y, \beta) \in [a, b] \times [c, d]$ 都满足不等式:

$$|f(y, \beta) - f(x, \alpha)| < \varepsilon.$$

6.2.5   设 $f : [a, b] \times (\alpha - \varepsilon, \alpha + \varepsilon) \to \mathbf{R}$, $f : (x, \beta) \mapsto f(x, \beta)$ 是 $[a, b] \times (\alpha - \varepsilon, \alpha + \varepsilon)$ 上的二元连续函数, 其中 $\varepsilon > 0$, $[a, b]$ 是有界闭区间. 又设当 x 固定时, $f(x, \beta)$ 作为 β 的函数, 在 $(\alpha - \varepsilon, \alpha + \varepsilon)$ 的任何点处是可微的, 它的导数 (又称 $f(x, \beta)$ 关于 β 的偏导数) 记做 $f'_2(x, \beta)$. 最后假设, 当 $\beta \to \alpha$ 时, $f'_2(x, \beta)$(作为 x 的函数) 在 $[a, b]$ 上一致地收敛于 $f'_2(x, \alpha)$. 在以上假设下, 函数

$$g(\beta) = \int_a^b f(x, \beta) dx$$

在 $\beta = \alpha$ 处可微, 且

$$g'(\alpha) = \int_a^b f'_2(x, \alpha) dx.$$

6.2.6   设 $f : [a, b] \times [c, d] \to \mathbf{R}$ 是二元连续函数, 则

$$\int_c^d d\alpha \left(\int_a^b f(x, \alpha) dx \right) = \int_a^b dx \left(\int_c^d f(x, \alpha) d\alpha \right).$$

注 有时, 为了书写方便, 以上积分中的括号可省去, 故结论中的等式可写成

$$\int_c^d d\alpha \int_a^b f(x,\alpha)dx = \int_a^b dx \int_c^d f(x,\alpha)d\alpha.$$

§6.3 微积分学基本定理

定理 6.3.1(微积分学基本定理) 设 f 是闭区间 $[a,b]$ 上的 Riemann 可积函数, $x_0 \in [a,b]$. 令

$$\forall x \in [a,b]\left(F(x) = \int_{x_0}^x f(t)dt\right). \tag{6.3.1}$$

若 $x_0 \in [a,b]$ 是 f 的连续点, 则 F 在 x_0 点处可微, 且

$$F'(x_0) = f(x_0). \tag{6.3.2}$$

注 当 $x_0 = a(x_0 = b)$ 时, 公式 (6.3.2) 左端的 F 的导数应理解成右 (左) 导数.

证 设 $x_0 \in [a,b]$ 是 f 的连续点, 故

$$\forall \varepsilon > 0 \exists \delta > 0 \forall x \in (x_0 - \delta, x_0 + \delta)(|f(x) - f(x_0)| < \varepsilon). \tag{6.3.3}$$

因此, 当 $0 < |h| < \delta$ 时, 有

$$\left|\frac{F(x_0 + h) - F(x_0)}{h} - f(x_0)\right|$$

$$= \left|\frac{1}{h}\left(\int_a^{x_0+h} f(x)dx - \int_a^{x_0} f(x)dx\right) - f(x_0)\right|$$

$$= \left|\frac{1}{h}\int_{x_0}^{x_0+h} f(x)dx - \frac{1}{h}\int_{x_0}^{x_0+h} f(x_0)dx\right|$$

$$= \left|\frac{1}{h}\int_{x_0}^{x_0+h} [f(x) - f(x_0)]dx\right|$$

$$\leqslant \sup_{x_0 - |h| < x < x_0 + |h|} |f(x) - f(x_0)| \leqslant \varepsilon,$$

其中最后一个不等式用到了不等式 (6.3.3). (6.3.2) 证得. □

定义 6.3.1 设 φ 是定义在区间 I 上的可微函数, 且

$$\forall x \in I(\varphi'(x) = f(x)), \tag{6.3.4}$$

则称 φ 为 f 在 I 上的一个**原函数**.

注 若区间 I 有端点, 则当 x 为区间 I 的某个端点时, 方程 (6.3.4) 中的 $\varphi'(x)$ 应理解成 φ 的相应的单边导数.

由微积分学基本定理 (定理 6.3.1), 我们得到以下

命题 6.3.1 区间 I 上的连续函数 f 在 I 上必有原函数, 其中的一个原函数具有以下形式:

$$F(x) = \int_a^x f(t)dt,$$

其中 a 是区间 I 中的任意一个给定的点.

命题 6.3.2 设 φ 和 ψ 是 f 在区间 I 上的两个原函数, 则有常数 C 使得

$$\forall x \in I\big(\varphi(x) = \psi(x) + C\big). \tag{6.3.5}$$

证 只要把推论 5.3.1 用到函数 $f = \varphi - \psi$ 上便得到 (6.3.5). $\square$

注 1 设 f 在区间 I 上的一个原函数是 φ, 则 f 在 I 上的原函数全体是 $\{\varphi + C : C \in \mathbf{R}\}$, 后者称为 f 在 I 上的原函数族. 我们用以下符号表示这个函数族:

$$\int f(x)dx = \varphi(x) + C.$$

$\int f(x)dx$ 也常称为函数 f 的**不定积分**, 它代表以上形式的带有一个任意常数的 f 的全体原函数构成的函数族. 按原函数及不定积分的定义, 我们有

$$\left(\int f(x)dx\right)' = f(x) \quad \text{或} \quad \int f'(x)dx = f(x) + C.$$

以上公式也可表述如下:

$$d\left(\int f(x)dx\right) = \left(\int f(x)dx\right)' dx = f(x)dx$$

或

$$\int df = \int f'(x)dx = f(x) + C.$$

由此得到如下结论: 一旦 d 与 $\int$ 相遇, 不论 d 在 $\int$ 的左边还是右边, 便抵消了. 但是当 d 在 $\int$ 的右边时应加上个任意常数. 换言之,

$$d \circ \int = \mathrm{id}, \quad \int \circ d = \mathrm{id} + \mathcal{C},$$

其中第二个等式右端的 $\mathcal{C}$ 表示这样一族映射中的任意一个: 它将任何函数映到某一个常数 C:

$$\mathcal{C}(f) = C.$$

注 2 我们这里定义的原函数和极大多数数学分析书上定义的一致. 法国 Bourbaki 学派定义的原函数和通常的稍有不同 (参看 [4]), 本讲义把 Bourbaki 学派定义的原函数称为反导数 (详见本章补充教材).

定理 6.3.2(Newton-Leibniz 公式) 设 φ 是 f 在开区间 $I = (a,b)$ 上的一个原函数, 又设 f 在 $[a,b]$ 上可积而 φ 在 $\bar{I} = [a,b]$ 上连续, 则

$$\int_a^b f(x)dx = \varphi(b) - \varphi(a) = \left[\int f(x)dx\right]_a^b. \tag{6.3.6}$$

证 因 φ 为 f 在 I 上的一个原函数, $\forall x \in I(\varphi'(x) = f(x))$. 由 Lagrange 中值定理, 对于任何 $[x_{i-1}, x_i] \subset [a,b]$, 有 $\xi_i \in (x_{i-1}, x_i)$ 使得

$$\varphi(x_i) - \varphi(x_{i-1}) = f(\xi_i)(x_i - x_{i-1}). \tag{6.3.7}$$

对于 $[a,b]$ 上的任何分划

$$a = x_0 < x_1 \cdots < x_n = b, \tag{6.3.8}$$

有 $\xi_i \in (x_{i-1}, x_i)$ $(i = 1, \cdots, n)$, 使得

$$\varphi(x_i) - \varphi(x_{i-1}) = f(\xi_i)(x_i - x_{i-1}) \ (i = 1, \cdots, n).$$

故

$$\varphi(b) - \varphi(a) = \sum_{i=1}^n \big(\varphi(x_i) - \varphi(x_{i-1})\big)$$

$$= \sum_{i=1}^n f(\xi_i)(x_i - x_{i-1}). \tag{6.3.9}$$

因 f 在 $[a,b]$ 上可积, 故

$$\int_a^b f(x)dx = \lim_{\max(x_i - x_{i-1}) \to 0} \sum_{i=1}^n f(\xi_i)(x_i - x_{i-1})$$
$$= \varphi(b) - \varphi(a).$$
$\square$

注 1   设 f 是个函数, 则我们常用以下记法:

$$f(a) = f(x)\bigg|_{x=a} = f(x)\bigg|_a.$$

有时还用以下记法:

$$f(b) - f(a) = f(x)\bigg|_{x=a}^{x=b} = f(x)\bigg|_a^b = \left[f(x)\right]_{x=a}^{x=b} = \left[f(x)\right]_a^b.$$

注 2   假若要求定理 6.3.2 中的 f 连续, 则 Newton-Leibniz 公式 (6.3.6) 可以直接从微积分学基本定理和命题 6.3.2 推得. Newton-Leibniz 公式 (6.3.6) 有时也被称为微积分学基本定理, 而微积分学基本定理中的公式 (6.3.1) 有时也称为 Newton-Leibniz 公式. 有的文献把我们的**微积分学基本定理**称为**微积分学第一基本定理**, 而我们的 **Newton-Leibniz公式**称为**微积分学第二基本定理**.

Newton-Leibniz 公式在以下的减弱了的条件下依然成立.

定理 6.3.3(Newton-Leibniz 公式)   设区间 $I = [a,b]$ 上有 $n+1$ 个点

$$a = a_0 < a_1 < a_2 < \cdots < a_{n-1} < a_n = b.$$

又设函数 f 在 $I = [a,b]$ 上可积, 而函数 φ 在 $I = [a,b]$ 上连续, 且

$$\forall x \in (a,b) \setminus \{a_0, a_1, a_2, \cdots, a_{n-1}, a_n\}\big(\varphi'(x) = f(x)\big).$$

在以上假设下, 有

$$\int_a^b f(x)dx = \varphi(b) - \varphi(a). \tag{6.3.10}$$

证   由定理 6.3.2, 对于每个 $k \in \{1, \cdots, n\}$, 有

$$\int_{a_{k-1}}^{a_k} f(x)dx = \varphi(a_k) - \varphi(a_{k-1}). \tag{6.3.11}$$

由此,

$$\int_a^b f(x)dx = \sum_{k=1}^n \int_{a_{k-1}}^{a_k} f(x)dx = \sum_{k=1}^n (\varphi(a_k) - \varphi(a_{k-1})) = \varphi(b) - \varphi(a).$$

$\square$

注 1 在 §6.10 中, 我们将证明一个加强形式的 Newton-Leibniz 公式, 定理 6.3.3 只是它的特例. 不过,Newton-Leibniz 公式的加强形式的证明要用到 §5.9 中的有限增量定理, 后者的证明稍繁杂些. 这里的证明较简单.

注 2 微积分的建立是人类文明史上激动人心的篇章之一. 微积分常被说成是由 Newton 和 Leibniz 发明的, 这种过分简单化的说法并不合理. 事实上, 微积分的建立是人类文明史上长期演变发展的结果, 它既非由 Newton 和 Leibniz 开始, 也非由 Newton 和 Leibniz 最后完成. 导数和积分的概念很早就被人们发现和应用, 积分概念至少可追溯到古希腊时代的 Archimedes. 导数的概念也出现在 Newton 和 Leibniz 之前, 至少 Kepler 和 Fermat 在 Newton 和 Leibniz 之前约半个世纪就已实际上用导数求极值了. 但 Newton 和 Leibniz 在这个长期演变发展过程中作出了决定性的贡献. 17 世纪一批出色的科学家, 继承 Galileo 和 Kepler 的工作, 关心着两个问题: (1) 求切线的问题; (2) 求曲线长度, 曲面面积和物体体积的问题.Newton 和 Leibniz 的伟大贡献是指出了这两个问题之间的重要联系. Newton 为了动力学研究的需要, 在他的老师 **Barrow** 的工作的影响下 (事实上,Barrow 从几何学研究的需要已经揭示了上述两个问题的联系, 换言之, 已经获得了 Newton-Leibniz 公式的数学内容. 但 Barrow 并未提出一般的导数及积分的概念, 因而完全没有涉及运动学和动力学的领域), 得到了这个重要的结果. 这个结果的广泛使用在相当程度上应归功于 Leibniz 所创立的出色的形式符号.Newton 早于 Leibniz 得到这个结果, 但没有立即发表它.Leibniz 在与物理学家 Huygens 为一件外交事务交往时, 在一个短得难于置信的时间内学到了微分与积分这种新的数学概念, 不久, 他独立于 Newton 而获得了这个结果, 并立即发表了它. 事后, 崇拜 Newton 的人与 Leibniz 的朋友之间发生了激烈的争执, 前者毫无根据地指责 Leibniz 剽窃. 后来卷入这场争执的人愈来愈多, 成了英国科学家和欧洲大陆科学家之间的争执, 历时竟达二百年. 这样的争执对科学的发展是毫无意义的. 事实上, 一个结果之所以重要是因为它跟许多重要的科学分支有联系, 因此不同的人从不同的问题出发, 经历不同的思路, 得到同一个重要的结果在人类文明史上是屡见不鲜的. 我们中国人早就认识到这一规律, 称它为 "殊途同归". 这场由崇拜 Newton 的英国人首先挑起的二百年的争执给英国数学造成的伤害是严重的. 有许多数学史的著作介绍这段历史. 当然, 这个问题的讨论已远远超出本讲义的范围了. 我们只摘录 20 世纪的美国数学家 Nobert Wiener 于 1949 年写下的下面这段耐人寻味的话, 因为它很客观地总结了科学史上这场悲剧的深刻教训:

> 毋容置疑, Leibniz 的工作晚于 Newton, 但他是独立于 Newton 而工作的, Leibniz 的符号远优于 Newton. 不幸, 两位发明者的朋友和同事, 爱国心切, 忠于友情, 但不分青红皂白, 错误地挑起了一场争端, 其影响至今尚未肃清. 特别, 使用不那么灵活的 Newton 的符号, 蔑视欧洲大陆 Leibniz 学派的工作, 竟成为英国数学家爱国和忠于信仰的表现. 这使得到了 18 世纪, 欧洲大陆上出现 Bernoulli, Euler, Lagrange 和 Laplace 这样的数学家的时候, 英吉利海峡北面的岛上没有一个人的才华是可以与他们相提并论的.

根据 Newton-Leibniz 公式, 假若我们知道了某函数的原函数 (不定积分), 便能算出该函数在区间 $[a,b]$ 上的定积分. 因此求给定函数的原函数是个很重要的课题. 本节就要讨论求给定函数的原函数的最基本的方法, 以及如何通过原函数去求定积分.

首先, 函数到它的原函数的映射是函数到它的导数的映射的逆映射. 故把 5.3 节中的初等函数的导数表反过来写, 便可得到求原函数的一个最基本的出发点 —— 基本的原函数表:

函数	原函数	函数	原函数
$x^\alpha(x>0,\alpha\neq-1)$	$\dfrac{x^{\alpha+1}}{\alpha+1}$	$\dfrac{1}{\cos^2 x}(x\neq\pi/2+n\pi)$	$\tan x$
$\dfrac{1}{x}(x\neq 0)$	$\ln|x|$	$\dfrac{1}{\sin^2 x}(x\neq n\pi)$	$-\cot x$

续表

函数	原函数	函数	原函数
$a^x (a > 0)$	$\dfrac{a^x}{\ln a}$	$\dfrac{1}{\sqrt{1-x^2}}(|x| < 1)$	$\arcsin x$
e^x	e^x	$\dfrac{-1}{\sqrt{1-x^2}}(|x| < 1)$	$\arccos x$
$\sin x$	$-\cos x$	$\dfrac{1}{1+x^2}$	$\arctan x$
$\cos x$	$\sin x$	$\dfrac{-1}{1+x^2}$	$\mathrm{arccot}x$

注 1 由 $\dfrac{1}{\sqrt{1-x^2}}(|x| < 1)$ 的原函数是 $\arcsin x$ 得到 $\dfrac{-1}{\sqrt{1-x^2}}(|x| < 1)$ 的原函数应是 $-\arcsin x$. 可是表中却说 $\dfrac{-1}{\sqrt{1-x^2}}(|x| < 1)$ 的原函数是 $\arccos x$. 这是因为 $-\arcsin x = \arccos x - \pi/2$, 而两个相差一个常数的函数是同一个函数的原函数. 同理, 表中 $\dfrac{-1}{1+x^2}$ 的原函数是 $\mathrm{arccot}x$, 而未写成 $-\arctan x$. 事实上, $\mathrm{arccot}x$ 和 $-\arctan x$ 也只差一个常数: $\mathrm{arccot}x = -\arctan x + \pi/2$.

注 2 表中说 $1/x$ 的原函数是 $\ln|x|$. 它的确切涵义是: 在区间 $(0, \infty)$ 上 $1/x$ 的原函数是 $\ln x$, 而在区间 $(-\infty, 0)$ 上 $1/x$ 的原函数是 $\ln(-x)$. 在任何含有原点 0 的开区间上 $1/x$ 无原函数.

练 习

6.3.1 设 $f: \mathbf{R} \to \mathbf{R}$ 是 $\mathbf{R}$ 上的实值函数, 它在任何有界闭区间上 Riemann 可积, 且 $\forall x \in \mathbf{R}(f(x+y) = f(x) + f(y))$. 试证:

$$\forall x \in \mathbf{R}(f(x) = f(1)x).$$

注 §4.1 的练习 4.1.1 的其他小题也有相应的条件减弱的结果.

6.3.2 绝大多数的定积分是无法用 Newton-Leibniz 公式直接进行计算的, 因为它们的被积函数的原函数虽然存在, 但不是初等函数或其他作过详尽研究的函数 (所谓特殊函数). 换言之, 它是我们遇到的由定积分表示的新函数. 我们有必要知道这个新函数的函数值 (或制作函数表). 因而定积分的近似计算方法便成为十分重要的课题. 最常用的方法是所谓的**抛物线方法**, 又称 **Simpson方法**. 本题介绍这个方法的梗概.

(i) Simpson 方法的构思是由两个组成成分构成的: 第一个成分是用二次多

项式 (抛物线) 近似替代被积函数. 设 g 是定义在闭区间 $[a, b]$ 上的四次连续可微函数. 令

$$P(x) = \frac{(x - (a+b)/2)(x - b)}{(a - (a+b)/2)(a - b)} g(a)$$
$$+ \frac{(x - a)(x - b)}{((a+b)/2 - a)((a+b)/2 - b)} g((a+b)/2)$$
$$+ \frac{(x - a)(x - (a+b)/2)}{(b - a)(b - (a+b)/2)} g(b).$$

试证: $P(x)$ 是满足以下条件的 (唯一确定的) 二次多项式:

$$P(a) = g(a), \quad P((a+b)/2) = g((a+b)/2), \quad P(b) = g(b).$$

(ii) $P(x)$ 如 (i) 中所述. 试证:

$$\int_a^b P(x)dx = \frac{b-a}{6}\left[g(a) + 4g\left(\frac{a+b}{2}\right) + g(b)\right].$$

Simpson 积分近似计算的第一个想法是用上述抛物线替代原来的被积函数:

$$\int_a^b g(x)dx \approx \frac{b-a}{6}\left[g(a) + 4g\left(\frac{a+b}{2}\right) + g(b)\right].$$

(iii) 只用上述抛物线替代原来的被积函数的想法, 所得的近似值与原来的积分可以相差甚远. Simpson 积分近似计算法构思的另一个组成成分是: 将闭区间 $[a, b]$ 分成 n 个相等的小区间,

$$[a, b] = \bigcup_{j=1}^{n}[x_{j-1}, x_j], \quad a = x_0 < x_1 < \cdots < x_n = b.$$

又记 $x_{(j-1/2)} = (x_{j-1} + x_j)/2$, $y_j = g(x_j)$, $y_{(j-1/2)} = g(x_{(j-1/2)})$. 然后在每一个这样的小区间上用抛物线替代原来的被积函数. 试证: 所得的近似公式是

$$\int_a^b g(x)dx = \sum_{j=1}^{n}\int_{x_{j-1}}^{x_j} g(x)dx$$
$$\approx \frac{b-a}{6n}\left[(y_0 + y_n) + 2\sum_{j=1}^{n-1} y_j + 4\sum_{j=1}^{n} y_{(j-1/2)}\right].$$

(iv) 试证 Simpson 方法的误差估计公式:

$$\left|\int_a^b g(x)dx - \frac{b-a}{6n}\left[(y_0 + y_n) + 2\sum_{j=1}^{n-1} y_j + 4\sum_{j=1}^{n} y_{(j-1/2)}\right]\right|$$
$$\leqslant \frac{(b-a)^5}{2880n^4}\sup_{a \leqslant \zeta \leqslant b}|g^{(4)}(\zeta)|.$$

注 **Simpson方法的误差**大致上是与 n^{-4} 成比例的. 假若不用抛物线而用直线去替代 (所谓矩形法与梯形法), 所得结果的误差将与 n^{-2} 成比例. 对这方面的讨论有兴趣的同学可参看 [11].

6.3.3 试证：(i) 级数

$$\sum_{n=1}^{\infty} \frac{x}{n(x+n)}$$

在闭区间 $[0,1]$ 上一致收敛于一个连续函数.

(ii) 极限

$$\gamma = \lim_{n\to\infty} \left(\sum_{k=1}^{n} \frac{1}{k} - \ln n \right)$$

存在. 数 γ 称为 **Euler常数**.

6.3.4 设 $\{f_n\}$ 是在有界闭区间 $[a,b]$ 上的一个有连续导数的函数列, 且满足以下条件:

(i) $\exists c \in [a,b] \left(\sum_{n=1}^{\infty} f_n(c) \text{ 收敛} \right)$;

(ii) $\sum_{n=1}^{\infty} f_n'(x)$ 在$[a,b]$上一致收敛于函数g.

试证：级数

$$\sum_{n=0}^{\infty} f_n(x)$$

在 $[a,b]$ 上收敛于一个有连续导数的函数 f, 且 $f' = g$.

§6.4 积分的计算

我们注意到, 几乎所有的求导公式的逆转表述都在上节最后的原函数的表中出现了, 除了三个例外: 它们是乘积的求导数的公式, 商的求导数的公式和复合函数求导数的锁链法则. 函数 f 和 g 的商可以写成如下形式:

$$\frac{f}{g} = f \cdot g^{-1}.$$

g^{-1} 可以看成函数 g 与函数 $v = u^{-1}$ 的复合函数. 所以商的求导数的公式是乘积的求导数的公式, 幂函数的求导数的公式和复合函数求导数的锁链法则的推论. 为了求原函数, 有了乘积的求导数的公式和复合函数求导数的锁链法则的逆转表述后就无需再引进商的求导数公式的逆转表述了. 下面的两条定理分别是乘积的求导数的公式 (5.2.2) 和复合函数求导数的锁链法则 (5.2.5) 的逆转表述.

定理 6.4.1(不定积分的分部积分公式)　设函数 F 和 G 分别是函数 f 和 g 在区间 I 上的原函数, 又设 fG 在区间 I 上有原函数, 则 gF 在区间 I 上也有原函数, 且

$$\int g(x)F(x)dx = F(x)G(x) - \int f(x)G(x)dx. \tag{6.4.1}$$

证　利用求导数的公式 (5.2.1),(5.2.2) 和 (5.2.4), 我们有

$$\left(F(x)G(x) - \int f(x)G(x)dx \right)'$$
$$= F'(x)G(x) + F(x)G'(x) - f(x)G(x)$$
$$= f(x)G(x) + F(x)g(x) - f(x)G(x) = F(x)g(x).$$

由原函数的定义,(6.4.1) 证得.　　　　　　　　　　　　　　　　□

注　因 $F' = f$, $G' = g$, 故 $f(x)dx = dF$, $g(x)dx = dG$. 方程 (6.4.1) 可改写成以下形式:

$$\int FdG = FG - \int GdF. \tag{6.4.1}'$$

这也许更便于记忆.

定理 6.4.2(不定积分的换元公式)　设 $\phi : [\alpha, \beta] \to I$ 是可微的, 其中 $I \subset [a,b]$ 是一个区间, 又设 $f : [a,b] \to \mathbf{R}$ 在 $[a,b]$ 上有原函数, 则

$$\int f(x)dx \bigg|_{x=\phi(u)} = \int f \circ \phi(u) \cdot \phi'(u)du. \tag{6.4.2}$$

证　由复合函数求导数的锁链法则 (5.2.5), 有

$$\frac{d}{du}\left(\int f(x)dx \bigg|_{x=\phi(u)} \right) = \frac{d}{dx}\left(\int f(x)dx \right)\bigg|_{x=\phi(u)} \frac{d\phi}{du}(u)$$
$$= f \circ \phi(u) \cdot \phi'(u).$$

由原函数定义,(6.4.2) 证得.　　　　　　　　　　　　　　　　□

注　因 $\phi'(u)du = d\phi$, 方程 (6.4.2) 可改写成以下形式:

$$\int f(x)dx \bigg|_{x=\phi(u)} = \int f(\phi(u))d\phi(u). \qquad (6.4.2)'$$

这公式可看成是: 左边的积分等于通过形式地代入 $x = \phi(u)$ 得到的右边的积分. 这正是 Leibniz 的微分符号的便利之处.

根据 Newton-Leibniz 公式, 分部积分公式和换元公式有以下的关于定积分的相应表述.

定理 6.4.3(定积分的分部积分公式) 设函数 F 和 G 分别是函数 f 和 g 在区间 $[a,b]$ 上的原函数, 又设 fG 和 gF 在 $[a,b]$ 上可积, 则

$$\int_a^b g(x)F(x)dx = F(b)G(b) - F(a)G(a) - \int_a^b f(x)G(x)dx. \qquad (6.4.3)$$

证 利用求导数的公式 (5.2.2) 和 (5.2.4), 我们有

$$\int_a^b g(x)F(x)dx = \left[\int g(x)F(x)dx\right]_a^b = \left[F(x)G(x) - \int f(x)G(x)dx\right]_a^b$$
$$= F(b)G(b) - F(a)G(a) - \int_a^b f(x)G(x)dx. \qquad \Box$$

注 不定积分的分部积分公式又可写成 $(6.4.1)'$ 的形式. 对应地, 定积分的分部积分公式也可写成

$$\int_a^b FdG = FG\bigg|_a^b - \int_a^b GdF. \qquad (6.4.1)'$$

应该注意的是, 上式左右两端的两个定积分的积分变量仍然理解成 x, 换言之, 两个定积分的上下限的 b 和 a 分别是指 $x = b$ 和 $x = a$, 右端第一项的 $FG\big|_a^b$ 也是指 $x = b$ 和 $x = a$ 分别代入函数 FG 后的值之差.

定理 6.4.4(定积分的换元公式) 设 $\phi : [\alpha, \beta] \to I$ 是可微的, 且导数 ϕ' 在 $[\alpha, \beta]$ 上连续, 又设 $f : I \to \mathbf{R}$ 在 I 上连续, 则

$$\int_{\phi(\alpha)}^{\phi(\beta)} f(x)dx = \int_\alpha^\beta f \circ \phi(u) \cdot \phi'(u)du = \int_\alpha^\beta f \circ \phi(u)d\phi(u). \qquad (6.4.4)$$

证   因 $f : I \to \mathbf{R}$ 在 I 上连续, 由命题 6.3.1, f 在 I 上有原函数. 又因 $\phi : [\alpha, \beta] \to I$ 是可微的, 且导数 ϕ' 在 $[\alpha, \beta]$ 上连续, 故 $f \circ \phi(u) \cdot \phi'(u)$ 在 $[\alpha, \beta]$ 上连续, 因而有原函数. 由 Newton-Leibniz 公式得到

$$\int_\alpha^\beta f \circ \phi(u) \cdot \phi'(u) du = \left[\int f \circ \phi(u) \cdot \phi'(u) du \right]_\alpha^\beta$$

$$= \left[\int f(x) dx \Big|_{x = \phi(u)} \right]_{u=\alpha}^{u=\beta} = \left[\int f(x) dx \right]_{x=\phi(\alpha)}^{x=\phi(\beta)}$$

$$= \int_{\phi(\alpha)}^{\phi(\beta)} f(x) dx. \qquad \Box$$

以下是几个利用上面的求积分的公式计算积分的例. 这些例经常在积分计算的过程中用到, 最好能记住它们, 至少应该知道例中形状的不定积分是能用初等函数表示的和计算这个不定积分的路线, 并能在自己熟悉的教科书或参考书中找到它.

例 6.4.1   设 $a \neq 0$, 则利用换元 $t = ax + b$, 便有

$$\int \sin(ax + b) dx = \frac{1}{a} \int \sin(ax + b) d(ax + b) = -\frac{1}{a} \cos(ax + b) + C.$$

例 6.4.2   设 $x > 0$, 利用分部积分公式 $(F = \ln x, G = x)$, 便有

$$\int \ln x dx = x \ln x - \int x d \ln x = x \ln x - \int dx = x \ln x - x + C.$$

例 6.4.3   设 $x > 1$, 利用换元 $t = \ln x$, 便有

$$\int \frac{1}{x \ln x} dx = \int \frac{1}{\ln x} d \ln x = \ln(\ln x) + C.$$

注   在 $(1, \infty)$ 上 $\dfrac{1}{\ln x}$ 连续且 $\ln x > 0$, 这就是条件 $x > 1$ 的作用.

例 6.4.4   利用换元 $t = \cos x$ 得到

$$\int \sin^3 x dx = -\int \sin^2 x d \cos x = \int (\cos^2 x - 1) d \cos x$$

$$= \frac{\cos^3 x}{3} - \cos x + C.$$

例 6.4.5 利用换元 $t = 2x$(及通过倍角公式而完成的变换), 便有

$$\int \sin^2 x dx = \int \frac{1 - \cos 2x}{4} d(2x) = \frac{x}{2} - \frac{\sin 2x}{4} + C$$
$$= \frac{x}{2} - \frac{\sin x \cos x}{2} + C.$$

例 6.4.6 连续进行两次分部积分: 分别设 $F = \sin x, G = \mathrm{e}^x$ 和 $F = \cos x, G = \mathrm{e}^x$, 得到

$$\int \mathrm{e}^x \sin x dx = \int \sin x d\mathrm{e}^x = \mathrm{e}^x \sin x - \int \mathrm{e}^x d \sin x$$
$$= \mathrm{e}^x \sin x - \int \mathrm{e}^x \cos x dx = \mathrm{e}^x \sin x - \int \cos x d\mathrm{e}^x$$
$$= \mathrm{e}^x \sin x - \left(\mathrm{e}^x \cos x - \int \mathrm{e}^x d \cos x \right)$$
$$= \mathrm{e}^x \sin x - \mathrm{e}^x \cos x - \int \mathrm{e}^x \sin x dx.$$

由上式的到

$$\int \mathrm{e}^x \sin x dx = \frac{\mathrm{e}^x (\sin x - \cos x)}{2} + C.$$

例 6.4.7 设 $n \neq 1, a \neq 0$, 则在任何不含有 $-b/a$ 的区间上, 通过换元 $t = ax + b$, 我们有

$$\int \frac{1}{(ax+b)^n} dx = \frac{1}{a} \int \frac{1}{(ax+b)^n} d(ax+b) = \frac{-1}{a(n-1)(ax+b)^{n-1}} + C.$$

例 6.4.8 设 $a \neq 0$, 则在任何不含有 $-b/a$ 的区间上, 通过换元 $t = ax + b$, 我们有

$$\int \frac{1}{ax+b} dx = \frac{1}{a} \int \frac{1}{ax+b} d(ax+b) = \frac{1}{a} \ln |ax+b| + C.$$

例 6.4.9 设 $n \neq 1$, 则通过换元 $t = x^2 + 1$, 便有

$$\int \frac{x}{(x^2+1)^n} dx = \frac{1}{2} \int \frac{1}{(x^2+1)^n} d(x^2+1) = \frac{-1}{2(n-1)(x^2+1)^{n-1}} + C.$$

$n = 1$ 时, 通过换元 $t = x^2 + 1$, 便有

$$\int \frac{x}{x^2+1}dx = \frac{1}{2}\int \frac{1}{x^2+1}d(x^2+1) = \frac{1}{2}\ln(x^2+1) + C.$$

以下是一个计算积分的有用的递推公式.

例 6.4.10   利用分部积分: 设 $F = 1/(x^2+1)^{n-1}, G = x$ 及简单的变换, 便有

$$\int \frac{dx}{(x^2+1)^{n-1}} = \frac{x}{(x^2+1)^{n-1}} - \int x d\left(\frac{1}{(x^2+1)^{n-1}}\right)$$

$$= \frac{x}{(x^2+1)^{n-1}} + 2(n-1)\int \frac{x^2}{(x^2+1)^n}dx$$

$$= \frac{x}{(x^2+1)^{n-1}} + 2(n-1)\left[\int \frac{1}{(x^2+1)^{n-1}}dx - \int \frac{1}{(x^2+1)^n}dx\right].$$

由此得到递推公式:

$$\int \frac{1}{(x^2+1)^n}dx = \frac{1}{2n-2}\frac{x}{(x^2+1)^{n-1}} + \frac{2n-3}{2n-2}\int \frac{1}{(x^2+1)^{n-1}}dx. \tag{6.4.5}$$

反复使用这个递推公式, 左端的积分的计算最终可化为下述已知积分的计算:

$$\int \frac{1}{x^2+1}dx = \arctan x + C.$$

递推公式 (6.4.5) 是计算有理函数 $1/(x^2+1)^n$ 积分的关键. 而这种有理函数的积分在下一节计算一般有理函数的积分中扮演十分重要的角色.

例 6.4.11   设 $n \in \mathbf{Z}$. 利用分部积分及简单的变换, 便得一个有用的递推公式. 我们有

$$\int \sin^n x dx = -\int \sin^{n-1} x d(\cos x)$$

$$= -\sin^{n-1} x \cos x + \int (n-1)\sin^{n-2} x \cos^2 x dx$$

$$= -\sin^{n-1} x \cos x + (n-1)\left[\int \sin^{n-2} x dx - \int \sin^n x dx\right].$$

由此得到

$$\int \sin^n x dx = -\frac{1}{n}\sin^{n-1}x\cos x + \frac{n-1}{n}\int \sin^{n-2}x dx.$$

原则上说, 以上递推公式可以用来计算这个积分, 但得到的表达式比较繁琐. 当我们利用以上递推公式和 Newton-Leibniz 公式计算下述定积分时, 结果却相当漂亮. 首先我们得到以下递推公式:

$$\int_0^{\frac{\pi}{2}} \sin^n x dx = \frac{n-1}{n}\int_0^{\frac{\pi}{2}} \sin^{n-2}x dx. \tag{6.4.6}$$

由此得到 (注意到例 6.4.4 和例 6.4.5)

$$\int_0^{\frac{\pi}{2}} \sin^n x dx = \begin{cases} \dfrac{(n-1)!!}{n!!}, & \text{当} n \text{是奇数时,} \\ \dfrac{(n-1)!!}{n!!}\cdot\dfrac{\pi}{2}, & \text{当} n \text{是偶数时.} \end{cases} \tag{6.4.7}$$

由这个公式出发可以得到一个有趣且有用的公式, 通常称为 **Wallis公式**. 因

$$\forall x \in \left(0, \frac{\pi}{2}\right) \forall n \in \mathbf{N}(\sin^{2n+1}x < \sin^{2n}x < \sin^{2n-1}x),$$

故

$$\int_0^{\frac{\pi}{2}} \sin^{2n+1} x dx < \int_0^{\frac{\pi}{2}} \sin^{2n} x dx < \int_0^{\frac{\pi}{2}} \sin^{2n-1} x dx.$$

由 (6.4.7) 得到

$$\frac{(2n)!!}{(2n+1)!!} < \frac{(2n-1)!!}{(2n)!!}\cdot\frac{\pi}{2} < \frac{(2n-2)!!}{(2n-1)!!},$$

换言之,

$$\left[\frac{(2n)!!}{(2n-1)!!}\right]^2\frac{1}{2n+1} < \frac{\pi}{2} < \left[\frac{(2n)!!}{(2n-1)!!}\right]^2\frac{1}{2n}.$$

因上式两端之差有以下估计 (为得到以下最后一个不等式, 我们用了以上的第一个不等式):

$$0 < \left[\frac{(2n)!!}{(2n-1)!!}\right]^2\frac{1}{2n} - \left[\frac{(2n)!!}{(2n-1)!!}\right]^2\frac{1}{2n+1}$$
$$= \left[\frac{(2n)!!}{(2n-1)!!}\right]^2\frac{1}{2n(2n+1)} < \frac{\pi}{4n},$$

我们有: 当 $n \to \infty$ 时, 两端之差趋于零. 故两端同时趋于中间项:

$$\frac{\pi}{2} = \lim_{n \to \infty} \left[\frac{(2n)!!}{(2n-1)!!} \right]^2 \frac{1}{2n+1}. \tag{6.4.8}$$

我们又一次获得了 **Wallis公式**(参看 §4.5 的练习 4.5.1 的 (x)).

练　习

6.4.1　计算下列不定积分:

(1) $\int (a_0 + a_1 x + \cdots + a_n x^n) dx$;　　　(2) $\int (1 + \sqrt{x})^4 dx$;

(3) $\int \dfrac{dx}{x-a}$;　　　(4) $\int \dfrac{dx}{(x-a)^k}$;

(5) $\int e^{3x} dx$;　　　(6) $\int \sin mx dx$;

(7) $\int \dfrac{dx}{\sqrt{a^2 - x^2}}$;　　　(8) $\int \dfrac{dx}{a^2 + x^2}$;

(9) $\int \dfrac{dx}{(x-a)(x-b)}$;　　　(10) $\int \sin mx \sin nx dx$;

(11) $\int \dfrac{\sin 2nx}{\sin x} dx$;　　　(12) $\int \dfrac{\sin(2n+1)x}{\sin x} dx$;

(13) $\int e^{x^2} x dx$;　　　(14) $\int \dfrac{\ln x}{x} dx$;

(15) $\int \dfrac{\cos x dx}{1 + \sin^2 x}$;　　　(16) $\int \tan x dx$;

(17) $\int \dfrac{dx}{A^2 \sin^2 x + B^2 \cos^2 x}$;　　　(18) $\int \dfrac{dx}{\sin x \cos x}$;

(19) $\int \dfrac{dx}{\cos x}$;　　　(20) $\int \dfrac{dx}{(x^2 + a^2)^2}$;

(21) $\int \dfrac{dx}{\sqrt{x^2 \pm a^2}}$;　　　(22) $\int \sqrt{a^2 + x^2} dx$;

(23) $\int \dfrac{dx}{\sqrt{(x-a)(b-x)}}$ $(a < x < b)$;　　　(24) $\int \ln x dx$;

(25) $\int \arctan x dx$;　　　(26) $\int \arcsin x dx$;

(27) $\int e^x \cos x dx$.

6.4.2　设 f 和 g 是两个在闭区间 $[a,b]$ 上有直到 $(n+1)$ 阶的连续导数的实值函数,

(i) 试证以下 **Darboux推广的分部积分公式**:

$$\int_a^b f(x)g^{(n+1)}(x)dx = \Bigg[f(x)g^{(n)}(x) - f'(x)g^{(n-1)}(x) + \cdots$$
$$+ (-1)^n f^{(n)}(x)g(x)\Bigg]_a^b + (-1)^{n+1}\int_a^b f^{(n+1)}(x)g(x)dx;$$

(ii) 假设 $\phi(t)$ 是 t 的 n 次多项式. 试证:

$$\phi^{(n)}(0)\Big[f(b) - f(a)\Big]$$
$$= \sum_{m=1}^n (-1)^{m-1}(b-a)^m\Big[\phi^{(n-m)}(1)f^{(m)}(b) - \phi^{(n-m)}(0)f^{(m)}(a)\Big]$$
$$+ (-1)^n(b-a)^{n+1}\int_0^1 \phi(t)f^{(n+1)}\Big(a + t(b-a)\Big)dt.$$

注 有时 (ii) 中的公式也称为 Darboux 公式.

6.4.3 设 f 是在闭区间 $[x_0, x]$ 上有直到 $n+1$ 阶连续导数的实值函数. 试证:

$$f(x) = f(x_0) + \frac{f'(x_0)}{1!}(x-x_0) + \frac{f''(x_0)}{2!}(x-x_0)^2 + \cdots + \frac{f^{(n)}(x_0)}{n!}(x-x_0)^n$$
$$+ \frac{1}{n!}\int_{x_0}^x f^{(n+1)}(t)(x-t)^n dt.$$

所得的公式称为**带积分余项的Taylor公式**. 试由带积分余项的 Taylor 公式推出带 Lagrange 余项的 Taylor 公式.

注 虽然我们可以通过带积分余项的 Taylor 公式推出带 Lagrange 余项的 Taylor 公式, 但带积分余项的 Taylor 公式的成立要求 f 是在闭区间 $[x_0, x]$ 上有直到 $n+1$ 阶连续导数的实值函数, 这个要求比定理 5.4.4 中的要求略强些. 另一方面, 我们应该指出, 对于向量值的函数带积分余项的 Taylor 公式是成立的, 而带 Lagrange 余项的 Taylor 公式却只适用于实值函数. 这是因为后者来自 Rolle 定理, 而 Rolle 定理来自 Fermat 引理, 这里需要极大极小的概念, 这只在有大小比较概念的实数域中才有意义.

6.4.4 对一切整数 m 和 n, 计算以下的定积分:

(1) $\int_{-\pi}^{\pi} \sin mx \sin nx\,dx;$ (2) $\int_{-\pi}^{\pi} \cos mx \cos nx\,dx;$

(3) $\int_{-\pi}^{\pi} \sin mx \cos nx\,dx;$ (4) $\int_0^{\pi/2} \frac{\sin(2m-1)x}{\sin x}dx;$

(5) $\int_0^{\pi/2} \left(\frac{\sin nx}{\sin x}\right)^2 dx;$ (6) $\int_0^{\pi/2} \cos^n x\,dx;$

(7) $\int_0^{\pi/2} \sin^m x \cos^n x\,dx;$ (8) $\frac{1}{L}\int_a^{a+L} \exp\left(\frac{2\pi i n(x-a)}{L}\right)\exp\left(\frac{2\pi i m(x-a)}{L}\right)dx.$

6.4.5 对于任何自然数 n 和任何 $x \in [-1, 1]$, 令

$$f_n(x) = \frac{\int_0^x (1-t^2)^n dt}{\int_0^1 (1-t^2)^n dt} \quad \text{和} \quad g_n(x) = \int_0^x f_n(t) dt.$$

试证:

(i) 对于任何自然数 n, f_n 和 g_n 是两个多项式, 且对于任何 $x \in [-1, 1]$, $|f_n(x)| \leqslant 1$, $|g_n(x)| \leqslant 1$;

(ii) 对于任何 $\varepsilon > 0$, 对于一切 $x \in [\varepsilon, 1]$, 我们有

$$0 \leqslant \int_x^1 (1-t^2)^n dt \leqslant (1-\varepsilon)(1-\varepsilon^2)^n;$$

(iii) 对于任何 $\varepsilon > 0$, 有以下结论: 在闭区间 $[\varepsilon, 1]$ 上, 当 $n \to \infty$ 时, f_n 一致地收敛于 1;

(iv) 对于任何 $\varepsilon > 0$, 有以下结论: 在闭区间 $[-1, -\varepsilon]$ 上, 当 $n \to \infty$ 时, f_n 一致地收敛于 -1;

(v) 在闭区间 $[-1, 1]$ 上, 当 $n \to \infty$ 时, g_n 一致地收敛于 $|x|$.

6.4.6 **定义 6.4.1** n 次 **Legendre多项式**是由下式定义的多项式

$$P_n(x) = \frac{1}{2^n \cdot n!} \frac{d^n (x^2-1)^n}{dx^n}.$$

注 以上公式也称为 **Legendre多项式的Rodrigues公式**.

试证: (i) $P_n(x)$ 是 n 次多项式. 当 n 为奇数时, $P_n(x)$ 是奇函数, 当 n 为偶数时, $P_n(x)$ 是偶函数.

(ii) $P_n(x)$ 有下述表达式:

$$P_n(x) = \frac{1}{2^n \cdot n!} \sum_{k=0}^n \binom{n}{k} \frac{d^k (x+1)^n}{dx^k} \frac{d^{n-k}(x-1)^n}{dx^{n-k}},$$

因而 $P_n(1) = 1$, $P_n(-1) = (-1)^n$.

(iii) 设 $y = (x^2-1)^n$, 则 $(x^2-1)y'' - 2(n-1)xy' - 2ny = 0$.

(iv) Legendre 多项式 P_n 满足 **Legendre(常微分) 方程**:

$$(x^2-1)P_n'' + 2x \cdot P_n' - n(n+1)P_n = 0.$$

(v) 对于任何 $m \in \{0, 1, \cdots, n-1\}$, 我们有

$$\frac{d^m(x^2-1)^n}{dx^m}\bigg|_{x=1} = \frac{d^m(x^2-1)^n}{dx^m}\bigg|_{x=-1} = 0.$$

(vi) 设 $P(x)$ 是个次数低于 n 的多项式, 则

$$\int_{-1}^{1} P(x)P_n(x)dx = 0;$$

特别, 我们有 **Legendre多项式的正交性**: 设 $n \neq m$, 则

$$\int_{-1}^{1} P_n(x)P_m(x)dx = 0.$$

(vii) $\int_{-1}^{1} P_n^2(x)dx = \dfrac{2}{2n+1}$.

(viii) x^n 可以被 $P_0, P_1, \cdots, P_n$ 线性表示. 由此, 任何次数 $\leqslant n$ 的多项式都可以被 $P_0, P_1, \cdots, P_n$ 线性表示.

(ix) 设

$$xP_n = a_0 P_{n+1} + a_1 P_n + a_2 P_{n-1} + \cdots + a_{n+1}P_0,$$

则 $a_1 = a_3 = a_4 = \cdots = a_{n+1} = 0$.

(x) (ix) 中的 $a_0 = \dfrac{n+1}{2n+1}$.

(xi) (ix) 中的 $a_2 = \dfrac{n}{2n+1}$.

(xii) Legendre 多项式满足以下递推公式:

$$(n+1)P_{n+1} - (2n+1)xP_n + nP_{n-1} = 0,$$

由此得到

$$P_0 = 1, \quad P_1 = x, \quad P_2 = \frac{3x^2-1}{2}, \quad P_3 = \frac{5x^3-3x}{2},$$

$$P_4 = \frac{35x^4 - 30x^2 + 3}{8}, \quad \cdots.$$

(xiii) **Legendre多项式的母函数** 定义为 $G(x,\alpha) = \sum\limits_{n=0}^{\infty} P_n(x)\alpha^n$. 试证: 有 $\delta > 0$, 使得对于任何 $x \in [-1,1]$, 幂级数 $\sum\limits_{n=0}^{\infty} P_n(x)\alpha^n$ 当 $|\alpha| < \delta$ 时收敛, 且

$$\frac{1}{\sqrt{1-2x\alpha+\alpha^2}} = G(x,\alpha) = \sum_{n=0}^{\infty} P_n(x)\alpha^n.$$

(xiv) **相伴Legendre函数** 定义为

$$P_n^m(x) = (-1)^m (1-x^2)^{m/2} \frac{d^m P_n(x)}{dx^m},$$

其中 $m \leqslant n, |x| \leqslant 1$, 则

$$\frac{d}{dx}\left((1-x^2)\frac{dP_n^m(x)}{dx}\right) + \left(n(n+1) - \frac{m^2}{1-x^2}\right)P_n^m(x) = 0.$$

(xv) 以下递推公式成立:

$$\frac{dP_n^m(x)}{dx} = -\frac{1}{\sqrt{1-x^2}} P_n^{m+1}(x) - \frac{mx}{1-x^2} P_n^m(x).$$

(xvi) 以下递推公式成立:

$$\frac{dP_n^m(x)}{dx} = \frac{(n+m)(n-m+1)}{\sqrt{1-x^2}} P_n^{m-1}(x) + \frac{mx}{1-x^2} P_n^m(x).$$

6.4.7 本题将引进 Jacobi 多项式, 它是 Legendre 多项式的推广. 为此, 我们先讨论超几何级数的一些性质.

(i) 试证:

$$\frac{d}{dx} F(a,b,c,x) = \frac{ab}{c} F(a+1,b+1,c+1,x),$$

其中 $F(a,b,c,x)$ 表示超几何函数 (关于超几何函数的定义, 请参看 §3.5 的练习 3.5.3).

(ii) 试证:

$$\frac{d}{dx}[x^c(1-x)^{a+b-c+1}y'] = abx^{c-1}(1-x)^{a+b-c}y,$$

其中 $y = F(a,b,c,x)$.

(iii) 试证:

$$\frac{d}{dx}[x^k(1-x)^k My^{(k)}] = (a+k-1)(b+k-1)x^{k-1}(1-x)^{k-1}My^{(k-1)},$$

其中 $M = x^{c-1}(1-x)^{a+b-c}$.

(iv) 试证:

$$\frac{d^k}{dx^k}[x^k(1-x)^k My^{(k)}] = (a)_k(b)_k My,$$

其中 $(a)_k = a(a+1)\cdots(a+k-1)$.

(v) 试证:

$$\frac{d^k}{dx^k}[x^k(1-x)^k MF(a+k,b+k,c+k,x)] = (c)_k MF(a,b,c,x).$$

(vi) 设 $n \in \mathbf{N}$. 试证以下 Jacobi 得到的恒等式:

$$\frac{x^{1-c}(1-x)^{c+n-a}}{(c)_n} \frac{d^n}{dx^n}[x^{c+n-1}(1-x)^{a-c}] = F(-n,a,c,x).$$

(vii) 设 $n \in \mathbf{N}$. 试证:

$$\frac{(1-y)^{-\alpha}(1+y)^{-\beta}}{(\alpha+1)_n 2^n}(-1)^n \frac{d^n}{dy^n}[(1-y)^{n+\alpha}(1+y)^{n+\beta}]$$
$$= F\left(-n, n+\alpha+\beta+1, \alpha+1, (1-y)/2\right).$$

现在可以引进 n 次 Jacobi 多项式了.

定义 6.4.2　n次Jacobi多项式定义如下:

$$P_n^{(\alpha,\beta)}(x) = \frac{(\alpha+1)_n}{n!} F\Big(-n, n+\alpha+\beta+1, \alpha+1, (1-x)/2\Big).$$

注　引进了 Jacobi 多项式后, (vi) 中的等式可以改写成

$$(1-x)^\alpha(1+x)^\beta P_n^{(\alpha,\beta)}(x) = \frac{(-1)^n}{2^n n!} \frac{d^n}{dx^n}[(1-y)^{n+\alpha}(1+y)^{n+\beta}].$$

这个公式称为 **Jacobi多项式的Rodrigues公式**. 由此可知, Legendre 多项式是 Jacobi 多项式的特例:

$$X_n(x) = P_n^{(0,0)}(x).$$

(viii) 设 n, $m \in \mathbf{N}$. 试证:

$$\int_{-1}^{+1} P_n^{(\alpha,\beta)}(x)P_m^{(\alpha,\beta)}(x)(1-x)^\alpha(1+x)^\beta dx$$
$$= \frac{2^{\alpha+\beta+1}\Gamma(n+\alpha+1)\Gamma(n+\beta+1)}{(2n+\alpha+\beta+1)\Gamma(n+\alpha+\beta+1)n!}\delta_{mn}.$$

§6.5　有理函数的积分

上一节中我们算了不少积分, 遇到的积分中的被积函数的原函数都是可以用初等函数 (即中学里学过的函数及由它们通过四则运算, 取复合函数及反函数等方法而得到的函数) 表示出来的. 但是应该指出的是, 很多 (甚至是非常有用的) 初等函数的原函数是不能通过初等函数表示的. 例如, 积分

$$\int_0^x \mathrm{e}^{-t^2} dt$$

在概率论中十分重要. 可是它不能通过初等函数表示. 什么样的函数的原函数是初等函数? 什么样的则不是? 这是个很难的数学问题. 本讲义, 作为基础课数学分析的教材, 几乎未触及这类研究. 当函数的原函数不是初等函数时, 便有必要研究这个非初等函数的函数. 本讲义也不涉及这个常常很有意义的问题. 我们要研究的是如何求出那些能用初等函数表示的积分的表达式. 任何有理函数的原函数 (不定积分) 都是能通过初等函数表示的. 这是最重要的一类能用初等函数表示其原函数的函数. 在完成了有理函数的原函数的表达式的探寻以后, 其

他函数的原函数的探寻往往是通过换元或分部积分等手段把问题化成为对有理函数的原函数的探寻. 本节将研究有理函数的原函数的寻求方法. 为此, 我们先引进两条定理, 它们都属于代数的范畴, 因此, 我们只叙述而不证明它们, 读者可以在 [11] 中找到它们的证明.

有理函数是具有以下形式的函数:

$$f(x) = \frac{p(x)}{q(x)},$$

其中 $p(x), q(x)$ 是两个多项式:

$$p(x) = a_n x^n + a_{n-1} x^{n-1} + \cdots + a_0,$$

$$q(x) = b_m x^m + b_{m-1} x^{m-1} + \cdots + b_0.$$

我们的目的是计算积分

$$\int f(x) dx = \int \frac{p(x)}{q(x)} dx,$$

为此, 不妨假设 $a_n = b_m = 1$ 和 $n < m$. 因若 $a_n \neq 1 \neq b_m$, 只须在 $f(x) = \frac{p(x)}{q(x)}$ 中提出个常数因子就可使得 $a_n = b_m = 1$ 了. 又若 $n \geqslant m$, 用带余除法就能把 $f(x) = \frac{p(x)}{q(x)}$ 写成一个多项式和一个满足条件 $n < m$ 的有理分式之和.

定理 6.5.1　每个实系数多项式函数

$$q(x) = b_m x^m + b_{m-1} x^{m-1} + \cdots + b_0$$

都有以下因式分解:

$$q(x) = (x - \alpha_1)^{r_1} \cdots (x - \alpha_k)^{r_k} (x^2 + \beta_1 x + \gamma_1)^{s_1} \cdots (x + \beta_l x + \gamma_l)^{s_l},$$

其中出现的一次和二次因子都是互不相同的实因子, 而且二次因子都是在实数域的多项式环中不可分解的, 即

$$\beta_i^2 - 4\gamma_i < 0 \quad (i = 1, \cdots, l).$$

定理 6.5.2　给了有理函数

$$f(x) = \frac{p(x)}{q(x)},$$

其中 $p(x), q(x)$ 是两个多项式:

$$p(x) = x^n + a_{n-1}x^{n-1} + \cdots + a_0,$$
$$q(x) = x^m + b_{m-1}x^{m-1} + \cdots + b_0$$
$$= (x-\alpha_1)^{r_1} \cdots (x-\alpha_k)^{r_k}$$
$$\cdot (x^2 + \beta_1 x + \gamma_1)^{s_1} \cdots (x + \beta_l x + \gamma_l)^{s_l},$$

其中 $n < m$, 则有理函数 $f(x) = p(x)/q(x)$ 可以分解成以下形式 (称为
有理函数的部分分式分解):

$$
\begin{aligned}
\frac{p(x)}{q(x)} =& \left[\frac{a_{1,1}}{(x-\alpha_1)} + \cdots + \frac{a_{1,r_1}}{(x-\alpha_1)^{r_1}} \right] + \cdots \\
&+ \left[\frac{a_{k,1}}{(x-\alpha_k)} + \cdots + \frac{a_{k,r_k}}{(x-\alpha_k)^{r_k}} \right] \\
&+ \left[\frac{b_{1,1}x + c_{1,1}}{(x^2+\beta_1 x+\gamma_1)} + \cdots + \frac{b_{1,s_1}x + c_{1,s_1}}{(x^2+\beta_1 x+\gamma_1)^{s_1}} \right] + \cdots \\
&+ \left[\frac{b_{l,1}x + c_{l,1}}{(x^2+\beta_l x+\gamma_l)} + \cdots + \frac{b_{l,s_l}x + c_{l,s_l}}{(x^2+\beta_l x+\gamma_l)^{s_l}} \right].
\end{aligned} \tag{6.5.1}
$$

定理 6.5.1 可以利用代数基本定理及实系数多项式的根的共轭数
也是根这两条命题而证明. 定理 6.5.2 的证明可以从 [11] 中找到. 但定
理 6.5.2 只是说分解 (6.5.1) 的存在. 我们感兴趣的是: 给了一个有理
函数, 如何寻求它的部分分式分解中的系数. 这个计算的过程通常是
这样的: 先确定有理函数的分母的因式分解, 然后用待定系数法确定
部分分式分解 (6.5.1) 中的分子的系数.

例 6.5.1   确定有理分式

$$\frac{2x^2 + 2x + 13}{(x-2)(x^2+1)^2}$$

的部分分式分解如下: 按定理 6.5.2, 部分分式分解应有以下形式

$$\frac{2x^2+2x+13}{(x-2)(x^2+1)^2} = \frac{a}{x-2} + \frac{bx+c}{x^2+1} + \frac{dx+e}{(x^2+1)^2}.$$

将右式通分后让两边分子相等得到以下方程

$$2x^2+2x+13 = a(x^2+1)^2 + (bx+c)(x^2+1)(x-2) + (dx+e)(x-2).$$

比较两边系数得到以下线性方程组

$$\begin{cases} a + b = 0, \\ -2b + c = 0, \\ 2a + b - 2c + d = 2, \\ -2b + c - 2d + e = 2, \\ a - 2c - 2e = 13. \end{cases}$$

解此方程组得到

$$a = 1, \quad b = -1, \quad c = -2, \quad d = -3, \quad e = -4.$$

故部分分式分解应为

$$\frac{2x^2 + 2x + 13}{(x-2)(x^2+1)^2} = \frac{1}{x-2} - \frac{x+2}{x^2+1} - \frac{3x+4}{(x^2+1)^2}.$$

有了部分分式分解 (6.5.1), 有理函数的积分变成了 (6.5.1) 右端各项的积分之和.(6.5.1) 右端共有四种类型的项:

$$(1)\ \frac{a}{x+b}; \quad (2)\ \frac{a}{(x+b)^n}; \quad (3)\ \frac{ax+b}{x^2+px+q}; \quad (4)\ \frac{ax+b}{(x^2+px+q)^n},$$

其中 n 是大于 1 的自然数. 类型 (1) 和 (2) 的积分已分别在例 6.4.8 和例 6.4.7 中求得. 类型 (3) 和 (4) 的表达式分母中出现的二次多项式 $x^2 + px + q$ 在实数域中不可分解, 因此可以通过配方法将它化成如下形式:

$$x^2 + px + q = (x+\alpha)^2 + \beta,$$

其中 $\beta > 0$. 只要作 (线性) 换元 $u = (x+\alpha)/\sqrt{\beta}$, 类型 (3) 和 (4) 中函数的积分的寻求可以化成以下类型函数的积分的寻求:

$$(5)\ \frac{u}{(u^2+1)^n}; \quad (6)\ \frac{1}{(u^2+1)^n}.$$

类型 (5) 的积分已在例 6.4.9 中解决. 类型 (6) 的积分则已在例 6.4.10 中通过递推公式解决了. 因此, 原则上说, 有理函数不定积分的计算已经解决. 我们同时还证明了: 有理函数的不定积分 (原函数) 均可由初等函数表示.

例 6.5.2 根据例 6.5.1, 有

$$\int \frac{2x^2 + 2x + 13}{(x-2)(x^2+1)^2} dx = \int \frac{dx}{x-2} - \int \frac{x+2}{x^2+1} dx - \int \frac{3x+4}{(x^2+1)^2} dx.$$
$$(6.5.2)$$

右端三项分别计算如下:

$$\int \frac{dx}{x-2} = \ln|x-2| + C;$$

$$\int \frac{x+2}{x^2+1} dx = \frac{1}{2} \int \frac{1}{x^2+1} d(x^2+1) + \int \frac{2}{x^2+1} dx$$
$$= \frac{1}{2} \ln(x^2+1) + 2\arctan x + C;$$

$$\int \frac{3x+4}{(x^2+1)^2} dx = \frac{3}{2} \int \frac{1}{(x^2+1)^2} d(x^2+1) + 4 \int \frac{1}{(x^2+1)^2} dx$$
$$= -\frac{3}{2} \frac{1}{x^2+1} + 4 \left[\frac{1}{2} \frac{x}{x^2+1} + \frac{1}{2} \int \frac{1}{x^2+1} dx \right]$$
$$= -\frac{3}{2} \frac{1}{x^2+1} + \frac{2x}{x^2+1} + 2\arctan x + C,$$

其中最后一个等式的推演中用了递推公式 (6.4.5). 把这三项的结果代入 (6.5.2) 的右端后得到

$$\int \frac{2x^2+2x+13}{(x-2)(x^2+1)^2} dx = \ln \frac{|x-2|}{\sqrt{x^2+1}} - 4\arctan x - \frac{3-4x}{2(x^2+1)} + C.$$

练 习

6.5.1 计算积分

$$\int \frac{4x^4 + 4x^3 + 16x^2 + 12x + 8}{(x+1)^2(x^2+1)^2} dx.$$

§6.6 可以化为有理函数积分的积分

6.6.1 $R\left(x, \sqrt[n]{\dfrac{\alpha x + \beta}{\gamma x + \delta}}\right)$ 的积分

考虑以下积分的计算:

$$\int R\left(x, \sqrt[n]{\frac{\alpha x + \beta}{\gamma x + \delta}}\right)dx,$$

其中 n 是自然数, $R(x,y)$ 是二元有理函数, 即 $R(x,y)$ 是由 x 和 y 通过加减乘除四则运算而获得的一个表达式 (称为二元有理函数). 为此, 只须作替换

$$t = \sqrt[n]{\frac{\alpha x + \beta}{\gamma x + \delta}}$$

就可以把它变成一个有理函数的积分了. 事实上, 这时

$$x(t) = \frac{\delta t^n - \beta}{\alpha - \gamma t^n}, \quad dx = \frac{n\delta t^{n-1}(\alpha - \gamma t^n) + n(\delta t^n - \beta)\gamma t^{n-1}}{(\alpha - \gamma t^n)^2}dt.$$

故积分

$$\int R\left(x, \sqrt[n]{\frac{\alpha x + \beta}{\gamma x + \delta}}\right)dx$$
$$= \int R(x(t),t)\frac{n\delta t^{n-1}(\alpha - \gamma t^n) + n(\delta t^n - \beta)\gamma t^{n-1}}{(\alpha - \gamma t^n)^2}dt$$

是个关于 t 的有理函数的积分.

例 6.6.1　考虑以下积分的计算:

$$\int \frac{dx}{\sqrt[3]{(x-1)(x+1)^2}} = \int \sqrt[3]{\frac{x+1}{x-1}}\frac{dx}{x+1}.$$

令 $t = \sqrt[3]{\dfrac{x+1}{x-1}}$, 则

$$x = \frac{t^3+1}{t^3-1}, \quad dx = \frac{-6t^2 dt}{(t^3-1)^2},$$

故

$$\int \sqrt[3]{\frac{x+1}{x-1}}\frac{dx}{x+1} = \int \frac{-3dt}{t^3-1} = \int\left(\frac{-1}{t-1} + \frac{t+2}{t^2+t+1}\right)dt$$
$$= \frac{1}{2}\ln\frac{t^2+t+1}{(t-1)^2} + \sqrt{3}\arctan\frac{2t+1}{\sqrt{3}} + C.$$

上式右端是个 t 的函数. 为了得到以 x 为自变量的函数表达式, 必须将上式右端的表达式中的 t 以 $\sqrt[3]{\dfrac{x+1}{x-1}}$ 代入之.

6.6.2 $R(x, \sqrt{ax^2+bx+c})$ 的积分

今计算积分

$$\int R(x, \sqrt{ax^2+bx+c})dx.$$

首先, 假定二次多项式 ax^2+bx+c 无重根, 不然, 或 $\sqrt{ax^2+bx+c}$ 只取虚数值, 或 $\sqrt{ax^2+bx+c}$ 成为一次多项式. 后一情形使积分变成了有理函数的积分. 在二次多项式 ax^2+bx+c 无重根的假设下, 我们分三种情形讨论上述积分.

(i) 设 $a > 0$, 作替换

$$\sqrt{ax^2+bx+c} = t - \sqrt{a}x.$$

这时

$$x = \frac{t^2-c}{2\sqrt{a}t+b},$$

$$\sqrt{ax^2+bx+c} = \frac{\sqrt{a}t^2+bt+c\sqrt{a}}{2\sqrt{a}t+b},$$

$$dx = 2\frac{\sqrt{a}t^2+bt+c\sqrt{a}}{(2\sqrt{a}t+b)^2}dt.$$

作此替换后, 积分

$$\int R(x, \sqrt{ax^2+bx+c})dx$$

成为有理函数的积分了. 积分后的结果应以 $t = \sqrt{ax^2+bx+c} + \sqrt{a}x$ 代入之.

(ii) 设 $c > 0$, 作替换

$$\sqrt{ax^2+bx+c} = xt + \sqrt{c}.$$

这时

$$x = \frac{2\sqrt{c}t-b}{a-t^2},$$

$$\sqrt{ax^2 + bx + c} = \frac{\sqrt{c}\,t^2 - bt + a\sqrt{c}}{a - t^2},$$

$$dx = 2\frac{\sqrt{c}\,t^2 - bt + a\sqrt{c}}{(a - t^2)^2}dt.$$

作此替换后, 积分

$$\int R(x, \sqrt{ax^2 + bx + c})dx$$

成为有理函数的积分了. 积分后的结果应以 $t = \dfrac{\sqrt{ax^2 + bx + c} + \sqrt{c}}{x}$ 代入之.

(iii) 设二次多项式 $ax^2 + bx + c$ 有两个不相等的实根 λ 和 μ:

$$ax^2 + bx + c = a(x - \lambda)(x - \mu).$$

作替换

$$\sqrt{ax^2 + bx + c} = t(x - \lambda),$$

有

$$x = \frac{-a\mu + \lambda t^2}{t^2 - a},$$

$$\sqrt{ax^2 + bx + c} = \frac{a(\lambda - \mu)t}{t^2 - a},$$

$$dx = \frac{2a(\mu - \lambda)t}{(t^2 - a)^2}dt.$$

作此替换后, 积分

$$\int R(x, \sqrt{ax^2 + bx + c})dx$$

成为有理函数的积分了. 积分后的结果应以 $t = \dfrac{\sqrt{ax^2 + bx + c}}{x - \lambda}$ 代入之.

以上三种替换都是瑞士数学家 Euler 提出的, 它们分别称为第一, 第二和第三种 Euler 替换.

例 6.6.2　为了计算积分

$$\int \frac{dx}{\sqrt{x^2 \pm a^2}},$$

作第一种 Euler 替换

$$\sqrt{x^2 \pm a^2} = t - x,$$

有

$$x = -\frac{\pm a^2 - t^2}{2t}, \quad dx = \frac{\pm a^2 + t^2}{2t^2}dt.$$

故

$$\int \frac{dx}{\sqrt{x^2 \pm a^2}} = \int \frac{dt}{t} = \ln|t| + C = \ln|\sqrt{x^2 \pm a^2} + x| + C.$$

6.6.3 $R(\sin x, \cos x)$ 的积分

这类积分总可以用替换 $t = \tan(x/2)$ 把它变成有理函数的积分. 这时

$$\sin x = \frac{2\tan(x/2)}{1 + \tan^2(x/2)} = \frac{2t}{1 + t^2},$$

$$\cos x = \frac{1 - \tan^2(x/2)}{1 + \tan^2(x/2)} = \frac{1 - t^2}{1 + t^2},$$

$$dx = \frac{2dt}{1 + t^2}.$$

故

$$R(\sin x, \cos x)dx = R\left(\frac{2t}{1 + t^2}, \frac{1 - t^2}{1 + t^2}\right)\frac{2dt}{1 + t^2}.$$

例 6.6.3 为了计算在开区间 $(0, \pi)$ 上的不定积分

$$\int \frac{dx}{\sin x},$$

作替换 $t = \tan(x/2)$. 注意到 $x \in (0, \pi) \Longrightarrow t > 0$, 我们有

$$\int \frac{dx}{\sin x} = \int \frac{1 + t^2}{2t}\frac{2dt}{1 + t^2} = \int \frac{dt}{t} = \ln t + C = \ln\tan\frac{x}{2} + C.$$

注 在开区间 $(\pi, 2\pi)$ 上的不定积分

$$\int \frac{dx}{\sin x} = \ln\left(-\tan\frac{x}{2}\right) + C.$$

虽然替换 $t = \tan(x/2)$ 总可以把 $R(\sin x, \cos x)$ 的积分变成有理函数的积分. 但以下三种情形的 $R(\sin x, \cos x)$ 的积分可以用更简单的替换算出积分:

(i) 若 R 满足关系式 $R(-u, v) = -R(u, v)$, 则有另一个二元有理函数 R_1, 使得

$$R(u, v) = R_1(u^2, v)u.$$

这时

$$R(\sin x, \cos x)dx = R_1(\sin^2 x, \cos x) \sin x dx$$
$$= -R_1(1 - \cos^2 x, \cos x)d\cos x.$$

所以替换 $t = \cos x$ 就可以把积分化成有理函数的积分了.

(ii) 若 R 满足关系式 $R(u, -v) = -R(u, v)$, 则有另一个二元有理函数 R_2, 使得

$$R(u, v) = R_2(u, v^2)v.$$

这时

$$R(\sin x, \cos x)dx = R_2(\sin x, \cos^2 x) \cos x dx$$
$$= R_2(\sin x, \cos^2 x)d\sin x = R_2(\sin x, 1 - \sin^2 x)d\sin x.$$

所以替换 $t = \sin x$ 就可以把积分化成有理函数的积分了.

(iii) 若 R 满足关系式 $R(-u, -v) = R(u, v)$, 则有另一个二元有理函数 R_3, 使得

$$R(u, v) = R_3\left(\frac{u}{v}, v^2\right).$$

这时, 作替换 $t = \tan x$ 后, 便有

$$R(\sin x, \cos x)dx = R_3(\tan x, \cos^2 x)dx$$
$$= R_3\left(\tan x, \frac{1}{1 + \tan^2 x}\right)dx = R_3\left(t, \frac{1}{1 + t^2}\right)\frac{dt}{1 + t^2}.$$

这样就可以把积分化成有理函数的积分了.

注   任何二元有理函数 $R(u, v)$ 都可表示成以上三种形式的有理函数之和:

$$R(u,v) = \frac{R(u,v) - R(-u,v)}{2} + \frac{R(-u,v) - R(-u,-v)}{2}$$
$$+ \frac{R(-u,-v) + R(u,v)}{2}.$$

练 习

6.6.1 计算以下不定积分:

(1) $\displaystyle\int \frac{dx}{1 + \sqrt{1+x}}$;   (2) $\displaystyle\int \frac{dx}{x + \sqrt{x^2 - x + 1}}$;   (3) $\displaystyle\int \frac{dx}{a + b\tan x}$;

(4) $\displaystyle\frac{1}{2} \int \frac{1 - r^2}{1 - 2r\cos x + r^2} dx \ (0 < r < 1, -\pi < x < \pi)$;

(5) $\displaystyle\int \frac{dx}{a + b\cos x} \ (|a| \neq |b|, -\pi < x < \pi)$;

(6) $\displaystyle\int \frac{dx}{a + b\cos x + c\sin x}$;   (7) $\displaystyle\int \frac{e^x - 1}{e^x + 1} dx$;   (8) $\displaystyle\int \frac{dx}{\sqrt{x}(1 + \sqrt[3]{x})}$;

(9) $\displaystyle\int \sqrt{a^2 - x^2} dx \ (|x| \leqslant a)$.

§6.7 反 常 积 分

在数学或物理问题中, 有时我们会遇到不属于我们上面定义过的积分范畴内的定积分, 例如:

$$\int_{-\infty}^{\infty} e^{-x^2} dx \tag{6.7.1}$$

或

$$\int_0^1 \frac{1}{\sqrt{x}} dx. \tag{6.7.2}$$

积分 (6.7.1) 的积分区间是无限区间, 积分 (6.7.2) 的被积函数在积分区间内是无界的, 这样的积分都已超出了我们已经定义过的积分的范畴, 常被称为**瑕积分**(或称为**反常积分**). 这种积分在数学或物理问题中经常出现, 它的重要性丝毫不亚于已经定义的那种积分, 我们有必要专辟一节对它们进行研究.

定义 6.7.1 设函数 $f : [a, \infty) \to \mathbf{R}$ 对于任何 $b > a$ 在 $[a, b]$ 上是可积的, 若极限

$$L = \lim_{b \to \infty} \int_a^b f(t) dt$$

存在且有限, 则称**反常积分**

$$\int_a^\infty f(t)dt$$

收敛, 并记

$$\int_a^\infty f(t)dt = L = \lim_{b \to \infty} \int_a^b f(t)dt. \tag{6.7.3}$$

若上述极限不存在或极限等于 $\pm\infty$, 则称**反常积分发散**.

定义 6.7.2　设 $f:(a,b) \to \mathbf{R}$ 对于任何 $c \in (a,b)$ 在 $[c,b]$ 上是可积的, 而 f 在 a 的任何小邻域内是无界的, 若极限

$$L = \lim_{c \to a+0} \int_c^b f(t)dt$$

存在且有限, 则称**反常积分**

$$\int_a^b f(t)dt$$

收敛, 并记

$$\int_a^b f(t)dt = L = \lim_{c \to a+0} \int_c^b f(t)dt. \tag{6.7.4}$$

若上述极限不存在或极限等于 $\pm\infty$, 则称**反常积分发散**.

定义 6.7.1 和定义 6.7.2 给出的反常积分是反常积分的两种典型. 以下的两种反常积分可以相似地进行处理. 给定了 $b \in \mathbf{R}$. 设函数 f 对一切 $a < b$ 在 $[a,b]$ 上可积, 考虑反常积分:

$$\int_{-\infty}^b f(t)dt = \lim_{a \to -\infty} \int_a^b f(t)dt.$$

另外, 给定了 $a,\, b \in \mathbf{R}$. 设函数 f 对一切 $c \in [a,b)$ 在 $[a,c]$ 上可积, 考虑反常积分:

$$\int_a^b f(t)dt = \lim_{c \to b-0} \int_a^c f(t)dt.$$

应该注意, 有时我们会遇到上述这四种反常积分之外的积分. 但它们往往可以通过上述这四种反常积分表示出来. 例如 (6.7.1) 中的积分便是这四种反常积分之外的积分, 但它可以写成如下形式:

$$\int_{-\infty}^{\infty} e^{-x^2} dx = \int_{-\infty}^{0} e^{-x^2} dx + \int_{0}^{\infty} e^{-x^2} dx,$$

其中右端第二项是定义 6.7.1 中的反常积分, 右端第一项可以像定义 6.7.1 中的反常积分类似地定义. 又如积分

$$\int_{0}^{\infty} t^{x-1} e^{-t} dt,$$

其中 $0 < x < 1$, 可以看成

$$\int_{0}^{\infty} t^{x-1} e^{-t} dt = \int_{0}^{1} t^{x-1} e^{-t} dt + \int_{1}^{\infty} t^{x-1} e^{-t} dt,$$

上式右端第二项是定义 6.7.1 中的反常积分, 右端第一项是定义 6.7.2 中的反常积分.

例 6.7.1 积分

$$\int_{0}^{1} x^p dx$$

当 $p \geqslant 0$ 时是可积的; 当 $p < 0$ 时, 它是不可积的, 因为这时被积函数在 $[0,1]$ 上无界. 但作为反常积分, 当 $p > -1$ 时它收敛; 当 $p \leqslant -1$ 时它发散. 这是因为当 $p \neq -1$ 时, 有

$$\lim_{\delta \to 0} \int_{\delta}^{1} x^p dx = \lim_{\delta \to 0} \frac{1 - \delta^{p+1}}{p+1} = \begin{cases} 1/(p+1), & \text{若} p > -1, \\ +\infty, & \text{若} p < -1. \end{cases}$$

而当 $p = -1$ 时, 有

$$\lim_{\delta \to 0} \int_{\delta}^{1} x^{-1} dx = \lim_{\delta \to 0} (\ln 1 - \ln \delta) = +\infty.$$

例 6.7.2 积分

$$\int_{1}^{\infty} x^p dx$$

作为反常积分, 当 $p < -1$ 时它收敛; 当 $p \geqslant -1$ 时它发散. 这是因为 $p \neq -1$ 时, 有

$$\lim_{\delta \to \infty} \int_{1}^{\delta} x^p dx = \lim_{\delta \to \infty} \frac{\delta^{p+1} - 1}{p+1} = \begin{cases} -1/(p+1), & \text{若} p < -1, \\ +\infty, & \text{若} p > -1. \end{cases}$$

而当 $p = -1$ 时, 有

$$\lim_{\delta \to \infty} \int_1^{\delta} x^{-1} dx = \lim_{\delta \to \infty} (\ln \delta - \ln 1) = +\infty.$$

下面我们讨论反常积分的性质. 积分区间无限与被积函数无界的两种反常积分的性质相仿, 我们只讨论积分区间无限的反常积分的性质. 被积函数无界的反常积分的相应性质留给同学自己去补出. 同学也容易发现, 反常积分的许多命题在级数理论中有相应的命题, 且证法雷同.

命题 6.7.1　设 f 和 g 是定义在区间 $[a, \infty)$ 上的实值函数, 对于任何 $b > a$, f 和 g 在 $[a, b]$ 上可积, 且反常积分 $\int_a^{\infty} f(x)dx$ 和 $\int_a^{\infty} g(x)dx$ 皆收敛, 则对于任何 $A, B \in \mathbf{R}$, 反常积分 $\int_a^{\infty} (Af(x) + Bg(x))dx$ 收敛, 且

$$\int_a^{\infty} (Af(x) + Bg(x))dx = A \int_a^{\infty} f(x)dx + B \int_a^{\infty} g(x)dx.$$

证　这是定义 6.7.1 和命题 6.2.4 的直接推论.　□

命题 6.7.2　设 f 是定义在区间 $[a, \infty)$ 上的非负实值函数, 对于任何 $b > a$, f 在 $[a, b]$ 上可积, 则反常积分 $\int_a^{\infty} f(x)dx$ 或收敛, 或

$$\lim_{b \to \infty} \int_a^b f(x)dx = +\infty,$$

在后一种情形, 积分被称为发散于无穷大, 常记做

$$\int_a^{\infty} f(x)dx = +\infty.$$

证　在 f 取非负值时, 函数

$$F(x) = \int_a^x f(t)dt$$

是不减的, 因而 $x \to \infty$ 时, F 或趋于有限极限, 或趋于无穷大.　□

命题 6.7.3　设 f 是定义在区间 $[a, \infty)$ 上的实值函数, 对于任何

$b > a$, f 在 $[a,b]$ 上可积, 则反常积分 $\int_a^\infty f(x)dx$ 收敛的充分必要条件是

$$\forall \varepsilon > 0 \exists K \in \mathbf{R} \forall \alpha > K \forall \beta > \alpha \left(\left| \int_\alpha^\beta f(x)dx \right| \leqslant \varepsilon \right).$$

证 这是函数极限的 Cauchy 收敛判别准则 (定理 3.6.5′) 的推论. □

推论 6.7.1 设 f 和 g 是定义在 $[a,\infty)$ 上的实值函数, 对于任何 $b > a$, 它们在 $[a,b]$ 上可积, 而且对于任何 $x \geqslant a$, 有 $|f(x)| \leqslant g(x)$, 则

$$\int_a^\infty g(x)dx \text{ 收敛} \Longrightarrow \int_a^\infty f(x)dx \text{ 收敛}.$$

证 因为

$$\forall \alpha \in [a,\infty) \forall \beta \in (\alpha,\infty) \left(\int_\alpha^\beta |f(x)|dx \leqslant \int_\alpha^\beta g(x)dx \right),$$

由此可知, 推论 6.7.1 是命题 6.7.3 的直接推论. □

例 6.7.3 我们已经遇到过的反常积分

$$\Gamma(x) = \int_0^\infty t^{x-1}\mathrm{e}^{-t}dt$$

在 $x > 0$ 时收敛. 这是因为

$$\int_0^\infty t^{x-1}\mathrm{e}^{-t}dt = \int_0^1 t^{x-1}\mathrm{e}^{-t}dt + \int_1^\infty t^{x-1}\mathrm{e}^{-t}dt,$$

右端第一项的被积函数在 $t = 0$ 附近 (当 $x < 1$ 时) 无界, 但因 $t \geqslant 0$ 时,

$$|t^{x-1}\mathrm{e}^{-t}| \leqslant t^{x-1},$$

而反常积分

$$\int_0^1 t^{x-1}dt$$

在 $x > 0$ 时是收敛的, 由推论 6.7.1, 反常积分

$$\int_0^1 t^{x-1}\mathrm{e}^{-t}dt$$

在 $x > 0$ 时收敛. 又因 $t \to \infty$ 时, $t^{x-1}e^{-t/2} \to 0$, 所以, 当 t 充分大时,

$$|t^{x-1}e^{-t}| \leqslant |t^{x-1}e^{-t/2}|e^{-t/2} \leqslant e^{-t/2}.$$

而

$$\lim_{b \to \infty} \int_1^b e^{-t/2}dt = \lim_{b \to \infty}\left[-2e^{-t/2}\right]_1^b = 2e^{-1/2},$$

所以反常积分

$$\int_1^\infty t^{x-1}e^{-t}dt$$

收敛. 这个反常积分定义了一个 (自变量为 x 的) 函数 $\Gamma(x)$, 称为 **Γ函数**(也称**第二类型 Euler 积分**). 它是我们遇到的初等函数以外的第一个函数. Γ 函数是瑞士数学家 Euler 首先加以认真研究的.

注 Γ 是个大写的希腊字母, 读做 gamma.

由反常积分的定义和积分的分部积分公式和换元公式, 我们有

命题 6.7.4(反常积分的分部积分公式)   设函数 F 和 G 分别是函数 f 和 g 在区间 $[a,\infty)$ 上的原函数, 又设 $\int_a^\infty fGdx$ 在 $[a,\infty)$ 上收敛, 对于任何 $b > a$, gF 在 $[a,b]$ 上可积, 且极限 $\lim\limits_{b \to \infty} F(b)G(b) = F(\infty)G(\infty)$ 存在, 则积分 $\int_a^\infty g(x)F(x)dx$ 存在, 且

$$\int_a^\infty g(x)F(x)dx = F(\infty)G(\infty) - F(a)G(a) - \int_a^\infty f(x)G(x)dx. \quad (6.7.5)$$

证   让定积分的分部积分公式

$$\int_a^b g(x)F(x)dx = F(b)G(b) - F(a)G(a) - \int_a^b f(x)G(x)dx$$

中的 $b \to \infty$, 便得 (6.7.5).   □

命题 6.7.5(反常积分的换元公式)   设 $\phi : [\alpha,\infty) \to I$ 是可微的, 且导数 ϕ' 在 $[\alpha,\infty)$ 上连续, $f : I \to \mathbf{R}$ 在 I 上连续, $\phi(\infty) = \lim\limits_{\beta \to \infty} \phi(\beta)$ 存在, 且下式右端的反常积分收敛, 则下式左端的积分或反常积分也收敛, 且

$$\int_{\phi(\alpha)}^{\phi(\infty)} f(x)dx = \int_\alpha^\infty f \circ \phi(u) \cdot \phi'(u)du. \quad (6.7.6)$$

证 在定积分的换元公式

$$\int_\alpha^\beta f \circ \phi(u) \cdot \phi'(u)du = \int_{\phi(\alpha)}^{\phi(\beta)} f(x)dx$$

中, 让 $\beta \to \infty$ 便得 (6.7.6). $\qquad\square$

例 6.7.4 设 $x > 0$, 由例 6.7.3 和反常积分的分部积分公式,

$$\Gamma(x+1) = \int_0^\infty t^x e^{-t}dt$$
$$= -t^x e^{-t}\Big|_0^\infty + \int_0^\infty xt^{x-1}e^{-t}dt = x\Gamma(x). \qquad (6.7.7)$$

这是 Γ 函数的一条重要性质. 又因

$$\Gamma(1) = \int_0^\infty e^{-t}dt = -e^{-t}\Big|_0^\infty = 1,$$

用数学归纳原理, 由 (6.7.7), 我们有: 对于任何自然数 n,

$$\Gamma(n) = (n-1)!. \qquad (6.7.8)$$

Γ 函数是只定义在离散的自然数集 **N** 上的阶乘函数 $(n-1)!$ 在 $(0,\infty)$ 上的的连续 (将来可以证明, 是可微) 的延拓.

推论 6.7.1 告诉我们, 一个对于任何 $b > a$, 在 $[a,b]$ 上可积的函数 f 有

$$\int_a^\infty |f(x)|dx \text{ 收敛} \Longrightarrow \int_a^\infty f(x)dx \text{ 收敛}.$$

但逆命题并不成立. 下例可以说明这一点.

例 6.7.5 设

$$f(x) = \begin{cases} \dfrac{\sin x}{x}, & \text{当} x > 0, \\ 1, & \text{当} x = 0, \end{cases}$$

今考虑积分 $\int_0^\infty f(x)dx$ 的敛散性.

注意到 f 在 $x = 0$ 处连续, 积分 $\int_0^1 f(x)dx$ 收敛, 因此只须研究积分 $\int_1^\infty f(x)dx$ 的敛散性. 对于任何 $R > 1$, 我们有

$$\int_1^R f(x)dx = \int_1^R \frac{\sin x}{x}dx = \cos 1 - \frac{\cos R}{R} - \int_1^R \frac{\cos x}{x^2}dx.$$

因

$$\lim_{R \to \infty}\left(\cos 1 - \frac{\cos R}{R}\right) = \cos 1,$$

又

$$\forall x > 1\left(\left|\frac{\cos x}{x^2}\right| \leqslant \frac{1}{x^2}\right),$$

且反常积分 $\int_1^\infty \frac{1}{x^2}dx$ 收敛, 故反常积分 $\int_1^\infty \frac{\sin x}{x}dx$ 收敛.

另一方面, 积分 $\int_1^\infty \left|\frac{\sin x}{x}\right|dx$ 发散. 这是因为

$$\int_\pi^{(n+1)\pi} \frac{|\sin x|}{x}dx = \sum_{k=1}^n \int_{k\pi}^{(k+1)\pi} \frac{|\sin x|}{x}dx$$

$$\geqslant \sum_{k=1}^n \frac{1}{(k+1)\pi}\int_{k\pi}^{(k+1)\pi}|\sin x|dx = \sum_{k=1}^n \frac{2}{(k+1)\pi}.$$

当 $n \to \infty$ 时, 右端趋于无穷大, 故积分 $\int_1^\infty \left|\frac{\sin x}{x}\right|dx$ 发散.

关于非绝对收敛反常积分的敛散性的判别问题将在习题中研究.

练   习

6.7.1 试证以下的 **Dirichlet判别法**: 设 f 和 g 是定义在区间 $[a, \infty)$ 上的实值函数, 它们在任何有界闭区间 $[a, b]$ 上可积. 若

$$\exists M \in \mathbf{R}\forall b \in [a, \infty)\left(\left|\int_a^b g(x)dx\right| \leqslant M\right),$$

又 f 单调且

$$\lim_{x \to \infty} f(x) = 0,$$

则反常积分

$$\int_a^\infty f(x)g(x)dx$$

收敛.

6.7.2 **试证以下的 Abel判别法**: 设 f 和 g 是定义在区间 $[a, \infty)$ 上的实值函数, 它们在任何有界闭区间 $[a, b]$ 上可积. 若积分

$$\int_a^\infty g(x)dx$$

收敛, 又 f 单调且有界:

$$\exists L \in \mathbf{R} \forall x \in [a, \infty)(|f(x)| \leqslant L),$$

则积分

$$\int_a^\infty f(x)g(x)dx$$

收敛.

为了以后讨论带参数的反常积分性质的需要, 我们先引进一个概念:

定义 6.7.3 设 $f: [a, \infty) \times [c, d) \to \mathbf{R}$, $f: (x, \alpha) \mapsto f(x, \alpha)$ 是 $[a, \infty) \times [c, d)$ 上的二元连续函数, 其中 $[a, \infty)$ 和 $[c, d)$ 是右开左闭区间. 又设反常积分

$$\int_a^\infty f(x, \alpha)dx$$

收敛. 我们称这个 (带参数 α 的) 反常积分关于 $\alpha \in [c, d)$ 是一致收敛的, 假若以下条件成立:

$$\forall \varepsilon > 0 \exists R > a \forall z \geqslant R \forall \alpha \in [c, d)\left(\left|\int_z^\infty f(x, \alpha)dx\right| < \varepsilon\right);$$

带参数的反常积分一致收敛的概念与函数级数一致收敛的概念十分相似. 关于函数级数一致收敛的许多定理与命题都可以搬到带参数反常积分的一致收敛上来. 往往证明的思路都可平行地搬移. 例如, 我们有以下的命题:

命题 6.7.6 设 $f: [a, \infty) \times [c, d) \to \mathbf{R}$, $f: (x, \alpha) \mapsto f(x, \alpha)$ 是 $[a, \infty) \times [c, d)$ 上的二元连续函数, 其中 $[a, \infty)$ 和 $[c, d)$ 是右开左闭区间. 假设有一个函数 $\varphi: [a, \infty) \to \mathbf{R}$, 使得 φ 在 $[a, \infty)$ 上的反常积分 $\int_a^\infty \varphi(x)dx$ 收敛, 且

$$\forall (x, \alpha) \in [a, \infty) \times [c, d)\Big(|f(x, \alpha)| \leqslant \varphi(x)\Big),$$

则积分 $\int_a^\infty f(x, \alpha)dx$ 关于 $\alpha \in [c, d)$ 一致收敛.

这个命题是 Weierstrass 优势级数判别法在带参数反常积分上的模拟. $\varphi(x)$ 常称为 $f(x, \alpha)$ 的**优势函数**.

6.7.3 假若以下三个条件得以满足:

(i) 反常积分

$$\int_a^\infty f(x, \alpha)dx$$

关于 $\alpha \in [c, d)$ 是一致收敛的;

(ii) 极限 $\lim\limits_{\alpha\to d-0} f(x,\alpha) = g(x)$ 在 x 的任何有界区间 $[a,b]$(对一切 $b\in[a,\infty)$) 上是一致收敛的;

(iii) g 在 $[a,\infty)$ 上的反常积分收敛.

试证:

$$\int_a^\infty g(x)dx = \lim_{\alpha\to d-0}\int_a^\infty f(x,\alpha)dx.$$

6.7.4 设 $f:[a,\infty)\times(\alpha-\varepsilon,\alpha+\varepsilon)\to\mathbf{R}$, $f:(x,\delta)\mapsto f(x,\delta)$ 是 $[a,\infty)\times(\alpha-\varepsilon,\alpha+\varepsilon)$ 上的二元连续函数, 其中 $\varepsilon>0$, $[a,\infty)$ 是左闭右无界区间. 又设

(i) 当 $x\in[a,\infty)$ 固定时, $f(x,\delta)$ 作为 δ 的函数在 $(\alpha-\varepsilon,\alpha+\varepsilon)$ 上是可微的. 为了方便, 我们约定: 在任何点 $\delta\in(\alpha-\varepsilon,\alpha+\varepsilon)$ 处, $f(x,\delta)$ 关于第二个变量 δ 的导数 (又称 $f(x,\delta)$ 关于 δ 的偏导数) 记做 $f_2'(x,\delta)$, 后者作为 (x,δ) 的二元函数在 $[a,\infty)\times(\alpha-\varepsilon,\alpha+\varepsilon)$ 上连续;

(ii) 反常积分

$$\int_a^\infty f_2'(x,\delta)dx$$

关于 $\delta\in(\alpha-\varepsilon,\alpha+\varepsilon)$ 是一致收敛的;

(iii) 对一切 $\delta\in(\alpha-\varepsilon,\alpha+\varepsilon)$, 反常积分

$$g(\delta)\equiv\int_a^\infty f(x,\delta)dx$$

收敛.

在以上假设下, $g(\delta)$ 在 $(\alpha-\varepsilon,\alpha+\varepsilon)$ 上可微, 它的导数由以下公式表示:

$$g'(\delta)=\int_a^\infty f_2'(x,\delta)dx.$$

6.7.5 (i) 设 $f:[a,\infty)\times[c,d]\to\mathbf{R}$ 在 $[a,\infty)\times[c,d]$ 上是二元连续函数, 且反常积分

$$\int_a^\infty f(x,\alpha)dx$$

关于 $\alpha\in[c,d]$ 是一致收敛的, 则

$$\int_c^d d\alpha\int_a^\infty f(x,\alpha)dx = \int_a^\infty dx\int_c^d f(x,\alpha)d\alpha.$$

(ii) 设 $f:[a,\infty)\times[c,\infty)\to\mathbf{R}$ 在 $[a,\infty)\times[c,\infty)$ 上是二元连续函数. 又设对于任何 $A\geqslant\max(a,c)$, 反常积分

$$\int_a^\infty f(x,\alpha)dx \text{ 和 } \int_c^\infty f(x,\alpha)d\alpha$$

分别关于 $\alpha\in[c,A]$ 和 $x\in[a,A]$ 是一致收敛的. 最后还假设以下两个积分中至少有一个是有限的:

$$\int_c^\infty d\alpha \int_a^\infty |f(x,\alpha)|dx \text{ 和 } \int_a^\infty dx \int_c^\infty |f(x,\alpha)|d\alpha.$$

在以上假设下, 我们有

$$\int_c^\infty d\alpha \int_a^\infty f(x,\alpha)dx = \int_a^\infty dx \int_c^\infty f(x,\alpha)d\alpha.$$

注 在第 10 章建立了更一般的积分理论后,§6.2 的练习 6.2.2— 练习 6.2.6 及本节的练习 6.7.3— 练习 6.7.5 的结论可以在更弱的条件下加以证明. 我们在这里介绍这些题, 是为了下面的题中马上要用到它们, 也为了让同学熟悉一致收敛的概念, 并为将来与更一般的积分理论中的相应结果进行比较作准备.

6.7.6 设 $f : [a,\infty) \times [c,d] \to \mathbf{R}$ 是 $[a,\infty) \times [c,d]$ 上的二元连续函数, 并设 f 满足以下三条件:

(i) 反常积分

$$\int_0^\infty f(x,\alpha)dx$$

关于 $\alpha \in [c,d]$ 一致收敛;

(ii) 函数 $g(x,\alpha)$ 是 x 的单调函数;

(iii) $\exists L \in \mathbf{R} \forall (x,\alpha) \in [a,\infty) \times [c,d](|g(x,\alpha)| \leqslant L)$.

试证: 反常积分

$$\int_0^\infty f(x,\alpha)g(x,\alpha)dx$$

关于 $\alpha \in [c,d]$ 一致收敛.

注 这是 Abel 型的关于带参数反常积分一致收敛的充分条件. 我们还可以建立 Dirichlet 型的关于带参数反常积分一致收敛的充分条件. 细节留给同学自己去完成了.

6.7.7 我们想计算以下的反常积分

$$J = \int_0^\infty \mathrm{e}^{-x^2}dx.$$

试证:

(i) 对于任何 $u > 0$, 我们有

$$J = u \int_0^\infty \mathrm{e}^{-u^2t^2}dt;$$

(ii) $J^2 = \int_0^\infty du \left[\mathrm{e}^{-u^2} u \int_0^\infty \mathrm{e}^{-u^2t^2}dt \right];$

(iii) $J^2 = \int_0^\infty dt \left[\int_0^\infty \mathrm{e}^{-(1+t^2)u^2}udu \right] = \dfrac{\pi}{4};$

(iv) $J = \dfrac{\sqrt{\pi}}{2}.$

注 (iv) 中的积分 $J = \int_0^\infty e^{-x^2} dx$ 常称为 **Euler-Poisson积分**, 有时也称为 **Gauss误差积分**. 它在概率论和调和分析等数学分支中有用.

(v) $\int_{-\infty}^\infty e^{-a^2 x^2 - 2bx} dx = \dfrac{\sqrt{\pi}}{a} e^{b^2/a^2}$.

6.7.8 试证:

(i) $\Gamma\left(\dfrac{1}{2}\right) = \int_0^\infty \dfrac{e^{-t}}{\sqrt{t}} dt = \sqrt{\pi}$;

(ii) $\forall n \in (\mathbf{N} \cup \{0\})\left(\Gamma\left(n + \dfrac{1}{2}\right) = \left(n - \dfrac{1}{2}\right)\left(n - \dfrac{3}{2}\right) \cdots \dfrac{1}{2}\sqrt{\pi} = \dfrac{(2n-1)!!}{2^n}\sqrt{\pi}\right)$.

6.7.9 设 f 是区间 $[1, \infty)$ 上的单调不增的函数, 且 $\lim\limits_{x \to \infty} f(x) = 0$. 试证:

(i) 以下的级数与反常积分或同时收敛, 或同时发散:

$$\sum_{n=1}^\infty f(n) \quad \text{和} \quad \int_1^\infty f(x) dx;$$

(ii) 级数 $\sum\limits_{n=1}^\infty \dfrac{1}{n^p}$ 在 $p > 1$ 时收敛, $p \leqslant 1$ 时发散;

(iii) 级数 $\sum\limits_{n=2}^\infty \dfrac{1}{n \cdot (\ln n)^{1+\sigma}}$ 收敛, 其中, $\sigma > 0$;

(iv) 级数 $\sum\limits_{n=3}^\infty \dfrac{1}{n \cdot \ln n \cdot \ln\ln n}$ 发散.

(v) 级数 $\sum\limits_{n=3}^\infty \dfrac{1}{n \cdot \ln n \cdot (\ln\ln n)^{1+\sigma}}$ 收敛, 其中, $\sigma > 0$.

注 1 (i) 中通过积分的敛散性判断级数的敛散性的检验法称为 **Cauchy积分检验法**.

注 2 请与 §3.3 中练习 3.3.2(iii) 的**凝聚检验法**比较, 它们常常可以交替使用.

6.7.10 试证:

(i) $\int_0^1 (1 - x^2)^n dx = \dfrac{(2n)!!}{(2n+1)!!}$;

(ii) $\int_0^\infty \dfrac{dx}{(1 + x^2)^n} = \dfrac{(2n-3)!!}{(2n-2)!!} \dfrac{\pi}{2}$;

(iii) $\forall t \neq 0((1 + t)e^{-t} < 1)$;

(iv) $\forall x \neq 0(\max\{1 - x^2, 0\} < e^{-x^2} < (1 + x^2)^{-1})$;

(v) 反常积分 $\int_0^\infty e^{-x^2} dx$ 收敛;

(vi) $\dfrac{(2n)!!}{(2n+1)!!} < \int_0^\infty e^{-nx^2} dx < \dfrac{(2n-3)!!}{(2n-2)!!} \dfrac{\pi}{2}$;

(vii) $\sqrt{n}\dfrac{(2n)!!}{(2n+1)!!} < \displaystyle\int_0^\infty e^{-x^2}dx < \sqrt{n}\dfrac{(2n-3)!!}{(2n-2)!!}\dfrac{\pi}{2}$;

(viii) $\displaystyle\int_0^\infty e^{-x^2}dx = \dfrac{\sqrt{\pi}}{2}$.

注 (viii) 中的积分就是练习 6.7.7(iv) 中的 **Euler-Poisson积分**, 有时也称为 **Gauss误差积分**.

6.7.11 设 $x > 0$. (i) 试证:

$$\int_0^\infty \frac{e^{-xt}}{1+t}dt = \sum_{k=0}^n u_k(x) + R_n(x),$$

其中

$$u_k(x) = \frac{(-1)^k k!}{x^{k+1}}, \quad k = 0, \cdots, n,$$

$$R_n(x) = \frac{(-1)^{n+1}(n+1)!}{x^{n+1}}\int_0^\infty \frac{e^{-xt}}{(1+t)^{n+2}}dt;$$

(ii) 试证:

$$\lim_{k\to\infty}\left|\frac{u_{k+1}(x)}{u_k(x)}\right| = \infty;$$

(iii) 试证:

$$\lim_{x\to\infty}\frac{u_{k+1}(x)}{u_k(x)} = 0;$$

(iv) 试证:

$$\frac{(n+1)!e^{-x}}{2^{n+2}x^{n+1}} \leqslant |R_n(x)| \leqslant \frac{(n+1)!}{x^{n+2}};$$

(v) 试证:

$$\lim_{n\to\infty}R_n(x) = \infty;$$

(vi) 试证:

$$\lim_{x\to\infty}R_n(x) = 0.$$

注 具有性质 (ii), (iii), (v) 和 (vi) 的展开 (i) 称为积分 $\displaystyle\int_0^\infty \frac{e^{-xt}}{1+t}dt$ 的**渐近展开式**. 它的主要特点是: 虽然 $n\to\infty$ 时余项趋于无穷大, 但当 n 固定而 $x\to\infty$ 时, 余项趋于零. 因此, 只要 x 充分大, 渐近展开式 (i) 是计算积分 $\displaystyle\int_0^\infty \frac{e^{-xt}}{1+t}dt$ 的很好的近似公式, 而且只须取很少几项 (常常是 2,3,4,5 项) 就得到误差很小的近似公式. 例如,

$$\int_0^\infty \frac{e^{-10t}}{1+t}dt = 0.09156\cdots, \quad \sum_{k=0}^3 u_k(10) = 0.0914\cdots.$$

(vii) 设 $x > 0$. 试用 §6.4 的练习 6.4.2 的 (i) 中 Darboux 推广的分部积分公式去求以下积分的渐近展开式:

$$\int_0^\infty \frac{e^{ixt}}{1+t} dt.$$

6.7.12　设 $a \in (0,1)$. 试证:

(i) 对于任何 $x \in (0,1)$, 我们有

$$\frac{x^{a-1}}{1+x} = \sum_{\nu=0}^\infty (-1)^\nu x^{a+\nu-1}.$$

对于任何 $\varepsilon > 0$, 上式右端作为 x 的函数级数在闭区间 $[0, 1-\varepsilon]$ 上一致收敛.

(ii) 当 $x \in [0,1]$ 时, (i) 中级数的部分和满足以下不等式:

$$0 \leqslant \sum_{\nu=0}^n (-1)^\nu x^{a+\nu-1} < x^{a-1}.$$

右端的函数 x^{a-1} 在 $[0,1]$ 上的反常积分收敛.

(iii) $\displaystyle\int_0^1 \frac{x^{a-1}}{1+x} dx = \sum_{\nu=0}^\infty \frac{(-1)^\nu}{a+\nu}.$

(iv) $\displaystyle\int_1^\infty \frac{x^{a-1}}{1+x} \mathrm{d}x = \int_0^1 \frac{x^{(1-a)-1}}{1+x} \mathrm{d}x.$

(v) $\displaystyle\int_1^\infty \frac{x^{a-1}}{1+x} dx = \sum_{\nu=1}^\infty \frac{(-1)^\nu}{a-\nu}.$

(vi) $\displaystyle\int_0^\infty \frac{x^{a-1}}{1+x} dx = \frac{1}{a} + \sum_{\nu=1}^\infty (-1)^\nu \left(\frac{1}{a+\nu} + \frac{1}{a-\nu} \right).$

(vii) 积分 $\displaystyle\int_0^\infty \frac{x^{\alpha-1}}{1+x} dx$ 收敛, 且 $\displaystyle\int_0^\infty \frac{x^{\alpha-1}}{1+x} dx = \frac{\pi}{\sin \pi\alpha}.$

§6.8　积分学在几何学、力学与物理学中的应用

6.8.1　定向区间的可加函数

定义 6.8.1　设 $[a,b]$ 是有界闭区间, $\mathcal{I} : [a,b] \times [a,b] \to \mathbf{R}$ 是一个 $[a,b]$ 上的**定向区间的可加函数**, 即满足以下条件的函数:

$$\forall \alpha, \beta, \gamma \in [a,b] \big(\mathcal{I}(\alpha, \gamma) = \mathcal{I}(\alpha, \beta) + \mathcal{I}(\beta, \gamma) \big). \tag{6.8.1}$$

例 6.8.1　如下定义的 $\mathcal{I} : [a,b] \times [a,b] \to \mathbf{R}$ 是 $[a,b]$ 上的定向区间的可加函数:

$$\mathcal{I}(\alpha, \beta) = \int_\alpha^\beta f(x)dx,$$

其中 f 是 $[a, b]$ 上的 Riemann 可积函数.

按定向区间的可加函数 $\mathcal{I}$ 的定义, 对于任何 $\alpha \in [a, b]$, 有

$$\mathcal{I}(\alpha, \alpha) = \mathcal{I}(\alpha, \alpha) + \mathcal{I}(\alpha, \alpha),$$

故

$$\mathcal{I}(\alpha, \alpha) = 0.$$

相仿地, 有

$$\mathcal{I}(\alpha, \beta) = -\mathcal{I}(\beta, \alpha).$$

命题 6.8.1 设 $\mathcal{I}$ 是一个 $[a, b]$ 上的定向区间的可加函数, 且有 $[a, b]$ 上的实值 Riemann 可积函数 f, 使得

$$\forall [\alpha, \beta] \subset [a, b] \left(\inf_{\alpha \leqslant x \leqslant \beta} f(x)(\beta - \alpha) \leqslant \mathcal{I}(\alpha, \beta) \leqslant \sup_{\alpha \leqslant x \leqslant \beta} f(x)(\beta - \alpha) \right),$$
$$(6.8.2)$$

则

$$\mathcal{I}(a, b) = \int_a^b f(x)dx. \qquad (6.8.3)$$

证 因 f 在 $[a, b]$ 上可积, 对于任何 $\varepsilon > 0$, 总有一个分划

$$a = x_0 < x_1 < \cdots < x_n = b,$$

使得任何从属于这个分划的分点组 $\boldsymbol{\xi} = (\xi_1, \cdots, \xi_n)$, $\xi_j \in [x_{j-1}, x_j]$, 都有

$$\left| \int_a^b f(x)dx - \sum_{j=1}^n f(\xi_j)(x_j - x_{j-1}) \right| < \varepsilon. \qquad (6.8.4)$$

记 $\boldsymbol{\xi} = \{\xi_1, \cdots, \xi_n\}$. 因 (6.8.2), 有

$$\sup_{\boldsymbol{\xi}} \sum_{j=1}^n f(\xi_j)(x_j - x_{j-1}) = \sum_{j=1}^n \sup_{x_{j-1} \leqslant \xi_j \leqslant x_j} f(\xi_j)(x_j - x_{j-1})$$

$$\geqslant \sum_{j=1}^n \mathcal{I}(x_{j-1}, x_j) = \mathcal{I}(a, b) \qquad (6.8.5)$$

和

$$\inf_{\boldsymbol{\xi}} \sum_{j=1}^{n} f(\xi_j)(x_j - x_{j-1}) = \sum_{j=1}^{n} \inf_{x_{j-1} \leqslant \xi_j \leqslant x_j} f(\xi_j)(x_j - x_{j-1})$$

$$\leqslant \sum_{j=1}^{n} \mathcal{I}(x_{j-1}, x_j) = \mathcal{I}(a,b). \tag{6.8.6}$$

由 (6.8.4), 我们有

$$\sup_{\boldsymbol{\xi}} \sum_{j=1}^{n} f(\xi_j)(x_j - x_{j-1}) - \varepsilon \leqslant \int_a^b f(x)dx \leqslant \inf_{\boldsymbol{\xi}} \sum_{j=1}^{n} f(\xi_j)(x_j - x_{j-1}) + \varepsilon. \tag{6.8.7}$$

由 (6.8.5),(6.8.6) 和 (6.8.7), 有

$$\mathcal{I}(a,b) - \varepsilon \leqslant \int_a^b f(x)dx \leqslant \mathcal{I}(a,b) + \varepsilon.$$

换言之,

$$\left| \int_a^b f(x)dx - \mathcal{I}(a,b) \right| \leqslant \varepsilon. \tag{6.8.8}$$

因上式中的 ε 是任意的正数, (6.8.3) 得证. □

6.8.2 曲线的弧长

假设一个质点在三维 Euclid 空间 $\mathbf{R}^3$ 中运动, 它在时刻 t 的位置是 $(x(t), y(t), z(t))$. $[a,b] \to \mathbf{R}^3$ 的映射 $\boldsymbol{\gamma} : t \mapsto (x(t), y(t), z(t))$ 称为**曲线**(或称**道路**), t 称为曲线的参数, $[a,b]$ 称为参数 t(常称时间) 的活动区间. 点 $A = (x(a), y(a), z(a))$ 和点 $B = (x(b), y(b), z(b))$ 分别称为曲线的起点与终点. 若起点与终点重合, 则该曲线称为**封闭曲线**. 若对于任何 $t_1, t_2 \in [a,b)$, 有 $t_1 \neq t_2 \implies \boldsymbol{\gamma}(t_1) \neq \boldsymbol{\gamma}(t_2)$, 则称该曲线为**简单曲线**.

假设函数 $x(t), y(t)$ 和 $z(t)$ 是三个在 $[a,b]$ 上有连续导数的函数, 则以上曲线称为**(一次) 光滑曲线**. 对应于参数 t 的活动区间为 $[\alpha,\beta]$ 的**曲线弧长**$l(\alpha,\beta)$ 定义为 (定向) 时间区间 $[\alpha,\beta]$ 的可加函数, 且满足条件:

$$\inf_{\alpha \leqslant t \leqslant \beta} \sqrt{\left(\dot{x}(t)\right)^2 + \left(\dot{y}(t)\right)^2 + \left(\dot{z}(t)\right)^2}(\beta - \alpha) \leqslant l(\alpha, \beta)$$

$$\leqslant \sup_{\alpha \leqslant t \leqslant \beta} \sqrt{\left(\dot{x}(t)\right)^2 + \left(\dot{y}(t)\right)^2 + \left(\dot{z}(t)\right)^2}(\beta - \alpha). \tag{6.8.9}$$

(这里我们沿用物理学文献中的习惯, 当函数 f 的自变量是 t 时, f 关于 t 的导数常用 f 上打一点表示: $\dot{f}(t) = f'(t)$.) 由命题 6.8.1, 我们有以下的关于三维**曲线弧长**的公式:

$$l(a, b) = \int_a^b \sqrt{\left(\dot{x}(t)\right)^2 + \left(\dot{y}(t)\right)^2 + \left(\dot{z}(t)\right)^2} dt. \tag{6.8.10}$$

平面曲线 ($z(t) \equiv 0$ 的曲线) 弧长的公式是

$$l(a, b) = \int_a^b \sqrt{\left(\dot{x}(t)\right)^2 + \left(\dot{y}(t)\right)^2} dt. \tag{6.8.11}$$

命题 6.8.2 设 $[a, b] \to \mathbf{R}^3$ 的映射 $\boldsymbol{\gamma} : t \mapsto \left(x(t), y(t), z(t)\right)$ 和 $[\alpha, \beta] \to \mathbf{R}^3$ 的映射 $\boldsymbol{\gamma}_1 : \tau \mapsto \left(\xi(\tau), \eta(\tau), \zeta(\tau)\right)$ 是两条光滑曲线. 若有光滑映射 $t : [\alpha, \beta] \to [a, b]$, 使得 $t(\alpha) = a, t(\beta) = b, \forall \tau \in [\alpha, \beta]\left(t'(\tau) > 0\right)$ 且 $\boldsymbol{\gamma}_1 = \boldsymbol{\gamma} \circ t$, 则两条光滑曲线的弧长相等.

证 由 (6.8.11), 条件 $\boldsymbol{\gamma}_1 = \boldsymbol{\gamma} \circ t$ 和积分的换元公式, 曲线 $\boldsymbol{\gamma} : t \mapsto (x(t), y(t), z(t))$ 的弧长是

$$\int_a^b \sqrt{\left(\dot{x}(t)\right)^2 + \left(\dot{y}(t)\right)^2 + \left(\dot{z}(t)\right)^2} dt$$

$$= \int_\alpha^\beta \sqrt{\left(\dot{x}(t(\tau))\right)^2 + \left(\dot{y}(t(\tau))\right)^2 + \left(\dot{z}(t(\tau))\right)^2} t'(\tau) d\tau$$

$$= \int_\alpha^\beta \sqrt{\left(\dot{x}(t(\tau))t'(\tau)\right)^2 + \left(\dot{y}(t(\tau))t'(\tau)\right)^2 + \left(\dot{z}(t(\tau))t'(\tau)\right)^2} d\tau$$

$$= \int_\alpha^\beta \sqrt{\left(\dot{\xi}(\tau)\right)^2 + \left(\dot{\eta}(\tau)\right)^2 + \left(\dot{\zeta}(\tau)\right)^2} d\tau.$$

上式右端恰是曲线 $\boldsymbol{\gamma}_1 : \tau \mapsto (\xi(\tau), \eta(\tau), \zeta(\tau))$ 的弧长. □

命题 6.8.2 告诉我们, 曲线 $\boldsymbol{\gamma} : t \mapsto (x(t), y(t), z(t))$ 的弧长只取决于映射 $\boldsymbol{\gamma} : t \mapsto (x(t), y(t), z(t))$ 的像 $\boldsymbol{\gamma}([a, b])$, 与映射的参数表示无关.

6.8.3 功

设作直线运动的质点在 x 点处所受的力是 $F(x)$, 我们认为**功** $A(\alpha, \beta)$ 是个定向区间的可加函数, 并满足条件:

$$\inf_{\alpha \leqslant x \leqslant \beta} F(x)(\beta - \alpha) \leqslant A(\alpha, \beta) \leqslant \sup_{\alpha \leqslant x \leqslant \beta} F(x)(\beta - \alpha).$$

由命题 6.8.1, 我们有

$$A(a,b) = \int_a^b F(x)dx.$$

练 习

6.8.1 设 f 是定义在闭区间 $[a,b]$ 上的非负连续函数. 三维点集

$$\mathbf{B} = \{\mathbf{x} = (x_1, x_2, x_3) \in \mathbf{R}^3 : x_1 \in [a,b], x_2^2 + x_3^2 \leqslant (f(x_1))^2\}$$

称为 f 的下方图形 $\{(x_1, x_2) \in \mathbf{R}^2 : x_1 \in [a,b], 0 \leqslant x_2 \leqslant f(x_1)\}$ 绕 x_1 轴旋转而得的**旋转体**. 它在 $(\alpha, \beta) \in [a,b] \times [a,b]$ 这一段上的**体积** $V(\alpha, \beta)$ 是定义 6.8.1 意义下的定向区间的可加函数, 且应满足条件:

$$\forall [\alpha, \beta] \subset [a,b] \Big(\inf_{x \in [\alpha, \beta]} \pi(f(x))^2 (\beta - \alpha) \leqslant V(\alpha, \beta) \leqslant \sup_{x \in [\alpha, \beta]} \pi(f(x))^2 (\beta - \alpha) \Big).$$

由命题 6.8.1,

$$V_{\mathbf{B}} = V(a,b) = \int_a^b \pi(f(x))^2 dx.$$

(i) 试证: 半径为 R 的球的体积是 $(4\pi/3)R^3$;

(ii) 问: 双曲线

$$\frac{y^2}{b^2} - \frac{x^2}{a^2} = 1$$

在 $x \in [-c, c] \, (c > 0)$ 上绕 x 轴旋转得到的旋转体的体积 $=$?

(iii) 问: 双曲线

$$\frac{y^2}{b^2} - \frac{x^2}{a^2} = 1$$

在 $y \in [b, c] \, (c > b > 0)$ 上绕 y 轴旋转得到的旋转体的体积 $=$?

(iv) 问: 抛物线

$$y = kx^2 + l$$

在 $x \in [-c, c] \, (c > 0)$ 上绕 x 轴旋转得到的旋转体的体积 $=$?

(v) 问: 抛物线

$$y = kx^2 + l$$

在 $y \in [l, c] \, (c > l)$ 上绕 y 轴旋转得到的旋转体的体积 $=$?

6.8.2 在 $x_1 x_2$ 平面上给了直线段

$$x_2(x_1) = ax_1 + b, \quad c \leqslant x_1 \leqslant d.$$

假定

$$c \leqslant x_1 \leqslant d \Longrightarrow x_2(x_1) \geqslant 0.$$

中学数学课中就已讲过, 以上直线段绕 x_1 轴旋转而得的旋转面 (圆锥台的表面) 的面积是

$$\pi(x_2(d) + x_2(c))\sqrt{(d-c)^2 + (x_2(d) - x_2(c))^2}.$$

设 f 是定义在闭区间 $[a,b]$ 上的非负连续函数. $\mathbf{R}^3$ 中的二维曲面

$$\mathbf{S} = \{\mathbf{x} = (x_1, x_2, x_3) \in \mathbf{R}^3 : x_1 \in [a,b], \sqrt{x_2^2 + x_3^2} = f(x_1)\}$$

称为 f 的图像 $\{(x_1, x_2) \in \mathbf{R}^2 : x_1 \in [a,b], 0 \leqslant x_2 = f(x_1)\}$ 绕 x_1 轴旋转而得的旋转面. 它在 $(\alpha, \beta) \in [a,b] \times [a,b]$ 这一段上的面积 $A(\alpha, \beta)$, 直观上可用相应的许多圆锥台的表面之和的极限表示之, $A(\alpha, \beta)$ 是定义 6.8.1 意义下的定向区间的可加函数, 且应满足条件: 对于任何 $[\alpha, \beta] \subset [a,b]$, 有

$$\inf_{x \in [\alpha, \beta]} 2\pi f(x)\sqrt{1 + (f'(x))^2}(\beta - \alpha) \leqslant A(\alpha, \beta) \leqslant \sup_{x \in [\alpha, \beta]} 2\pi f(x)\sqrt{1 + (f'(x))^2}(\beta - \alpha).$$

由命题 6.8.1,

$$A_\mathbf{S} = \int_a^b 2\pi f(x)\sqrt{1 + (f'(x))^2}\,dx.$$

§6.9 附加习题

6.9.1 **试证**: (i) 对于 $x > 0$, 我们有

$$\Gamma(x) = \lim_{n \to \infty} \int_0^n t^{x-1}\left(1 - \frac{t}{n}\right)^n dt.$$

(ii) **Γ函数的Euler-Gauss表示式**: 对于一切 $x > 0$, 有

$$\Gamma(x) = \lim_{n \to \infty} \frac{n^x n!}{x(x+1)\cdots(x+n)}.$$

(iii) 在 $(0, \infty)$ 上函数 $\ln \Gamma(x)$ 是严格凸函数, 且 $\ln \Gamma(1) = 0$.

(iv) 设 g 是 $(0, \infty)$ 上定义的凸函数, 且满足以下两个条件:

$$g(x+1) - g(x) = \ln x \quad \text{和} \quad g(1) = 0.$$

记

$$u_n(x) = x \ln \frac{n}{n-1} - \ln(x+n-1) + \ln(n-1),$$

$$g_n(x) = -\ln x + \sum_{k=2}^n u_k(x),$$

则 $g(x) = \lim_{n \to \infty} g_n(x)$.

(v) 设 g 是 $(0, \infty)$ 上定义的凸函数, 且满足以下两个条件:

$$g(x+1) - g(x) = \ln x \quad \text{和} \quad g(1) = 0,$$

则 $g(x) = \ln \Gamma(x)$.

注 (v) 的结论属于丹麦数学家 Bohr 和 Mollerup.

(vi) **Γ函数的Weierstrass表示式**: 对于一切 $x > 0$, 有

$$\Gamma(x) = e^{-\gamma x} \frac{1}{x} \prod_{n=1}^{\infty} \frac{e^{\frac{x}{n}}}{1 + \frac{x}{n}},$$

其中 γ 是 Euler 常数 (参看 §6.3 练习 6.3.3 的 (ii)), 而右端无穷乘积在不包含任何负整数的 **R** 的有界闭集上是一致收敛的.

(vii) 函数 $\Gamma(x)$ 在 $(0, \infty)$ 上无穷多次连续可微, 且有以下公式:

$$\frac{\Gamma'(x)}{\Gamma(x)} = -\gamma - \frac{1}{x} + \sum_{n=1}^{\infty} \left(\frac{1}{n} - \frac{1}{x+n} \right),$$

$$\frac{d^k \ln \Gamma(x)}{dx^k} = \sum_{n=0}^{\infty} \frac{(-1)^k (k-1)!}{(x+n)^k}, \quad k \geqslant 2.$$

6.9.2 设 $x \in (0,1)$. 试证:

(i) $\Gamma(1-x) = \lim\limits_{n \to \infty} \dfrac{n^{1-x} n!}{(1-x)(2-x)\cdots(n+1-x)}$;

(ii) $\Gamma(x)\Gamma(1-x) = \dfrac{\pi}{\sin \pi x}$.

注 (ii) 中的等式称为 **Γ函数的余元公式**. 由 Γ 函数的余元公式, 易得

$$\Gamma(1/2) = \sqrt{\pi}.$$

6.9.3 **B**(读作 beta)**函数**(也称**第一类型Euler积分**, 或称 **B积分**) 定义为

$$B(a,b) = \int_0^1 x^{a-1}(1-x)^{b-1} dx,$$

其中 $a, b > 0$. 试证:

(i) B 函数当 $a, b > 0$ 时有定义 (即上述积分收敛);

(ii) $B(a,b) = \displaystyle\int_0^{\infty} \frac{y^{a-1}}{(1+y)^{a+b}} dy$;

(iii) $\dfrac{\Gamma(a)}{t^a} = \displaystyle\int_0^{\infty} y^{a-1} e^{-ty} dy$;

(iv) $\Gamma(a+b) \dfrac{t^{a-1}}{(1+t)^{a+b}} = t^{a-1} \displaystyle\int_0^{\infty} y^{a+b-1} e^{-(1+t)y} dy$;

(v) $\Gamma(a+b) \displaystyle\int_0^{\infty} \frac{t^{a-1}}{(1+t)^{a+b}} dt = \int_0^{\infty} \left[t^{a-1} \int_0^{\infty} y^{a+b-1} e^{-(1+t)y} dy \right] dt$;

(vi) $B(a,b) = \dfrac{\Gamma(a)\Gamma(b)}{\Gamma(a+b)}$;

(vii) 对于 $a, b > 0$, 有

$$\int_0^{\pi/2} \sin^{a-1} x \cos^{b-1} x\, dx = \frac{1}{2} \mathrm{B}\left(\frac{a}{2}, \frac{b}{2}\right),$$

特别, 对于 $a > 0$, 有

$$\int_0^{\pi/2} \sin^{a-1} x\, dx = \frac{1}{2} \mathrm{B}\left(\frac{a}{2}, \frac{1}{2}\right) = \frac{\sqrt{\pi}}{2} \frac{\Gamma(a/2)}{\Gamma((a+1)/2)};$$

(viii) 对于 $|c| < 1$, 有

$$\int_0^{\pi/2} \tan^c x\, dx = \frac{1}{2} \Gamma\left(\frac{1+c}{2}\right) \Gamma\left(\frac{1-c}{2}\right) = \frac{\pi}{2 \cos \frac{c\pi}{2}}.$$

6.9.4 设 $a > 0, b > 0$. 试证:

(i) $\mathrm{B}(a, a) = \dfrac{1}{2^{2a-1}} \mathrm{B}\left(\dfrac{1}{2}, a\right)$;

(ii) $\Gamma(a)\Gamma\left(a + \dfrac{1}{2}\right) = \dfrac{\sqrt{\pi}}{2^{2a-1}} \Gamma(2a)$.

注 (ii) 中的等式称为 **Legendre关于Γ函数的倍元公式**. 由 Γ 函数的倍元公式, 也可推得 $\Gamma(1/2) = \sqrt{\pi}$.

6.9.5 §4.5 的练习 4.5.5 中引进了 Chebyshev 多项式 T_n:

$$\forall x \in [-1, 1] \forall n \in \{0\} \cup \mathbf{N}\Big(T_n(x) = \cos(n \arccos x)\Big),$$

试证: 对任何两个非负整数 n 和 m, 有

$$\int_{-1}^1 T_n(x) T_m(x) \frac{dx}{\sqrt{1-x^2}} = \frac{\pi}{2} \delta_n^m.$$

注 以上等式称为 **Chebyshev多项式序列相对于权$1/\sqrt{1-x^2}$的正交性**.

6.9.6 本题中永远假设 $\alpha > -1$. **Laguerre多项式**定义如下:

$$L_n^\alpha(x) = \frac{x^{-\alpha} \mathrm{e}^x}{n!} \frac{d^n}{dx^n}(x^{n+\alpha} \mathrm{e}^{-x}), \quad x \in (0, \infty), \quad n = 0, 1, 2, \cdots.$$

注 以上公式也称为 **Laguerre多项式的Rodrigues公式**.

试证: (i) Laguerre 多项式 $L_n^\alpha(x)$ 是 n 次多项式, 它的具体表达式是

$$L_n^\alpha(x) = \frac{(\alpha+1)_n}{n!} \sum_{k=0}^n \frac{(-n)_k x^k}{(\alpha+1)_k k!}.$$

这里我们使用了以下记法:

$$(a)_n = \begin{cases} a(a+1)\cdots(a+n-1), & \text{若 } n \in \mathbf{N}, \\ 0, & \text{若 } n = 0. \end{cases}$$

(ii) Laguerre 多项式有以下的**正交关系**:

$$\int_0^\infty L_m^\alpha(x)L_n^\alpha(x)x^\alpha e^{-x}dx = \frac{\Gamma(\alpha+n+1)}{n!}\delta_m^n.$$

(iii) **Laguerre多项式的母函数**定义为

$$\psi(x,r) = \sum_{n=0}^\infty L_n^\alpha(x)r^n,$$

我们有

$$\psi(x,t) = (1-r)^{-\alpha-1}e^{-xr/(1-r)}.$$

(iv) 当 x 固定 ψ 看成 r 的函数时, 我们有

$$(1-r)^2\frac{d\psi(x,r)}{dr} + [x-(1+\alpha)(1-r)]\psi(x,r) = 0.$$

(v) 对于一切 $n \in \{0,1,2,\cdots\}$, 我们有

$$(n+1)L_{n+1}^\alpha(x) - (2n+1-x+\alpha)L_n^\alpha(x) + (n+\alpha)L_{n-1}^\alpha(x) = 0.$$

注   这里和以后我们总是作如下约定: $L_{-1}^\alpha(x) \equiv 0$.

(vi) 当 r 固定 ψ 看成 x 的函数时, 我们有

$$(1-r)\frac{d\psi(x,r)}{dx} = -r\psi(x,r).$$

(vii) 当 $n \geqslant 1$ 时, 有

$$\frac{dL_n^\alpha(x)}{dx} - \frac{dL_{n-1}^\alpha(x)}{dx} + L_{n-1}^\alpha(x) = 0.$$

(viii) 对于一切 $n \in \{1,2,\cdots\}$, 我们有

$$x\frac{dL_n^\alpha(x)}{dx} - nL_n^\alpha(x) + (n+\alpha)L_{n-1}^\alpha(x) = 0.$$

(ix) Laguerre 多项式满足以下的线性齐次二阶常微分方程 (它称为 **Laguerre 微分方程**),:

$$xy'' + (1-x)y' + ny = 0.$$

6.9.7 假设函数 f 满足以下四个条件:

(1) 函数 f 及其一, 二阶导数 f' 和 f'' 在闭区间 $[a,b]$ 上均连续;

(2) 函数 f 在闭区间 $[a,b]$ 的两个端点异号:$f(a) \cdot f(b) < 0$(因而 f 在闭区间 $[a,b]$ 上至少有一个零点);

(3) 函数 f 的一, 二阶导数 f' 和 f'' 在闭区间 $[a,b]$ 上符号不变 (因而, f' 和 f'' 在闭区间 $[a,b]$ 上无零点, 而 f 在闭区间 $[a,b]$ 上恰有一个零点);

(4) $f(b)$ 的符号和 f'' 在闭区间 $[a,b]$ 上的符号相同.

$\xi \in [a, b]$ 表示 f 在闭区间 $[a, b]$ 上的唯一的零点, 而

$$x_1 = b - \frac{f(b)}{f'(b)}.$$

试证: (i) $\xi < x_1 < b$. 由此, $f(x_1)$ 和 $f(b)$ 同号.

注 $(x_1, 0)$ 是方程为

$$y = f(b) + f'(b) \cdot (x - b)$$

的直线与横轴的交点. 这根直线恰是函数 f 的图像在点 $\big(b, f(b)\big)$ 处的切线.

(ii) 以 x_1 代替 b 代入 (i) 中的方程内, 可以获得 x_2. 反复施行这样的方法, 即反复代入以下的迭代方程组中:

$$x_{n+1} = x_n - \frac{f(x_n)}{f'(x_n)}, \quad n = 0, 1, \cdots.$$

我们得到一串数

$$x_0 = b, \ x_1, \ x_2, \ \cdots, \ x_n, \ \cdots.$$

它们满足上述迭代方程组. 这里, 为了方便, 记 $x_0 = b$. 试证:

$$\lim_{n \to \infty} x_n = \xi.$$

注 以 x_n 近似地替代 f 的根 (或称零点)ξ 的方法我们称为求 f 的根的 **Newton法**.

(iii) 记 $m = \min\limits_{a \leqslant x \leqslant b} |f'(x)|$. 试证:

$$|x_n - \xi| \leqslant \frac{|f(x_n)|}{m}.$$

(iv) 试证: 有个 $c \in (\xi, x_n)$, 使得 $x_{n+1} - \xi = \frac{1}{2} \cdot \frac{f''(c)}{f'(x_n)}(x_n - \xi)^2$.

(v) 记 $M = \max\limits_{a \leqslant x \leqslant b} |f''(x)|$. 试证:

$$|x_{n+1} - \xi| \leqslant \frac{M}{2m} \cdot |x_n - \xi|^2.$$

注 当 $|x_n - \xi|$ 已很小时, $|x_{n+1} - \xi|$ 将和 $|x_n - \xi|^2$ 成比例地减小, 这是 Newton 法的优点: 误差加速地减小.)

(vi) 若条件 (4) 改为 (4)′: $f(a)$ 和 f'' 在闭区间 $[a, b]$ 上的符号相同. 试设计一个把条件 (4) 换成条件 (4)′ 后的从 a 点出发的 Newton 法, 并讨论它的收敛性.

6.9.8 试证:

(i) 关于 $\alpha \in [0, \infty)$, 反常积分

$$J(\alpha) \equiv \int_0^\infty e^{-\alpha x} \frac{\sin x}{x} dx$$

一致收敛, 因而, $J(\alpha)$ 在 $[0, \infty)$ 上连续;

(ii) 在点 $\alpha > 0$ 处, $J(\alpha)$ 可微, 且

$$J'(\alpha) = -\int_0^\infty \mathrm{e}^{-\alpha x} \sin x dx = -\frac{1}{1+\alpha^2};$$

(iii) $J(\infty) = \lim_{\alpha\to\infty} J(\alpha) = 0;$

(iv) 对于 $\alpha > 0$,

$$J(\alpha) = \frac{\pi}{2} - \arctan\alpha;$$

(v) $\int_0^\infty \frac{\sin x}{x} dx = \frac{\pi}{2}.$

6.9.9 设

$$I(t) = \int_{-\infty}^\infty \mathrm{e}^{-x^2} \mathrm{e}^{2\mathrm{i}xt} dx = 2\int_0^\infty \mathrm{e}^{-x^2} \cos(2xt) dx.$$

试证:

(i) $I'(t) = -2tI(t);$

(ii) $\frac{dI}{I} = -2tdt;$

(iii) $I(0) = \sqrt{\pi};$

(iv) $I(t) = \sqrt{\pi}\mathrm{e}^{-t^2};$

(v) $\frac{d^n \mathrm{e}^{-t^2}}{dt^n} = \frac{(2\mathrm{i})^n}{\sqrt{\pi}} \int_{-\infty}^\infty \mathrm{e}^{-x^2} x^n \mathrm{e}^{2\mathrm{i}xt} dx.$

6.9.10 设

$$f_n(x) = \frac{x^n(1-x)^n}{n!} \quad (n = 1, 2, \cdots).$$

试证:

(i) $\forall x \in (0,1) \forall n \in \mathbf{N}\left(0 < f_n(x) < \frac{1}{n!}\right);$

(ii) $\exists c_i \in \mathbf{Z}\left(f_n(x) = \frac{1}{n!}\sum_{i=n}^{2n} c_i x^i\right);$

(iii) $\forall x \in \mathbf{R} \forall k > 2n(f_n^{(k)}(x) = 0);$

(iv) $\forall k < n(f_n^{(k)}(0) = 0);$

(v) 对于一切 $x \in \mathbf{R}$ 和一切满足不等式 $n \leqslant j \leqslant 2n$ 的自然数 j, 我们有

$$f_n^{(j)}(x) = \frac{j!c_j}{n!} + xg_j(x),$$

其中 g_j 是个多项式;

(vi) 对于一切满足不等式 $n \leqslant j \leqslant 2n$ 的自然数 j, 我们有

$$f_n^{(j)}(0) = \frac{j!c_j}{n!} \in \mathbf{Z};$$

(vii) 对于一切满足不等式 $n \leqslant j \leqslant 2n$ 的自然数 j, 我们有

$$f_n^{(j)}(1) \in \mathbf{Z}.$$

下面我们要证明:π 是无理数. 为此只须证明 π^2 是无理数. 我们用反证法. 在以下的讨论中, 总是假设

$$\exists a, b \in \mathbf{N}\left(\pi^2 = \frac{a}{b}\right).$$

我们将从这个 (反证法的) 假设出发设法推出矛盾. 记

$$G(x) = b^n \sum_{k=0}^{n} (-1)^k \pi^{2(n-k)} f_n^{(2k)}(x).$$

在反证法假设下试证以下命题:

(viii) $\forall k \in \{0, 1, \cdots, n\}\left(b^n \pi^{2n-2k} \in \mathbf{N}\right)$;

(ix) $G(0), G(1) \in \mathbf{Z}$;

(x) $\forall x \in \mathbf{R}\left(G''(x) + \pi^2 G(x) = \pi^2 a^n f_n(x) = \pi^{2n+2} b^n f_n(x)\right)$;

(xi) 记

$$H_n(x) = G'(x) \sin \pi x - \pi G(x) \cos \pi x,$$

则

$$H'(x) = \pi^2 a^n f_n(x) \sin \pi x;$$

(xii) $\pi \int_0^1 a^n f_n(x) \sin \pi x dx = G(0) + G(1) \in \mathbf{Z}$;

(xiii) $\forall x \in (0, 1)\left(0 < \pi a^n f_n(x) \sin \pi x < \dfrac{\pi a^n}{n!}\right)$;

(xiv) $0 < \pi \int_0^1 a^n f_n(x) \sin \pi x dx < \dfrac{\pi a^n}{n!}$;

(xv) 当 n 充分大时, 我们有

$$0 < \pi \int_0^1 a^n f_n(x) \sin \pi x dx < 1,$$

因而与 (xii) 矛盾.

注 "π 是无理数"(即 π 不是某个整系数一次代数方程的根) 的证明方法十分矫揉造作 (artificial) (关键是 G 和 H 的设计!). 但这在数论问题的证明中也许是属于最简单的一类证明."π 是超越数"(即 "π 不是某个整系数代数方程的根") 的证明方法更为复杂, 更为矫揉造作. 它是 **Lindemann** 在 1882 年完成的."π 是超越数" 的证得等于解决了二千年前古希腊留下的三大几何难题之一: 方圆作图问题.Lindemann 因此名声大噪. 我们不想进入这个复杂问题的讨论了, 本讲义更愿意向同学们介绍在数学和其他科学中有广泛用途的数学工具.

6.9.11   试证:

(i) 设 f 是 $[0,1]$ 上的有直到 $(2m+1)$ 阶连续导数的函数, 其中 $m \in \mathbf{Z}_+$. 我们有

$$\int_0^1 f(x)dx = \frac{1}{2}[f(0)+f(1)] - \sum_{k=1}^m \frac{B_{2k}}{(2k)!} f^{(2k-1)}(x)\Big|_0^1$$
$$- \frac{1}{(2m+1)!} \int_0^1 B_{2m+1}(x) f^{(2m+1)}(x)dx.$$

(ii) 设 f 是 $[a,b]$ 上的有直到 $2m+1$ 阶的连续导数的函数, 其中 $m \in \mathbf{Z}_+$, $a,b \in \mathbf{Z}, a < b$. 我们有以下的 **Euler-Maclaurin求和公式**:

$$\sum_{k=a}^b f(k) = \int_a^b f(x)dx + \frac{1}{2}[f(a)+f(b)] + \sum_{k=1}^m \frac{B_{2k}}{(2k)!} f^{(2k-1)}(x)\Big|_a^b$$
$$+ \frac{1}{(2m+1)!} \int_a^b \widetilde{B}_{2m+1}(x) f^{(2m+1)}(x)dx,$$

其中

$$\forall x \in \mathbf{R}(\widetilde{B}_n(x) = B_n(x-[x])).$$

(iii) 当 $z > 1$ 时, 以下积分收敛:

$$\int_1^\infty \frac{\widetilde{B}_k(x)}{x^z} dx.$$

(iv) $\displaystyle\sum_{k=1}^n \ln k - \int_1^n \ln x dx = \frac{1}{2}\ln n + \frac{B_2}{2}\frac{1}{x}\Big|_1^n + \frac{1}{3}\int_1^n \frac{\widetilde{B}_3(x)}{x^3} dx.$

(v) $\displaystyle\ln n! - n\ln n - \frac{1}{2}\ln n + n = 1 + \frac{1}{12}\left(\frac{1}{n}-1\right) + \frac{1}{3}\int_1^n \frac{\widetilde{B}_3(x)}{x^3} dx.$

(vi) 以下极限存在且有限:

$$\lim_{n\to\infty} n!n^{-n-1/2}\mathrm{e}^n.$$

(vii) 有常数 $A \in \mathbf{R}$, 使得当 $n \to \infty$ 时,

$$n! \sim An^{n+1/2}\mathrm{e}^{-n} \quad \left(\text{即} \lim_{n\to\infty} \frac{An^{n+1/2}\mathrm{e}^{-n}}{n!} = 1\right).$$

(viii) $A = \sqrt{2\pi}$.

(ix) 以下的 **Stirling公式**成立: 当 $n \to \infty$ 时,

$$n! \sim \sqrt{2\pi n}n^n\mathrm{e}^{-n}.$$

注   参看 §5.8 练习 5.8.6.

(x) $\sum\limits_{k=1}^{n} \dfrac{1}{k} = \displaystyle\int_1^n \dfrac{dx}{x} + \dfrac{1}{2}\left(1 + \dfrac{1}{n}\right) - \int_1^n \dfrac{\widetilde{B}_1(x)}{x^2}dx.$

(xi) 以下的极限存在且有限:

$$\gamma = \lim_{n\to\infty}\left[\sum_{k=1}^{n}\dfrac{1}{k} - \ln n\right].$$

常数 $\gamma \approx 0.577215664901\cdots$ 是我们已经见过面的 Euler 常数.

注 请与 §6.3 的练习 6.3.3 的 (ii) 比较).

6.9.12 **试证:** (i)

$$\ln\left[\dfrac{n^x n!}{x(x+1)\cdots(x+n)}\right] = \left(x - \dfrac{1}{2}\right)\ln x + \ln n! + n + x\ln n$$

$$- \left(x + n + \dfrac{1}{2}\right)\ln(x+n) - \int_0^n \dfrac{\widetilde{B}_1(t)}{x+t}dt$$

$$= \left(x - \dfrac{1}{2}\right)\ln x - \ln\left[\left(1 + \dfrac{x}{n}\right)^n\right] - \left(x + \dfrac{1}{2}\right)\ln\left(1 + \dfrac{x}{n}\right)$$

$$+ \ln\left[\dfrac{n!}{n^{n+1/2}\mathrm{e}^{-n}}\right] - \int_0^n \dfrac{\widetilde{B}_1(t)}{x+t}dt;$$

(ii) $-\displaystyle\int_0^n \dfrac{\widetilde{B}_1(t)}{x+t}dt = \sum_{j=0}^{n-1} g(x+j)$, 其中

$$g(x) = \dfrac{1}{2y}\ln\left(\dfrac{1+y}{1-y}\right) - 1, \quad y = \dfrac{1}{2x+1};$$

(iii) $g(x) \leqslant \dfrac{1}{12x} - \dfrac{1}{12(x+1)}$;

(iv) $0 < -R_n(x) = -\displaystyle\int_0^n \dfrac{\widetilde{B}_1(t)}{x+t}dt < \dfrac{1}{12x}, \ x > 0$;

(v) 下面的 Γ 函数的 **Stirling公式** 成立: 对于任何 $x > 0$, 有

$$\ln\Gamma(x) = \left(x - \dfrac{1}{2}\right)\ln x - x + \ln\sqrt{2\pi} - R_n(x),$$

其中 $R_n(x)$ 满足 (iv) 中的不等式, 换言之, 有 $\theta(x) \in [0,1]$ 使得

$$\Gamma(x) = \sqrt{2\pi}x^{x-1/2}\mathrm{e}^{-x}\mathrm{e}^{\theta(x)/12x}.$$

6.9.13 **试证:** (i) 以下渐近展开成立: 当 $x \to 0$ 时,

$$\Gamma(x) = \dfrac{\Gamma(x+1)}{x} = \dfrac{1}{x} + \Gamma'(1) + \dfrac{1}{2!}\Gamma''(1)x + \cdots + \dfrac{1}{n!}\Gamma^{(n)}(1)x^{n-1} + O(x^n).$$

(ii) 以下渐近展开成立: 当正数 y 固定而 $x \to 0$ 时,

$$\frac{1}{\Gamma(x+y)} = \frac{1}{\Gamma(y)} + \frac{d}{dy}\left(\frac{1}{\Gamma(y)}\right)x + \frac{1}{2!}\frac{d^2}{dy^2}\left(\frac{1}{\Gamma(y)}\right)x^2$$
$$+ \cdots + \frac{1}{n!}\frac{d^n}{dy^n}\left(\frac{1}{\Gamma(y)}\right)x^n + O(x^{n+1}).$$

(iii) 以下渐近展开成立: 当正数 y 固定而 $x \to 0$ 时,

$$\mathrm{B}(x,y) = \frac{1}{x} + \left(\Gamma'(1) - \frac{\Gamma'(y)}{\Gamma(y)}\right)$$
$$+ \left(\frac{\Gamma''(1)}{2} - \Gamma'(1)\frac{\Gamma'(y)}{\Gamma(y)} + \frac{2\Gamma'^2(y) - \Gamma(y)\Gamma''(y)}{2\Gamma^2(y)}\right)x + O(x^2).$$

(iv) 当 $x, y > 0$ 时, 我们有

$$\mathrm{B}(x,y) = \int_0^1 \left(t^{x-1} + t^x\frac{(1-t)^{y-1}-1}{t}\right)dt.$$

(v) 当 $x, y > 0$ 时, 我们有

$$\mathrm{B}(x,y) = \frac{1}{x} + \int_0^1 t^x\frac{(1-t)^{y-1}-1}{t}dt.$$

(vi) 当 $y > 1$ 时, 函数 $\varphi(t) = \dfrac{(1-t)^{y-1}-1}{t}$ 在闭区间 $[0,1]$ 上连续.

(vii) 当 $x > 0$ 而 $t \in [0,1]$ 时, 我们有

$$t^x = \mathrm{e}^{x\ln t} = 1 + x\ln t + \frac{x^2}{2!}(\ln t)^2 + \cdots + \frac{x^n}{n!}(\ln t)^2 + r_n(x,t),$$
$$|r_n(x,t)| \leqslant \frac{x^{n+1}}{(n+1)!}|\ln t|^{n+1}.$$

(viii) 当 $x > 0$ 而 $y > 1$ 时, 有

$$\mathrm{B}(x,y) = \frac{1}{x} + \int_0^1 \varphi(t)dt + x\int_0^1 \varphi(t)\ln t\, dt$$
$$+ \cdots + \frac{x^n}{n!}\int_0^1 \varphi(t)(\ln t)^n dt + O(x^{n+1}).$$

(ix) 当 $y > 0$ 时, 有

$$\Gamma'(1) - \frac{\Gamma'(y)}{\Gamma(y)} = \int_0^1 \frac{(1-t)^{y-1}-1}{t}dt.$$

(x) 以下的 **Gauss公式**成立: 当 $x > 0$ 时, 有

$$\frac{\Gamma'(x)}{\Gamma(x)} + \gamma = \int_0^1 \frac{1-(1-t)^{x-1}}{t}dt.$$

6.9.14 **Hermite多项式**定义如下:

$$H_n(x) = (-1)^n e^{x^2} \frac{d^n e^{-x^2}}{dx^n}, \quad n = 0, 1, \cdots.$$

注 以上公式也称为 **Hermite多项式的Rodrigues公式**.

试证: (i) $H_n(x)$ 是 n 次多项式.

(ii) $H_n(x) = \frac{(-2 \mathrm{i})^n e^{x^2}}{\sqrt{\pi}} \int_{-\infty}^{\infty} e^{-t^2} t^n e^{2\mathrm{i}xt} dt.$

(iii) 对于任何两个不相等的非负整数 n 和 m,

$$\int_{-\infty}^{\infty} e^{-x^2} H_n(x) H_m(x) dx = 0.$$

注 这个结果称为 **Hermite多项式的正交性**. 请与 (vii) 的结果联系起来记.

(iv) **Hermite多项式的母函数**定义为

$$G(x, r) = \sum_{n=0}^{\infty} \frac{H_n(x)}{n!} r^n,$$

我们有

$$G(x, r) = e^{2xr - r^2} = e^{x^2} e^{-(r-x)^2}.$$

(v) 我们有

$$H_n(x) = \sum_{k=0}^{[n/2]} \frac{(-1)^k n!}{k!(n-2k)!} (2x)^{n-2k}.$$

(vi) 我们有

$$\frac{d^n H_n(x)}{dx^n} = 2^n n!.$$

(vii) 我们有

$$\int_{-\infty}^{\infty} e^{-x^2} H_n(x) H_n(x) dx = (-1)^n \int_{-\infty}^{\infty} \frac{d^n e^{-x^2}}{dx^n} H_n(x) dx = 2^n n! \sqrt{\pi}.$$

(viii) 当 x 固定 G 看成 r 的函数时,

$$\frac{dG}{dr} - (2x - 2r)G = 0.$$

注 为方便, 以后永远约定 $H_{-1}(x) \equiv 0$.

(ix) 我们有

$$H_{n+1}(x) - 2x H_n(x) + 2n H_{n-1}(x) = 0, \quad n = 0, 1, 2, \cdots.$$

(x) 当 r 固定而把 G 看成 x 的函数时,

$$\frac{dG}{dx} - 2rG = 0.$$

(xi) $H_n'(x) = 2nH_{n-1}(x)$, $n = 0, 1, 2, \cdots$.

(xii) $H_{n+1}(x) - 2xH_n(x) + H_n'(x) = 0$, $n = 0, 1, 2, \cdots$.

(xiii) $H_n''(x) - 2xH_n'(x) + 2nH_n(x) = 0$, $n = 0, 1, 2, \cdots$.

6.9.15　设某质点在平面上运动, 它的运动规律是

$$\begin{cases} x = x(t), \\ y = y(t), \end{cases} \tag{6.9.1}$$

其中 $x(t)$ 和 $y(t)$ 是二次连续可微函数, 我们还假设 $\forall t \in [t_0, T]((x'(t), y'(t)) \neq (0, 0))$.

(i) 质点的加速度 $\mathbf{a}(t) = (x''(t), y''(t))$ 可以表成

$$\mathbf{a}(t) = \mathbf{a_t}(t) + \mathbf{a_n}(t),$$

其中 $\mathbf{a_t}(t)$ 和速度 $\mathbf{v}(t) = (x'(t), y'(t))$ 平行, 而 $\mathbf{a_n}(t)$ 和速度 $\mathbf{v}(t) = (x'(t), y'(t))$ 垂直. 试求出 $\mathbf{a_t}(t)$ 和 $\mathbf{a_n}(t)$ 的分量.

注　$\mathbf{a_n}(t)$ 称为质点的离心加速度. $m\mathbf{a_n}(t)$ 称为质点的离心力.

(ii) 若质点在平面上运动的轨迹是圆心在原点半径为 r 的圆周, 换言之,

$$\begin{cases} x = x(t) = r\cos\theta(t), \\ y = y(t) = r\sin\theta(t), \end{cases}$$

其中 $\theta(t)$ 是二次连续可微函数. 试证:

$$r = \frac{|\mathbf{v}(t)|^2}{|\mathbf{a_n}(t)|} \quad \text{或} \quad |\mathbf{a_n}(t)| = \frac{|\mathbf{v}(t)|^2}{r},$$

其中 $|\cdot|$ 表示向量的长度.

注　由此, 我们得到了中学学过的结论: 圆周运动的离心力与圆周半径成反比, 而与速度平方及质量成正比. 当圆周半径被推广成任意曲线的曲率半径后, 上述结论也有相应推广. 参看下面的 (iii).

(iii) 若质点在平面上运动的轨迹是曲线 (6.9.1), 则曲线 (6.9.1) 在点 $(x(t), y(t))$ 处的**曲率半径**定义为

$$r(t) = \frac{|\mathbf{v}(t)|^2}{|\mathbf{a_n}(t)|}.$$

试证以下曲率半径的公式:

$$r(t) = \frac{\left((x'(t))^2 + (y'(t))^2\right)^{3/2}}{|x'(t)y''(t) - y'(t)x''(t)|}.$$

(iv) 若质点在平面上运动的轨迹是曲线 (6.9.1), 则曲线 (6.9.1) 在点 $(x(t), y(t))$ 处的**绝对曲率** 定义为它在点 $(x(t), y(t))$ 处的曲率半径的倒数. 曲线 (6.9.1) 在点 $(x(t), y(t))$ 处的**曲率**定义为:

$$k(t) = \frac{x'(t)y''(t) - y'(t)x''(t)}{((x'(t))^2 + (y'(t))^2)^{3/2}}.$$

记曲线 (6.9.1) 从点 $(x(t), y(t))$ 到点 $(x(t_0), y(t_0))$ 之间的弧长为 $s(t)$, 而曲线 (6.9.1) 在点 $(x(t), y(t))$ 处的切线与 X 轴的夹角为 $\theta(t)$. 试证: 曲线 (6.9.1) 在点 $(x(t), y(t))$ 处的曲率半径的以下公式:

$$r(t) = \lim_{h \to 0} \left| \frac{s(t+h) - s(t)}{\theta(t+h) - \theta(t)} \right|$$

和曲线 (6.9.1) 在点 $(x(t), y(t))$ 处曲率的公式:

$$k(t) = \lim_{h \to 0} \frac{\theta(t+h) - \theta(t)}{s(t+h) - s(t)}.$$

注 由此可知, 曲率就是曲线 (的切线) 旋转角度相对于曲线弧长的变化率. 又由于旋转角度与曲线弧长是独立于参数表示的形式的, 故曲率也独立于参数表示的形式.

(v) 试证: 函数 $y = f(x)$ 的图像在点 $\left(x, f(x)\right)$ 处的曲率是

$$k(x) = \frac{f''(x)}{[1 + (f'(x))^2]^{3/2}}.$$

(vi) 选择 a, d, R 使得圆周 $(x-a)^2 + (y-b)^2 = R^2$ 与曲线 (6.9.1) 在点 $(x(t), y(t))$ 处有尽可能高阶数的相切. 确切些说, 该圆周通过点 $(x(t), y(t))$, 该圆周在点 $(x(t), y(t))$ 处的切线与曲线 (6.9.1) 在点 $(x(t), y(t))$ 处的切线吻合, 而且, 该圆周在点 $(x(t), y(t))$ 处的曲率与曲线 (6.9.1) 在点 $(x(t), y(t))$ 处的曲率相等. 由这三个条件可确定圆周 $(x-a)^2 + (y-b)^2 = R^2$ 的三个参数 a, b 和 R. 这个圆周称为曲线 (6.9.1) 在点 $(x(t), y(t))$ 处的**密切圆周**. 它的圆心称为曲线 (6.9.1) 在点 $(x(t), y(t))$ 处的**曲率中心**. 请验证: 密切圆周的半径恰是曲线 (6.9.1) 在点 $(x(t), y(t))$ 处的曲率半径.

(vii) 试证: 双曲余弦函数

$$\cosh(x) = \frac{\exp(x) + \exp(-x)}{2}$$

的图像的曲率最大的点恰是它的函数值最小的点.

6.9.16 设空间曲线 $\boldsymbol{\gamma}: \mathbf{R} \to \mathbf{R}^3$ 的参数方程是

$$\boldsymbol{\gamma}(t) = \begin{bmatrix} x(t) \\ y(t) \\ z(t) \end{bmatrix}. \tag{6.9.2}$$

假设 $\gamma(t)$ 是三次连续可微的, 且

$$\forall t \in (t_0, T)\left(|\gamma'(t)| = \sqrt{(x'(t))^2 + (y'(t))^2 + (z'(t))^2} \neq 0\right).$$

因点 $\gamma(t_0)$ 到点 $\gamma(t)$ 之间的空间曲线 $\gamma : \mathbf{R} \to \mathbf{R}^3$ 的弧长是

$$s(t) = \int_{t_0}^t |\gamma'(u)| du.$$

由反函数定理, 参数 t 可表成弧长 s 的函数:$t = t(s)$. 空间曲线 $\gamma : \mathbf{R} \to \mathbf{R}^3$ 可以由弧长 s 作为参数表示出来. 把它记做 $\beta : [0, S] \ni s \to \gamma(s) \in \mathbf{R}^3$, 其中 $\beta(s) = \gamma(t(s))$.

(i) 试证: $|\beta'(s)| = 1$. $\beta'(s)$ 是曲线过点 $\beta(s)$ 的**单位切向量**, 记做 $\mathbf{T}(s) = \beta'(s)$.

(ii) 试证: $\beta''(s) \perp \beta'(s)$. 假若 $\beta''(s) \neq \mathbf{0}$, $\beta''(s)/|\beta''(s)|$ 称为曲线在点 $\beta(s)$ 的**主法向量**, 记做 $\mathbf{N}(s) = \beta''(s)/|\beta''(s)|$. $k(s) = |\beta''(s)|$ 称为曲线的**曲率**.

注 试与练习 6.9.15 的 (iv) 中曲率公式比较. 应该指出的是, 按练习 6.9.15 的 (iv) 中公式定义的平面曲线的曲率是可正可负的, 而按公式 $k(s) = |\beta''(s)|$ 定义的空间曲线的曲率永远是非负的. 这是因为在平面上, 曲线弯曲的方向相对于给定的坐标系的方向有相同与相反之分, 而在空间的曲线弯曲方向是无法确定与坐标系方向的异同的.

(iii) $\mathbf{B}(s) = \mathbf{T}(s) \times \mathbf{N}(s)$ 称为曲线在点 $\beta(s)$ 的**次法向量**, 把 $\mathbf{T}(s)$, $\mathbf{N}(s)$ 和 $\mathbf{B}(s)$ 看成列向量, 构筑以下的 3×3 的正交矩阵

$$\mathcal{O}(s) = [\mathbf{T}(s)\ \mathbf{N}(s)\ \mathbf{B}(s)].$$

试证: 矩阵 $\mathcal{O}(s)^T \mathcal{O}'(s)$ 是反对称矩阵:有三个实数 $a_1, a_2, a_3 \in \mathbf{R}$, 使得

$$[\mathbf{T}'(s)\ \mathbf{N}'(s)\ \mathbf{B}'(s)] = [\mathbf{T}(s)\ \mathbf{N}(s)\ \mathbf{B}(s)]\begin{bmatrix} 0 & -a_3 & a_2 \\ a_3 & 0 & -a_1 \\ -a_2 & a_1 & 0 \end{bmatrix}.$$

(iv) 试证: (iii) 中的 $a_2(s) = 0$, $a_3(s) = k(s)$. 记 $a_1(s) = \tau(s)$, 并称 $\tau(s)$ 为曲线在点 $\beta(s)$ 的**挠率**.

(v) 试证以下的 **Frenet-Serret公式**:

$$[\mathbf{T}'(s)\ \mathbf{N}'(s)\ \mathbf{B}'(s)] = [\mathbf{T}(s)\ \mathbf{N}(s)\ \mathbf{B}(s)]\begin{bmatrix} 0 & -k & 0 \\ k & 0 & -\tau \\ 0 & \tau & 0 \end{bmatrix},$$

或用矩阵的列向量表示,

$$\begin{cases} \mathbf{T}' = k\mathbf{N}, \\ \mathbf{N}' = -k\mathbf{T} + \tau\mathbf{B}, \\ \mathbf{B}' = -\tau\mathbf{N}. \end{cases}$$

(vi) 假若空间曲线的方程是 (6.9.2), 其中参数 t 未必是弧长, 但假设 $\boldsymbol{\gamma}'(t)$ 和 $\boldsymbol{\gamma}''(t)$ 对于任何 t 都线性无关. 试证:$\boldsymbol{\beta}''(s) \neq \boldsymbol{0}$, 且

$$\begin{cases} \boldsymbol{\gamma}' = v\mathbf{T}, \\ \boldsymbol{\gamma}'' = v'\mathbf{T} + v^2 k\mathbf{N}, \\ \boldsymbol{\gamma}' \times \boldsymbol{\gamma}'' = v^3 k\mathbf{B}, \end{cases}$$

其中 $v = \dfrac{ds}{dt}$. 假若 t 表示时间, v 相当于质点运动的速度 (的绝对值).

(vii) 假若空间曲线的方程是 (6.9.2), 其中参数 t 未必是弧长, 但假设 $\boldsymbol{\gamma}'(t)$ 和 $\boldsymbol{\gamma}''(t)$ 对于任何 t 都线性无关. 试证:

$$\begin{cases} \mathbf{T} = \dfrac{\boldsymbol{\gamma}'}{|\boldsymbol{\gamma}'|}, \\ \mathbf{B} = \dfrac{\boldsymbol{\gamma}' \times \boldsymbol{\gamma}''}{|\boldsymbol{\gamma}' \times \boldsymbol{\gamma}''|}, \\ \mathbf{N} = \mathbf{B} \times \mathbf{T}, \\ k = \dfrac{|\boldsymbol{\gamma}' \times \boldsymbol{\gamma}''|}{|\boldsymbol{\gamma}'|^3}, \\ \tau = \dfrac{\det[\boldsymbol{\gamma}'\boldsymbol{\gamma}''\boldsymbol{\gamma}''']}{|\boldsymbol{\gamma}' \times \boldsymbol{\gamma}''|^2}. \end{cases}$$

6.9.17 我们先介绍关于渐近展开的概念, 它是法国数学家 H.Poincaré 在研究天体力学时首先引进的:

定义 6.9.1 假设 $\varphi_n(z)$ $(n = 0, 1, 2, \cdots)$是定义在复平面的集合 Ω 上的非负函数列, z_0 是 Ω 的一个极限点. 我们称函数列 $\varphi_n(z)$ $(n = 0, 1, 2, \cdots)$ 是一个当 $z \to z_0$ $(z \in \Omega)$ 时的一个**渐近函数列**, 简称**渐近列**, 假若

$$\forall n \geqslant 0 \Big(\text{当}z \to z_0\text{时}, \varphi_{n+1}(z) = o(\varphi_n(z))\Big)$$

注 以上定义中的 z_0 可以是一个复数, 也可以是 ∞. 当 $z_0 = \infty$ 时, $\Omega \ni z \to z_0 = \infty$ 意味着 $z \in \Omega$ 且 $|z| \to \infty$.

定义 6.9.2 设函数 $f(z)$ 和函数列 $f_n(z)$ $(n = 0, 1, 2, \cdots)$ 是定义在复平面的集合 Ω 上, z_0 是 Ω 的一个极限点. (收敛或发散的) 级数 $\sum\limits_{n=0}^{\infty} f_n(z)$ 称为函数 $f(z)$ 当 $z \to z_0$ $(z \in \Omega)$ 时的,**相对于渐近函数列**$\{\varphi_n(z)\}$**的一个渐近展开**, 假若当 $z \to z_0$ $(z \in \Omega)$ 时,

$$\forall N \geqslant 0 \left(f(z) = \sum_{n=0}^{N} f_n(z) + o(\varphi_N(z))\right).$$

这时, 记做

$$f(z) \sim \sum_{n=0}^{\infty} f_n(z), \quad \{\varphi_n\}, \quad \text{当 } z \to z_0 \text{ 时}.$$

若 $f_n(z) = a_n \varphi_n(z)$, 对一切 n, a_n 是 (复) 常数, 这种类型的渐近展开称为 **Poincaré 型的渐近展开**. 表示上述渐近展开时, 可省略掉以上记法中的 $\{\varphi_n\}$, 而简记做

$$f(z) \sim \sum_{n=0}^{\infty} f_n(z).$$

至今用得最多的恰是 Poincaré 最早引进的渐近展开形式以及可以化为这种形式的渐近展开. 因此我们愿意复述它的定义如下:

定义 6.9.3 假设函数 $f(z)$ 定义在复平面的无界集合 Ω 上. (可能收敛, 可能发散的) 幂级数 $\sum\limits_{n=0}^{\infty} a_n z^{-n}$ 称为 $f(z)$ 的渐近展开, 假若对于任何非负整数 N, 有以下关系式:

$$f(z) = \sum_{n=0}^{N} a_n z^{-n} + O\left(z^{-(N+1)}\right), \quad \text{当} \quad z \to \infty \text{ 时}.$$

这时, 我们用以下记法表示这个渐近关系:

$$f(z) \sim \sum_{n=0}^{\infty} a_n z^{-n}, \quad \text{当 } z \to \infty \text{ 时}.$$

试证关于渐近展开概念的以下性质:

(1) 假若渐近函数列 $\varphi_n(z)\,(n=0,1,2,\cdots)$ 和函数列 $f_n(z)\,(n=0,1,2,\cdots)$ 满足条件

$$\limsup_{\Omega \ni z \to z_0} \frac{|f_n(z)|}{\varphi_n(z)} = c > 0, \quad n = 0, 1, 2, \cdots,$$

而函数 $f(z)$ 有两个渐近展开:

$$f(z) \sim \sum_{n=0}^{\infty} a_n f_n(z), \quad \{\varphi_n(z)\}, \quad \text{当 } z \to z_0 \text{ 时}$$

和

$$f(z) \sim \sum_{n=0}^{\infty} b_n f_n(z), \quad \{\varphi_n(z)\}, \quad \text{当 } z \to z_0 \text{ 时},$$

则 $a_n = b_n\,(n=0,1,2,\cdots)$.

(2) 假若

$$f(z) \sim \sum_{n=0}^{\infty} a_n f_n(z), \quad \{\varphi_n(z)\}, \quad \text{当 } z \to z_0 \text{ 时}$$

和

$$g(z) \sim \sum_{n=0}^{\infty} b_n f_n(z), \quad \{\varphi_n(z)\}, \quad \text{当 } z \to z_0 \text{ 时},$$

则

$$f(z) + g(z) \sim \sum_{n=0}^{\infty} (a_n + b_n) f_n(z), \quad \{\varphi_n(z)\}, \quad \text{当 } z \to z_0 \text{ 时}.$$

(3) 假若

$$f(z) \sim \sum_{n=0}^{\infty} a_n z^{-n}, \quad \text{当 } z \to \infty \text{ 时}$$

和

$$g(z) \sim \sum_{n=0}^{\infty} b_n z^{-n}, \quad \text{当 } z \to \infty \text{ 时},$$

则

$$f(z) \cdot g(z) \sim \sum_{n=0}^{\infty} c_n z^{-n}, \quad \text{当 } z \to \infty \text{ 时},$$

其中

$$c_n = \sum_{j=0}^{n} a_j b_{n-j}.$$

(4) 假若

$$f(z) \sim \sum_{n=1}^{\infty} a_n z^{-n}, \quad \text{当 } z \to \infty \text{ 时}$$

和

$$g(z) = \sum_{n=0}^{\infty} b_n z^{-n}, \quad \text{当 } z \to \infty \text{ 时},$$

且 g 在 $|z| > M > 0$ 时收敛, 则

$$g\Big(f(z)\Big) \sim \sum_{n=0}^{\infty} c_n z^{-n}, \quad \text{当 } z \to \infty \text{ 时},$$

其中系数 c_n 是通过 f 渐近展开 $\left(\text{看成 } \dfrac{1}{z} \text{ 的}\right)$ 幂级数代入 $g\left(\text{看成 } \dfrac{1}{z} \text{ 的}\right)$ 幂级数 (即 §3.7 的练习 3.7.5 的 (i) 中说明的计算方法) 形式地计算得到的.

(5) 假若 $f(z)$ 在 $[a, \infty)$ 上有定义, 且

$$f(z) \sim \sum_{n=0}^{\infty} a_n z^{-n}, \quad \text{当 } z \to \infty \text{ 时},$$

则

$$\int_z^\infty \left[f(t) - a_0 - \frac{a_1}{t} \right] dt \sim \sum_{n=1}^\infty \frac{a_{n+1}}{n} z^{-n}, \quad \text{当 } z \to \infty \text{ 时}.$$

(6) 假若 $f(z)$ 在 $[a,\infty)$ 上有定义, 且

$$f(z) \sim \sum_{n=0}^\infty a_n z^{-n}, \quad \text{当 } z \to \infty \text{ 时}.$$

又若 $f(z)$ 在 $[a,\infty)$ 上有连续的导数, 且 $f(z)$ 在 $[a,\infty)$ 上当 $z \to \infty$ 时有渐近展开, 则

$$f'(z) \sim -\sum_{n=1}^\infty n a_n z^{-n-1}, \quad \text{当 } z \to \infty \text{ 时}.$$

(7) 假设 f 是满足以下两个条件的定义在 $(0,\infty)$ 上的函数:

(i) 当 $0 < t \leqslant a + \delta$ 时,

$$f(t) = \sum_{m=1}^\infty a_m t^{[(m+\alpha)/r]-1},$$

其中 $a > 0, \delta > 0, r > 0$ 和 α 是常数;

(ii) 存在常数 $K > 0$ 和 $b > 0$, 使当 $t \geqslant a$ 时, 有 $|f(t)| < K e^{bt}$,

则我们有以下结论: 当 $z \to \infty$ 时, 以下 Poincaré 型的渐近展开式成立:

$$F(z) \equiv \int_0^\infty f(t) e^{-zt} dt \sim \sum_{m=1}^\infty a_m \Gamma \left(\frac{m+\alpha}{r} \right) z^{-(m+\alpha)/r}.$$

注 (7) 的结论称为 **Watson引理**:

6.9.18 今考虑积分

$$I(\lambda) = \int_a^b \varphi(x) e^{-\lambda h(x)} dx,$$

其中 a 和 b 允许取正负无穷大. 我们假设以下四个条件成立:

(a) $\forall \delta > 0 \left(\inf_{x \in [a+\delta, b)} [h(x) - h(a)] > 0 \right)$;

(b) 有 $d > a$, 使得 $h'(x)$ 和 $\varphi(x)$ 在 $(a, d]$ 内连续;

(c) 当 $x \to a + 0$ 时, 以下三个 (Poincaré 型的) 渐近展开式成立:

$$h(x) \sim h(a) + \sum_{s=0}^\infty a_s (x-a)^{s+\mu},$$

$$\varphi(x) \sim \sum_{s=0}^\infty b_s (x-a)^{s+\alpha-1},$$

$$h'(x) \sim \sum_{s=0}^\infty a_s (s+\mu)(x-a)^{s+\mu-1},$$

其中常数 $\mu > 0$, 而常数 α 可以是复数, 但 $\Re\alpha > 0$, 还假设 $a_0 > 0$, $b_0 \neq 0$.

(d) 当 λ 充分大时, 积分 $I(\lambda)$ 绝对收敛.

试证: 我们有以下结论:

(i) 有 $c \in (a, b)$, 使得

$$e^{\lambda h(a)} \int_a^c \varphi(x) e^{-\lambda h(x)} dx = \int_0^T f(t) e^{-\lambda t} dt,$$

其中 $T = h(c) - h(a)$, 而 f 是 $(0, T]$ 上的连续函数: $f(t) = \varphi(x)/h'(x)$.

(ii) 记 $t = h(x) - h(a)$. 有以下形式的渐近展开: 当 $t \to 0+$ 时,

$$x - a \sim \sum_{s=1}^{\infty} \alpha_s t^{s/\mu},$$

并计算出右端前三个系数:

$$\alpha_1 = \frac{1}{a_0^{1/\mu}}, \quad \alpha_2 = -\frac{a_1}{\mu a_0^{1+2/\mu}}, \quad \alpha_3 = \frac{(\mu+3)a_1^2 - 2\mu a_0 a_2}{2\mu^2 a_0^{2+3/\mu}}.$$

(iii) 有一串 $\{c_s : s = 0, 1, \cdots\}$, 使得当 $t \to 0+$ 时, 以下渐近展开式成立:

$$f(t) \sim \sum_{s=0}^{\infty} c_s t^{(s+\alpha-\mu)/\mu},$$

其中每个 c_s 可以通过 a_u 和 b_u $(u = 0, 1, \cdots, s)$ 表示出来, 特别, 它们中的前三个是

$$c_0 = \frac{b_0}{\mu a_0^{\alpha/\mu}}, \quad c_1 = \left[\frac{b_1}{\mu} - \frac{(\alpha+1)a_1 b_0}{\mu^2 a_0}\right] \frac{1}{a_0^{(\alpha+1)/\mu}},$$

$$c_2 = \left[\frac{b_2}{\mu} - \frac{(\alpha+2)a_1 b_1}{\mu^2 a_0} + \left((\alpha+\mu+2)a_1^2 - 2\mu a_0 a_2\right) \frac{(\alpha+2)b_0}{2\mu^3 a_0^2}\right] \frac{1}{a_0^{(\alpha+2)/\mu}}.$$

(iv) 当 $\lambda \to \infty$ 时, 以下渐近展开成立:

$$\int_a^c \varphi(x) e^{-\lambda h(x)} dx \;\dot\sim\; e^{-\lambda h(a)} \sum_{s=0}^{\infty} \Gamma\left(\frac{s+\alpha}{\mu}\right) \frac{c_s}{\lambda^{(s+\alpha)/\mu}}.$$

(v) 设 λ_0 是 λ 的这样一个值, $I(\lambda_0)$ 绝对收敛. 又设

$$\varepsilon = \inf_{c \leqslant x < b}[h(x) - h(a)],$$

则对于任何 $\lambda \geqslant \lambda_0$, 有

$$\left| e^{\lambda h(a)} \int_c^b \varphi(x) e^{-\lambda h(x)} dx \right| \leqslant e^{-\varepsilon\lambda} e^{-\lambda_0[\varepsilon+h(a)]} \int_c^b |\varphi(x)| e^{-\lambda_0 h(x)} dx.$$

(vi) 当 $\lambda \to \infty$ 时, 以下渐近展开成立,

$$I(\lambda) \sim e^{-\lambda h(a)} \sum_{s=0}^{\infty} \Gamma\left(\frac{s+\alpha}{\mu}\right) \frac{c_s}{\lambda^{(s+\alpha)/\mu}}.$$

注　(vi) 中的结论称为积分的**Laplace渐近公式**.

6.9.19　设 $h(x) = x - \ln(1+x)$.

(i) 试证:

$$\forall x \in [0,1) \left(h(x) = \frac{x^2}{2} - \frac{x^3}{3} + \frac{x^4}{4} - \cdots \right);$$

(ii) 试证: 当 $\lambda \to \infty$ 时,

$$\int_0^\infty e^{-\lambda h(x)} dx \sim \sqrt{\frac{\pi}{2}} \frac{1}{\sqrt{\lambda}} + \frac{2}{3}\frac{1}{\lambda} + \frac{1}{12}\sqrt{\frac{\pi}{2}}\frac{1}{\lambda^{3/2}} + \cdots$$

和

$$\int_0^1 e^{-\lambda h(-x)} dx \sim \sqrt{\frac{\pi}{2}} \frac{1}{\sqrt{\lambda}} - \frac{2}{3}\frac{1}{\lambda} + \frac{1}{12}\sqrt{\frac{\pi}{2}}\frac{1}{\lambda^{3/2}} - \cdots;$$

(iii) 试证:

$$e^\lambda \lambda^{-\lambda-1} \Gamma(\lambda+1) = \int_0^\infty e^{-\lambda h(x)} dx + \int_0^1 e^{-\lambda h(-x)} dx;$$

(iv) 试证: 以下形式的 Γ函数的**Stirling公式**: 当 $\lambda \to \infty$ 时,

$$\Gamma(\lambda) \sim e^{-\lambda} \lambda^\lambda \sqrt{\frac{2\pi}{\lambda}} \left(1 + \frac{1}{12\lambda} + \cdots\right).$$

6.9.20　设 $w(x)$ 是开区间 I 上的正的可积函数, $\{p_n(x)\}_{n=0}^\infty$ 是 I 上的关于权函数 $w(x)$ 的正交多项式序列:

$$\int_I w(x)p_n(x)p_m(x)dx = \delta_{nm}, \quad \text{其中} \ p_n(x) \ \text{是} \ n \ \text{次多项式}.$$

试证: $p_n(x)$ 在 I 上恰有 n 个单根.

*§6.10　补充教材一: 关于 Newton-Leibniz 公式成立的条件

定义 6.10.1　设 f 和 g 是两个定义在区间 I 上的实值函数, g 在 I 上是连续的, 且集合

$$A = \{x \in I : g'(x) \neq f(x)\}$$

是至多可数集.(集合 $\{x \in I : g'(x) \neq f(x)\}$ 表示 $g'(x)$ 不存在或 $g'(x)$ 存在但不等于 $f(x)$ 的 x 之全体), 则称 g 是 f 在 I 上的一个**反导函数** (antiderivative), 简称**反导数**.

定理 6.10.1(Newton-Leibniz 公式的加强形式) 设 g 是 f 在区间 I 上的一个反导数, 有界闭区间 $[a, b] \subset I$, 且 f 在 $[a, b]$ 上可积, 则

$$\int_a^b f(x)dx = g(b) - g(a).$$

证 设

$$a = x_0 < x_1 < \cdots < x_n = b \qquad (6.10.1)$$

是闭区间 $[a, b]$ 的一个任意的分划, 则

$$g(b) - g(a) = \sum_{j=1}^n \Big(g(x_j) - g(x_{j-1}) \Big). \qquad (6.10.2)$$

由推论 5.9.2, 对于 $j = 1, 2, \cdots, n$, 我们有

$$\inf_{x \in [x_{j-1}, x_j] \setminus A} f(x)(x_j - x_{j-1}) \leqslant g(x_j) - g(x_{j-1}) \leqslant \sup_{x \in [x_{j-1}, x_j] \setminus A} f(x)(x_j - x_{j-1}).$$
$$(6.10.3)$$

由 (6.10.2) 和 (6.10.3), 有

$$\sum_{j=1}^n \inf_{x \in [x_{j-1}, x_j] \setminus A} f(x)(x_j - x_{j-1}) \leqslant \sum_{j=1}^n (g(x_j) - g(x_{j-1}))$$

$$= g(b) - g(a) \leqslant \sum_{j=1}^n \sup_{x \in [x_{j-1}, x_j] \setminus A} f(x)(x_j - x_{j-1}). \qquad (6.10.4)$$

因 f 在 $[a, b]$ 上可积,(6.10.1) 又是 $[a, b]$ 的任意分划, 所以有

$$\int_a^b f(x)dx = g(b) - g(a). \qquad \square$$

例 6.10.1 设

$$a = x_0 < x_1 < \cdots < x_n = b$$

是闭区间 $[a, b]$ 的一个任意的分划. 令函数

$$f(x) = c_j \quad (x_{j-1} \leqslant x < x_j, \; j = 1, 2, \cdots, n).$$

函数 f 称为阶梯函数. 又定义函数

$$g(x) = \sum_{j=1}^k c_j(x_j - x_{j-1}) + c_{k+1}(x - x_k) \quad (x_k \leqslant x \leqslant x_{k+1}).$$

不难证明, g 在 $[a, b]$ 上连续, 且

$$g'(x) = f(x), \quad (x \notin \{x_1, \cdots, x_{n-1}\}).$$

故

$$\int_a^b f(x) = g(b) - g(a) = \sum_{j=1}^n c_j(x_j - x_{j-1}).$$

即使是这样简单的阶梯函数, 由未加强的 Newton-Leibniz 公式还不能直接得到它的积分值 (应该指出, 它可以通过分段求积分得到). 因此,Newton-Leibniz 公式的加强形式并非无病呻吟.

*§6.11   补充教材二: Stieltjes 积分

在许多实际问题中, 我们常遇到这样一种 "积分", 它不是相对于区间的长度求积, 而是相对于一种 "测度" 求积, 这种测度也和区间长度一样具有 "可加性"(即不相交的区间之并之测度是区间测度之和). 具有这种可加性的测度并非一定是区间的长度. 概率论中的概率便是一个这样的测度. 因此, 我们愿意用一节的篇幅来简略地介绍相对于这样测度的积分.

定义 6.11.1   设 φ 和 ψ 是有界闭区间 $[a,b]$ 上的两个实值函数, 对于 $[a,b]$ 的任意一个分划

$$\mathcal{C}: a = x_0 < x_1 < \cdots < x_n = b \qquad (6.11.1)$$

和任意一个选点组 $\boldsymbol{\xi} = \{\xi_1, \cdots, \xi_n\}$, 其中 $\xi_j \in [x_{j-1}, x_j]$ $(j = 1, \cdots, n)$, 构造函数 φ 对应于分划 $\mathcal{C}$ 和数组 $\boldsymbol{\xi}$ 相对于 ψ 的 **Riemann-Stieltjes和**:

$$\mathcal{R}(\varphi|\psi; \mathcal{C}, \boldsymbol{\xi}) = \sum_{j=1}^n \varphi(\xi_j)(\psi(x_j) - \psi(x_{j-1})). \qquad (6.11.2)$$

假若当分划 $\mathcal{C}$ 的小区间 $[x_{j-1}, x_j]$ $(j = 1, \cdots, n)$ 的长度的最大者趋于零时,(6.11.2) 中的 Riemann-Stieltjes 和 $\mathcal{R}(\varphi|\psi; \mathcal{C}, \boldsymbol{\xi})$ 收敛于实数 A, 则称 φ**在**$[a,b]$**上相对于**ψ**是可积的**, 简称 ψ**-可积的**, 并称数 A 为 φ 在 $[a,b]$ 上相对于 ψ 的 **Stieltjes积分**, 记做

$$A = \int_a^b \varphi(x) d\psi(x). \qquad (6.11.3)$$

因为这个定义的重要性, 我们愿意把等式 (6.11.3) 成立的条件用更确切的 ε-δ 的语言复述如下:

假若对于任何 $\varepsilon > 0$, 有一个 $\delta > 0$, 使得任何分划 (6.11.1) 以及从属于分划 (6.11.1) 的任何选点组 $\boldsymbol{\xi} = \{\xi_1, \cdots, \xi_n\}$, 只要 $\max\limits_{1 \leqslant j \leqslant n} |x_j - x_{j-1}| < \delta$, 便有

$$\left| \mathcal{R}(\varphi|\psi; \mathcal{C}, \boldsymbol{\xi}) - A \right| = \left| \sum_{j=1}^n \varphi(\xi_j)(\psi(x_j) - \psi(x_{j-1})) - A \right| < \varepsilon,$$

则称 φ 在 $[a,b]$ 上是 ψ- 可积的, 并称数 A 为 φ 在 $[a,b]$ 上相对于 ψ 的积分, 记做

$$A = \int_a^b \varphi(x) d\psi(x).$$

特别重要的情形是: ψ 是 $[a,b]$ 上的单调函数. 概率论中遇到的 ψ 都是单调不减的. 我们可以证明下面的

命题 6.11.1 有界闭区间 $[a,b]$ 上的连续函数 φ 相对于在 $[a,b]$ 上的单调函数 ψ 是可积的.

因为命题 6.11.1 的证明思路和命题 6.2.1 的完全一样, 因此把证明的细节留给同学自己去完成了.

例 6.11.1(掷骰子的概率) 掷骰子可能出现的结果共六个, 它构成一个由六个元素组成的集合: $\{1,2,3,4,5,6\}$. 假若骰子是充分对称的正六面体. 则出现这六种结果中的任一种的概率都是 $1/6$. 刻画这个概率模型的 "概率分布函数" 是如下的函数:

$$\psi(x) = \begin{cases} 0, & \text{当} x < 1 \text{时}, \\ j/6, & \text{当} j \leqslant x < j+1, j = 1,2,3,4,5 \text{时}, \\ 1 & \text{当} x \geqslant 6 \text{时}. \end{cases}$$

这是个定义在 **R** 上的阶梯函数, 除了点集 $\{1,2,3,4,5,6\}$ 中的六个点外, 其他的点都有个含有该点的小开区间, 使得这个阶梯函数在其上恒等于一个常数. 而在点集 $\{1,2,3,4,5,6\}$ 中的每个点处, 这个阶梯函数有一个高度为 $1/6$ 的跳跃:

$$\psi(j) - \psi(j-0) = \frac{1}{6}, \quad j = 1, 2, \cdots, 6.$$

这个 $\psi(j) - \psi(j-0) = 1/6$ 恰是掷骰子的结果为 j 的概率. 而当 $j \notin \{1,2,3,4,5,6\}$ 时, 有个含有该点的小开区间, 使得这个阶梯函数在其上恒等于一个常数. 换言之, 掷骰子的结果落入这个小开区间的概率为零.

为了计算掷骰子的结果 $\in \{2,4,6\}$ 的概率, 我们应该构造一个 **R** 上的连续函数 φ, 使得 φ 在 $\{2,4,6\}$ 这个三点集上等于 1, 在 $\{1,3,5\}$ 上恒等于 0. 这样的连续函数很多, 任取其中的一个, 以下的讨论都是适用的. 事实上,

$$\text{掷骰子的结果} \in \{2,4,6\} \text{的概率} = \int_0^7 \varphi(x) d\psi(x) = \int_a^b \varphi(x) d\psi(x)$$

$$= \sum_{j=1}^6 \varphi(j)(\psi(j) - \psi(j-)) = \frac{1}{6} \sum_{j=1}^6 \varphi(j) = \frac{1}{6} + \frac{1}{6} + \frac{1}{6} = \frac{1}{2},$$

其中 a 和 b 是满足条件 $a < 1$ 和 $b > 6$ 的任何常数.

由以上对 Stieltjes 积分的讨论可知, 积分理论中的测度不必一定是长度 (或面积, 体积) 等具有几何意义的微元. 为了建立有意义的积分理论, 测度作为区间的 "函数" 必须也只须具有所谓的 "可加性", 即, 若某集合 A 是两个集合 B 与 C 之并: $A = B \cup C$, 且 B 与 C 互不相交, 则在集合 A 上的测度恰等于两个互不相交的集合 B 与 C 上的测度之和. 长度, 面积, 体积和概率都具有这个 "可加

性". 它们都可以作为构筑 Stieltjes 积分的积分微元. 我们将在第 9 和第 10 章中认真地研究近代的 "积分与测度" 的理论. 这里只限于对以上定义的 Stieltjes 积分进行讨论. 很容易得到以下关于 Stieltjes 积分的简单性质:

$$\int_a^b \Big(\alpha\varphi(x) + \beta\vartheta(x)\Big)d\psi(x) = \alpha \int_a^b \varphi(x)d\psi(x) + \beta \int_a^b \vartheta(x)d\psi(x),$$

$$\int_a^c \varphi(x)d\psi(x) = \int_a^b \varphi(x)d\psi(x) + \int_b^c \varphi(x)d\psi(x),$$

$$\Big(\varphi(x) \leqslant \vartheta(x)\Big) \wedge \Big(\psi单调不减\Big) \Longrightarrow \int_a^b \varphi(x)d\psi(x) \leqslant \int_a^b \vartheta(x)d\psi(x).$$

下面我们将给出 Stieltjes 积分两条简单而有用的性质的证明.

命题 6.11.2(Stieltjes 积分的换元公式) 设 φ 是闭区间 $[a,b]$ 上的连续函数, 而 ψ 是闭区间 $[a,b]$ 上的连续可微函数 (即导数连续的函数), 则以下的两个积分 (左边的一个是 Stieltjes 积分, 右边的一个是 Riemann 积分) 存在且相等:

$$\int_a^b \varphi(x)d\psi(x) = \int_a^b \varphi(x)\psi'(x)dx.$$

证 对于 $[a,b]$ 的任意一个分划

$$\mathcal{C}: a = x_0 < x_1 < \cdots < x_n = b \tag{6.11.1}'$$

和任意一组从属于分划 (6.11.1) 的选点组 $\boldsymbol{\xi} = \{\xi_1, \cdots, \xi_n\}$, φ 相对于 ψ, 对应于分划 $\mathcal{C}$ 和选点组 $\boldsymbol{\xi}$ 的 Riemann 和是

$$\mathcal{R}(\varphi|\psi; \mathcal{C}, \boldsymbol{\xi}) = \sum_{j=1}^n \varphi(\xi_j)(\psi(x_j) - \psi(x_{j-1})). \tag{6.11.2}'$$

由 Lagrange 中值定理, 对于每个 $j \in \{1, \cdots, n\}$, 有 $\eta_j \in (x_{j-1}, x_j)$, 使得 $\psi(x_j) - \psi(x_{j-1}) = \psi'(\eta_j)(x_j - x_{j-1})$, 故

$$\begin{aligned}
\mathcal{R}(\varphi|\psi; \mathcal{C}, \boldsymbol{\xi}) &= \sum_{j=1}^n \varphi(\xi_j)(\psi(x_j) - \psi(x_{j-1})) \\
&= \sum_{j=1}^n \varphi(\xi_j)\psi'(\eta_j)(x_j - x_{j-1}) \\
&= \sum_{j=1}^n \varphi(\xi_j)\psi'(\xi_j)(x_j - x_{j-1}) \\
&\quad + \sum_{j=1}^n \varphi(\xi_j)(\psi'(\eta_j) - \psi'(\xi_j))(x_j - x_{j-1}). \tag{6.11.4}
\end{aligned}$$

因 φ 在 $[a,b]$ 上有界, ψ' 在 $[a,b]$ 上一致连续, 故

$$\exists M \in \mathbf{R} \forall x \in [a,b](|\varphi(x)| \leqslant M),$$

以及

$$\forall \varepsilon > 0 \exists \delta > 0 (|x - y| < \delta \Longrightarrow |\psi'(x) - \psi'(y)| < \varepsilon).$$

因此,

$$\forall \varepsilon > 0 \exists \delta > 0 \left(\max_{j=1,\cdots,n} |x_j - x_{j-1}| < \delta \Longrightarrow \right.$$

$$\left. \left| \sum_{j=1}^{n} \varphi(\xi_j)(\psi'(\eta_j) - \psi'(\xi_j))(x_j - x_{j-1}) \right| \leqslant M\varepsilon(b-a) \right).$$

这样就证明了

$$\lim_{\max\{|x_j - x_{j-1}| : j \in \{1,\cdots,n\}\} \to 0} \sum_{j=1}^{n} \varphi(\xi_j)(\psi'(\eta_j) - \psi'(\xi_j))(x_j - x_{j-1}) = 0.$$

所以

$$\int_a^b \varphi(x) d\psi(x) = \lim_{\max(|x_j - x_{j-1}|, j=1,\cdots,n) \to 0} \sum_{j=1}^{n} \varphi(\xi_j)\psi'(\xi_j)(x_j - x_{j-1})$$

$$= \int_a^b \varphi(x)\psi'(x) dx. \qquad \square$$

注 同学可以自行证明以下的命题: 若 φ 在 $[a,b]$ 上连续, ψ 在 $[a,b]$ 上单调, 则 Stieltjes 积分 $\int_a^b \varphi(x) d\psi(x)$ 存在. 由此还可得到以下的命题: 若 φ 在 $[a,b]$ 上连续, ψ 在 $[a,b]$ 上连续可微, 则 Stieltjes 积分 $\int_a^b \varphi(x) d\psi(x)$ 存在. 利用后一命题, 命题 6.11.2 的证明可以简化.

命题 6.11.3(Stieltjes 积分的分部积分公式) 设 φ 和 ψ 是闭区间 $[a,b]$ 上的函数, 且 φ 在 $[a,b]$ 上相对于 ψ 是可积的, 则 ψ 在 $[a,b]$ 上相对于 φ 也是可积的, 且

$$\int_a^b \psi(x) d\varphi(x) = \psi(x)\varphi(x) \Big|_a^b - \int_a^b \varphi(x) d\psi(x).$$

证 对于 $[a,b]$ 的任意一个分划

$$\mathcal{C}: a = x_0 < x_1 < \cdots < x_n = b \tag{6.11.1}''$$

和任意一组属于分划 (6.11.1) 的选点组 $\boldsymbol{\xi} = \{\xi_1, \cdots, \xi_n\}$, ψ 相对于 φ, 对应于分划 $\mathcal{C}$ 和选点组 ξ 的 Riemann 和

$$\mathcal{R}(\psi|\varphi;\mathcal{C},\boldsymbol{\xi}) = \sum_{j=1}^{n} \psi(\xi_j)(\varphi(x_j) - \varphi(x_{j-1}))$$

$$= \sum_{j=1}^{n} \psi(\xi_j)\varphi(x_j) - \sum_{j=1}^{n} \psi(\xi_j)\varphi(x_{j-1})$$

$$= \sum_{j=1}^{n} \psi(\xi_j)\varphi(x_j) - \sum_{j=0}^{n-1} \psi(\xi_{j+1})\varphi(x_j)$$

$$= \psi(\xi_n)\varphi(x_n) - \psi(\xi_1)\varphi(x_0) - \sum_{j=1}^{n-1} (\psi(\xi_{j+1}) - \psi(\xi_j))\varphi(x_j).$$

为了方便, 设 $\xi_0 = a$, $\xi_{n+1} = b$, 我们有

$$\mathcal{R}(\psi|\varphi;\mathcal{C},\boldsymbol{\xi}) = \psi(b)\varphi(b) - \psi(a)\varphi(a) - \sum_{j=0}^{n} (\psi(\xi_{j+1}) - \psi(\xi_j))\varphi(x_j)$$

$$= \psi(b)\varphi(b) - \psi(a)\varphi(a) - \mathcal{R}(\varphi|\psi;\mathcal{C}',\boldsymbol{\xi}'),$$

其中

$$\mathcal{C}': \quad a = \xi_0 < \xi_1 < \cdots < \xi_{n+1} = b,$$

而

$$\xi'_k = x_{k-1}, \quad k = 1, 2, \cdots, n+1.$$

让分划 $\mathcal{C}$ 的小区间的长度之最大者趋于零, 则 $\mathcal{C}'$ 的长度之最大者也随之趋于零, 故有

$$\int_a^b \psi(x)d\varphi(x) = \psi(x)\varphi(x)\Big|_a^b - \int_a^b \varphi(x)d\psi(x). \qquad \Box$$

*§6.12   补充教材三: 单摆的平面运动和椭圆函数

6.12.1   一维的非线性振动的例: 单摆的平面运动

在中学物理中已学过单摆的平面运动. **单摆**是个质点, 它通过一个长度为 l 的连杆与一个固定点连在一起, 因而它的运动限制在以固定点为球心, l 为半径的球面上, 单摆的平面运动是指运动轨迹在该球面与一个过那固定点的平面相交而得的圆周上的单摆运动. 取单摆的固定点为笛卡儿坐标的原点, 在那过固定点的平面上取 X 和 Y 轴, X 轴是水平的, Y 轴是向下铅垂的, 单摆的质量是 m, 则单摆的位置 (x,y) 是

$$\begin{cases} x = l\sin\theta, \\ y = l\cos\theta, \end{cases}$$

其中 θ 是单摆与 Y 轴的夹角, 它是时间变量 t 的函数, l 是摆长, 它 (相对于时间变量 t) 是常数. 作用在单摆上的力共两个: 重力及单摆与固定点之间的连杆给单摆的约束力. 重力的方向铅垂向下, 数值为 mg, 其中 g 为重力加速度. 由连杆产生的约束力的方向沿连杆向着固定点, 数值的大小应使得它与重力在连杆方向的投影之和正好等于零. 这样才能保证单摆作圆周运动. 剩下的作用在单摆上的力应是沿着以原点为圆心, l 为半径的圆周的切线方向的. 因此它正好与连杆垂直并朝向平衡位置 $(0, l)$, 而数值应是 $-mg\cos(\pi/2 - \theta) = -mg\sin\theta$. 这个力产生单摆圆周运动的角加速度是 $\ddot{\theta}$, 应满足方程:

$$ml\ddot{\theta} = -mg\sin\theta,$$

故得到角变量 θ 应满足的方程:

$$\ddot{\theta} = -\frac{g}{l}\sin\theta. \tag{6.12.1}$$

假若 θ 很小, $\sin\theta \approx \theta$. 方程 (6.12.1) 可由以下方程近似地替代:

$$\ddot{\theta} = -\frac{g}{l}\theta. \tag{6.12.2}$$

这恰是在 5.10.1 段中讨论过的一维谐振子方程 (5.10.1), 那里的 ω^2 相当于这里的 g/l. 这告诉我们, 小振幅的平面单摆近似地是一维谐振子. 所以小振幅的平面单摆是周期运动, 它的频率是一个与振幅无关的数: $2\pi\sqrt{g/l}$. 这个称为摆的等时性的结果是伟大的意大利科学家 Galileo 首先经过观察与实验发现的.

若振幅不是很小, 我们必须使用方程 (6.12.1), 而不是 (6.12.2) 来刻画单摆的运动. 这时方程的解就不能用已知的初等函数来表示了. 正像已知的初等函数 (如三角函数, 指数函数等) 是人类在探索大自然现象的规律时发现并加以研究的一样, 在进一步探索大自然过程中遇到无法用已知的函数刻画的规律时, 人类便得到了发现新函数的机遇. 在研究振幅不很小的单摆运动时, 人们发现了一种新函数: **椭圆函数**. 它将扮演三角函数 (常称为圆函数) 在表达振幅很小的单摆运动规律时所扮演的角色.

由方程 (6.12.1), 我们有

$$ml^2\dot{\theta}\ddot{\theta} = -mgl\dot{\theta}\sin\theta,$$

或

$$\frac{d}{dt}\left(\frac{ml^2}{2}(\dot{\theta})^2 - mgl\cos\theta\right) = 0. \tag{6.12.3}$$

因此

$$\frac{ml^2}{2}(\dot{\theta})^2 - mgl\cos\theta = \text{const.} \tag{6.12.3}'$$

上式中的常数是指相对于时间 t 的常数. (6.12.3)′ 的左端第一项是单摆的动能, 第二项则是单摆的位 (势) 能. 方程 (6.12.3)′ 就是中学物理课上学过的总能 (= 动能 + 位能) 守恒定律用微积分语言表达的数学形式. 这个相对于时间 t 的总能常量通常记做 E:

$$E = \frac{ml^2}{2}(\dot\theta)^2 - mgl\cos\theta. \qquad (6.12.3)''$$

由此得到

$$\frac{d\theta}{dt} = \sqrt{\frac{2}{ml^2}(E + mgl\cos\theta)}.$$

一个等价的表述是

$$dt = \frac{d\theta}{\sqrt{\dfrac{2}{ml^2}(E + mgl\cos\theta)}}.$$

所以, 我们有

$$\int \frac{d\theta}{\sqrt{\dfrac{E}{mgl} + \cos\theta}} = \sqrt{\frac{2g}{l}} \int dt. \qquad (6.12.4)$$

当 θ 很小时, 用近似公式

$$\cos\theta \approx 1 - \frac{\theta^2}{2}.$$

代入 (6.12.4) 便得到以下的近似公式

$$\int \frac{d\theta}{\sqrt{\dfrac{E}{mgl} + 1 - \dfrac{\theta^2}{2}}} = \sqrt{\frac{2g}{l}} \int dt. \qquad (6.12.5)$$

方程 (6.12.5) 中的两个积分皆可用初等函数表示. 经过计算可以看出, 我们又得到一维谐振子的结果. 对于一般的 θ, 方程 (6.12.4) 的左端的积分不再能用初等函数表示. 为了讨论方便, 对方程 (6.12.4) 左端的积分作一个适当的换元. 设 θ_0 是 θ 的振幅: $\theta_0 = \sup\limits_{t\in\mathbf{R}} |\theta(t)|$. 当 $\theta = \theta_0$ 时, $\dot\theta = 0$. 根据 (6.12.3)″, 这时应有 $E = -mgl\cos\theta_0$. 故 (6.12.4) 左端的积分成为

$$\int \frac{d\theta}{\sqrt{\dfrac{E}{mgl} + \cos\theta}} = \int \frac{d\theta}{\sqrt{\cos\theta - \cos\theta_0}} = \int \frac{d\theta}{\sqrt{2}\sqrt{\sin^2(\theta_0/2) - \sin^2(\theta/2)}}. \qquad (6.12.6)$$

今作换元 $\sin(\theta/2) = \sin(\theta_0/2)\sin\phi$, 则

$$d\theta = \frac{2k\cos\phi d\phi}{\sqrt{1 - k^2\sin^2\phi}} \quad \text{或等价地} \quad \frac{1}{2}\cos(\theta/2)d\theta = k\cos\phi d\phi,$$

其中 $k = \sin(\theta_0/2)$, 当然, $|k| \leqslant 1$. 故方程 (6.12.4) 变成

$$t = \sqrt{\frac{l}{2g}} \int_0^\phi \frac{2k\cos u\, du}{\sqrt{2k^2(1-\sin^2 u)(1-k^2\sin^2 u)}} = \sqrt{\frac{l}{g}} \int_0^\phi \frac{du}{\sqrt{1-k^2\sin^2 u}}. \quad (6.12.7)$$

积分下限取为 0, 使得 $t = 0$ 时单摆正处在最低点. 假若单摆振幅不大, $k = \sin(\theta_0/2)$ 便很小, 单摆的周期可以展成 k^2 的幂级数:

$$\begin{aligned}
T &= 4\sqrt{\frac{l}{g}} \int_0^{\pi/2} \frac{du}{\sqrt{1-k^2\sin^2 u}} \\
&= 4\sqrt{\frac{l}{g}} \int_0^{\pi/2} \left(1 + \frac{1}{2}k^2\sin^2 u + \frac{3}{8}k^4\sin^4 u + \cdots\right) du \\
&= 2\pi\sqrt{\frac{l}{g}}\left(1 + \frac{k^2}{4} + \frac{9k^4}{64} + \cdots\right). \quad (6.12.8)
\end{aligned}$$

Galileo 根据观察数据认为单摆的周期不依赖于振幅. 这个结论只在单摆振幅很小时才近似地成立. 振幅大时是不对的. 不过, 即使振幅达到最大时:$\theta_0 = \pi/2$, 周期也只增长 17%.

应该指出, 方程 (6.12.7) 右端积分的被积函数的原函数是不能用 u 的初等函数表示的. 所以, 在方程 (6.12.8) 中我们计算积分时不得不用级数展开.Legendre 把这个被积函数的原函数不能用 u 初等函数表示的积分称为**第一类型的椭圆积分**. 还有第二类型和第三类型的椭圆积分, 本讲义不去讨论了, 有兴趣的同学可参看 [11].

6.12.2 描述单摆平面运动的椭圆函数

在描述单摆的平面运动时, 我们遇到了不能用初等函数表示的积分 (6.12.7). 去掉无关紧要的常数因子, 作一适当的换元, 积分 (6.12.7) 可以变成以下形式的积分

$$t = \int_0^s \frac{dx}{\sqrt{(1-x^2)(1-k^2x^2)}} \quad (|k| \leqslant 1). \quad (6.12.9)$$

当 $k = 0$ 时, 积分 (6.12.9) 就是反正弦函数 $t = \arcsin s$, 或者 $s = \sin t$. 它也可以用求解以下的微分方程而得到:

$$\frac{ds}{dt} = \frac{1}{\dfrac{dt}{ds}} = \sqrt{1-s^2},$$

$$\frac{d^2 s}{dt^2} = -\frac{s}{\sqrt{1-s^2}}\frac{ds}{dt} = -s.$$

当 $k \neq 0$ 时, 仿照上述方法,Jacobi 于 1827 年引进了椭圆函数. 由方程 (6.12.9) 出发, 我们有

$$\frac{ds}{dt} = \sqrt{(1-s^2)(1-k^2s^2)} \tag{6.12.10}$$

和

$$\frac{d^2s}{dt^2} = -(1+k^2)s + 2k^2s^3. \tag{6.12.11}$$

这是个非线性二阶常微分方程. 当 k 接近零时, 它接近线性谐振子方程:

$$\frac{d^2s}{dt^2} = -s. \tag{6.12.11}'$$

方程 (6.12.11)′ 的满足初条件

$$s(0) = 0, \quad \dot{s}(0) = 1$$

的解是正弦函数 $s = \sin t$.

Jacobi 把方程 (6.12.11) 的满足初条件

$$s(0) = 0, \quad \dot{s}(0) = 1$$

的 (周期) 解称为**椭圆正弦函数**, 记做

$$\operatorname{sn} t = s(t). \tag{6.12.12}$$

我们知道满足方程 (6.12.10) 的函数 $s(t)$ 必满足方程 (6.12.11). 反之, 满足方程 (6.12.11) 及初条件 $s(0) = 0$, $\dot{s}(0) = 1$ 的函数 $s(t)$ 必满足方程 (6.12.10). 这个结论可如下推得: 设 $u = \dfrac{ds}{dt}$, 由方程 (6.12.11), 有

$$u\frac{du}{ds} = -(1+k^2)s + 2k^2s^3, \tag{6.12.11}''$$

或等价地, 有

$$\frac{d(u^2)}{2} = \left(-(1+k^2)s + 2k^2s^3\right)ds. \tag{6.12.11}'''$$

解出这个方程并注意到初条件便得方程 (6.12.10).

由方程 (6.12.10), 为了有实值函数的解 $s(t)$, 应要求 $|s| \leqslant 1$. 按椭圆正弦函数 sn 的定义, 有

$$dt = \frac{ds}{\sqrt{(1-s^2)(1-k^2s^2)}}, \quad s(0) = 0.$$

故

$$t = \int_0^{\operatorname{sn} t} \frac{dx}{\sqrt{(1-x^2)(1-k^2x^2)}}. \tag{6.12.13}$$

sn$t$ 的极大值为 1. 使得 sn$t$ 达到极大值的时刻是

$$K(k) = \int_0^1 \frac{dx}{\sqrt{(1-x^2)(1-k^2x^2)}}. \tag{6.12.14}$$

由 (6.12.8), 椭圆正弦函数 sn 的周期是 $4K(k)$. 确切些说, 原先只在 $[0, K(k)]$ 上有定义的 sn t 延拓到 **R** 上的定义是这样的: sn t 在 $[0, 4K(k)]$ 上的值定义如下:(等式右端的 sn 是原先在 $[0, K(k)]$ 上定义的 sn)

$$\text{sn } t = \begin{cases} \text{sn } t, & \text{当} 0 \leqslant t \leqslant K(k) \text{时}, \\ \text{sn}(2K(k) - t), & \text{当} K(k) \leqslant t \leqslant 2K(k) \text{时}, \\ -\text{sn}(t - 2K(k)), & \text{当} 2K(k) \leqslant t \leqslant 3K(k) \text{时}, \\ -\text{sn}(4K(k) - t), & \text{当} 3K(k) \leqslant t \leqslant 4K(k) \text{时}. \end{cases}$$

然后将 sn 以 $4K(k)$ 为周期延拓至整个 **R** 上. 仿照三角函数 (又称圆函数), 很自然地引进**椭圆余弦函数**

$$\text{cn} t = \pm\sqrt{1 - \text{sn}^2 t}, \tag{6.12.15}$$

符号 $\pm$ 的选取规则和 cos 相仿. 不难看出,

$$\frac{d\text{sn} t}{dt} = \text{cn} t \text{dn} t, \tag{6.12.16}$$

$$\frac{d\text{cn} t}{dt} = -\text{sn} t \text{dn} t, \tag{6.12.17}$$

其中

$$\text{dn} t = \sqrt{1 - k^2 \text{sn} t}. \tag{6.12.18}$$

由此, 我们有

$$\frac{d^2\text{cn} t}{dt^2} = -(1 - 2k^2)\text{cn} t - 2k^2 \text{cn}^3 t. \tag{6.12.19}$$

值得注意的是二阶微分方程 (6.12.19) 与 sn 所服从的二阶微分方程 (6.12.11) 是不一样的. 这与 sin 和 cos 服从同一个二阶微分方程有异. sin 和 cos 是**椭圆函数** sn 和 cn 在 $k = 0$ 时的特殊情形. sin 和 cos 称为圆函数. 和 sin 和 cos 一样, 椭圆函数 sn 和 cn 最合适的研究场地是复平面. 我们在这里之所以插入这一段, 是想向同学说明, 在研究大自然现象的规律时, 人类会学到和发现许多有趣的数学. 这就是伟大的意大利科学家 Galileo 的名言:"**大自然这部巨著是用数学的语言写成的**" 的真谛. 本讲义在以后的讨论中将用更多的例子来阐明 Galileo 对大自然与数学关系的这个凝聚了人类深邃智慧的论述. 应该指出的是: 这个本来是从力学问题的研究中引出的椭圆函数后来经过许多数学家的努力发展成了内容极为丰富的纯数学的一支. 它在椭圆曲线理论的研究中是个重要的工具. 而后者在上世纪末 A.Wiles 证明 Fermat 大定理时扮演了重要的角色. 这似乎告诉我们: 应用数学与纯数学之间存在着常常是出乎意料的千丝万缕的联系. 人为地将它们割裂开或对立起来都是不可取的.

*§6.13   补充教材四：上、下积分的定义

闭区间 $[a,b]$ 上的**阶梯函数** f 是指这样的函数, 对于它, 闭区间 $[a,b]$ 上有有限个分点

$$a = a_0 < a_1 < \cdots < a_{n-1} < a_n = b,$$

使得 f 在每个开区间 (a_{i-1}, a_i) 上取常值: $\forall x \in (a_{i-1}, a_i)(f(x) = c_i)$, 其中 c_i 是不依赖于 $x \in (a_{i-1}, a_i)$ 的常数. 易见, 阶梯函数 f 在 $[a,b]$ 上是 Riemann 可积的, 事实上, 不必用 Riemann 积分的一般理论, 它的 Riemann 积分可以用下式定义:

$$\int_a^b f(x)dx = \sum_{i=1}^n c_i(a_i - a_{i-1}).$$

我们用 $T = T[a,b]$ 表示 $[a,b]$ 上的下半连续的阶梯函数全体, $S = S[a,b]$ 表示 $[a,b]$ 上的上半连续的阶梯函数全体.

定义 6.13.1   设 f 是闭区间 $[a,b]$ 上的有界 (实值) 函数, 则 f 在 $[a,b]$ 上的**上积分**和**下积分**分别定义为

$$\overline{\int_a^b} f(x)dx = \inf_{g \in S,\ g \geqslant f} \int_a^b g\,dx$$

和

$$\underline{\int_a^b} f(x)dx = \sup_{g \in T,\ g \leqslant f} \int_a^b g\,dx.$$

易见

$$\overline{\int_a^b} f(x)dx \geqslant \underline{\int_a^b} f(x)dx.$$

定理 6.13.1   设 f 是闭区间 $[a,b]$ 上的有界函数, 则 f 在 $[a,b]$ 上 Riemann 可积, 当且仅当

$$\overline{\int_a^b} f(x)dx = \underline{\int_a^b} f(x)dx.$$

这时,

$$\int_a^b f(x)dx = \overline{\int_a^b} f(x)dx = \underline{\int_a^b} f(x)dx.$$

证   定理 6.1.3 告诉我们, 函数 f 在 $[a,b]$ 上 (Riemann) 可积的充分必要条件是: 任给 $\varepsilon > 0$, 有一个分划

$$a = x_0 < x_1 < \cdots < x_n = b, \tag{6.13.1}$$

使得

$$\sum_{\omega_i \geqslant \varepsilon} (x_i - x_{i-1}) < \varepsilon. \tag{6.13.2}$$

其中

$$\omega_i = \sup_{\xi_i \in (x_{i-1}, x_i)} f(\xi_i) - \inf_{\xi_i \in (x_{i-1}, x_i)} f(\xi_i).$$

假若满足条件 (6.13.2) 的分划 (6.13.1) 存在, 构造阶梯函数 g 与 h 如下:

$$g(x) = \begin{cases} \displaystyle\sup_{\xi_i \in (x_{i-1}, x_i)} f(\xi_i), & \text{当 } x \in (x_{i-1}, x_i),\ i = 1, \cdots, n \text{时}, \\ \\ f(x_i), & \text{当 } x = x_i,\ i = 0, \cdots, n \text{时}; \end{cases}$$

$$h(x) = \begin{cases} \displaystyle\inf_{\xi_i \in (x_{i-1}, x_i)} f(\xi_i), & \text{当 } x \in (x_{i-1}, x_i),\ i = 1, \cdots, n \text{时}, \\ \\ f(x_i), & \text{当 } x = x_i,\ i = 0, \cdots, n \text{时}. \end{cases}$$

易见

$$h \leqslant f \leqslant g,$$

故

$$\int h dx \leqslant \underline{\int_a^b} f(x) dx \leqslant \int f dx \leqslant \overline{\int_a^b} f(x) dx \leqslant \int g dx.$$

因此

$$\overline{\int_a^b} f(x) dx - \underline{\int_a^b} f(x) dx \leqslant \int g dx - \int h dx$$

$$= \sum_{i=1}^n \sup_{\xi_i \in (x_{i-1}, x_i)} f(\xi_i)(x_i - x_{i-1}) - \sum_{i=1}^n \inf_{\xi_i \in (x_{i-1}, x_i)} f(\xi_i)(x_i - x_{i-1})$$

$$= \sum_{i=1}^n \omega_i (x_i - x_{i-1}) = \sum_{\omega_i \geqslant \varepsilon} \omega_i (x_i - x_{i-1}) + \sum_{\omega_i < \varepsilon} \omega_i (x_i - x_{i-1}).$$

$$\leqslant \left[\sup_{x \in [a,b]} f(x) - \inf_{x \in [a,b]} f(x) \right] \sum_{\omega_i \geqslant \varepsilon} (x_i - x_{i-1}) + \varepsilon[b-a]$$

$$\leqslant \left(\left[\sup_{x \in [a,b]} f(x) - \inf_{x \in [a,b]} f(x) \right] + [b-a] \right) \varepsilon.$$

由于 ε 是任意正数, 得到

$$\overline{\int_a^b} f(x) dx = \underline{\int_a^b} f(x) dx. \tag{6.13.3}$$

反之, 假设 (6.13.3) 成立. 对于任给的 $\varepsilon > 0$, 必有两个阶梯函数 g 和 h, 使得

$$h \leqslant f \leqslant g, \quad \text{且} \quad \int g dx - \int h dx \leqslant \varepsilon.$$

设阶梯函数 g 和 h 对应的分划分别是

$$a = x_0 < x_1 < \cdots < x_n = b \tag{6.13.4}$$

和

$$a = y_0 < y_1 < \cdots < y_m = b, \tag{6.13.5}$$

将 (6.13.4) 和 (6.13.5) 的分点并在一起, 得到个新的分划

$$a = z_0 < z_1 < \cdots < z_p = b. \tag{6.13.6}$$

对应于新分划 (6.13.6), 构造阶梯函数 g_1 与 h_1 如下:

$$g_1(x) = \begin{cases} \sup\limits_{\xi_i \in (z_{i-1}, z_i)} f(\xi_i), & \text{当 } x \in (z_{i-1}, z_i), i = 1, \cdots, p \text{时}, \\[2mm] f(z_i), & \text{当 } x = z_i, i = 0, \cdots, p \text{时}; \end{cases}$$

$$h_1(x) = \begin{cases} \inf\limits_{\xi_i \in (z_{i-1}, z_i)} f(\xi_i), & \text{当 } x \in (z_{i-1}, z_i), i = 1, \cdots, p \text{时}, \\[2mm] f(z_i), & \text{当 } x = z_i, i = 0, \cdots, p \text{时}. \end{cases}$$

易见

$$h \leqslant h_1 \leqslant g_1 \leqslant g.$$

故

$$\sum_{i=1}^{p} \omega_i (z_i - z_{i-1}) = \int (g_1 - h_1) dx \leqslant \int (g - h) dx \leqslant \varepsilon,$$

其中 $\omega_i = \sup\limits_{\xi_i \in (z_{i-1}, z_i)} f(\xi_i) - \inf\limits_{\xi_i \in (z_{i-1}, z_i)} f(\xi_i)$. 由此, 不难看出, 定理 6.1.3 中的条件得以满足. 所以 f 可积. □

　　注　有的书在用定义 6.13.1 定义了上, 下积分后, 用定理 6.13.1 的叙述作为函数 Riemann 可积及其 Riemann 积分的定义.

进一步阅读的参考文献

一元函数积分学可以在以下参考文献中找到:

[1] 的第六章介绍一元积分学. 第六章的第 6 节中介绍了 Euler-Maclaurin 求和公式及其应用.

[4] 的第二章介绍一元积分学, 当然, 它是 Bourbaki 风格的积分学. 第五章介绍渐近展开. 第六章介绍 Euler-Maclaurin 求和公式, 第七章介绍 Gamma 函数.

[6] 的第五章介绍一元积分学.

[11] 的第八章介绍不定积分, 第九章介绍定积分, 第十章介绍定积分的应用. 第九章的第 308 节介绍了 Legendre 多项式.[11] 的这三章内容十分丰富.

[14] 的第一卷的第七章介绍一元积分学. 它用积分是个正泛函的观点直接介绍一元 Lebesgue 积分. 简略地讨论了 Riemann 可积性. 介绍十分简练.

[15] 的第十章介绍一元积分学, 第十一章介绍反常积分和 Riemann-Stieltjes 积分. 第十二章介绍积分的应用, 包括 Euler-Maclaurin 求和公式.

[22] 的第三章第 2 节介绍一元积分学.

[24] 的第六章较详细地介绍了一元积分学.

附录 部分练习及附加习题的提示

第 1 章

1.1.1 因 $x \in \varnothing$ 永远不真, 故 $(x \in \varnothing) \Longrightarrow (x \in A)$ 永远真. 换言之, $\varnothing \subset A$.

1.1.2 (ii) 是对的. 这是反证法的根据.

1.3.1 (ii) 为了证明 $f(A) \neq \varnothing$, 只须证明 $\exists x \in A(f(x) \in f(A))$.

1.3.3 不永远成立. 例如, $X = Y = \mathbf{R}$, 而 $f(x) = x^2$. 取 $B = (-2, -1) \neq \varnothing$, 有 $f^{-1}(B) = \varnothing$.

1.3.4 (ii) 假设有 $x_1 \neq x_2$, 但 $\varphi(x_1) = \varphi(x_2) = y$(参看练习 1.3.3 的提示). 令 $E_i = \{x_i\}$, $i = 1, 2$. 易见, $\varphi(E_1 \cap E_2) = \varnothing \neq \{y\} = \varphi(E_1) \cap \varphi(E_2)$.

1.3.6 请参考 1.3.4(ii) 的提示.

1.3.7 请参考 1.3.4(ii) 的提示.

1.4.1 我们有以下对任何映射都成立的公式:

$$\forall A \subset X(A \subset f^{-1}(f(A))), \quad \text{而} \quad \forall B \subset Y(f(f^{-1}(B)) \subset B).$$

反复使用以上公式, 便有 $f(f^{-1}(f(A))) = f(A)$, 故 $\forall A \subset X(f^{-1}(f(A)) \setminus A = \varnothing) \Longleftrightarrow f$ 是单射. 同理 $f^{-1}(f(f^{-1}(B))) = f^{-1}(B)$, 故

$$\forall B \subset Y(B \setminus f(f^{-1}(B)) = \varnothing) \Longleftrightarrow f \text{ 是满射}.$$

1.4.2 由练习 1.3.4 的 (i), 有

$$f\left(\bigcap_{\alpha \in I} E_\alpha\right) = \bigcap_{\alpha \in I} f(E_\alpha) \Longleftrightarrow f\left(\bigcap_{\alpha \in I} E_\alpha\right) \supset \bigcap_{\alpha \in I} f(E_\alpha).$$

假设 f 是单射, 我们要证明上式右端的包含关系成立. 今设 $y \in \bigcap_{\alpha \in I} f(E_\alpha)$, 换言之, $\forall \alpha \in I \exists x_\alpha \in E_\alpha \left(y = f(x_\alpha)\right)$. 因 f 是单射, 故所有的 x_α 等于同一个元素, 记为 x. 这个 x 属于所有的 E_α, 换言之,

$$x \in \bigcap_{\alpha \in I} E_\alpha, \quad \text{且} \quad y = f(x).$$

所以, $y \in f\left(\bigcap_{\alpha \in I} E_\alpha\right)$. 我们得到了比 (ii) 更强的结论. 特别, 我们证明了

$$(i) \Longrightarrow (ii).$$

(ii)$\Longrightarrow$(iii) 是显然的.

下面我们要证明: (iii)$\Longrightarrow$(i). 假设 f 非单射, 则有 $x_1 \neq x_2$, 但 $f(x_1) = f(x_2) = y$. 令 $E_i = \{x_i\}$, $i = 1, 2$. 易见, $f(E_1 \cap E_2) = \varnothing \neq \{y\} = f(E_1) \cap f(E_2)$.

(iv)$\Longleftrightarrow$(iii) 的证明基于以下两条事实: $B \subset A \Longleftrightarrow B \cap A^C = \varnothing$ 及 $A \setminus B = A \cap B^C$.

1.4.4 (i) 有. 例如

$$\psi : (x_1, \cdots, x_n, \cdots) \mapsto (0, x_1, \cdots, x_n, \cdots).$$

(ii) 不唯一. (iii) 无. (iv) 非.

1.5.1 (i) 每个非空开区间必含有一个有理数, 两个不相交的非空开区间所含有的两个点不可能相等.

(ii) **Q** 的子集至多可数.

1.5.2 $(0, 1)$ 有可数子集 $S.S \cup \{0, 1\}$ 也可数, 换言之, 有双射 $\varphi : S \to S \cup \{0, 1\}$. 易见, 如下定义的映射 ψ 是 $(0, 1) = \big((0, 1) \setminus S\big) \cup S$ 到 $[0, 1] = \big((0, 1) \setminus S\big) \cup (S \cup \{0, 1\})$ 上的双射:

$$\psi(x) = \begin{cases} \varphi(x), & \text{若 } x \in S, \\ x, & \text{若 } x \in (0, 1) \setminus S. \end{cases}$$

$(0, 1)$ 与 $(0, 1]$ 或 $[0, 1)$ 之间的双射可类似地建立.

1.5.3 试证: 映射 $A \mapsto 1_A$ 是 2^X 到 Y 上的双射.

1.5.4 用归纳法.

1.5.5 (i) 利用命题 1.5.1 的 (1) 和例 1.5.1 的结果.

(ii) 不妨设 $A = \{1, 2, \cdots, n\}$, 然后对 n 作归纳法. 先设 $\varphi : A \to B$ 是双射, 其中 B 是 A 的真子集. 若 $\varphi(n) = n$, 归纳推演很容易完成. 一般情形不难化成以上情形.

1.6.1 (i) 闭长方形. (ii) 开长方形. (iii) 带两根边的长方形. (iv) 闭圆柱面. (v) 环面.

1.6.3 (1) 因 $X = \bigcup\limits_{\alpha \in I} X_\alpha$, 故

$$\forall x \in X \exists \alpha \in I \Big(x \in X_\alpha \Big),$$

所以, $\forall x \in X((x,x) \in \mathcal{R})$. $\mathcal{R}$ 的自反性证得. 设 $(x,y) \in \mathcal{R}$, 换言之, $\exists \alpha \in I((x \in X_\alpha) \wedge (y \in X_\alpha))$. 所以, $(y,x) \in \mathcal{R}$. $\mathcal{R}$ 的对称性证得. 设 $(x,y) \in \mathcal{R}$ 且 $(y,z) \in \mathcal{R}$, 则 $\exists \alpha \in I(x, y \in X_\alpha)$ 且 $\exists \beta \in I(y, z \in X_\beta)$. 因 $y \in X_\alpha \cap X_\beta$, 故 $\beta = \alpha$. 所以, $x, z \in X_\alpha$, 换言之, $(x,z) \in \mathcal{R}$. $\mathcal{R}$ 的传递性证得. $\mathcal{R}$ 是等价关系.

(2) (i) 应该证明的是: $(X_x \cap X_y \neq \varnothing) \Longrightarrow (X_x = X_y)$. 设 $z \in X_x \cap X_y$, 又设 $w \in X_x$, 则我们有

$$((x,z) \in \mathcal{R}) \wedge ((y,z) \in \mathcal{R}) \wedge ((x,w) \in \mathcal{R}).$$

由 $\mathcal{R}$ 的对称性, $(z,x) \in \mathcal{R}$. 由 $\mathcal{R}$ 的传递性, $(y,x) \in \mathcal{R}$. 再由 $\mathcal{R}$ 的传递性, $(y,w) \in \mathcal{R}$. 换言之, $w \in X_y$, 即 $X_x \subset X_y$. 同理, $X_y \subset X_x$. 所以 $X_x = X_y$.

(ii) 由 $\mathcal{R}$ 的自反性, 对一切 $x \in X$, $(x,x) \in \mathcal{R}$. 所以 $x \in X_x$. $X = \bigcup_{x \in X} X_x$ 证得.

1.6.4　(i) 和 (ii) 是等价关系, (iii) 不是. (i) 的等价类就是同余类. (ii) 的等价类相当于一个有理数.

1.6.7　(i), (ii) 和 (iv) 是偏序, (iii) 不是.

1.6.8　$a = a_0.a_1a_2\cdots, b = b_0.b_1b_2\cdots$. 设 $m = \min\{k : a_k \neq b_k\}$, 有 $a_j = b_j, j = 0, 1, \cdots, m-1, a_m < b_m$, 试证: 不会出现满足以下条件的情况: 有个 $m \in \mathbf{Z}_+$, 使得

$$b_j = \begin{cases} a_j, & \text{若 } j < m, \\ a_m + 1, & \text{若 } j = m, \\ 0, & \text{若 } j > m, \end{cases}$$

且

$$a_j = 9, \qquad j = m+1, m+2, \cdots.$$

试用十进制小数来构造 c.

1.7.1　先证明: $a + (b+1) = (a+b) + 1$. 然后用数学归纳法再证一般情形下的结合律 (1.7.1).

1.7.2　注意到: $1 + 1 = 1 + 1$. 先用归纳原理证明: $a + 1 = 1 + a$. 然后再用归纳原理和加法的结合律证明: $a + b = b + a$.

1.7.3　(i) 归纳法.　(ii) 归纳法.　(iii) 利用归纳法并注意 (i).

1.7.4　(iii) 利用归纳原理, 注意 (ii).　(iv) 以 $x = y = 1$ 代入 (iii) 中的等式.　(v) 用归纳法.　(vi) 利用 (iii).　(vii) 利用 (iii).　(viii) 利用 (vi).　(ix) 归纳法. 可以对 n 归纳, 也可以对 k 归纳.

1.7.5 (i) 考虑它与 $\sum_{j=1}^{2n} j$ 的关系;

(ii) 考虑它与 $\sum_{j=1}^{2n} j^2$ 的关系; (iii) $\frac{1}{j(j+1)} = \frac{1}{j} - \frac{1}{j+1}$;

(iv) $\frac{2j+1}{j^2(j+1)^2} = \frac{1}{j^2} - \frac{1}{(j+1)^2}$.

1.7.7 (ii) 用 (c'). (iv) 用 (b).

1.8.2 利用定理 1.8.1 和 §1.5 的练习 1.5.1.

1.8.3 集合 $\mathbf{R} \setminus \mathbf{Q}$ 是无限集, 有可数集 $A \subset \mathbf{R} \setminus \mathbf{Q}$. 注意: $\mathbf{R} \setminus \mathbf{Q} = [(\mathbf{R} \setminus \mathbf{Q}) \setminus A] \cup A$. 而 $\mathbf{R} = [(\mathbf{R} \setminus \mathbf{Q}) \setminus A] \cup (A \cup \mathbf{Q})$.

第 2 章

2.2.1 用数学归纳法证明.

2.2.2 用 Newton 二项式定理证明.

2.2.3 利用恒等式: $b^k - a^k = (b-a)(b^{k-1} + b^{k-2}a + \cdots + ba^{k-2} + a^{k-1})$.

2.2.4 对 $x \geqslant y$ 和 $x < y$ 两种情形分别处理.

2.3.1 因每个 b_m 是点列 $\{a_n\}_{n=1}^{\infty}$ 的上界, 故点列 $\{a_n\}_{n=1}^{\infty}$ 有上确界, 同理, 点列 $\{b_n\}_{n=1}^{\infty}$ 有下确界. 又 $\inf_{m \in \mathbf{N}} b_m$ 是点列 $\{a_n\}_{n=1}^{\infty}$ 的上界. 所以, $\sup_{n \in \mathbf{N}} a_n \leqslant \inf_{n \in \mathbf{N}} b_n$. 由此, $\bigcap_{n \in \mathbf{N}} [a_n, b_n] \supset [\sup_{n \in \mathbf{N}} a_n, \inf_{n \in \mathbf{N}} b_n] \neq \varnothing$ 证得. 另一方面, 若 $x < \sup_{n \in \mathbf{N}} a_n$, 必有某个 $a_m > x$. 同理, 若 $x > \inf_{n \in \mathbf{N}} b_n$, 必有某个 $b_m < x$. 这就证明了 $\bigcap_{n \in \mathbf{N}} [a_n, b_n] = [\sup_{n \in \mathbf{N}} a_n, \inf_{n \in \mathbf{N}} b_n]$.

2.3.2 (i) 若 $r \notin (k, l)$, 令 $[g, h] = [(2k+l)/3, (k+2l)/3]$. 若 $r \in (k, l)$, 令 $[g, h] = [(2r+l)/3, (r+2l)/3]$.

2.3.3 (i) $a \in K$. (ii) b 是 K 的一个上界.

(iv) 有 $c \in K$ 使得 $c > M - \varepsilon$, 换言之, $[a, c]$ 能被开区间族 $\{I_\alpha : \alpha \in J\}$ 中某有限子族所覆盖. 当然, $[a, M - \varepsilon] \subset [a, c]$ 能被开区间族 $\{I_\alpha : \alpha \in J\}$ 中某有限子族所覆盖.

(v) 只需证明: 有 $\varepsilon > 0$ 及 $\alpha \in J$, 使得 $[M - \varepsilon, M] \subset I_\alpha$. 而这是因为有 $\alpha \in J$, 使得 $M \in I_\alpha$. I_α 是开区间, 有 $\varepsilon > 0$, 使得 $[M - \varepsilon, M] \subset I_\alpha$.

(vi) 若 $M < b$, 则利用 (v) 的提示中所述的方法可得以下结论: 有 $\delta > 0$, 使得 $M + \delta \in K$. 这与 M 是 K 的上确界相矛盾.

(vii) (v) 和 (vi) 的推论.

(viii) 若 **N** 有上界 M, 则

$$[1, M] \subset \bigcup_{x \in [1,M]} (x - 1/3, x + 1/3).$$

因区间 $(x - 1/3, x + 1/3)$ 的长度 $= 2/3 < 1$, 故每个区间 $(x - 1/3, x + 1/3)$ 最多只含有一个自然数.

(ix) 闭区间套如练习 2.3.1 后的注 1 所示, 把 $X = (a_1 - 1, b_1 + 1)$ 作为空间, Cantor 的区间套定理中的所有闭区间都是 X 的子集. 这些闭区间在 X 中的余集是两个开区间之并:

$$[a_n, b_n]^C = (a_1 - 1, a_n) \cup (b_n, b_1 + 1).$$

若 $\bigcap_{n=1}^{\infty} [a_n, b_n] = \varnothing$, 则 $\bigcup_{n=1}^{\infty} [a_n, b_n]^C = X \supset [a_1, b_1]$. 利用 (vii) 的结论将导致矛盾.

2.3.4   (i) 对 n 作归纳法.

(ii) 利用 (i) 及 Heine-Borel 有限覆盖定理.

(iii) 设 $D = \{a_1, \cdots, a_n, \cdots\}$. 取 $I_n = (a_n - 2^{-(n+2)}\varepsilon, a_n + 2^{-(n+2)}\varepsilon)$, $n = 1, 2, \cdots$.

(iv) 反证法. 用 (ii) 和 (iii).

2.3.6   利用练习 2.3.3 的 (vii) 和练习 2.3.5 的 (iv).

2.3.7   (iii) 设 $E \subset [a, b]$. 若 E 无聚点, 则

$$\forall x \in [a, b] \exists \varepsilon_x > 0 (E \cap (x - \varepsilon_x, x + \varepsilon_x) \text{ 是有限集}).$$

由 Heine-Borel 有限覆盖定理, 有有限个 $[a, b]$ 中的点 $x_1, \cdots, x_n$, 使得

$$[a, b] \subset \bigcup_{j=1}^{n} (x_j - \varepsilon_{x_j}, x_j + \varepsilon_{x_j}).$$

因为

$$E = E \cap [a, b] \subset \bigcup_{j=1}^{n} E \cap (x_j - \varepsilon_{x_j}, x_j + \varepsilon_{x_j}),$$

故 E 是有限集.

(iv) 若 **Z** 有上界, 则 **N** 也有上界. 因 1 是 **N** 的下界, 故 **N** 有界. 由 Bolzano-Weierstrass 聚点存在定理, **N** 有聚点 l. 因此, $\left(l - \dfrac{1}{3}, l + \dfrac{1}{3}\right) \cap$ **N** 有

无限个点. 但因为区间 $\left(l-\dfrac{1}{3}, l+\dfrac{1}{3}\right)$ 的长度小于 1, $\mathbf{N}$ 中任意两个不同的点之间的距离不小于 1, $\left(l-\dfrac{1}{3}, l+\dfrac{1}{3}\right)\cap\mathbf{N}$ 最多只有一个点. 这个矛盾证明了 $\mathbf{Z}$ 无上界. 同理可证, $\mathbf{Z}$ 无下界.

(vi) 利用 Archimedes 原理的推论 2.3.1.

2.3.8　(ii) 模仿练习 2.3.7 的 (iii) 的证法.

2.3.9　若 $b \in B$, 令 $x = \sup A$.

2.3.10　(i) 在一个半径为 $1/2\pi$ 的圆周 (它的周长 =1) 上, 任选一起点 O, 从 O 出发, 沿反时针方向把弧长为 $k\alpha(k=1,2,\cdots,n)$ 的点 (共 n 个) 洒在半径为 $1/2\pi$ 的圆周上. 在这周长为 1 的圆周上的 n 个点中至少有两点, 它们之间的弧长小于或等于 $1/n$.(因 α 是无理数, 我们可以证明: 至少有两点, 它们之间的弧长小于 $1/n$).

(ii) 利用 (i).

2.4.1　若有一个具有性质 (P10–P12) 的 $\mathbf{C}_+$, 则命题 2.2.1 成立: $\forall z \in \mathbf{C}(z^2 \geqslant 0)$. 试找一个复数与这个结论矛盾.

2.4.4　(i) 若不然, 选 $x_m \in \overline{Q} \setminus \bigcup\limits_{j=1}^{m} Q_j$, 则序列 $\{x_m\}$ 有极限点 $l \in \overline{Q}$. l 将被某个开长方形 Q_n 盖住. 当 $m \geqslant n$ 时, $x_m \notin Q_n$. 这与 l 是序列 $\{x_m\}$ 的极限点矛盾.

(ii) 和 (iii) 的结论皆对, 证法同 (i).

2.4.5　对于任何开长方形 Q 及点 $x \in \overline{Q}$, 必有开长方形 K, 使得 $x \in K \subset Q$. 对于任何 $Q_\alpha(\alpha \in A)$ 及任何 $x \in Q_\alpha$, 总有一个四条边的延长线及与之垂直的实或虚轴的交点的坐标是有理数的开长方形 $K_{\alpha,x}$, 使得 $x \in K_{\alpha,x} \subset Q_\alpha$. 四条边的延长线及与之垂直的实或虚轴的交点的坐标是有理数的长方形最多可数个. 故 $\{K_{\alpha,x} : \alpha \in A, x \in Q_\alpha\}$ 是至多可数集. 对于每个 $K_{\alpha,x}$, 选一个 $Q_\beta \supset K_{\alpha,x}$, 这些 Q_β 全体满足本题的要求.

2.4.6　用练习 2.4.5 及练习 2.4.4.

2.4.7　仿照练习 2.4.6 的证明思路.

2.4.8　选 $a \in A$ 和 $b \in B$, 在 a,b 之间拉一个直线段, 在这个直线段上用练习 2.3.9 的结论.

2.5.1　(i) 因 $x \in \varnothing$ 永远不真, 故 $\varnothing$ 是开集. $\mathbf{R}$ 是开集是显然的.

(ii) 设 $x \in \bigcup\limits_{\alpha \in J} G_\alpha$, 则有一个 $\beta \in J$ 使得 $x \in G_\beta$. 因 G_β 是开集, 有 $\varepsilon > 0$,

使得

$$(x - \varepsilon, x + \varepsilon) \subset G_\beta \subset \bigcup_{\alpha \in J} G_\alpha.$$

故 $\bigcup\limits_{\alpha \in J} G_\alpha$ 是开集.

(iii) 设 $x \in \bigcap\limits_{k=1}^{n} G_k$, 对于每个 $k \in \{1, \cdots, n\}$, $x \in G_k$, 因 G_k 开, 有 $\varepsilon_k > 0$, 使得 $(x - \varepsilon_k, x + \varepsilon_k) \subset G_k$, $k = 1, \cdots, n$. 令 $\varepsilon = \min\limits_{1 \leqslant k \leqslant n} \varepsilon_k$, 我们有

$$(x - \varepsilon, x + \varepsilon) \subset \bigcap_{k=1}^{n} (x - \varepsilon_k, x + \varepsilon_k) \subset \bigcap_{k=1}^{n} G_k.$$

2.5.2 (ii) 设 $x \in G$, 令 $a = \sup(G^C \cap (-\infty, x])$ 和 $b = \inf(G^C \cap [x, \infty))$. (注意: 可能 $a = -\infty$, 也可能 $b = \infty$). 试证: $x \in (a, b) \subset G$, 且若 $x \in (c, d) \subset G$, 必有 $(c, d) \subset (a, b)$.

2.5.3 (i), (ii) 和 (iii) 利用 de Morgan 对偶原理知道: (i), (ii) 和 (iii) 恰是附加习题 2.5.1 的 (i), (ii) 和 (iii) 的对偶叙述.

2.5.4 F 是闭集, 当且仅当 F^C 是开集. 而 F^C 是开集的充分必要条件是:

$$\forall x \in F^C \exists \varepsilon > 0 \Big((x - \varepsilon, x + \varepsilon) \subset F^C \Big).$$

由此可知, F 的极限点都在 F 中. 反之, 若 F 的极限点都在 F 中, 则

$$\forall x \in F^C \exists \varepsilon > 0 \Big((x - \varepsilon, x + \varepsilon) \cap F \text{是有限集} \Big).$$

记 $(x - \varepsilon, x + \varepsilon) \cap F = \{a_1, \cdots, a_n\}$. 因 $|x - a_i| > 0$, $i = 1, \cdots, n$, 所以

$$\delta = \min_{1 \leqslant i \leqslant n} |x - a_i| > 0.$$

不难看出, $F \cap (x - \delta, x + \delta) = \varnothing$, 换言之, $(x - \delta, x + \delta) \subset F^C$.

2.5.5 (i) $F \setminus G = F \cap G^C$. (ii) $G \setminus F = G \cap F^C$.

2.5.6 (i) 由附加习题 2.5.2 的 (ii), 任何开集都是一族开区间之并. 再用练习 2.3.3 的 (vii), 即 Heine-Borel 的有限覆盖定理.

(ii) 设 $I_1 = (a - 1, b + 1)$, 则 $I_1 \setminus F$ 是开集, 且 $I \subset (\bigcup_\alpha G_\alpha) \bigcup (I_1 \setminus F)$. 再利用 (i) 的结论.

2.5.7 这是附加习题 2.5.6 的 (ii) 的 Heine-Borel 有限覆盖定理的对偶形式.

2.5.8 (i) 因一组闭集之交仍是闭集, 故 $\overline{E}$ 闭. 显然, 它是包含 E 的最小闭集. (ii),(iii) 和 (iv) 是 (i) 及闭集的性质的推论.

2.5.9 仿照附加习题 2.5.1 的证明.

2.5.14 (i) 用 Heine-Borel 有限覆盖定理.

(ii) 至少有一个圆盘 D_i, 使得 $a \in D_i$. 因此, $a, b \in \widetilde{D_i}$. 故有 G_α, 使得 $a, b \in G_\alpha$.

第 3 章

3.1.1 只需证明: $ab \leqslant \dfrac{(a+b)^2}{4}$. 后者只要展开便得.

3.1.2 $a = 1$ 时显然. $a > 1$ 时, 设 $\sqrt[n]{a} = 1 + \alpha_n$, 则 $a = (1 + \alpha_n)^n > n\alpha_n$. 这里我们用了 Bernoulli 不等式 (§2.2 的练习 2.2.1). 由此, $\alpha_n \to 0$. $a < 1$ 时可化成 $a > 1$ 的情形去处理.

3.1.3 思路同练习 3.1.2. 只是以 §2.2 的练习 2.2.2 代替 Bernoulli 不等式.

3.1.4 (i) 利用练习 3.1.1.

(ii) (a) 用 (i). (b) 用 (i). (c) 先证明 $\max\{a_k^l, k = 1, \cdots, n\}$ 随着 l 增大而单调不增. 同理, $\min\{a_k^l : k = 1, \cdots, n\}$ 随着 l 增大而单调不减. 当 $l \to \infty$ 时, 两者皆有极限. 用反证法证明两个极限相等, 且等于 $\dfrac{\sum\limits_{p=1}^{n} a_p}{n}$.

(iii) (ii) 的推论.

3.1.5 (i) 显然. (ii) 和 (iii) 练习 3.1.1 的推论. (iv) 由 (ii) 和 (iii), $\lim\limits_{n \to \infty} x_n$ 存在. 记 $\alpha = \lim\limits_{n \to \infty} x_n$. 通过方程 $x_n = \dfrac{1}{2}\left(x_{n-1} + \dfrac{a}{x_{n-1}}\right)$ 两边取极限, 有 $\alpha = \left(\alpha + a/\alpha\right)/2$. 解此方程便得 $\alpha = \sqrt{a}$.

3.1.8 注意关于复数 $z = x + iy$ 绝对值以下的初等性质:

$$\max(|x|, |y|) \leqslant |z| = |x + iy| \leqslant |x| + |y|.$$

3.2.1 (iii) 序列 $\{a_n\}_{n=1}^{\infty}$ 是有界列, 则有有界闭区间 $[A, B]$, 使得 $\forall n \in \mathbf{N}(a_n \in [A, B])$. 若序列 $\{a_n\}_{n=1}^{\infty}$ 无收敛子列, 则对于任何 $\alpha \in [A, B]$ 有 $\varepsilon > 0$, 在开区间 $(\alpha - \varepsilon, \alpha + \varepsilon)$ 中只有序列 $\{a_n\}_{n=1}^{\infty}$ 的有限多项. 再利用 §2.3 练习 2.3.3 的 (vii) 或直接用 §2.3 练习 2.3.7 的 (iii).

(iv) 用 §3.1 的练习 3.1.8.

(v) 设 $\{z_n\}$ 是 (复数)Cauchy 列, 则

$$\exists N \in \mathbf{N}(n \geqslant N \implies |z_n - z_N| \leqslant 1).$$

记 $K = \max\{|z_1|, \cdots, |z_N|\} + 1.$ 易见,

$$\forall n \in \mathbf{N}(|z_n| \leqslant K).$$

(vi) 设 $\{z_n\}$ 是 (复数)Cauchy 列, 且有收敛于 α 的子列 $\{z_{n_k}\}$. 对于任给的 $\varepsilon > 0$, 有 $N_1 \in \mathbf{N}$, 使得 $n, m \geqslant N_1 \implies |z_n - z_m| < \varepsilon/2$, 还有 $N_2 \in \mathbf{N}$, 使得 $k \geqslant N_2 \implies |z_{n_k} - \alpha| < \varepsilon/2.$ 记 $N = \max\{N_1, n_{N_2}\}.$ 易见, $n \geqslant N \implies |z_n - \alpha| < \varepsilon.$

(vii) (v) 和 (vi) 的推论.

3.2.2 (ii) 请注意定义 3.2.2 后的注 2.

3.3.1 从条件出发设法证明: $\exists C > 0 \forall n > N(a_{n+1} \leqslant C \cdot b_{n+1}).$

3.3.2 (i) 将不等式左端的每个 $f(j)$ 都换成 $f(b^{k-1})$;

(ii) 将不等式左端的每个 $f(j)$ 都换成 $f(b^k)$;

(iii) 利用 (i) 和 (ii); (iv) 和 (v) 利用 (iii).

3.3.3 先证恒等式

$$\sum_{k=1}^{n} c_k = \left(\sum_{k=1}^{[n/2]} a_k\right)\left(\sum_{k=1}^{[n/2]} b_k\right) + \sum_{j=1}^{[n/2]}\left(a_j \sum_{i=[n/2]+1}^{n-j+1} b_i\right) + \sum_{j=[n/2]+1}^{n}\left(a_j \sum_{i=1}^{n-j+1} b_i\right).$$

再注意以下两个不等式:

$$\left|\sum_{j=1}^{[n/2]}\left(a_j \sum_{i=[n/2]+1}^{n-j+1} b_i\right)\right| \leqslant \sum_{j=1}^{[n/2]} |a_j|\left|\sum_{i=[n/2]+1}^{n-j+1} b_i\right|,$$

$$\left|\sum_{j=[n/2]+1}^{n}\left(a_j \sum_{i=1}^{n-j+1} b_i\right)\right| \leqslant \sum_{j=[n/2]+1}^{n} |a_j|\left|\sum_{i=1}^{n-j+1} b_i\right|.$$

利用题中条件设法证明: 当 $n \to \infty$ 时, 以上两个不等式的右端均趋于零.

3.3.4 (i) 收敛; (ii) $|a| > 1$ 时收敛, $|a| < 1$ 或 $a = 1$ 发散; (iii) 发散.

3.3.5 考虑以下不等式:

$$|t_m - s| \leqslant \left|\sum_{n=0}^{k} c_{mn}(s_n - s)\right| + \left|\sum_{n=k+1}^{\infty} c_{mn}(s_n - s)\right| + \left|s\left(\sum_{n=0}^{\infty} c_{mn} - 1\right)\right|.$$

收敛列 $\{s_n\}$ 必有界. 由条件 (i), 选择一个充分大的 k 便可使右端中间项很小 (不论 m 取什么值). 由条件 (ii), 一旦 k 取定, 选择充分大的 m 便可使第一项很小. 由条件 (iii), 选择充分大的 m 便可使最后一项很小.

3.3.6 (i) 这是练习 3.3.5 的特例.

(ii) Cesáro 求和意义下的和为 0.

3.3.7 (i) 这是练习 3.3.5 的特例.

(ii) 利用 (i) 和定理 3.6.1.

(iii) 同学应该看出: (ii) 和 (iii) 事实上是同一个东西的两种表述. 一个是用序列的语言表述的, 另一个则是用级数的语言表述的. 事实上, 若记 $s_n = \sum\limits_{j=0}^{n} a_j$, 则在约定 $s_{-1} = 0$ 下,

$$\sum_{n=0}^{\infty} a_n x^n = \sum_{n=0}^{\infty} (s_n - s_{n-1}) x^n = \sum_{n=0}^{\infty} s_n (x^n - x^{n+1}) = (1-x) \sum_{n=0}^{\infty} s_n x^n.$$

(iv) Poisson-Abel 求和意义下的和为 0.

3.3.8 记 $s_0 = 0$, $s_k = \sum\limits_{j=1}^{k} a_j$, $k = 1, 2, \cdots$, 则

$$\frac{1}{n} \sum_{k=1}^{n} k a_k = \frac{1}{n} \sum_{k=1}^{n} k(s_k - s_{k-1}) = \frac{1}{n} \sum_{k=1}^{n-1} s_k(k - (k+1)) + s_n$$
$$= -\frac{1}{n} \sum_{k=1}^{n-1} s_k + s_n.$$

3.3.9 对题中所要证的等式两端同乘以 $1 - 2r\cos x + r^2$.

3.3.10 因 $\sum\limits_{n=1}^{\infty} a_n$ 绝对收敛, 任给 $\varepsilon > 0$, 有 $N \in \mathbf{N}$, 使得 $\sum\limits_{n=N}^{\infty} |a_n| < \varepsilon$. 因 $\sum\limits_{n=1}^{\infty} b_n$ 是 $\sum\limits_{n=1}^{\infty} a_n$ 的重排, 有 $N_1 \in \mathbf{N}$, 使得

$$\forall n \leqslant N \exists m \leqslant N_1 \Big(n = \varphi(m) \Big).$$

不难看出, 只要 K_1, $K_2 \geqslant N_1$, 以下不等式成立:

$$\left| \sum_{n=1}^{K_1} a_n - \sum_{n=1}^{K_2} b_n \right| \leqslant \sum_{n=N}^{\infty} |a_n|.$$

让 $K_1 \to \infty$, 对于任何 $K_2 \geqslant N_1$, 有

$$\left| \sum_{n=1}^{\infty} a_n - \sum_{n=1}^{K_2} b_n \right| \leqslant \sum_{n=N}^{\infty} |a_n| < \varepsilon.$$

注意到 ε 的任意性, 便有

$$\sum_{n=1}^{\infty} a_n = \sum_{n=1}^{\infty} b_n.$$

3.3.11 (ii) 利用 (i); (iii) 利用 (ii) 和 Cauchy 收敛准则; (iv) 利用 (ii) 和 Cauchy 收敛准则; (v) 利用 (iv); (vi) 利用 (v); (vii) 试证明:

$$\left| \sum_{j=1}^{k} \frac{(-1)^j}{\sqrt{j}} \frac{(-1)^{k-j+1}}{\sqrt{k-j+1}} \right| \geqslant 1.$$

3.4.1 注意到: 对于 $1 < k < n$, 我们有

$$a_n^{1/n} = \left[a_1 \frac{a_2}{a_1} \cdots \frac{a_k}{a_{k-1}} \right]^{1/n} \left[\frac{a_{k+1}}{a_k} \cdots \frac{a_n}{a_{n-1}} \right]^{1/n}$$

$$\geqslant \left[a_1 \frac{a_2}{a_1} \cdots \frac{a_k}{a_{k-1}} \right]^{1/n} \left[\inf_{k \leqslant j \leqslant n-1} \frac{a_{j+1}}{a_j} \right]^{(n-k)/n}.$$

由此可得到第一个不等式. 第二个不等式是显然的. 第三个不等式可用类似于第一个不等式的证明方法获得.

3.4.2 (i) (a) 在 $\mathcal{K}_n = c_n \dfrac{a_n}{a_{n+1}} - c_{n+1} \geqslant \delta$ 的两端同乘以 a_{n+1}.

(b) 数列 $\{c_n a_n\}$ 是单调下降的正数列.

(c) 由 (a), $\displaystyle\sum_{n=N+1}^{N_1} a_n \leqslant \frac{1}{\delta}(c_N a_N - c_{N_1} a_{N_1}) \leqslant \frac{c_N a_N}{\delta}$.

(ii) 将级数 $\displaystyle\sum_{n=1}^{\infty} a_n$ 与发散级数 $\displaystyle\sum_{n=1}^{\infty} \frac{1}{c_n}$ 比较, 利用 §3.3 练习 3.3.1 的结论.

3.4.6 当 $\lambda \neq 1$ 时, 用 d'Alembert 判别法; 当 $\lambda = 1, \mu \neq 1$ 时, 用 Raabe 判别法; 当 $\lambda = 1, \mu = 1$ 时, 用 Bertrand 判别法.

3.5.2 (i) 考虑表达式

$$\left(1 + \frac{1}{n}\right)^{n+1} \Big/ \left(1 + \frac{1}{n+1}\right)^{n+2};$$

并利用 §2.2 练习 2.2.1 中的 Bernoulli 不等式.

(ii) $\left(1 + \dfrac{1}{n}\right)^{n+1} = \left(1 + \dfrac{1}{n}\right)^n \left(1 + \dfrac{1}{n}\right)$.

3.5.3 (i) 和 (ii) 用 d'Alembert 判别法.

(iii) 当 $x = \pm 1$, 且 $\gamma - \alpha - \beta > 0$ 时, 注意到

$$\frac{|a_n|}{|a_{n+1}|} = 1 + \frac{\gamma - \alpha - \beta + 1}{n} + \frac{\theta_n}{n^2}, \qquad |\theta_n| \leqslant L,$$

然后用 Gauss 判别法.

(iv) 当 $x = 1$, 且 $\gamma - \alpha - \beta \leqslant 0$ 时, 注意到

$$\frac{a_n}{a_{n+1}} = 1 + \frac{\gamma - \alpha - \beta + 1}{n} + \frac{\theta_n}{n^2}, \qquad |\theta_n| \leqslant L,$$

3.5.6 (i) 利用幂级数收敛半径的 Cauchy-Hadamard 公式 (3.5.1) 和 §3.1 练习 3.1.3 的结论.

(ii) 因 $\lim\limits_{k \to \infty} f(z_k) = f(0) = a_0$, $\lim\limits_{k \to \infty} g(z_k) = g(0) = b_0$, 所以 $a_0 = b_0$. 由此,

$$\sum_{n=1}^{\infty} a_n z_k^{n-1} = \sum_{n=1}^{\infty} b_n z_k^{n-1}, \qquad k = 1, 2, \cdots.$$

用上面所用的方法可得 $a_1 = b_1$. 利用归纳法可得 $a_k = b_k$, $k = 1, 2, \cdots$.

(iii) 由 (ii) 得到.

3.5.7 (i) 若 $\mathrm{e} = N/n$, 则

$$\frac{N}{n} - \sum_{k=0}^{n} \frac{1}{k!} = \sum_{k=n+1}^{\infty} \frac{1}{k!}.$$

(ii) 当 $n \geqslant 2$ 时, 有

$$\sum_{k=n+1}^{\infty} \frac{1}{k!} = \frac{1}{n!} \sum_{k=n+1}^{\infty} \frac{n!}{k!} < \frac{1}{n!} \sum_{l=1}^{\infty} \frac{1}{2^l} = \frac{1}{n!}.$$

(iii) 用反证法.

3.6.1 (i) $\mathrm{e}^{\lambda x} \geqslant (\lambda x)^{n+1}/(n+1)!$. (ii) 利用 (i) 的结果. (iii) 利用 $x^{\alpha} = \mathrm{e}^{\alpha \ln x}$ 和 (ii) 的结果. (iv) 利用 $x^{-\alpha} = \mathrm{e}^{-\alpha \ln x}$ 和 (ii) 的结果.

3.6.2 (i) 利用等式 $\dfrac{1 - \cos x}{x^2} = \dfrac{2 \sin^2(x/2)}{x^2}$.

(ii) 利用等式 $\dfrac{\tan x}{x} = \dfrac{1}{\cos x} \dfrac{\sin x}{x}$.

3.7.1 (i) 二重级数 $\sum\limits_{i,k=1}^{\infty} a_i^{(k)}$ 收敛的充分必要条件 (Cauchy 准则) 是:

$$\forall \varepsilon > 0 \exists N \in \mathbf{N} \left(\left(\max(p,q) \geqslant N \right) \wedge \left(P > p \right) \wedge \left(Q > q \right) \Longrightarrow \left| \sum_{\substack{p \leqslant i \leqslant P \\ q \leqslant k \leqslant Q}} a_i^{(k)} \right| < \varepsilon \right).$$

Cauchy 准则的充分必要性证明的关键是用到了以下事实: 表达式

$$\left| \sum_{i=1}^{I} \sum_{k=1}^{K} a_i^{(k)} - \sum_{s=1}^{S} \sum_{t=1}^{T} a_s^{(t)} \right|$$

不大于三个以下形式的表达式之和:

$$\left| \sum_{\substack{p \leqslant i \leqslant P \\ q \leqslant k \leqslant Q}} a_i^{(k)} \right|,$$

其中 $\max(p, q) \geqslant \min(I, K, S, T)$.

3.7.2 (ii) 将实数分解为正部与负部之差.

3.7.3 (i) 试计算: $(1 - x) \prod_{n=1}^{N} \left(1 + x^{2^{n-1}}\right) = ?$

(ii) 试计算: $2^N \sin \dfrac{x}{2^N} \prod_{n=1}^{N} \cos \dfrac{x}{2^n} = ?$

(iii) 利用 (ii) 和公式 (3.6.12).

(v) 让 $x = \pi/2$ 代入 (iii) 的公式.

3.7.4 (iii) 用以下的办法设计重排. 令 k_1 满足条件:

$$\sum_{n=1}^{k_1-1} c_n < \alpha \leqslant \sum_{n=1}^{k_1} c_n;$$

而 l_1 满足条件:

$$\sum_{n=1}^{k_1} c_n + \sum_{n=1}^{l_1} d_n \leqslant \alpha < \sum_{n=1}^{k_1} c_n + \sum_{n=1}^{l_1-1} d_n.$$

反复施行上述方法, 便得到级数 $\sum_{n=1}^{\infty} a_n$ 的一个重排. 试证该重排后的级数收敛于 α.

3.7.5 (i) 只要对正项级数 $\sum_{m=0}^{\infty} |h_m| \left(\sum_{n=0}^{\infty} |a_n| |x|^n \right)^m$ 进行讨论就可以了. 而后者可以通过练习 3.7.2 的 (iv) 得到.

(ii) 用 (i).

(iii) 利用 (i) 和以下等式:

$$\frac{1}{f(x)} = \frac{1}{a_0} \sum_{n=0}^{\infty} (-1)^n \left(\sum_{n=1}^{\infty} \frac{a_n}{a_0} x^n \right)^n.$$

(iv) 利用 (iii) 和推论 3.5.1.

(v) $\tan x = \dfrac{\sin x}{\cos x}$.

(vi) $x \cot x = \dfrac{x}{\sin x} \cdot \cos x = \dfrac{\cos x}{\sin x / x}$.

3.7.6 (i) 将 (3.7.2) 代入 (3.7.1), 有

$$
\begin{aligned}
\sum_{n=1}^{\infty} a_n x^n ={}& c_{10}x + c_{20}x^2 + c_{11}x\left(\sum_{n=1}^{\infty} a_n x^n\right) + c_{02}\left(\sum_{n=1}^{\infty} a_n x^n\right)^2 \\
& + c_{30}x^3 + c_{21}x^2\left(\sum_{n=1}^{\infty} a_n x^n\right) + c_{12}x\left(\sum_{n=1}^{\infty} a_n x^n\right)^2 \\
& + c_{03}\left(\sum_{n=1}^{\infty} a_n x^n\right)^3 + \cdots.
\end{aligned}
$$

由练习 3.7.5 的 (i), 上式右端可以展成收敛半径大于零的 x 的幂级数. 比较上式左右两端幂级数的系数便得到 (3.7.3).

(ii) (i) 中的等式可改写成

$$
\begin{aligned}
\sum_{n=1}^{\infty} a_n x^n ={}& c_{10}x + c_{20}x^2 + c_{11}x\left(\sum_{n=1}^{\infty} a_n x^n\right) + c_{02}x^2\left(\sum_{n=1}^{\infty} a_n x^{n-1}\right)^2 \\
& + c_{30}x^3 + c_{21}x^3\left(\sum_{n=1}^{\infty} a_n x^{n-1}\right) + c_{12}x^3\left(\sum_{n=1}^{\infty} a_n x^{n-1}\right)^2 \\
& + c_{03}x^3\left(\sum_{n=1}^{\infty} a_n x^{n-1}\right)^3 + \cdots.
\end{aligned}
$$

由此可知右端每项中 x^n 的系数并不牵涉到 $k \geqslant n$ 的 a_k.

(iii) 可用归纳法证明.

(iv) 显然.

3.7.7 (i) 由练习 3.7.6 的 (iii) 得到.

3.7.8 (i) 当 $|x| \leqslant \varepsilon$ 而 $|y| \leqslant \delta$ 时, 注意以下方程:

$$
\frac{M}{\left(1 - \dfrac{x}{\varepsilon}\right)\left(1 - \dfrac{y}{\delta}\right)} = M\sum_{i=0}^{\infty}\left(\frac{x}{\varepsilon}\right)^i \cdot \sum_{j=0}^{\infty}\left(\frac{y}{\delta}\right)^j.
$$

而后者等价于以下的方程

$$
y^2 - \frac{\delta^2}{\delta + M}y + \frac{M\delta^2}{\delta + M}\cdot\frac{x}{r - x} = 0.
$$

这个二次方程满足条件 $y(0) = 0$ 的解便是 (3.7.6) 的右端.

(iv) 只需证明:

$$
\left(1 - \frac{x}{\varepsilon}\right)\cdot\left(1 - 4\frac{M(\delta + M)}{\delta^2}\frac{x}{\varepsilon - x}\right) = 1 - \frac{x}{\varepsilon\delta^2(\delta + 2M)^{-2}}.
$$

而上式左端等于

$$1 - \frac{x}{\varepsilon} - 4\frac{M(\delta + M)}{\delta^2}\frac{x}{\varepsilon} = 1 - \frac{x}{\varepsilon}\left(1 + 4\frac{M(\delta + M)}{\delta^2}\right) = 1 - \frac{x}{\varepsilon}\frac{(\delta + 2M)^2}{\delta^2}.$$

(v) 利用二项级数的收敛半径公式及幂级数乘积的收敛半径公式.

(vi) 反函数方程是隐函数方程的特例.

第 4 章

4.1.1 (i) 当 $x = 1$ 时结论显然成立. 又因 $f(0 + 0) = f(0) + f(0)$, $f(0) = 0$. 故 $x = 0$ 时结论也成立. 用数学归纳法可证明 $x \in \mathbf{N}$ 时结论成立. 对一切 $n \in \mathbf{N}$, 因 $f(n) + f(-n) = f(n + (-n)) = f(0) = 0$, $f(-n) = -f(n)$. 这就证明了 $x \in \mathbf{Z}$ 时结论成立. 对一切 $m \in \mathbf{Z}$ 和一切 $n \in \mathbf{N}$, 因 $f(m/n) + \cdots + f(m/n) = f(m)$, 其中等式左端是 n 个 $f(m/n)$ 之和. 所以, $f(m/n) = f(m)/n = (m/n)f(1)$. 这就证明了 $x \in \mathbf{Q}$ 时结论也成立. 最后利用 f 的连续性, 可以证明 $x \in \mathbf{R}$ 时结论成立. 应该指出, 只有最后一步用到 $f: \mathbf{R} \to \mathbf{R}$ 是 $\mathbf{R}$ 上的连续函数的假设.

(ii) 令 $g = \log_{f(1)} \circ f$, 把 (i) 的结果用到 g 上.

(iii) 令 $g = f \circ \exp$, 把 (ii) 的结果用到 g 上.

(iv) 令 $g = f \circ \exp$, 把 (i) 的结果用到 g 上.

4.1.2 (i) 设 f 连续, G 是 $\mathbf{R}$ 中的开集. 任给 $x \in f^{-1}(G)$. 因 $f(x) \in G$, G 开, 有 $\varepsilon > 0$, 使得 $\left(f(x) - \varepsilon, f(x) + \varepsilon\right) \subset G$. 因 f 在 x 处连续, 有 $\delta > 0$ 使得 $f\left((x - \delta, x + \delta)\right) \subset \left(f(x) - \varepsilon, f(x) + \varepsilon\right) \subset G$, 换言之, $\left((x - \delta, x + \delta)\right) \subset f^{-1}(G)$. 这就是说, $f^{-1}(G)$ 是开集. 反之, 假设 $f: \mathbf{R} \to \mathbf{R}$ 是这样一个映射, 它使得任何开集 $G \subset \mathbf{R}$ 的原像皆开. 特别, 对于任何 $y = f(x) \in \mathbf{R}$ 及任何 $\varepsilon > 0$, $f^{-1}\left((y - \varepsilon, y + \varepsilon)\right)$ 开. 因而有 $\delta > 0$, 使得 $f\left((x - \delta, x + \delta)\right) \subset (y - \varepsilon, y + \varepsilon)$, 换言之, f 在 x 处连续.

(ii) 证明与 (i) 相仿.

4.1.3 若 $x \in (0, 1] \setminus \mathbf{Q}$, 则 $R(x) = 0$. 任给 $\varepsilon > 0$, 由 Archimedes 原理的推论 (参看推论 2.3.1), 有 $N \in \mathbf{N}$, 使得 $n \geqslant N \Longrightarrow \frac{1}{n} < \varepsilon$. 在区间 $(0, 1]$ 上分母小于 N 的有理数只有有限个. 因此, 有 $\delta > 0$, 使得 $(x - \delta, x + \delta)$ 上无分母小于 N 的有理数, 换言之, 函数 R 在 $(x - \delta, x + \delta)$ 上的值均小于 ε. R 在 x 处连续. 若 $x \in (0, 1] \cap \mathbf{Q}$, 则 $R(x) > 0$. 对于任何 $\delta > 0$, 区间 $(x - \delta, x + \delta)$ 上必有

无理数. 只要取 $\varepsilon = R(x)/2$, 就不可能找到一个 $\delta > 0$, 使得区间 $(x - \delta, x + \delta)$ 上的 R 的函数值与 $R(x)$ 之差永远小于 ε. 故 R 在 x 处间断.

4.2.1 把介值定理用到映射 $\mathrm{id}_{[a,b]} - \varphi$ 上去.

4.2.2 设 f 在 $[a,b]$ 上连续, 则对于任何 $\varepsilon > 0$ 及任何 $c \in [a,b]$, 由引理 4.2.1, 有一个正数 δ_c, 使得区间 $[c - \delta_c, c + \delta_c] \cap [a,b]$ 中的任何两点 x, y 都满足不等式: $|f(x) - f(y)| < \varepsilon$. 因 $[a,b] \subset \bigcup_{c \in [a,b]} (c - \delta_c, c + \delta_c)$, 由 §2.3 的练习 2.3.6, 有 Lebesgue 数 $l > 0$, 使得 $[a,b]$ 中任何两点 $x, y \in [a,b]$, 以下命题成立:

$$|x - y| < l \Longrightarrow x \text{ 和 } y \text{ 同属于某个 } (c - \delta_c, c + \delta_c).$$

因此, $|x - y| < l \Longrightarrow |f(x) - f(y)| < \varepsilon$.

4.2.3 (i) 利用不等式 (参看 (2.2.10)): $\left| |f(x)| - |f(y)| \right| \leqslant |f(x) - f(y)|$.

(ii) 利用练习 2.2.4 提供的等式.

4.2.4 (i) 由 f 在 $[a,b]$ 上无界的定义.

(ii) 用 §3.2 的练习 3.2.2 的 (ii) 中的 Bolzano-Weierstrass 有界列收敛子列存在定理.

(iii) 利用 (i) 和 (ii), 通过反证法得到.

(iv) 有 $[a,b]$ 上的点列 $\{x_n\}$, 使得 $\sup\limits_{a \leqslant x \leqslant b} (f(x) - \dfrac{1}{n}) \leqslant f(x_n) \leqslant \sup\limits_{a \leqslant x \leqslant b} f(x)$, $n = 1, 2, \cdots$. $\{x_n\}$ 有收敛子列 $\{x_{n_k}\}$. 易见, $c = \lim\limits_{k \to \infty} x_{n_k}$ 便满足要求. 类似地可找到 d.

4.2.5 (iii) 利用 (ii), 通过反证法得到.

4.2.6 (i) 若 x 是阴影点, 则有 $y > x$ 使得 $f(y) > f(x)$. 由于 f 在 x 处连续, 有 $\varepsilon > 0$, 使得 $x + \varepsilon < y$, 且 f 在 $(x - \varepsilon, x + \varepsilon)$ 上取的值均小于 $f(y)$. 因此, $(x - \varepsilon, x + \varepsilon) \subset S$.

(ii) 设 $x \in S$, 令 $a_x = \sup\{\alpha \notin S : \alpha < x\}$ 和 $b_x = \inf\{\alpha \notin S : \alpha > x\}$(注意约定: $\sup \varnothing = -\infty$, $\inf \varnothing = \infty$). 显然 $x \in (a_x, b_x) \subset S$, 且对于任何 $x, y \in \mathbf{R}$, 或 $(a_x, b_x) = (a_y, b_y)$, 或 $(a_x, b_x) \cap (a_y, b_y) = \varnothing$. 区间族 $\{(a_x, b_x) : x \in S\}$ 至多可数是 §1.5 的练习 1.5.1 的推论. 记 $\{(a_n, b_n) : n \in \mathbf{N}\} = \{(a_x, b_x) : x \in S\}$. 显然, $S = \bigcup\limits_{x \in S} (a_x, b_x) = \bigcup\limits_{n=1}^{\infty} (a_n, b_n)$.

(iii) 若 $a_n \in S$, 记 $x = \dfrac{a_n + b_n}{2}$, 则 $(a_n, b_n) = (a_x, b_x)$. 若 $a_x \in S$, 由 (i), 有 $\varepsilon > 0$, 使得 $(a_x - \varepsilon, a_x + \varepsilon) \subset S$, 这与 a_x 的定义矛盾. 故 $a_x \notin S$. 同理可得 $b_n \notin S$.

(iv) 若 $\sup\{y \in [x, b_n] : f(y) \geqslant f(x)\} < b_n$, 则 $\sup\{y \in [x, b_n] : f(y) \geqslant f(x)\} \in (a, b_n)$, $\sup\{y \in [x, b_n] : f(y) \geqslant f(x)\}$ 是阴影点. 故有 $z > b_n$, 使得 $f(z) > f\Big(\sup\{y \in [x, b_n] : f(y) \geqslant f(x)\}\Big) > f(b_n)$. 由此将得出 b_n 也是阴影点的结论.

(v) 根据 (iv) 的结果, 用反证法证之.

(vi) $f(a_n) = \lim\limits_{x \to a_n+0} f(x)$.

(vii) 若 $f(a_n) < f(b_n)$, 则 a_n 也是阴影点.

4.2.7 (i) 先证明以下展式, 并证明当 $|x| < \sqrt{2}$ 时展式中每一项都是正的:

$$\cos x = \sum_{n=0}^{\infty} \frac{x^{4n}}{(4n)!}\left(1 - \frac{x^2}{(4n+1)(4n+2)}\right).$$

(ii) 先证明以下展式, 并证明当 $0 < x < \sqrt{6}$ 时展式中每一项都是正的:

$$\sin x = \sum_{n=0}^{\infty} \frac{x^{4n+1}}{(4n+1)!}\left(1 - \frac{x^2}{(4n+2)(4n+3)}\right).$$

(iii) 利用 (ii) 和 §3.5 的练习 3.5.4 的 (viii) 的结果.

(iv) 先证明以下展式, 并证明展式中第一项和以后的加了负号的级数当 $x = 2$ 时都是负的:

$$\cos x = \left(1 - \frac{x^2}{2!} + \frac{x^4}{4!}\right) - \sum_{n=1}^{\infty} \frac{x^{4n+2}}{(4n+2)!}\left(1 - \frac{x^2}{(4n+3)(4n+4)}\right).$$

(v) 利用介值定理及 (i),(iii) 和 (iv) 的结果.

(vi) 利用 (ii) 及 §3.5 的练习 3.5.4 的 (i) 的结果.

(vii) 利用 (v),(vi) 及 §3.5 的练习 3.5.4 的 (ii) 和 (iii) 的结果.

(viii) 利用 (vii) 及 §3.5 的练习 3.5.4 的 (ii) 和 (iii) 的结果.

(ix) 利用 (v),(vi),(vii) 及公式 (3.5.9) 和 (3.5.10) 的结果.

(x) 利用 (viii) 及公式 (3.5.9) 和 (3.5.10) 的结果.

(xi) 利用 §3.5 的练习 3.5.4 的的 (ix) 和 (x) 以及公式 (3.5.9) 及 (3.5.10).

(xii) 利用幂级数定义的正弦与余弦函数的连续性及 (xi), 与中学里学的正弦与余弦函数的单调性.

4.2.8 (i) 先证明等式:

$$\varphi - \sin\varphi = \left(\frac{\varphi^3}{3!} - \frac{\varphi^5}{5!}\right) + \left(\frac{\varphi^7}{7!} - \frac{\varphi^9}{9!}\right) + \cdots.$$

再证明右端每个圆括弧内的量, 当 $0 < \varphi < \pi/2$ 时, 大于零.

(ii) 先证明等式:

$$\frac{\sin\varphi}{\varphi} = 1 - \left(\frac{\varphi^2}{3!} - \frac{\varphi^4}{5!}\right) - \left(\frac{\varphi^6}{7!} - \frac{\varphi^8}{9!}\right) - \left(\frac{\varphi^{10}}{11!} - \frac{\varphi^{12}}{13!}\right) - \cdots$$

$$= 1 - \frac{1}{3!}\left[\varphi^2\left(1 - \frac{\varphi^2}{20}\right)\right] - \frac{\varphi^4}{7!}\left[\varphi^2\left(1 - \frac{\varphi^2}{72}\right)\right] - \frac{\varphi^8}{11!}\left[\varphi^2\left(1 - \frac{\varphi^2}{156}\right)\right] - \cdots,$$

然后证明, 右端每个方括弧内的量, 当 $0 < \varphi < \sqrt{10}$ 时, 都是 φ 的递增的函数. 再注意练习 4.2.7 的 (v):$\pi/2 < 2 < \sqrt{10}$.

(iii) 利用 (ii) 的提示中的等式.

4.2.9　(i) 利用等式: $\exp x = \sum\limits_{n=0}^{\infty} \dfrac{x^n}{n!}$.

(ii) 利用等式:

$$\exp x = \sum_{n=0}^{\infty} \frac{x^n}{n!} = 1 + x + \sum_{n=1}^{\infty}\left(\frac{x^{2n}}{(2n)!} + \frac{x^{2n+1}}{(2n+1)!}\right).$$

(iii) 利用 (i) 和 (ii) 及 $x < -1$ 时的不等式 $1 + x < 0 < \exp x$.

4.2.11　(i) 让 c 等于 $P(z)$ 的最高次项的系数.

(ii) 利用 (i) 作数学归纳法.

(iii) 利用 (ii).

4.2.12　(i) 因 $|P(z)| \geqslant |z|^n\left[|c_n| - \left(\dfrac{|c_{n-1}|}{|z|} + \cdots + \dfrac{|c_0|}{|z|^n}\right)\right]$.

(ii) 用练习 4.2.5.

(iii) 为确定多项式的常数项 (零次项), 只需将 $z = 0$ 代入多项式便得到了.

(iv) 设法证明以下不等式,

$$|Q(z)| = |Q(re^{i\phi})| \leqslant \left|1 - r^k|q_k|\right| + r^{k+1}(|q_{k+1}| + \cdots + |q_n|r^{n-k-1}).$$

(v) 通过反证法, 利用 (iii) 和 (iv).

(vi) 用 (v), 通过数学归纳法.

4.3.1　(iii) 利用练习 1.5.1 的 (ii).

4.3.2　(i) 利用 §4.2 的练习 4.2.9 的 (i).

(ii) 利用以下等式:

$$\ln(1+x) = -\ln\left(\frac{1}{1+x}\right) = -\ln\left(1 - \frac{x}{1+x}\right).$$

(iii) 利用极限等式 (3.6.10).

4.3.3 (v) 利用练习 4.3.2 中 (iii) 中的等式. (vii) 利用 (v). (viii) 利用 (vii).

4.4.1 (i) 这就是 Weierstrass 优势级数判别法.

(ii) 由条件, $|g_n| \leqslant k_n$.

(iii) 把 Weierstrass 优势级数判别法的证明和定理 4.4.1 的证明结合起来便得.

4.4.2 (i) $\lim\limits_{n \to \infty} f_n(x) \equiv 0$.

(ii) 不一致收敛.

(iii) $\lim\limits_{n \to \infty} \sup\limits_{0 \leqslant x \leqslant 1} f_n(x) = \infty$.

4.4.3 (i) 注意以下不等式: 当 $n \geqslant N(x, \varepsilon)$ 时, 我们有

$$|\varphi_n(y) - f(y)| \leqslant |\varphi_{N(x,\varepsilon)}(y) - f(y)|$$

$$\leqslant |\varphi_{N(x,\varepsilon)}(y) - \varphi_{N(x,\varepsilon)}(x)| + |\varphi_{N(x,\varepsilon)}(x) - f(x)| + |f(x) - f(y)|.$$

(ii) 用 Heine-Borel 有限覆盖定理, 即 §2.5 的练习 2.5.6 的结果.

注 用 §2.5 的练习 2.5.7(Cantor 区间套定理的推广形式) 的证明 Dini 定理的方法: 任给 $\varepsilon > 0$, 记

$$F_n = \{x \in [a, b] : f(x) - \varphi_n(x) \geqslant \varepsilon\}.$$

F_n 是一串有界闭集, 且 $F_n \supset F_{n+1}$, $n = 1, 2, \cdots$, 而 $\bigcap\limits_{n=1}^{\infty} F_n = \varnothing$. 由 §2.5 的练习 2.5.7(Cantor 区间套定理的推广形式), 有 $N \in \mathbf{N}$, 使得 $\bigcap\limits_{n=1}^{N} F_n = \varnothing$. 换言之, 当 $n \geqslant N$ 时, $\forall x \in [a, b]\left(0 \leqslant f(x) - \varphi_n(x) < \varepsilon\right)$.

4.4.4 仿照 §3.3 的练习 3.3.11 的做法.

4.4.5 注意到

$$\sum_{n=0}^{\infty} a_n x^n = \sum_{n=0}^{\infty} a_n \rho^n \left(\frac{x^n}{\rho^n}\right),$$

用练习 4.4.4 的 Abel 的一致收敛判别法便得.

4.5.1 (i) 利用公式 (2.4.9) 和公式 $\cos^2 x = 1 - \sin^2 x$.

(iii) 利用练习 4.2.12 的 (vi) 并设 $z = \sin^2 \dfrac{x}{2n+1}$.

(iv) 利用公式 (3.6.12).

(v) 利用练习 4.2.8 的 (ii) 和 (iii).

(vi) 利用以下公式

$$(1-\alpha_1)\cdots(1-\alpha_n) = 1 - \sum_j \alpha_j + \sum_{j<k} \alpha_j\alpha_k$$
$$- \sum_{j<k<l} \alpha_j\alpha_k\alpha_l + \cdots + (-1)^n \alpha_1\cdots\alpha_n.$$

(vii) 利用 (v) 和 (vi).

(viii) 利用 (v) 和 (vi).

4.5.2 利用公式 $\cos x = \sin(\pi/2 - x)$ 或 $\cos x = \sin 2x/(2\sin x)$.

4.5.3 $\sinh x = \mathrm{i}\sin(-\mathrm{i}x)$.

4.5.4 $\cosh x = \cos(\mathrm{i}x)$.

4.5.5 (i) 由公式 (2.4.8) 及以下等式得知 T_n 是 n 次多项式:

$$\cos(\arccos x) = x, \qquad \sin^2(\arccos x) = 1 - x^2.$$

利用归纳原理可得所要的递推公式. .

(ii) 利用命题 2.4.1 的公式 (2.4.8).

(iii) 利用 (ii).

(iv) 因 $\widetilde{T}_n(x) = 2^{1-n}\cos(n\arccos x)$.

(v) 因 $\widetilde{T}_n(x) = 2^{1-n}\cos(n\arccos x)$.

(vi) 利用连续函数的介值定理.

(vii) 利用 (vi) 作反证法.

(viii) 把 (vii) 的结果用到函数 $p\left(\dfrac{1}{2}(b-a)x + \dfrac{1}{2}(b+a)\right)$ 上.

4.6.1 假设 $f:(a,b)\to \mathbf{R}$ 在 (a,b) 上下半连续, $\alpha\in\mathbf{R}$, $x\in f^{-1}((\alpha,\infty))$. 换言之, $y = f(x) > \alpha$. 有 $\varepsilon > 0$, 使得 $f((x-\varepsilon, x+\varepsilon))\subset(\alpha,\infty)$. 故 $(x-\varepsilon, x+\varepsilon)\subset f^{-1}((\alpha,\infty))$. 所以, $f^{-1}((\alpha,\infty))$ 是开集. 反之, 假设对于任何 $\alpha\in\mathbf{R}$, $f^{-1}((\alpha,\infty))$ 是开集. 设 $x\in(a,b)$, 则对于任何 $\varepsilon > 0$, $f^{-1}((f(x)-\varepsilon,\infty))$ 是开集. 因此, 有 $\delta > 0$, 使得 $(x-\delta, x+\delta)\subset f^{-1}((f(x)-\varepsilon,\infty))$. 换言之, $f((x-\delta, x+\delta))\subset(f(x)-\varepsilon,\infty)$. 所以, f 在 x 处下半连续.

第 5 章

5.1.1 根据定义 5.1.1,

$$f'(x) = \lim_{h\to 0}\frac{(x+h)^n - x^n}{h} = \lim_{h\to 0}\sum_{i=1}^{n}\binom{n}{i}x^{n-i}h^{i-1} = nx^{n-1}.$$

根据定义 5.1.3,

$$df_x(h) = nx^{n-1}h.$$

5.2.1 (i) $(\sinh x)' = \left(\dfrac{\mathrm{e}^x - \mathrm{e}^{-x}}{2}\right)' = \dfrac{\mathrm{e}^x + \mathrm{e}^{-x}}{2} = \cosh x.$

(ii) $(\cosh x)' = \left(\dfrac{\mathrm{e}^x + \mathrm{e}^{-x}}{2}\right)' = \dfrac{\mathrm{e}^x - \mathrm{e}^{-x}}{2} = \sinh x.$

(iii) $\sinh x = \dfrac{\mathrm{e}^x - \mathrm{e}^{-x}}{2} = \dfrac{1}{2}\left(\sum\limits_{n=0}^{\infty} \dfrac{x^n}{n!} - \sum\limits_{n=0}^{\infty} (-1)^n \dfrac{x^n}{n!}\right) = \sum\limits_{n=0}^{\infty} \dfrac{x^{2n+1}}{(2n+1)!}.$

$\cosh x = \dfrac{\mathrm{e}^x + \mathrm{e}^{-x}}{2} = \dfrac{1}{2}\left(\sum\limits_{n=0}^{\infty} \dfrac{x^n}{n!} + \sum\limits_{n=0}^{\infty} (-1)^n \dfrac{x^n}{n!}\right) = \sum\limits_{n=0}^{\infty} \dfrac{x^{2n}}{(2n)!}.$

(iv) $\cosh^2 x = \dfrac{1}{4}\left(\mathrm{e}^{2x} + \mathrm{e}^{-2x} + 2\right)$, $\sinh^2 x = \dfrac{1}{4}\left(\mathrm{e}^{2x} + \mathrm{e}^{-2x} - 2\right)$. 将这两
个等式相加和相减便得第一行的两个等式. 第二行的两个等式可由第一行的两
个等式得到.

(v) $(\tanh x)' = \left(\dfrac{\sinh x}{\cosh x}\right)' = \dfrac{\cosh x \cdot \cosh x - \sinh x \cdot \sinh x}{\cosh^2 x} = \dfrac{1}{\cosh^2 x}.$

$(\coth x)' = \left(\dfrac{\cosh x}{\sinh x}\right)' = \dfrac{\sinh x \cdot \sinh x - \cosh x \cdot \cosh x}{\sinh^2 x} = -\dfrac{1}{\sinh^2 x}.$

(vi) 注意到 $\cosh x + \sinh x = \mathrm{e}^x$ 便得所要的等式.

(vii) 记 $y = \mathrm{Arsinh}\,x$, 则 $x = \sinh y = \dfrac{1}{2}\left(\mathrm{e}^y - \mathrm{e}^{-y}\right)$. 换言之,

$$\mathrm{e}^{2y} - 2x\mathrm{e}^y - 1 = 0.$$

所以

$$\mathrm{e}^y = \frac{2x \pm \sqrt{4x^2 + 4}}{2} = x \pm \sqrt{x^2 + 1}.$$

当 $y \in \mathbf{R}$ 时, 上式左端大于零. 因此

$$\mathrm{e}^y = x + \sqrt{x^2 + 1}.$$

换言之,

$$y = \ln(x + \sqrt{x^2 + 1}).$$

另外两个等式及其自变量与因变量的变化范围可用同样的办法获得.

(viii) 可用 (vii) 的结果得到, 也可用反函数求导公式 (定理 5.2.3) 得到.

5.3.1 (i) 因 $u(x) = -u(-x)$, 故 $u'(x) = -(-1)u'(-x) = u'(-x)$, 换言
之, $u'(x)$ 是偶函数. (ii) 的证明雷同.

5.3.2 (i) 当 n 充分大时, 有

$$-\frac{a_{n+1}}{a_n} = \frac{(\alpha+n)(\beta+n)}{(1+n)(\gamma+n)} = \left(1+\frac{\alpha}{n}\right)\left(1+\frac{\beta}{n}\right)\sum_{k=0}^{\infty}\left(\frac{-1}{n}\right)^k \cdot \sum_{k=0}^{\infty}\left(\frac{-\gamma}{n}\right)^k$$

$$= \left(1+\frac{\alpha}{n}\right)\left(1+\frac{\beta}{n}\right)\left(1-\frac{1}{n}+O\left(\frac{1}{n^2}\right)\right)\left(1-\frac{\gamma}{n}+O\left(\frac{1}{n^2}\right)\right)$$

$$= 1 - \frac{1+\gamma-\alpha-\beta}{n} + O\left(\frac{1}{n^2}\right).$$

(ii) 由 (i), $\displaystyle\lim_{n\to\infty}\left(-\frac{a_{n+1}}{a_n}\right) = 1.$

(iii) 当 $n\to\infty$ 时, $\dfrac{\lambda_n}{n^2} = o\left(1-\dfrac{\gamma-\alpha-\beta+1}{n}\right)$. 而 $0 < 1-\dfrac{\gamma-\alpha-\beta+1}{n} < 1$.

(iv) $\ln\left(-\dfrac{a_{n+1}}{a_n}\right) = \ln\left(1-\dfrac{\gamma-\alpha-\beta+1}{n}+\dfrac{\lambda_n}{n^2}\right)$

$$= -\frac{\gamma-\alpha-\beta+1}{n} + O\left(\frac{1}{n^2}\right).$$

(v) 利用 (iv) 并注意:

$$a_n = (-1)^{n-N}\prod_{j=N}^{n-1}\left(-\frac{a_{j+1}}{a_j}\right) = (-1)^{n-N}e^{\sum_{j=N}^{n-1}\ln\left(-\frac{a_{j+1}}{a_j}\right)}.$$

(vi) 根据 Leibniz 关于交错级数敛散性的判别法 (参看 §3.3 的练习 3.3.11 的 (v)).

(vii) 利用 Lagrange 中值定理, 对于充分大的 $n\in\mathbf{N}$, 有 $M\in\mathbf{R}$, 使得

$$\left|\ln\left(-\frac{a_{n+1}}{a_n}\right)\right| = \left|\ln\left(1+\frac{\lambda_n}{n^2}\right)\right| = \left|\left(1+\theta\frac{\lambda_n}{n^2}\right)^{-1}\frac{\lambda_n}{n^2}\right| \leqslant \frac{M}{n^2}.$$

(viii) 由 (vii) 得到.

5.3.3 (i) 用 §3.5 的练习 3.5.6 的 (i).

(ii) 用恒等式

$$\frac{(x+h)^n - x^n}{h} = \sum_{k=0}^{n-1}(x+h)^k x^{n-k-1}.$$

(iii) 利用 (i) 和 (ii).

(iv) 仍用 (iii) 的记号. 利用 (i),(ii) 和 (iii) 并注意 §4.4 的练习 4.4.1 的 (iii).

(v) 利用 (iv) 并用归纳法.

(vi) 由 (iv), 当 $|x| < 1$ 时, 有

$$F(\alpha,\beta,\gamma,x) = 1 + \sum_{n=1}^{\infty} \frac{\alpha(\alpha+1)\cdots(\alpha+n-1)\beta(\beta+1)\cdots(\beta+n-1)}{n!\gamma(\gamma+1)\cdots(\gamma+n-1)} x^n,$$

$$F'(\alpha,\beta,\gamma,x) = \sum_{n=1}^{\infty} \frac{\alpha(\alpha+1)\cdots(\alpha+n-1)\beta(\beta+1)\cdots(\beta+n-1)}{(n-1)!\gamma(\gamma+1)\cdots(\gamma+n-1)} x^{n-1},$$

$$F''(\alpha,\beta,\gamma,x) = \sum_{n=2}^{\infty} \frac{\alpha(\alpha+1)\cdots(\alpha+n-1)\beta(\beta+1)\cdots(\beta+n-1)}{(n-2)!\gamma(\gamma+1)\cdots(\gamma+n-1)} x^{n-2}.$$

将它们代入超几何方程, 并按 x 的同次幂的项归并便知它确实满足超几何方程. 初条件的满足更易检验.

(vii) 满足超几何方程的 g 应满足以下方程:

$$xg'' + [\gamma - (\alpha+\beta+1)x]\left(\sum_{n=0}^{\infty} x^n\right)g' - \alpha\beta\left(\sum_{n=0}^{\infty} x^n\right)g = 0.$$

把 $g(x) = \sum_{n=0}^{\infty} a_n x^n$ 代入上述方程, 便知 g 的系数 $a_n (n = 0, 1, \cdots)$ 完全被方程的参数 α, β, γ 和初条件 (也是由 α, β, γ 刻画的) 所唯一确定.

5.3.4 试证以下两点: (1) 两端在 $x = 0$ 时的值相等;(2) 两端在 $x = 0$ 时的导数相等. 然后证明左端的函数满足对应的超几何方程, 利用练习 5.3.3 的 (vii).

5.3.5 对 $[a, b] \to \mathbf{R}$ 的函数

$$h(x) = \begin{vmatrix} f(b) - f(a) & g(b) - g(a) \\ f(x) & g(x) \end{vmatrix}$$

使用 Rolle 定理.

5.3.6 对函数 $g(x) = \exp(-\lambda x) \cdot f(x)$ 应用推论 5.3.1 中的结论 (5.3.8).

5.3.7 把 Cauchy 中值定理用到 t 的函数 $f(t) - f'(x_0)t$ 和 $t \sup\limits_{x<w<y} |f'(w) - f'(x_0)|$ 上去便得.

5.3.8 分别对函数 $f_1(x) = \exp x - x - 1$ 和 $f_2(x) = \ln(1+x) - x$ 求导, 利用导数讨论它们的升降和极值.

5.3.9 因 f 在 x 点的一个邻域内连续可微且 $f'(x) \neq 0$, 故 f' 在 x 点的一个邻域内符号不变. 所以, f 在 x 点的该邻域内严格单调. f 在该邻域内的限制有反函数. 这样就可以用定理 5.2.3 了.

5.3.10 (i) 利用锁链法则和反函数的导数公式.

5.4.1 试证: (i) $g \circ f(x+h)$ 在 x 处的 Taylor 展开中的以下的尾项中含有的 h 幂的次数均超过 n:

$$b_{n+1}(a_1h+\cdots+a_nh^n)^{n+1}+b_{n+2}(a_1h+\cdots+a_nh^n)^{n+2}$$
$$+\cdots+b_m(a_1h+\cdots+a_nh^n)^m+s_m(a_1h+\cdots+a_nh^n).$$

(ii) 利用 (i) 的结果和多项式定理 (参看 §1.7 的练习 1.7.4 的 (ix)).

(iii) (iii) 是 (ii) 的重新表述. 理由如下: 假若 p 个自然数 $n_1,\cdots,n_p$ 满足条件 A:p 个自然数 $n_1,\cdots,n_p$ 中有 m_1 个 $1,\cdots,m_n$ 个 n (因此, $p=m_1+\cdots+m_n$), 则

$$g^{(p)}(f(x))\left(\frac{f'(x)}{1!}\right)^{m_1}\cdots\left(\frac{f^{(n)}(x)}{n!}\right)^{m_n}$$
$$=\frac{1}{n_1!n_2!\cdots n_p!}d^pg(f(x))\left[f^{(n_1)}(x),f^{(n_2)}(x),\cdots,f^{(n_p)}(x)\right].$$

因为满足条件 A 的 p 个自然数 $n_1,\cdots,n_p$ 共有 $\dfrac{p!}{m_1!\cdots m_n!}$ 个, 我们有

$$\frac{p!}{m_1!\cdots m_n!}g^{(p)}(f(x))\left(\frac{f'(x)}{1!}\right)^{m_1}\cdots\left(\frac{f^{(n)}(x)}{n!}\right)^{m_n}$$
$$=\sum_A\frac{1}{n_1!n_2!\cdots n_p!}d^pg(f(x))\left[f^{(n_1)}(x),f^{(n_2)}(x),\cdots,f^{(n_p)}(x)\right],$$

其中 $\sum_A$ 表示对一切满足条件 A 的 p 个自然数 $n_1,\cdots,n_p$ 求和. 将上式对满足条件 $m_1+2m_2+\cdots+nm_n=n$ 的所有的非负整数列 $(m_1,\cdots,m_n)$ 求和 (也就是对所有满足条件 $n_1+n_2+\cdots+n_p=n$ 的自然数列 $(n_1,\cdots,n_p)$ 求和, 其中 $p=1,\cdots,n$), 便有

$$\sum_{\substack{m_1+2m_2+\cdots+nm_n=n\\m_i\geqslant 0}}\frac{n!}{m_1!m_2!\cdots m_n!}g^{(p)}(f(x))\left(\frac{f'(x)}{1!}\right)^{m_1}\cdots\left(\frac{f^{(n)}(x)}{n!}\right)^{m_n}$$
$$=\sum_{p=1}^n\sum_{\substack{n_1+n_2+\cdots+n_p=n\\n_i>0}}\frac{n!}{p!n_1!n_2!\cdots n_p!}$$
$$\times d^pg(f(x))\left[f^{(n_1)}(x),f^{(n_2)}(x),\cdots,f^{(n_p)}(x)\right].$$

(iv) 利用 (ii) 写出 $\dfrac{d^n}{dx^n}((f(x))^q)$ 的如下表达式:

$$\frac{d^n (f(x))^q}{dx^n}$$
$$= \sum{}' \frac{n!}{m_1! \cdots m_n!} \frac{q!}{(q-r)!} \big(f(x)\big)^{q-r} \left(\frac{f'(x)}{1!}\right)^{m_1} \cdots \left(\frac{f^{(n)}(x)}{n!}\right)^{m_n},$$

其中 $\sum'$ 表示对所有满足以下条件的非负整数组 $\{m_1, \cdots, m_n\}$ 求和:

$$m_1 + \cdots + nm_n = n \quad \text{且} \quad r \equiv m_1 + \cdots + m_n \leqslant q.$$

把它代入 (iv) 中要证的等式右端, 有

$$\sum_{p=1}^{n} \frac{1}{p!} g^{(p)}(f(x)) \left[\sum_{q=1}^{p} \binom{p}{q} \big(-f(x)\big)^{p-q} \frac{d^n (f(x))^q}{dx^n} \right]$$
$$= \sum_{p=1}^{n} \frac{1}{p!} g^{(p)}(f(x)) \left[\sum_{q=1}^{p} \binom{p}{q} \big(-f(x)\big)^{p-q} \right.$$
$$\left. \times \sum{}' \frac{n!}{m_1! \cdots m_n!} \frac{q!}{(q-r)!} \big(f(x)\big)^{q-r} \left(\frac{f'(x)}{1!}\right)^{m_1} \cdots \left(\frac{f^{(n)}(x)}{n!}\right)^{m_n} \right]$$
$$= \sum_{p=1}^{n} \frac{1}{p!} g^{(p)}(f(x)) \sum{}'' \frac{p!n!}{(p-r)!m_1! \cdots m_n!}$$
$$\times \big(f(x)\big)^{p-r} \left(\frac{f'(x)}{1!}\right)^{m_1} \cdots \left(\frac{f^{(n)}(x)}{n!}\right)^{m_n}$$
$$\times \sum_{q=r}^{p} \frac{(p-r)!}{(p-q)!(q-r)!}(-1)^{p-q},$$

其中 $\sum''$ 表示对所有满足以下条件的非负整数组 $\{m_1, \cdots, m_n\}$ 求和:

$$m_1 + \cdots + nm_n = n,$$

并请注意以下不难证明的事实:

$$\sum_{q=r}^{p} \frac{(p-r)!}{(p-q)!(q-r)!}(-1)^{p-q} = \begin{cases} 1, & \text{若 } p = r, \\ 0, & \text{若 } p > r. \end{cases}$$

5.4.2 本题的结果是 Rolle 定理的推广. 可以从 Rolle 定理出发通过数学归纳法证明.

5.4.3 把练习 5.4.2 的结果用到 (自变量为 t 的) 函数

$$f(t) - g(t) - \frac{(f(x) - g(x))(t - x_1)^{n_1}(t - x_2)^{n_2} \cdots (t - x_p)^{n_p}}{(x - x_1)^{n_1}(x - x_2)^{n_2} \cdots (x - x_p)^{n_p}}$$

上.

5.4.4 (i) 试构造一个如下形式的五次多项式

$$p(y) = a_1 y + a_3 y^3 + a_5 y^5,$$

使得

$$g'(0) = p'(0), \quad g(x) = p(x), \quad g'(x) = p'(x).$$

然后证明: $\exists \xi \in (0, x)(g^{(5)}(\xi) = p^{(5)}(\xi))$;

(ii) 把 (i) 中结果用到函数

$$g(x) = f\left(\frac{a+b}{2} + x\right) - f\left(\frac{a+b}{2} - x\right)$$

上去.

5.4.5 由关于函数 f 在 a 和 b 点所取的值的带 Lagrange 余项的在点 x 的 Taylor 展开公式

$$f(a) = f(x) + \frac{f'(x)}{1!}(a - x) + \frac{f''(\xi)}{2!}(a - x)^2$$

和

$$f(b) = f(x) + \frac{f'(x)}{1!}(b - x) + \frac{f''(\eta)}{2!}(b - x)^2$$

出发, 通过 f 和 f'' 的值估计 f' 的值, 上式中的 $\xi \in (a, x) \subset I, \eta \in (x, b) \subset I$.

5.4.6 (ii) 利用练习 5.4.5, 适当选取 x 和 a 及 b.

5.4.7 (i) 利用等式:

$$\frac{f(x + k_n) - f(x + h_n)}{k_n - h_n} = \frac{k_n}{k_n - h_n} \frac{f(x + k_n) - f(x)}{k_n} - \frac{h_n}{k_n - h_n} \frac{f(x + h_n) - f(x)}{h_n}.$$

(ii) 利用 (i) 的提示中的等式.

(iii) 利用 Lagrange 中值定理.

5.4.8 将题中的带有 Lagrange 余项的 Taylor 公式与以下带有 Peano 余项的 Taylor 公式相比较:

$$f(x) = f(x_0) + \frac{f'(x_0)}{1!}(x - x_0) + \cdots + \frac{f^{(n+1)}(x_0)}{(n+1)!}(x - x_0)^{n+1} + o\left((x - x_0)^{n+1}\right).$$

5.4.9　(i) 用 Leibniz 公式.

(ii) 利用 (i), 通过数学归纳法证明之.

5.4.10　对函数 $g(x) = f(x) - f(x-h)$ 用 Lagrange 中值定理.

5.4.11　用归纳法, 注意 §1.7 的练习 1.7.4 的 (x).

5.4.12　用带 Lagrange 余项的 Taylor 公式.

5.5.1　(i) 利用练习 3.5.6 的 (i), (ii) 和 (iii), 练习 5.3.3 的 (iv) 和公式

$$(\arctan x)' = \frac{1}{1+x^2} = \sum_{n=0}^{\infty} (-1)^n x^{2n}.$$

(ii) 利用练习 3.5.6 的 (i), (ii) 和 (iii), 练习 5.3.3 的 (iv) 和公式

$$(\arcsin x)' = \frac{1}{\sqrt{1-x^2}} = \sum_{n=0}^{\infty} \frac{(2n-1)!!}{2^n \cdot n!} x^{2n}.$$

注　同学也可用求 $\arctan x$ 及 $\arcsin x$ 的各阶导数的办法获得上述结果.

5.5.2　(i) 利用 $\ln(1-x)$ 的 Taylor 级数.

(ii) 利用 $\ln(1-x)$ 的 Taylor 级数.

5.5.3　用 Lagrange 中值定理.

5.5.4　(i) 关键是证明 g 在点 0 的各阶右导数都等于零, 这可以利用练习 5.5.3 的结果通过归纳法完成证明.

5.6.1　(i) 因 f 在点 c 处可微, f 在点 c 处连续. 故 f 在 $(c-\varepsilon, c]$ 上凹, 在 $[c, c+\varepsilon)$ 上凸. 由定理 5.6.3, f 在 $(c-\varepsilon, c]$ 上的图像均在 f 的图像过点 $\big(c, f(c)\big)$ 处的切线之下. 而 f 在 $[c, c+\varepsilon)$ 上的图像均在 f 的图像过点 $\big(c, f(c)\big)$ 处的切线之上. c 是扭转点. f 在 $(c-\varepsilon, c]$ 上凸, 在 $[c, c+\varepsilon)$ 上凹时可相仿地讨论.

(ii) 由 (i) 及推论 5.6.3 得到.

(iii) 因 $f(c+h) = f(c) + f'(c)h + f''(c)h^2 + o(h^2)$. 而过点 $\big(c, f(c)\big)$ 处的切线方程是 $Y = f(c) + f'(c)h$. 故 f 的图像在切线之上还是之下由函数 $f(c+h) - Y = f''(c)h^2 + o(h^2)$ 取值的符号决定. 若 $f''(c) \neq 0$, 则 $f(c+h) - Y = f''(c)h^2 + o(h^2)$ 的符号在 c 点两侧近处保持不变.

5.6.2　(viii) 图像过点 $(0,0)$ 的切线就是 x 轴. 点 0 是扭转点. 但在 0 点左右两侧 (不论多么靠近 0) 都非凸非凹.

5.6.3　(i) 计算出 $F_R'(r) = (p-1)[(1+r)^{p-2} - (1-r)^{p-2}]\big(1 - (R/r)^p\big)$, 并利用这个公式讨论 F_R 的极值.

(ii) 参考 (i) 的提示.

(iv) 计算出

$$\left(\frac{\alpha(r)}{\beta(r)}\right)' = \frac{p-1}{r^p(\beta(r))^2}[(1+r)^p + (1-r)^p][(1+r)^{p-2} - (1-r)^{p-2}],$$

并利用这个公式及 $\dfrac{\alpha(1)}{\beta(1)} = 1$ 讨论 $\dfrac{\alpha(r)}{\beta(r)}$ 在 $(0,1]$ 上的状态.

(v) 参考 (iv) 的提示.

(vi) 利用 (iv).

(vii) 利用 (v).

(viii) 利用 (i),(iii) 和 (vi).

(ix) 利用 (ii),(iii) 和 (vii).

(x) 周期函数 $\varphi(\theta) = (a^2 + b^2 + 2ab\cos\theta)^{p/2} + (a^2 + b^2 - 2ab\cos\theta)^{p/2}$ 的导数在 $[0,2\pi)$ 上的零点是 $0,\pi/2,\pi,3\pi/2$. 在这四点上的值是 $\varphi(0) = \varphi(\pi) = (a+b)^p + |a-b|^p$, $\varphi(\pi/2) = \varphi(3\pi/2) = 2(a^2+b^2)^{p/2}$. 由函数 $x \mapsto x^r$ 在 $0 < r < 1$ 时凹, 得到 $(a+b)^p + |a-b|^p \leqslant 2(a^2+b^2)^{p/2}$.

(xi) 和 (x) 的方法相仿.

(xii) 只须对 $A = a, B = be^{i\theta}, a,b > 0, \theta \in [0,2\pi)$ 的情形讨论之. 这归到求函数 $(a^2 + b^2 + 2ab\cos\theta)^{p/2} + (a^2 + b^2 - 2ab\cos\theta)^{p/2}$ 的极值, 利用 (x) 和 (xi).

5.6.5 $\left(\ln f(x)\right)'' \geqslant 0$ 等价于 $f(x)f''(x) - \left(f'(x)\right)^2 \geqslant 0$. 我们要证明的是:

$$(a \geqslant 0) \wedge (a' \geqslant 0) \wedge (ac - b^2 \geqslant 0) \wedge (a'c' = b'^2 \geqslant 0)$$
$$\implies (a+a')(c+c') - (b+b')^2 \geqslant 0.$$

这等价于以下关于 $\mathbf{R}^2$ 上的如下二次型的命题:

$$(ax^2 + 2bxy + cy^2 \geqslant 0) \wedge (a'x^2 + 2b'xy + c'y^2 \geqslant 0)$$
$$\implies \left((a+a')x^2 + 2(b+b')xy + (c+c')y^2 \geqslant 0\right).$$

5.7.1 (iii) 在 (ii) 的不等式中, 令 $\lambda_i = b_i^q \left/ \sum\limits_{k=1}^n b_k^q \right., x_i = a_i \sum\limits_{k=1}^n b_k^q \left/ b_i^{\frac{1}{p-1}} \right.$.

5.8.1 (i) 用归纳法.

(ii) 利用以下事实: 一次多项式在闭区间上的极值在闭区间的端点达到.

(iii) 利用 (ii) 和 (i), 通过归纳法完成证明.

(iv) 注意 (ii) 的提示和 f_{n+1} 的定义.

(v) 利用 (iii) 和 (iv).

(vi) 利用 (v), 由关于一致收敛的 Cauchy 收敛准则得到.

(vii) 由 f_{n+1} 的定义通过归纳法得到.

(viii) 由 (vi) 和 (vii).

(ix) 由 (viii) 和 f_{n+1} 的定义.

(x) 利用 (ix) 和练习 5.4.7 的 (ii).

5.8.2 (i) $B_0 = \lim\limits_{x \to 0} \dfrac{x}{\mathrm{e}^x - 1}$.

(ii) 由等式 $\left(1 + \dfrac{x}{2!} + \dfrac{x^2}{3!} + \cdots \right) \cdot \sum\limits_{n=0}^{\infty} \dfrac{B_n}{n!} x^n = 1$ 和推论 3.5.1 得到.

(iii) 由 (ii) 得到.

(vi) 利用恒等式 $\cot x - 2\cot 2x = \tan x$.

(viii) 注意: $\sum\limits_{k=0}^{n} \mathrm{e}^{kx} = \dfrac{\mathrm{e}^{(n+1)x} - 1}{x} \dfrac{x}{\mathrm{e}^x - 1}$.

(ix) 利用 (viii).

5.8.3 (i) 利用等式

$$\frac{x\mathrm{e}^{zx}}{\mathrm{e}^x - 1} = \sum_{j=0}^{\infty} \frac{(zx)^j}{j!} \cdot \sum_{i=0}^{\infty} \frac{B_i}{i!} x^i.$$

(ii) 由 (i) 得.

(iii) 由 (i) 得.

(iv) 由等式 $F_{z+1}(x) - F_z(x) = x\mathrm{e}^{zx}$ 得.

(v) 由等式 $F_{1-z}(x) = F_z(-x)$ 得.

5.8.4 (i) 利用定理 4.4.3(Weierstrass 优势级数判别法).

(ii) 用 l'Hôpital 法则证明极限 $\lim\limits_{x \to 0} \dfrac{\pi^2}{\sin^2(\pi x)} - \dfrac{1}{x^2} = \lim\limits_{x \to 0} \dfrac{\pi^2 x^2 - \sin^2(\pi x)}{x^2 \sin^2(\pi x)}$ 存

在.

(iii) 设法证明以下等式:

$$\frac{\pi^2}{\sin^2\left((\pi x)/2\right)} - \sum_{k=-\infty}^{\infty} \frac{1}{\left((x/2) - k\right)^2} + \frac{\pi^2}{\sin^2\left((\pi x)/2 + \pi/2\right)}$$

$$- \sum_{k=-\infty}^{\infty} \frac{1}{\left((x/2) - k + 1/2\right)^2} = 4\left[\frac{\pi^2}{\sin^2(\pi x)} - \sum_{k=-\infty}^{\infty} \frac{1}{(x-k)^2} \right].$$

(iv) 用反证法证明之. 设 $x_0 \in \mathbf{R}$ 使得 $|f(x_0)| = \max\limits_{x \in \mathbf{R}} |f(x)| > 0$. 利用 (iii) 推出矛盾.

(v) 由 (iv) 得到.

(vi) 先证 $\sum\limits_{k=1}^{\infty} \dfrac{1}{(2k-1)^2} = \dfrac{3}{4} \sum\limits_{k=1}^{\infty} \dfrac{1}{k^2}$.

(vii) 利用以下不等式:

$$\left| \sum_{n=0}^{\infty} a_n(x) - \sum_{n=0}^{\infty} d_n \right| \leqslant \left| \sum_{n=0}^{N} a_n(x) - \sum_{n=0}^{N} d_n \right| + \left| \sum_{n=N+1}^{\infty} a_n(x) \right| + \left| \sum_{n=N+1}^{\infty} d_n \right|.$$

任意给定了 $\varepsilon > 0$, 适当选取 N, 使得上式右端最后两项的每一项均小于 $\varepsilon/3$. 然后使 x 充分接近 $\alpha + 0$ 以保证上式右端第一项也小于 $\varepsilon/3$.

(viii) 利用 (vii) 及 Lagrange 中值定理.

(ix) 利用 (v) 和 (viii).

(x) $2^{2n} \sum\limits_{k=-\infty}^{\infty} \dfrac{1}{(2k-1)^{2n}} = 2^{2n+1}(1 - 2^{-2n}) \sum\limits_{k=1}^{\infty} \dfrac{1}{k^{2n}}$.

(xi) 利用 (x) 的结果和 Cauchy 余项的表示式.

5.8.5 (i) 当 $n\pi \geqslant |x|$ 时, 我们有

$$\left| \frac{1}{x-n\pi} + \frac{1}{x+n\pi} \right| = \frac{2|x|}{|x^2 - n^2\pi^2|} \leqslant \frac{4|x|}{|n^2\pi^2|}.$$

(ii) 用 l'Hôpital 法则, $\lim\limits_{x\to 0} \left[\dfrac{\cos x}{\sin x} - \dfrac{1}{x} \right] = \lim\limits_{x\to 0} \dfrac{x\cos x - \sin x}{x\sin x} = 0$. 由 (i) 中的估计, 级数 $\sum\limits_{k=1}^{\infty} \left(\dfrac{1}{x-n\pi} + \dfrac{1}{x+n\pi} \right)$ 在任何有界区间上一致收敛. 又易见,

$$\lim\limits_{x\to 0} \left(\frac{1}{x-n\pi} + \frac{1}{x+n\pi} \right) = 0.$$

(iii) 利用 $f(x)$ 的表达式, 有

$$f\left(\frac{x}{2}\right) + f\left(\frac{x+\pi}{2}\right)$$

$$= \frac{\cos\dfrac{x}{2}}{\sin\dfrac{x}{2}} + \frac{\cos\dfrac{x+\pi}{2}}{\sin\dfrac{x+\pi}{2}} - \frac{2}{x} - \frac{2}{x+\pi}$$

$$- \sum_{k=1}^{\infty}\left(\frac{1}{\dfrac{x}{2}-n\pi} + \frac{1}{\dfrac{x}{2}+n\pi} + \frac{1}{\dfrac{x+\pi}{2}-n\pi} + \frac{1}{\dfrac{x+\pi}{2}+n\pi}\right)$$

$$= 2\frac{\cos x}{\sin x} - 2\frac{1}{x} - 2\sum_{n=1}^{\infty}\left(\frac{1}{x+n\pi} + \frac{1}{x+n\pi}\right) = 2f(x).$$

(iv) 若有 x 使得 $f(x) \neq 0$, 不妨设 $f(x) > 0$. 今设

$$f(x_0) = \max_{x \in \mathbf{R}} f(x).$$

因 $2f(x_0) = \big(f(x_0/2) + f\big((x_0+\pi)/2\big)\big)$, 有 $f(x_0) = f(x_0/2)$. 由归纳原理, $f(x_0) = f(x_0/2^n)$. 由 (ii) 我们得到

$$f(x_0) = \lim_{n\to\infty} f(x_0/2^n) = 0.$$

(v) 以 $x + \pi/2$ 代替 (iv) 中的 x.

(vi) 利用 (iv) 和 (v) 以及以下的等式

$$\frac{1}{\sin x} = \frac{1}{2}\left[\frac{\cos(x/2)}{\sin(x/2)} + \frac{\sin(x/2)}{\cos(x/2)}\right].$$

(vii) 记 $v(x) = \sum\limits_{n=1}^{\infty} u_n(x)$, 则

$$\left|\frac{v(x+h)-v(x)}{h} - \sum_{n=1}^{\infty} u_n'(x)\right| = \left|\sum_{n=1}^{\infty}\left(\frac{u_n(x+h)-u_n(x)}{h} - u_n'(x)\right)\right|$$

$$\leqslant \sum_{n=1}^{\infty}\left|u_n'(x+\theta_n h) - u_n'(x)\right| = |h|\sum_{n=1}^{\infty}|u_n''(x+\vartheta_n h)| \leqslant |h|\sum_{n=1}^{\infty} c_n,$$

其中 $0 < \vartheta_n < \theta_n < 1$.

(viii) 用 (iv) 和 (vii).

5.8.6 (i) 注意以下的两个幂级数展开:

$$\varphi(x) = \frac{1}{2}\ln\frac{1+x}{1-x} - x = \frac{1}{2}\big[\ln(1+x) - \ln(1-x)\big] - x = \sum_{n=1}^{\infty}\frac{x^{2n+1}}{2n+1},$$

$$\psi(x) = \frac{1}{2}\ln\frac{1+x}{1-x} - x - \frac{x^3}{3(1-x^2)} = \sum_{n=2}^{\infty}\left(\frac{1}{2n+1} - \frac{1}{3}\right)x^{2n+1}.$$

(ii) 由 (i) 得.

(iii) 让 $x = 1/(2n+1)$ 代入 (ii) 中不等式.

(iv) 对 (iii) 中不等式的三项同乘于 $(2n+1)$.

(v) $a_n < b_n$ 是显然的. 另外两个不等式可从 (iv) 及以下的等式得到:

$$\ln\left(\frac{a_{n+1}}{a_n}\right) = \left(n+\frac{1}{2}\right)\ln\frac{n+1}{n} - 1,$$

$$\ln\left(\frac{b_{n+1}}{b_n}\right) = \left(n+\frac{1}{2}\right)\ln\frac{n+1}{n} - 1 + \frac{1}{12(n+1)} - \frac{1}{12n}.$$

(vi) 由区间套定理, 并注意到 $\lim_{n\to\infty}\frac{b_n}{a_n} = 1$.

(vii) 由 $b_n = a_n \mathrm{e}^{1/12n}$ 得到.

(viii) 将 (vii) 的结果代入 §4.5 的练习 4.5.1(x) 中的 Wallis 公式以确定 (vii) 中的常数 c.

5.8.7 (i) 用 §4.5 练习 4.5.1 的 (viii).

(iii) 对 (i) 两端求导. 应检验求导的合法性, 要用 (ii) 及练习 5.8.5 的 (vii).

第 6 章

6.1.1 利用 §5.8 的练习 5.8.2 的 (ix).

6.2.1 (i) 由命题 6.2.6(积分的第一中值定理) 得到

$$\int_{x_{j-1}}^{x_j}|f(x) - f(x_{j-1})||g(x)|dx \leqslant M\omega_j(x_j - x_{j-1}), \quad j = 1,\cdots,n.$$

(ii) 利用 (i) 及定理 6.1.1(或定理 6.1.1′).

(iii) 利用 (ii).

(iv) 利用 (iii) 及 §3.3 的练习 3.3.11 的 (i) 中的 Abel 变换:

$$\lim_{\substack{\max\\1\leqslant k\leqslant n}(x_k-x_{k-1})\to 0}\sum_{k=1}^{n}f(x_{k-1})\int_{x_{k-1}}^{x_k}g(x)dx$$

$$= \lim_{\substack{\max\\1\leqslant k\leqslant n}(x_k-x_{k-1})\to 0}\sum_{k=1}^{n}f(x_{k-1})\big(G(x_k) - G(x_{k-1})\big)$$

$$= \lim_{\substack{\max\\1\leqslant k\leqslant n}(x_k-x_{k-1})\to 0}\left[\sum_{k=1}^{n-1}[f(x_{k-1}) - f(x_k)]G(x_k) + G(b)f(x_{n-1})\right].$$

(v) 利用 (iv).

(vi) 利用 (v) 和连续函数的介值定理.

(vii) 作换元 $y = -x$, 并利用 (vi).

(viii) 当 f 单调不增时, 就把 (vi) 的结果用到 $f(x) - f(b)$ 上. 当 f 单调不减时, 就把 (vii) 的结果用到 $f(x) - f(a)$ 上.

6.2.2 (i) 记 $D_n = \{x \in [a,b] : f_n \text{ 在 } x \text{ 处间断}\}$, D_n 是零集, 因而 $\bigcup\limits_{n=1}^{\infty} D_n$ 是零集. f 作为 $\{f_n\}$ 一致收敛的极限, 在 $[a,b] \setminus \bigcup\limits_{n=1}^{\infty} D_n$ 上连续, 故 f 在 $[a,b]$ 上可积. 又由积分的第一中值定理, 有

$$\left| \int_a^b f_n(x)dx - \int_a^b f(x)dx \right| \leqslant \int_a^b |f_n(x) - f(x)|dx \leqslant (b-a) \max_{a \leqslant x \leqslant b} |f_n(x) - f(x)|.$$

(ii) g_n 在 $[0,1]$ 上连续, 因而可积. $\lim\limits_{n \to \infty} g_n(x) \equiv 0$ 显然. 而 $\int_0^1 g_n(x)dx = 1$.

6.2.3 用练习 6.2.2 的 (i) 的结果.

6.2.4 用练习 6.2.2 的 (i) 的结果和 Heine 定理 (定理 3.6.7).

6.2.5 用练习 6.2.2 的 (i) 的结果和 Heine 定理以及 §5.3 的练习 5.3.7:

$$\left| \frac{g(\alpha + \delta) - g(\alpha)}{\delta} - \int_a^b f_2'(x, \alpha)dx \right|$$

$$= \left| \int_a^b \left[\frac{f(x, \alpha + \delta) - f(x, \alpha)}{\delta} - f_2'(x, \alpha) \right] dx \right|$$

$$\leqslant \int_a^b \sup_{0 < \theta < 1} |f_2'(x, \alpha + \theta\delta) - f_2'(x, \alpha)|dx.$$

6.2.6 设法证明, 对于任何 $y \in [c,d]$, 有

$$\int_c^y d\alpha \left(\int_a^b f(x, \alpha)dx \right) = \int_a^b dx \left(\int_c^y f(x, \alpha)d\alpha \right).$$

为此只须证明, 左右两端在 $y = c$ 时都等于零, 且左右两端关于 y 的导数存在且相等, 这里要用练习 6.2.5 的结果.

6.3.1 由 §4.1 的练习 4.1.1 的 (i), 只需证明 f 连续便可以了. 由方程 $f(x+y) = f(x) + f(y)$ 出发可得以下等式:

$$zf(x) = \int_0^{x+z} f(y)dy - \int_0^x f(y)dy - \int_0^z f(y)dy.$$

由上式及命题 6.2.7 可知: $f(x)$ 是连续地依赖于 x 的.

6.3.2 (iv) 利用 §5.4 的练习 5.4.4 的 (ii).

6.3.3 (i) 先证 $\forall x \in [0,1](|x/n(x+n)| \leqslant 1/n(n+1))$. 然后用 Weierstrass 优势级数判别法.

(ii) 因为 $\ln n = \sum\limits_{k=1}^{n-1}[\ln(k+1) - \ln k] = \sum\limits_{k=1}^{n-1}\int_0^1 \dfrac{1}{x+k}dx$, 有

$$\gamma = \lim_{n\to\infty}\left(\sum_{k=1}^n \frac{1}{k} - \ln n\right) = \lim_{n\to\infty}\left(\sum_{k=1}^n \frac{1}{k} - \sum_{k=1}^{n-1}\int_0^1 \frac{1}{x+k}dx\right)$$

$$= \lim_{n\to\infty}\left(\sum_{k=1}^{n-1}\int_0^1 \frac{x}{k(x+k)}dx\right).$$

再利用 (i) 的结果.

6.3.4 用练习 6.2.2 的 (i) 的结果, 得到

$$\forall x \in [a,b]\left(\int_c^x g(t)dt = \sum_{n=1}^\infty \int_c^x f_n'(t)dt = \sum_{n=1}^\infty [f_n(x) - f_n(c)]\right).$$

6.4.1 (10) 用积化和差公式.

(11) 利用等式: $\sin 2nx = 2\sin x \sum\limits_{k=1}^n \cos(2k-1)x$.

(12) 利用等式: $\sin(2n+1)x = \sin x + 2\sin x \sum\limits_{k=1}^n \cos 2kx$.

(17) $\int \dfrac{dx}{A^2\sin^2 x + B^2\cos^2 x} = \int \dfrac{d\tan x}{A^2\tan^2 x + B^2}$.

(19) $\int \dfrac{dx}{\cos x} = \int \dfrac{d\sin x}{1 - \sin^2 x}$.

(21) 在减号时, 作替换 $x = a\cosh t$, 加号时该作什么替换?

(23) 作替换 $x = a\cos^2\phi + b\sin^2\phi$.

(24), (25) 和 (26) 作分部积分.

(27) 连作两次分部积分.

6.4.2 (i) 关于 n 作数学归纳法.

(ii) 只要让 $f\left(a + (b-a)t\right)$ 替代 (i) 中的 f, $\phi(t)$ 替代 (i) 中的 g, 让 $[0,1]$ 替代 (i) 中的 $[a,b]$, (ii) 便是 (i) 中 Darboux 公式的推论.

6.4.3 在练习 6.4.2 的 (i) 中让 $a = x_0$, $b = x$, $x = t$, $g = (x-t)^n$ 后便得.

6.4.4 (1) 用积化和差.

(2) 用积化和差.

(3) 用积化和差.

(4) 用恒等式 $\dfrac{1}{2} + \sum\limits_{k=1}^{m-1} \cos 2kx = \dfrac{\sin(2m-1)x}{2\sin x}$, 这个恒等式可让两端同乘以 $2\sin x$ 并利用积化和差公式获得.

(5) 用 (4) 和恒等式 $\sum\limits_{m=1}^{n} \sin(2m-1)x = \dfrac{\sin^2 nx}{\sin x}$, 后者可让两端同乘以 $\sin x$ 并利用积化和差公式获得.

(6) 参看方程 (6.4.7).

(7) 寻求递推公式, 用归纳法.

6.4.5 (i) 多项式的原函数是多项式, 又

$$\forall x \in [-1,1]\left(\left|\int_0^x (1-t^2)^n dt\right| \leqslant \int_0^1 (1-t^2)^n dt\right).$$

(ii) 用积分第一中值定理.　(iii) 利用 (ii).　(iv) 同 (iii).

(v) 设 $x \geqslant 0$, 则给定了 $\varepsilon > 0$, 有

$$\begin{aligned}
\left|g_n(x) - |x|\right| &= \left|\int_0^x \Big(f_n(t)-1\Big)dt\right| \\
&\leqslant \left|\int_0^\varepsilon \Big(f_n(t)-1\Big)dt\right| + \left|\int_\varepsilon^x \Big(f_n(t)-1\Big)dt\right| \\
&\leqslant 2\varepsilon + \left|\int_\varepsilon^x \Big(f_n(t)-1\Big)dt\right|.
\end{aligned}$$

由 (iii), 当 n 充分大时, 上式右端第二项可以小于 ε. $x \leqslant 0$ 时, 讨论相仿.

6.4.6 (ii) 用 Leibniz 公式 (5.4.8).

(iii) 先证明 $(x^2-1)\cdot y' = 2nxy$.

(iv) 用 (iii) 和 Leibniz 公式 (5.4.8).

(v) 利用 §5.4 的练习 5.4.1 的 (ii), (iii) 和 (iv) 中任何一个结论便可得到我们所要的结论.

(vi) 用 (v) 和练习 6.4.2 的 (i) 的 Darboux 推广的分部积分公式.

(vii) 用 (v) 和练习 6.4.2 的 (i) 的 Darboux 推广的分部积分公式.

(ix) 注意 (v) 并作分部积分便有 $\forall k \leqslant n-2\left(\int_{-1}^1 xP_nP_k dx = 0\right)$. 再注意 xP_n 与 P_n 的奇偶性相反.

(x) 比较 (ix) 中等式两端 x^{n+1} 的系数.

(xi) 比较 (ix) 中等式两端 $x = 1$ 时的值.

(xii) 由 (ix), (x) 和 (xi).

(xiii) 由 (xii), 对于一切 $x \in [-1, 1]$, 有

$$|P_{n+1}(x)| \leqslant \frac{2n+1}{n+1}|P_n(x)| + \frac{n}{n+1}|P_{n-1}(x)|.$$

由数学归纳原理, 我们得到对于一切 $x \in [-1, 1]$, 有

$$|P_n(x)| \leqslant 3^n.$$

由此保证了 $\delta > 0$ 的存在. 设下式左端展成以下形式的 α 的幂级数:

$$\frac{1}{\sqrt{1 - 2x\alpha + \alpha^2}} = \sum_{n=0}^{\infty} Y_n(x)\alpha^n.$$

先证明该幂级数的零次及一次项的系数恰是零次和一次 Legendre 多项式: $Y_0 = P_0$ 和 $Y_1 = P_1$. 然后证明

$$(1 - 2x\alpha + \alpha^2)\sum_{n=1}^{\infty} nY_n\alpha^{n-1} = (x - \alpha)\sum_{n=0}^{\infty} Y_n\alpha^n,$$

由此得到关于 Y_n 的递推公式恰与 P_n 的递推公式一致.

(xiv) 先证函数 $v(x) = \dfrac{d^m P_n(x)}{dx^m}$ 满足方程

$$(1 - x^2)v''(x) - 2(m+1)xv'(x) + (n(n+1) - m(m+1))v(x) = 0.$$

(xvi) 先证 $P_n^m(x) = \dfrac{1}{2^n n!}\dfrac{(n+m)!}{(n-m)!}(1-x^2)^{-m/2}\left(\dfrac{d}{dx}\right)^{n-m}(x^2-1)^n.$

6.4.7 (i) 逐项求导便得.

(ii) 对超几何方程 (参看 §5.3 的练习 5.3.3 的 (vi)):

$$x(x-1)F'' - [\gamma - (\alpha + \beta + 1)x]F' + \alpha\beta F = 0,$$

两端同乘于 $x^{c-1}(1-x)^{a+b-c}$ 便得.

(iii) 注意到 (i) 和 (ii), 利用数学归纳法得到.

(iv) 注意到 (iii), 利用数学归纳法得到.

(v) 将

$$y^{(k)} = \frac{(a)_k(b)_k}{(c)_k}F(a+k, b+k, c+k, x)$$

代入 (iv) 中的方程.

(vi) 以 $b = -n$ 代入 (v) 中的方程, 然后让 $k = n$.

(vii) 在 (vi) 的方程中让 $x = (1-y)/2, c = \alpha + 1, a = n + \alpha + \beta + 1$.

(viii) 由 Jacobi 多项式的 Rodrigues 公式出发, 通过分部积分得到.

6.6.1 (3) 用替换 $t = \tan x$.

(4) 用替换 $t = \tan(x/2)$.

(5) 用替换 $t = \tan(x/2)$.

(6) 设法把它化成题 (5) 中的积分.

6.7.1 利用命题 6.7.3 和练习 6.2.1 的 (viii) 中的第二中值定理.

6.7.2 令 $f_1(x) = f(x) - \lim\limits_{x \to \infty} f(x)$, 把练习 6.7.1 的结果用到函数 f_1 和 g 上.

6.7.3 我们有以下等式:

$$\int_a^\infty g(x)dx - \int_a^\infty f(x,\alpha)dx = \int_a^z \Big[g(x) - f(x,\alpha) \Big] dx$$
$$+ \int_z^\infty \Big[g(x) - f(x,\alpha) \Big] dx.$$

只要 z 充分大, 右端第二项就足够接近于零. 一旦 z 固定, 只要 α 充分接近 d, 右端第一项就足够小.

6.7.4 利用练习 6.2.5 的结果得到以下关系式: 对于任何 $z \in [a, \infty)$ 与任何 $\beta \in (\alpha - \varepsilon, \alpha + \varepsilon)$,

$$\int_a^z f(x,\delta)dx - \int_a^z f(x,\beta)dx = \int_a^z \left(\int_\beta^\delta f_2'(x,u)du \right) dx$$
$$= \int_\beta^\delta \left(\int_a^z f_2'(x,u)dx \right) du.$$

因 $\int_a^\infty f_2'(x,u)dx$ 一致收敛, 让上式中 $z \to \infty$, 我们有

$$\int_a^\infty f(x,\delta)dx - \int_a^\infty f(x,\beta)dx = \int_\beta^\delta \left(\int_a^\infty f_2'(x,u)dx \right) du.$$

由此,

$$\frac{d}{du} \int_a^\infty f(x,u)dx = \lim_{\varepsilon \to 0} \frac{1}{\varepsilon} \left(\int_a^\infty f(x,u+\varepsilon)dx - \int_a^\infty f(x,u)dx \right)$$
$$= \lim_{\varepsilon \to 0} \frac{1}{\varepsilon} \int_u^{u+\varepsilon} \left(\int_a^\infty f_2'(x,t)dx \right) dt = \int_a^\infty f_2'(x,u)dx.$$

上式最后一个等号用到了 $\int_a^\infty f_2'(x,u)dx$ 对 u 的连续性, 后者是 $\int_a^\infty f_2'(x,u)dx$ 的一致收敛性及 $f_2'(x,u)$ 关于 u 的连续性的推论.

6.7.5 (i) 从 §6.2 中练习 6.2.6 的结果出发, 用 §6.2 中练习 6.2.2(i) 的方法证明.

(ii) 为明确起见, 假设 $\int_a^\infty dx \int_c^\infty |f(x,\alpha)|d\alpha < \infty$. 由 (i), 我们有

$$\int_c^A d\alpha \int_a^\infty f(x,\alpha)dx = \int_a^\infty dx \int_c^A f(x,\alpha)d\alpha.$$

由此便有

$$\int_c^\infty d\alpha \int_a^\infty f(x,\alpha)dx = \lim_{A\to\infty} \int_c^A d\alpha \int_a^\infty f(x,\alpha)dx$$
$$= \lim_{A\to\infty} \int_a^\infty dx \int_c^A f(x,\alpha)d\alpha$$
$$= \int_a^\infty dx \lim_{A\to\infty} \int_c^A f(x,\alpha)d\alpha.$$

以上的三个等号中只有最后一个需要加以检验. 根据条件 $\int_a^\infty dx \int_c^\infty |f(x,\alpha)| d\alpha < \infty$, 因为对于任何 $A > c$,

$$\lim_{B\to\infty} \int_a^B dx \int_c^A |f(x,\alpha)|d\alpha \leqslant \int_a^\infty dx \int_c^\infty |f(x,\alpha)|d\alpha < \infty,$$

所以, 对于任何 $\varepsilon > 0$, 有 $M \in \mathbf{R}$, 使得对于一切 $A > c$, 有

$$B_2 > B_1 > M \Longrightarrow \left| \int_{B_1}^{B_2} dx \int_c^A f(x,\alpha)d\alpha \right| \leqslant \int_{B_1}^{B_2} dx \int_c^\infty |f(x,\alpha)|d\alpha < \varepsilon.$$

换言之, 反常积分 $\int_a^\infty dx \int_c^A |f(x,\alpha)|d\alpha$ 关于 $A \geqslant c$ 是一致收敛的. 由练习 6.7.3, 需要检验的那个等号检验完毕.

6.7.6 用第二中值定理 (练习 6.2.1 的 (viii)).

6.7.7 (i) 作换元 $x = ut$. 应注意的是: 表达式 $u \int_0^\infty e^{-u^2 t^2} dt$ 表面上依赖于 u, 事实上不依赖于 u.

(ii) 利用 (i) 及 J 的定义.

(iii) 利用练习 6.7.5 的 (ii), 并注意计算积分 $\int ue^{au^2} du$ 用替换 $t = u^2$.

(iv) (iii) 的推论.

(v) 用配方法

6.7.8   (i) 作换元 $t = u^2$. (ii) 利用 (i) 的结果和等式 (6.7.7).

6.7.9   (i) 因 $\forall x \in [n, n+1](f(n) \geqslant f(x) \geqslant f(n+1))$, 故

$$f(n) \geqslant \int_n^{n+1} f(x)dx \geqslant f(n+1).$$

由此,

$$\sum_{n=1}^{\infty} f(n) \geqslant \int_1^{\infty} f(x)dx \geqslant \sum_{n=1}^{\infty} f(n+1).$$

(ii), (iii), (iv) 和 (v) 是 (i) 的推论.

6.7.10

(i) 用替换 $x = \cos t$ 并注意公式 (6.4.7).

(ii) 用替换 $x = \cot t$ 并注意公式 (6.4.7).

(iii) $((1+t)\mathrm{e}^{-t})' = -t\mathrm{e}^{-t}$. 所以,$(1+t)\mathrm{e}^{-t}$ 在正半轴上递减, 在负半轴上递增.

(iv) 后一不等式利用 (iii) 得到, 前一不等式也可通过微分学得到.

(v) (iv) 的推论.

(vi) 利用 (i),(ii) 和 (iv).

(vii) 利用 (vi) 并作适当换元.

(viii) 用 (vii) 及 Wallis 公式 (6.4.8).

6.7.11   (i) 用 Darboux 推广的分部积分公式 (§6.4 的练习 6.4.2 的 (i)).

(ii)和(iii)   (i) 的推论.

(iv) 由以下的不等式得到:

$$|R_n(x)| = \frac{(n+1)!}{x^{n+1}} \int_0^{\infty} \frac{\mathrm{e}^{-xt}}{(1+t)^{n+2}}dt \leqslant \frac{(n+1)!}{x^{n+1}} \int_0^{\infty} \mathrm{e}^{-xt}dt = \frac{(n+1)!}{x^{n+2}},$$

$$\begin{aligned} |R_n(x)| &= \frac{(n+1)!}{x^{n+1}} \int_0^{\infty} \frac{\mathrm{e}^{-xt}}{(1+t)^{n+2}}dt \geqslant \frac{(n+1)!}{x^{n+1}} \int_0^1 \frac{\mathrm{e}^{-xt}}{(1+t)^{n+2}}dt \\ &\geqslant \frac{(n+1)!}{2^{n+2}x^{n+1}} \int_0^1 \mathrm{e}^{-xt}dt \geqslant \frac{(n+1)!}{2^{n+2}x^{n+1}}\mathrm{e}^{-x}. \end{aligned}$$

(v)和(vi)   (iv) 的推论.

(vii) 我们有

$$\int_0^{\infty} \frac{\mathrm{e}^{\mathrm{i}xt}}{1+t}dt = \frac{1}{\mathrm{i}x} + \frac{1!}{(\mathrm{i}x)^2} + \cdots + \frac{n!}{(\mathrm{i}x)^{n+1}} + R_n(x),$$

其中
$$R_n(x) = -\frac{(n+1)!}{(\mathrm{i}x)^{n+1}} \int_0^\infty \frac{\mathrm{e}^{\mathrm{i}xt}}{(1+t)^{n+2}} dt.$$
故
$$|R_n(x)| \leqslant \frac{(n+1)!}{x^{n+1}} \int_0^\infty \frac{dt}{(1+t)^{n+2}} = \frac{n!}{x^{n+1}}.$$
为了得到更好的估计, 对 $R_n(x)$ 的积分表达式做一次分部积分, 有
$$R_n(x) = \frac{(n+1)!}{(\mathrm{i}x)^{n+2}} \int_0^\infty \frac{\mathrm{e}^{\mathrm{i}xt}}{(1+t)^{n+2}} dt,$$
$$|R_n(x)| \leqslant \frac{2(n+1)!}{x^{n+2}}.$$

6.7.12 (i) 右端是公比为 $-x$ 的等比级数.

(ii) $\sum_{\nu=0}^{n} (-1)^\nu x^{a+\nu-1} = \frac{x^{a-1}[1-(-x)^n]}{1+x}.$

(iii) 由 (i), (ii) 及命题 6.7.6.

(iv) 作换元 $x = \frac{1}{z}$.

(v) (iii) 和 (iv) 的推论.

(vi) (iv) 和 (v) 的推论.

(vii) 利用 (vi) 和 §5.8 的练习 5.8.7

6.9.1 (i) 利用 §5.5 的练习 5.5.2 的 (iii) 和 §6.7 的练习 6.7.3 的结果.

(ii) 由 (i) 并用练习 6.4.2(i) 中 Darboux 推广的分部积分公式.

(iii) 由 (ii), 我们有
$$\ln \Gamma(x) = \ln\left[\lim_{n\to\infty} \frac{n^x n!}{x(x+1)\cdots(x+n)}\right]$$
$$= \lim_{n\to\infty}\left[x\ln n - \ln x + \sum_{k=1}^n \left(\ln k - \ln(x+k)\right)\right].$$

(iv) 由于 g 凸, 对于任何 $x \in (0,1]$, 有
$$\frac{g(n-1)-g(n)}{(n-1)-n} \leqslant \frac{g(n+x)-g(n)}{(n+x)-n} \leqslant \frac{g(n+1)-g(n)}{(n+1)-n}.$$
又因为 $g(x+1)-g(x) = \ln x$, 有
$$x\ln(n-1) \leqslant g(x+n)-g(n) \leqslant x\ln n.$$

还是因为 $g(x+1) - g(x) = \ln x$, 有

$$g(x+n) - g(n) = g(x) + \ln x + \sum_{k=1}^{n-1} \Big(\ln(x+k) - \ln k \Big).$$

注意到 $\ln n = \sum\limits_{k=2}^{n} \ln \left(\dfrac{k}{k-1} \right)$, 有

$$x \sum_{k=2}^{n-1} \ln \left(\frac{k}{k-1} \right) \leqslant g(x) + \ln x + \sum_{k=2}^{n} \Big(\ln(x+k-1) - \ln(k-1) \Big)$$

$$\leqslant \sum_{k=2}^{n} \ln \left(\frac{k}{k-1} \right).$$

当 $n \geqslant 2$ 时, 在 $x \in (0,1]$ 上有以下估计:

$$g_n(x) - x \ln \left(\frac{n}{n-1} \right) \leqslant g(x) \leqslant g_n(x).$$

所以, $g(x) = \lim\limits_{n \to \infty} g_n(x)$.

(v) 由 (iv), 满足所述条件的 g 唯一确定. 因 $\ln \Gamma(x)$ 也满足所述条件, $g(x) = \ln \Gamma(x)$.

(vi) 由 (iv),

$$u_n(x) = x \ln \frac{n}{n-1} - \ln(x+n-1) + \ln(n-1),$$

故

$$\mathrm{e}^{u_n(x)} = \mathrm{e}^{x \left(\ln \frac{n}{n-1} - \frac{1}{n-1} \right)} \frac{\mathrm{e}^{\frac{x}{n-1}}}{1 + \dfrac{x}{n-1}}.$$

所以

$$\mathrm{e}^{g_n(x)} = \frac{1}{x} \prod_{k=2}^{n} \mathrm{e}^{u_k(x)} = \frac{1}{x} \mathrm{e}^{x \sum_{k=2}^{n} \left(\ln \frac{k}{k-1} - \frac{1}{k-1} \right)} \prod_{k=2}^{n} \frac{\mathrm{e}^{\frac{x}{k-1}}}{1 + \dfrac{x}{k-1}}$$

$$= \frac{1}{x} \mathrm{e}^{x \left(\ln n - \sum_{k=2}^{n} \frac{1}{k-1} \right)} \prod_{k=2}^{n} \frac{\mathrm{e}^{\frac{x}{k-1}}}{1 + \dfrac{x}{k-1}}.$$

由 §6.3 的练习 6.3.3 的 (ii), Euler 常数定义为

$$\gamma = \lim_{n \to \infty} \left(\sum_{k=1}^{n} \frac{1}{k} - \ln n \right).$$

将它代入上式后便得到 Weierstrass 公式.

(vii) 由 (vi) 中 Γ 函数的 Weierstrass 表示式, 有

$$\ln\Gamma(x) = -\gamma x - \ln x + \sum_{n=1}^{\infty}\left(\frac{x}{n} - \ln\left(1+\frac{x}{n}\right)\right).$$

注意到: 当 $|x|\leqslant a$ 且 $n>a$ 时,

$$\left|\frac{1}{n} - \frac{1}{n+x}\right| \leqslant \frac{a}{n(n-a)}.$$

再利用 §6.3 的练习 6.3.4 的结果, 便得所求的展开式.

6.9.2 (i) 用 Γ 函数的 Euler-Gauss 表示式 (练习 6.9.1 的 (ii)).

(ii) 先证等式

$$\Gamma(x)\Gamma(1-x) = \lim_{n\to\infty}\left[\frac{1}{x(1-\frac{x^2}{2^2})\cdots(1-\frac{x^2}{n^2})}\frac{n}{n+1-x}\right].$$

然后, 用 §4.5 练习 4.5.1(ix) 的结果.

6.9.3 (ii) 作换元 $x = \dfrac{y}{1+y}$.

(iii) 把 Γ 函数的积分表达式中的积分变量 x 换成 ty.

(iv) 把 (iii) 中的 a 换成 $a+b$, t 换成 $1+t$.

(vi) 利用 (ii) 和 (v).

(vii) 作替换 $u = \sin x$. 再用 (vi).

(viii) 利用 (vii), 再用练习 6.9.2 的 (ii).

6.9.4 (i) 在公式 $B(a,a) = \displaystyle\int_0^1 x^{a-1}(1-x)^{a-1}dx$ 中作替换 $\dfrac{1}{2} - x = \dfrac{1}{2}\sqrt{t}$.

(ii) 利用 (i) 和练习 6.9.3 的 (vi).

6.9.5 通过以下计算得到:

$$\int_{-1}^1 T_n(x)T_m(x)\frac{dx}{\sqrt{1-x^2}} = \int_\pi^0 \cos nu\cos mu\left(\frac{-\sin u}{\sin u}\right)du$$
$$= \int_0^\pi \cos nu\cos mu\,du = \frac{\pi}{2}\delta_n^m.$$

6.9.6 (i) 用 Leibniz 关于乘积的高阶导数的公式.

(ii) 左端的积分是

$$\frac{1}{n!}\int_0^\infty \frac{d^n}{dx^n}(e^{-x}x^{n+\alpha})L_m^\alpha(x)dx.$$

当 $n > m$ 时, 利用 Darboux 推广的分部积分公式 (参看 §6.4 的练习 6.4.2 的 (i)) 便可证明上述积分等于零. 当 $n = m$ 时, 也用 Darboux 推广的分部积分公式并注意以下等式便得到所要的结果:

$$\frac{d^n}{dx^n} L_n^\alpha(x) = (-1)^n,$$

它是 (i) 的推论.

(iii) 以下推演的结果:

$$\begin{aligned}
\sum_{n=0}^\infty L_n^\alpha(x) r^n &= \sum_{n=0}^\infty \frac{r^n (\alpha+1)_n}{n!} \sum_{k=0}^n \frac{(-n)_k x^k}{(\alpha+1)_k k!} \\
&= \sum_{k=0}^\infty \frac{(-x)^k}{(\alpha+1)_k k!} \sum_{n=k}^\infty \frac{(\alpha+1)_n r^n}{(n-k)!} \\
&= \sum_{k=0}^\infty \frac{(-x)^k r^k}{k!} \sum_{n=0}^\infty \frac{(\alpha+k+1)_n r^n}{n!} \\
&= (1-r)^{-\alpha-1} \sum_{k=0}^\infty \frac{(-xr)^k}{k!(1-r)^k} \\
&= (1-r)^{-\alpha-1} e^{-xr/(1-r)}.
\end{aligned}$$

(iv) 由 (iii) 得.

(v) (iv) 的推论.

(vi) (iii) 的推论.

(vii) 由 (vi) 得到.

(viii) 利用 (v) 将 (vii) 中的 $L_{n-1}^\alpha(x)$ 消去, 我们有

$$(x-n-1)\frac{dL_n^\alpha(x)}{dx} + (n+1)\frac{dL_{n+1}^\alpha(x)}{dx} + (2n+2+\alpha-x)L_n^\alpha(x)$$
$$- (n+1)L_{n+1}^\alpha(x) = 0, \quad n \geqslant 0.$$

将上式中的 n 换成 $n-1$, 并利用 (vii) 将 $(d/dx)L_{n-1}^\alpha(x)$ 消去便得所要的结果.

(ix) 对 (viii) 中方程求导, 我们得到

$$x\frac{d^2 L_n^\alpha(x)}{dx^2} + \frac{dL_n^\alpha(x)}{dx} - n\frac{dL_n^\alpha(x)}{dx} + (n+\alpha)\frac{dL_{n-1}^\alpha(x)}{dx} = 0.$$

注意到 (vii) 中方程, 我们有

$$x\frac{d^2 L_n^\alpha(x)}{dx^2} + \frac{dL_n^\alpha(x)}{dx} - n\frac{dL_n^\alpha(x)}{dx} + (n+\alpha)\left(\frac{dL_n^\alpha(x)}{dx} + L_{n-1}^\alpha(x)\right) = 0.$$

再注意到 (viii) 中方程, 我们得到

$$x\frac{d^2 L_n^\alpha(x)}{dx^2} + \frac{dL_n^\alpha(x)}{dx} - n\frac{dL_n^\alpha(x)}{dx} + (n+\alpha)\frac{dL_n^\alpha(x)}{dx}$$
$$- x\frac{dL_n^\alpha(x)}{dx} + nL_n^\alpha(x) = 0.$$

稍加整理, 便得到 $L_n^\alpha(x)$ 满足的 Laguerre 微分方程.

6.9.7 (i) 假若 $f(b) > 0$, 则 $f(a) < 0$. 在 $[a,b]$ 上 f 递增, 所以在 $[a,b]$ 上 $f' > 0$ 而 $f'' > 0$. 由此 f' 递增. 因此

$$x_1 = b - \frac{f(b)}{f'(b)} < b.$$

又由 Lagrange 中值定理, 有 $\alpha \in (x_1, b)$, 使得

$$f(x_1) = f\left(b - \frac{f(b)}{f'(b)}\right) = f(b) - f'(\alpha)\frac{f(b)}{f'(b)} > 0.$$

故 $x_1 > \xi. f(b) < 0$ 时推理相仿.

(ii) 先证序列 $\{x_n\}$ 单调递减且有界, 因而 $\lim\limits_{n\to\infty} x_n$ 存在. 然后对迭代方程组的两端求极限:

$$\lim_{n\to\infty} x_{n+1} = \lim_{n\to\infty} x_n - \frac{f\left(\lim\limits_{n\to\infty} x_n\right)}{f'\left(\lim\limits_{n\to\infty} x_n\right)}.$$

因此, $f\left(\lim\limits_{n\to\infty} x_n\right) = 0$, 换言之, $\xi = \lim\limits_{n\to\infty} x_n$.

(iii) 利用 Lagrange 中值定理, 有 $c \in (\xi, x_n)$, 使得

$$f(x_n) = f(x_n) - f(\xi) = f'(c)(x_n - \xi).$$

故

$$|x_n - \xi| = \left|\frac{f(x_n)}{f'(c)}\right| \leqslant \frac{|f(x_n)|}{\min\limits_{a\leqslant x\leqslant b}|f'(x)|}.$$

(iv) 注意迭代方程组, 并利用 Taylor 展开公式: 有个 $c \in (\xi, x_n)$, 使得

$$0 = f(\xi) = f(x_n) + f'(x_n)\cdot(\xi - x_n) + \frac{1}{2}f''(c)\cdot(\xi - x_n)^2$$
$$= -f'(x_n)(x_{n+1} - \xi) + \frac{1}{2}f''(c)\cdot(\xi - x_n)^2.$$

(v) 由 (iv) 得到.

(vi) 把 $x_0 = b$ 换成 $x_0 = a$ 便成了 (或把 $f(x)$ 换成 $f(-x)$).

6.9.8 (i) 利用第二中值定理 (练习 6.2.1 的 (viii)).

(ii) 利用练习 6.9.5 证明第一个等式, 再用练习 6.4.1 的 (27) 小题的方法求上式中的积分.

(iii) 利用练习 6.9.4.

6.9.9 (i) 通过积分号下求导数及分部积分法, 我们有

$$I'(t) = -2 \int_0^\infty 2xe^{-x^2} \sin(2xt)dx, \ \text{而} \ I(t) = -\frac{1}{2t} \int_0^\infty 2xe^{-x^2} \sin(2xt)dx.$$

(ii) 由 (i) 得到.

(iii) $I_0 = \int_{-\infty}^\infty \mathrm{e}^{-x^2} dx = \sqrt{\pi}$.

(iv) 由 (ii),

$$\int \frac{dI}{I} = -2 \int tdt \Longrightarrow \ln I = -t^2 + C \Longrightarrow I = C_1 \mathrm{e}^{-t^2}.$$

注意到 (iii), $I = \sqrt{\pi} \mathrm{e}^{-t^2}$.

(v) 由练习 6.7.4.

6.9.10 (vii) 因 $f_n(1-x) = f_n(x)$, 故 $f_n^{(j)}(1-x) = (-1)^j f_n^{(j)}(x)$.

(xii) 先证 $\pi^2 \int_0^1 a^n f_n(x) \sin \pi x dx = H(1) - H(0)$.

6.9.11 (i) 利用练习 6.4.2 中的 (i)(Darboux 推广了的分部积分公式), 让其中的 $g(x) = B_{2m+1}(x)$, 关于 Bernoulli 数和 Bernoulli 多项式的定义及性质, 请参看 §5.8 的练习 5.8.2 及 5.8.3.

(ii) $\int_a^b = \sum_{k=0}^{b-a-1} \int_{a+k}^{a+k+1}$.

(iii) 利用 Cauchy 收敛判别准则, 并注意到以下不等式:

$$\left| \int_m^n \frac{\widetilde{B}_k(x)}{x^z} dx \right| \leqslant \sup_{0 \leqslant x \leqslant 1} |B_k(x)| \int_m^n x^{-z} dx.$$

(viii) 利用 Wallis 公式 (6.4.8).

6.9.12 (i) 用 Euler-Maclaurin 求和公式计算 $\sum_{j=1}^n \ln(x+j)$.

(ii) $-\int_0^n \frac{\widetilde{B}_1(t)}{x+t} dt = -\sum_{j=0}^{n-1} \int_0^1 \frac{B_1(t)}{x+t+j} dt$.

(iii) $0 < g(x) = \frac{1}{2y}[\ln(1+y) - \ln(1-y)] - 1 = \sum_{k=1}^\infty \frac{y^{2k}}{2k+1} < \frac{1}{3}\frac{y^2}{1-y^2}$.

6.9.13 (i) 带 Peano 余项的 Taylor 公式.

(ii) 带 Peano 余项的 Taylor 公式.

(iii) 利用利用练习 6.9.3 的 (vi) 和本练习的 (i) 和 (ii).

(iv) 由练习 6.9.3 中关于 B(x, y) 的定义.

(v) 由 (iv).

(vi) 显然.

(vii) Taylor 公式.

(viii) 由 (v),(vi) 和 (vii).

(ix) 先证明 $y > 1$ 时公式成立. 然后证明等式左右两端在 $(0, \infty)$ 上解析.

(x) 利用 (ix) 和练习 6.9.1 的 (vii) 中第一个公式.

6.9.14 (i) 用 §5.4 的练习 5.4.1 的 (ii).

(ii) 用练习 6.9.9 的 (v).

(iii) 不妨设 $n > m$. 先证等式:

$$\int_{-\infty}^{\infty} e^{-x^2} H_n(x) H_m(x) dx = (-1)^n \int_{-\infty}^{\infty} \frac{d^n e^{-x^2}}{dx^n} H_m(x) dx,$$

然后用 Darboux 推广的分部积分公式 (参看 §6.4 练习 6.4.2 的 (i)).

(iv) 先证:

$$G(x, r) = \frac{e^{x^2}}{\sqrt{\pi}} \int_{-\infty}^{\infty} e^{-t^2} e^{2i(x-r)t} dt,$$

然后用练习 6.9.9 的 (v).

(v) 由 (iv), 我们有

$$\begin{aligned}
G(x, r) &= \sum_{k=0}^{\infty} \frac{r^k}{k!}(2x - r)^k = \sum_{k=0}^{\infty} \frac{r^k}{k!} \sum_{j=0}^{k} \frac{k!}{j!(k-j)!}(-1)^j r^j (2x)^{k-j} \\
&= \sum_{k=0}^{\infty} \sum_{j=0}^{k} r^{k+j} \frac{1}{j!(k-j)!}(-1)^j (2x)^{k-j} \\
&= \sum_{k=0}^{\infty} \sum_{i=k}^{2k} r^i \frac{1}{(i-k)!(2k-i)!}(-1)^{i-k}(2x)^{2k-i} \\
&= \sum_{i=0}^{\infty} r^i \sum_{k=[(i+1)/2]}^{i} \frac{1}{(i-k)!(2k-i)!}(-1)^{i-k}(2x)^{2k-i}.
\end{aligned}$$

(vi) 由 (v).

(vii) 用 Darboux 推广的分部积分公式 (参看 §6.4 练习 6.4.2 的 (i)) 并注意 (vi).

(viii) 由 (iv).

(ix) 由 (viii).

(x) 由 (iv).

(xi) 由 (x).

(xii) 由 (ix) 和 (xi) 得到.

(xiii) 对 (xii) 两端求导,

$$H'_{n+1}(x) - 2H_n(x) - 2xH'_n(x) + H''_n(x) = 0.$$

再用 (xi) 便得所求.

6.9.15 (i)

$$\mathbf{a_t}(t) = \frac{x''(t)x'(t) + y''(t)y'(t)}{(x'(t))^2 + (y'(t))^2} \Big(x'(t), y'(t) \Big),$$

$$\mathbf{a_n}(t) = \frac{x''(t)y'(t) - y''(t)x'(t)}{(x'(t))^2 + (y'(t))^2} \Big(y'(t), -x'(t) \Big).$$

(ii) 易见

$$x'(t) = -r\theta'(t)\sin\theta(t),$$

$$x'(t) = r\theta'(t)\cos\theta(t),$$

$$x''(t) = r\theta''(t)\sin\theta(t) + r\Big(\theta'(t)\Big)^2\cos\theta(t),$$

$$y''(t) = -r\theta''(t)\cos\theta(t) + r\Big(\theta'(t)\Big)^2\sin\theta(t).$$

不难看出 (或通过 (i), 或直接看出),

$$\mathbf{a_n} = \Big(r\Big(\theta'(t)\Big)^2\cos\theta(t), r\Big(\theta'(t)\Big)^2\sin\theta(t) \Big).$$

由此便得所要的等式.

(iii) 由 (i) 得到.

(iv) 由 (6.8.11), 我们有

$$\frac{ds}{dt}(t) = \sqrt{(x'(t))^2 + (y'(t))^2}.$$

又按 $\theta(t)$ 的定义, 我们有

$$\theta(t) = \arctan\frac{y'(t)}{x'(t)}.$$

所以
$$\frac{d\theta}{dt}(t) = \frac{y''(t)x'(t) - x''(t)y'(t)}{(x'(t))^2 + (y'(t))^2}.$$

由此,
$$\frac{ds}{d\theta}(t) = \frac{\left((x'(t))^2 + (y'(t))^2\right)^{3/2}}{y''(t)x'(t) - x''(t)y'(t)} = \frac{1}{k(t)}.$$

(v) 由 (iv) 得到.

(vi) 由 (ii) 和 (iii), 圆周的曲率半径恰等于圆周的半径.

(vii) 由 (v), 函数 $\cosh x$ 的图像的曲率是

$$k(x) = \frac{\cosh x}{[1 + (\sinh x)^2]^{3/2}} = \frac{1}{\cosh^2 x}.$$

6.9.16 (i)
$$|\boldsymbol{\beta}'(s)| = |\boldsymbol{\gamma}'(t)t'(s)| = \frac{|\boldsymbol{\gamma}'(t)|}{|s'(t)|} = 1.$$

(ii) 由 (i), $|\boldsymbol{\beta}'(s)|^2 = \left(\boldsymbol{\beta}'(s), \boldsymbol{\beta}'(s)\right) = 1$, 对上式左右两端求导经过计算便得 $2\left(\boldsymbol{\beta}''(s), \boldsymbol{\beta}'(s)\right) = 0$, 换言之, $\boldsymbol{\beta}''(s) \perp \boldsymbol{\beta}'(s)$.

(iii) 对等式 $O(s)^T O(s) = I$ 两端求导便得

$$\left(O'(s)\right)^T O(s) + O(s)^T O'(s) = \mathbf{0}.$$

这就证明了 $O(s)^T O'(s)$ 反对称.

(iv) $a_2(s) = -\mathbf{B}(s) \cdot \mathbf{T}'(s) = -\mathbf{T}(s) \times \mathbf{N}(s) \cdot \mathbf{T}'(s)$
$= -\boldsymbol{\beta}'(s) \times \frac{\boldsymbol{\beta}''(s)}{|\boldsymbol{\beta}''(s)|} \cdot \boldsymbol{\beta}''(s) = 0.$

$a_3(s) = \mathbf{N}(s) \cdot \mathbf{T}'(s) = \frac{\boldsymbol{\beta}''(s)}{|\boldsymbol{\beta}''(s)|} \cdot \boldsymbol{\beta}''(s) = |\boldsymbol{\beta}''(s)| = k(s).$

(v) (iii) 和 (iv) 的推论.

(vi) 通过简单的求导计算便有 $\boldsymbol{\gamma}'(t) = s'(t)\boldsymbol{\beta}'(s) = |\boldsymbol{\gamma}'(t)|\boldsymbol{\beta}'(s) = v\mathbf{T}(s).$ 再求一次导数得到

$$\boldsymbol{\gamma}''(t) = (s'(t))^2\boldsymbol{\beta}''(s) + s''(t)\boldsymbol{\beta}'(s) = v^2|\boldsymbol{\beta}''(s)|\mathbf{N}(s) + v'(t)\mathbf{T}(s).$$

利用以上所得的两个公式便有 $\boldsymbol{\gamma}'(t) \times \boldsymbol{\gamma}''(t) = v^3 k\mathbf{N}(s).$

(vii) 由 (vi)·和 (v), 有

$$
\begin{aligned}
\boldsymbol{\gamma}'''(t) =\ & 2vv'(t)|\boldsymbol{\beta}''(s)|\mathbf{N}(s) + v^3|\boldsymbol{\beta}''(s)|\mathbf{N}'(s) + v^3(|\boldsymbol{\beta}''(s)|)'_s\mathbf{N}(s) \\
& + v''(t)\mathbf{T}(s) + v(t)v'(t)\mathbf{T}'(s) \\
=\ & [2vv'(t)|\boldsymbol{\beta}''(s)| + v^3(|\boldsymbol{\beta}''(s)|)'_s]\mathbf{N}(s) + v^3|\boldsymbol{\beta}''(s)|(-k\mathbf{T} + \tau\mathbf{B}) \\
& + v''(t)\mathbf{T}(s) + v(t)v'(t)k\mathbf{N}(s) \\
=\ & [3vv'(t)k(s) + v^3k'(s)|]\mathbf{N}(s) + v^3k(s)\tau\mathbf{B}(s) + (v''(t) - v^3k^2)\mathbf{T}(s).
\end{aligned}
$$

所以

$$
\det[\boldsymbol{\gamma}'\boldsymbol{\gamma}''\boldsymbol{\gamma}'''] = (\boldsymbol{\gamma}' \times \boldsymbol{\gamma}'') \cdot \boldsymbol{\gamma}''' = v^6k^2\tau.
$$

再根据 (vi) 便有

$$
\tau = \frac{\det[\boldsymbol{\gamma}'\boldsymbol{\gamma}''\boldsymbol{\gamma}''']}{|\boldsymbol{\gamma}' \times \boldsymbol{\gamma}''|^2}.
$$

6.9.17 (1), (2), (3), (4) 和 (5) 的证明比较简单.

(6) 根据假设, 有数列 $\{b_n\}$, 使得

$$
f'(z) \sim \sum_{n=0}^{\infty} b_n z^{-n}, \quad 当 \quad z \to \infty \ 时.
$$

因 $f'(z)$ 连续, 有

$$
f(z_1) - f(z) = \int_z^{z_1} f'(\zeta)d\zeta = b_0(z_1 - z) + b_1 \ln\frac{z_1}{z} + \int_z^{z_1} \left[f'(\zeta) - b_0 - \frac{b_1}{\zeta}\right]d\zeta.
$$

让 $z_1 \to \infty$, 有 $f(z_1) \to a_0$, 故上式右端最后一个积分趋于以下收敛的反常积分:

$$
\int_z^{\infty} \left[f'(\zeta) - b_0 - \frac{b_1}{\zeta}\right]d\zeta.
$$

因而 $b_0 = b_1 = 0$, 所以

$$
a_0 - f(z) = \int_z^{\infty} \left[f'(\zeta) - b_0 - \frac{b_1}{\zeta}\right]d\zeta.
$$

根据 (5), 有

$$
f(z) = a_0 - \sum_{n=1}^{\infty} \frac{b_{n+1}}{nz^n}, \quad 当 \quad z \to \infty.
$$

渐近展开的唯一性告诉我们 $b_{n+1} = -na_n$, $n = 1, 2, \cdots$, 换言之,

$$f'(z) \sim -\sum_{n=2}^{\infty} \frac{(n-1)a_{n-1}}{z^n}, \quad \text{当} \quad z \to \infty.$$

(7) 由条件 (i) 和 (ii) 不难证明以下命题: 对于任何自然数 M, 有常数 K_1, 使得

$$\forall t \in (0, \infty)\left(\left|f(t) - \sum_{m=1}^{M-1} a_m t^{(m+\alpha)/r-1}\right| < K_1 t^{(M+\alpha)/r-1}e^{bt}\right).$$

将它代入 $F(\lambda)$ 的表示式便得到

$$F(z) = \sum_{m=1}^{M-1} a_m \int_0^\infty t^{(m+\alpha)/r-1}e^{-zt}dt + R_M.$$

当 $\Re z > b$ 时, 上式中的余项 R_M 满足以下的不等式:

$$|R_M| < K_1 \int_0^\infty t^{(M+\alpha)-1}e^{bt}|e^{-zt}|dt$$

$$< K_1\Gamma\left(\frac{M+\alpha}{r}\right)(\Re z - b)^{-(M+\alpha)/r}.$$

当 $|z|$ 充分大时, $(\Re z - b)^{-1} = O(1/z)$, 故

$$F(z) = \sum_{m=1}^{M-1} a_n \Gamma\left(\frac{m+\alpha}{r}\right)z^{-(m+\alpha)/r} + O(z^{-(M+\alpha)/r}).$$

6.9.18 (i) 利用换元: $t = h(x) - h(a)$.

(ii) 由二项级数展开 (注意: $a_0 > 0$), 有一串 b_s $(s = 0, 1, \cdots)$, 使得

$$t^{1/\mu} = [h(x) - h(a)]^{1/\mu} = (x-a)\left[\sum_{s=0}^{N} a_s(x-a)^s + o((x-a)^N)\right]^{1/\mu}$$

$$= (x-a)\left[\sum_{s=0}^{N} b_s(x-a)^s + o((x-a)^N)\right].$$

由反函数定理便得渐近展开.

(iii) 将 (ii) 的结果代入 (i) 中 f 的定义: $f(t) = \varphi(x)/h'(x)$(注意 §3.7 的练习 3.7.5 的 (iv)).

(iv) 根据 Watson 引理, 将 (iii) 的结果代入 (i) 的结果.

(v) 简单地使用积分第一中值定理.

(vi)   (iv)和(v) 的推论.

6.9.19   (i) 例 5.5.4.

(ii) 用练习 6.9.18 的 (vi) 中的积分的 Laplace 渐近公式.

(iii) 在公式

$$\Gamma(\lambda + 1) = \int_0^\infty u^\lambda e^{-u} du$$

中作替换 $u = \lambda(1+x)$, 得到

$$\Gamma(\lambda + 1) = e^{-\lambda} \lambda^{\lambda+1} \int_{-1}^\infty [(1+x)e^{-x}]^\lambda dx.$$

(iv) 利用 (ii) 和 (iii), 并注意到 $\Gamma(x+1) = x\Gamma(x)$.

6.9.20   假设 $x_1 < \cdots < x_k$ 是多项式 $p_n(x)$ 在开区间 I 上变换符号的点的全体, 共 k 个. 可证: $k \leqslant n$. 今设

$$P(x) = \prod_{i=1}^k (x - x_i),$$

则 $P(x)p_n(x)$ 在 I 上是不变号的 $n+k$ 次多项式. 因而,

$$\int_I w(x)P(x)p_n(x)dx \neq 0.$$

多项式 $P(x)$ 的次数应不小于 n.

参 考 文 献

[1]   H.Amann und J.Escher (1998–2001), *Analysis* I II III, Birkhäuser, Basel. (本书是两位作者分别在瑞士的苏黎世大学和德国的卡塞尔大学讲授数学分析用的教材的基础上写成的, 选材丰富、全面, 是十分好的教材和参考书.)

[2]   A.Avez (1983), *Calcul Differentiel* , Masson, Paris.(这是作者在法国的 Université Pierre et Marie Curie 讲授数学分析的讲义, 内容丰富, 写得十分简练.)

[3]   P.Bamberg and S.Sternberg (1991), *A Course in Mathematics for Students of Physics* I II, Cambridge University Press, New York. (本书对线性代数和多元微积分, 包括微分形式, 作了初等而详细的介绍. 它的特色是详细地介绍了多元微积分在物理和几何上的应用. 用微分形式的语言介绍了电磁理论和热力学, 并直观地介绍了拓扑学, 内容包括上同调, 下同调及 de Rham 定理. 虽然本书是为 Harvard 大学学物理的学生写的讲义, 但对于学数学的学生也有很大的参考价值.)

[4]   N.Bourbaki (1951), *Fonctions d'une Variable Réelle, Théorie Élémentaire,* Hermann & Cie, Éditeurs, Paris. (本书是 Bourbaki 有名的 "分析的基本结构" 丛书中的一本. 只讲一元微积分, 内容丰富, 有 Bourbaki 学派的风格.)

[5]   D.M.Bressoud (1991), *Second Year Calculus, From Celestial Mechanics to Special Relativity*, Springer- Verlag, New York. (本书的数学内容是从向量分析到微分形式的初等介绍. 它的特色是详细介绍了上述数学理论与 Newton 的天体力学, Maxwell 的电磁理论和 Einstein 的狭义相对论之间不可分割的联系.)

[6]   A.Browder (1996), *Mathematical Analysis, An Introduction*, Springer-Verlag, New York. (本书选材恰当, 是作者在 Brown 大学讲授数学分析的讲义, 是一本很好的数学分析教材.)

[7]   H. Cartan (1977), *Cours de Calcul Différentiel*, 2nd ed., Hermann,

Paris. (这是一本在法国流行很广的教材. 不幸, 国内很难找到.)

[8]　E.Dibenedetto (2002), *Real Analysis*, Birkhäuser, Boston. (本书是一本内容丰富的实分析教材, 为读者学习调和分析和概率论作了充分的准备.)

[9]　J. Dieudonné (1968), *Éléments d'Analyse, Vol.I: Fondaments de l'Analyse Moderne*, Gauthier-Villars, Paris.

[10]　J.J.Duistermaat and J.A.C.Kolk (2004), *Multidimensional Real Analysis* I II, Cambridge University Press, New York. (本书对多元微积分, 包括流形与微分形式, 作了很好的介绍. 它的习题十分精彩, 述及物理, 微分几何, 李群, 偏微分方程, 概率论等多方面的内容.)

[11]　菲赫金哥尔茨 (2006), 杨弢亮等译, *微积分学教程* I II III, 高等教育出版社, 北京.(本书作者菲赫金哥尔茨是上个世纪中叶在列宁格勒大学教数学分析的教授. 这是作者在上个世纪 40 年代写的微积分. 由于选材丰富, 六十年来一直保持它的具有重要参考价值的地位. 当然, 从今天的角度来看, 有些内容的写法显得老了一些.)

[12]　L.E.Fraenkel (1978), Formulae for High Derivatives of Composite Functions, *Mathematical Proceedings of the Cambridge Philosophical Society.* **83**, 159-165. (本文得到了复合函数高阶导数的最一般的公式.)

[13]　R.Godement (2000,2001,2002,2004), *Analyse Mathématique* I II III IV, Springer-Verlag, Berlin. (本书是作者在巴黎第七大学数十年教授数学分析经验的结晶。它力图回答热爱数学（而不是把数学学习只当作进入上层社会的阶梯）的年轻读者两个问题：数学分析是什么？数学分析是怎样变成这样的？内容丰富，语言生动，是本难得的好书。前两卷已有英文译本。)

[14]　H.Grauert, I.Lieb und W.Fischer (1976–1977), *Differential- und Intgralrechnung* I II III, Spriger-Verlag, Berlin. (本书是作者们于上世纪 60 年代在 Göttingen 大学教微积分的讲义, 他们已经讲 Lebesgue 积分和微分形式了. 选材恰当, 写作简练, 可读性高.)

[15]　H.Heuser (1980), *Lehrbuch der Analysis* I II, B.G.Teubner, Stuttgart. (本书是作者们在当时的西德的大学中教授数学分析的教材, 选材丰富、全面, 是很好的教材和参考书.)

[16] 霍曼德尔 (1986), 黄明游译, 积分论, 科学出版社, 北京. (这是作者在瑞典的 Stockholm 大学与 Lund 大学的讲义的中译本, 写得十分精炼.)

[17] J.Jost (2003), *Postmodern Analysis*, 2nd Edition, Springer-Verlag, New York. (本书是在不大的篇幅内介绍数学分析的一本好教材. 它在最后还简略介绍了 Sobolev 空间和椭圆型偏微分方程等内容.)

[18] S.G.Krantz and H.R.Parks (2003), *The Implicit Function Theorem, History, Theory and Applications*, Birkhäuser, Boston. (本书对隐函数定理作了较详细的介绍, 特别, 介绍了 Hadamard 整体反函数定理和 Nash-Moser 隐函数定理.)

[19] L.H.Loomis and S.Sternberg (1968), *Advanced Calculus*. Addison-Wesley Publishing Co. Reading, Massachusetts. (这是作者们在 Harvard 大学给优秀生讲微积分用的教材.)

[20] K.Maurin (1980), *Analysis*, Part I: Elements; Part II: Integration, Distributions, Holomorphic Functions, Tensor and Harmonic Analysis. D.Reidel Publishing Company, Dordrecht. PWN-Polish Scientific Publishers. (这本分析教材是作者在波兰华沙大学教授数学分析用的讲义, 内容极为丰富.)

[21] J.C.Maxwell (1877), Tait's Thermodynamics (A Book Review), *Nature*, **17**. 也可从 Maxwell 的论文集 *The Scientific Papers of James Clerk Maxwell, Vol. II.* Dover Publications, New York. 中找到.

[22] C.C.Pugh (2001), *Real Mathematical Analysis*, Springer-Verlag, New York. (本书选材恰当, 是作者在伯克莱加利福尼亚大学的讲义, 是一本很好的数学分析教材.)

[23] A.Weil (1954), The Mathematics Curriculum, in *A. Weil's Collected Papers, Vol. II.*

[24] V.A.Zorich (2004), *Mathematical Analysis*, Springer-Verlag, New York. (本书是作者于上世纪 70 年代在莫斯科大学教数学分析的讲义的英译本, 内容丰富, 习题牵涉面很广, 是十分好的教材.)

名 词 索 引